존재의 역사

우주에서 우리로 이어지는
138억 년의 거대사

팀 콜슨

존재의 역사

우주에서 우리로 이어지는 138억 년의 거대사

오픈도어북스는 (주)하움출판사의 임프린트 브랜드입니다.

초판 1쇄 발행 2024년 12월 13일
　　3쇄 발행 2025년 02월 20일

지은이 ㅣ 팀 콜슨
옮긴이 ㅣ 이진구

발행인 ㅣ 문현광
책임 편집 ㅣ 이건민
교정·교열 ㅣ 신선미 주현강
디자인 ㅣ 양보람
마케팅 ㅣ 심리브가 박다솜 이창민
업무지원 ㅣ 김혜지

펴낸곳 ㅣ (주)하움출판사
본사 ㅣ 전북 군산시 수송로315, 3층 하움출판사
지사 ㅣ 광주광역시 북구 첨단연신로 261 (신용동) 광해빌딩 6층 601호, 602호
ISBN ㅣ 979-11-94276-55-5(13400)
정가 ㅣ 22,000원

이 책의 전부 또는 일부 내용을 재사용하려면 사전에 저작권사
(주)하움출판사의 동의를 받아야 합니다.
오픈도어북스는 참신한 아이디어와 지혜를 세상에 전달하려고 합니다.
아이디어와 원고가 있으신 분은 연락처와 함께 open150@naver.com로 보내 주세요.

소냐, 소피, 조지아, 루크에게
이 책을 바칩니다.

'존재의 경이로움을 목도하고,

당신도 그럴 수 있음에 기뻐하라.

이 글을 쓰는 지금도 난 목도하며 기뻐하고 있으니,

당신을 향해 말할 자격이 있다고 본다.'

《숨》, 테드 창

추천사

많은 과학자들이 자기 분야에만 집중할 때, 팀 콜슨의 책은 모든 과학을 하나로 통일시켰다. 엄청난 업적이다.

– 리처드 도킨스(Richard Dawkins, 《이기적 유전자》 저자)

우주의 기원에서 인간의 의식까지, 동물학자가 자연과 인간을 과학적이면서 다정하게 바라보는 빅히스토리 서적이다. 자연 현상의 의문을 풀어가는 절차로 가설을 세우고 검증해 나가며 세계와 인간에 대해 던진 질문의 답을 찾아 가는 과정을 적절하게 설명하고 있다. 무엇보다도 자연에 관한 핵심적인 내용을 요약적으로 잘 이야기하고 있다는 점에서 많은 사람이 편하게 과학을 공부할 수 있는 책으로 추천한다.

– 박문호 박사(《뇌 생각의 출현》 저자)

마치 능숙한 탐정이 조각난 단서들을 모아 현장에서 벌어진 일련의 과거 사건을 명쾌하게 추리하듯, 우주와 생명체 탄생의 기적을 시작의 순간부터 지금까지 차근차근 탐구하며 우리의 존재를 되돌아보는 여정을 떠나 보자. 놀랍게도 우주의 진화와 생명의 기원, 그리고 인류의 등장에 이르기까지 기나긴 세월에 걸친 거대한 서사는 과학의 눈부신 발전과 함께한다. 그리고 우리에게 너무도 익숙한 과학자들과 함께 우리 존재의 조각들을 맞추어 가나 보면, 우리가 왜 여기 있는지에 대한 근원적인 질문에 점차 다가간다. 이 책은 머릿속에서 펼쳐지는 상상만으로 만들어지는 일종의 거대한 실험실이다. 저자와 함께 여러 우주를 창조하며 우리가 존재하는 이유를 찾아가는 과정에서 과학이란 결국 당신과 나, 그리고 우리와 우주를 잇는 인류의 위대한 탐구 그 자체라는 사실을 깨달을 것이다. 믿기 어렵겠지만, 이 경이로운 실험에 동참하는 유일한 방법은 단지 책장을 넘기는 것뿐이다.

– 궤도(과학 커뮤니케이터, 《과학이 필요한 시간》, 《궤도의 과학 허세》의 저자)

저명한 생물학자가 우리의 존재 과정을 매력적이고 박식하게 풀어낸 이야기.

– 데이비드 크리스천(David Christian, 《빅 히스토리》 저자)

스타워즈는 잊어버릴 만큼 놀랍고도 아름다운 이야기.

– 켄 노리스(Ken Norris, 영국 국립역사박물관 과학부 국장)

빅뱅에서 의식의 탄생과 더불어 우리의 성격 특성을 형성하는 요소에 이르는 여러 주제를 하나로 연결하면서 우주의 탄생부터 현재까지, 그리고 저자와 독자의 존재 과정이라는 두 이야기를 병렬적으로 들려준다. 저자의 열정과 전문성은 이 책에서 분명히 드러난다는 점에서 매력적이다.

- **북리스트**

첫 페이지부터 손을 뗄 수 없을 정도로 중독적이며, 풍부한 학식과 재치와 더불어 지적 호기심을 자극하는 책으로, 우리가 알던 생명의 역사를 흥미롭게 풀어냈다.

- **케이시 윌스**(Kathy Wills, 옥스퍼드대 교수)

이 책은 유쾌한 일화로 가득하다. 그리고 여러 독자층에게 사랑받을 만하며, 앞으로 수년간 새로운 세대의 과학자들에게 영감을 줄 것이다.

- **쿠엔틴 페인터**(Quentin Paynter, Manaaki Whenua Landcare Research 선임연구원)

단 한 권의 책이지만 손에서 내려놓기 힘들 정도이며, 수많은 내용을 담고 있는 대단한 책이다.

- **더글러스 W. 스미스**(Dr. Douglas W. Smith, 작가 겸 야생동물 연구가)

많은 주제를 배울 수 있는 환상적인 우주 역사서로, 이해하기 쉬우면서 유쾌한 독서 경험을 선사하는 저자는 최고의 과학 지식 전달자이다.

이 책은 과학적 지식을 희석하지 않으면서도 쉽게 설명한, 어려운 일을 해냈다. 과학자도, 학창 시절 과학을 싫어했던 사람도 과학적 지식과 함께 즐거움을 느낄 수 있는 책이다. 재미로 읽다 보면 당신도 모르게 교수 수준의 과학 지식을 배우게 될 것이다.

자칫 불가능할 뻔 했던 우리의 존재를 박진감 넘치게 풀어낸 책이다. 본질적으로 사실에 기반하여 모든 추론을 과학적으로 평가함으로써 여러 사건들이 오늘날의 우리로 이어지기까지의 시간적 연속성을 강조한다. 지적이고 유익하면서 이해하기 쉬우며, 유머러스한 일화로 가득하다.

138억 년 동안의 탐구 결과로 만들어진 책이며, 읽기 쉽고 재미있다. 무한한 상상력의 소유자이자 유쾌한 저자는 우주에 대한 모든 지식으로 독자를 자유로운 지적 탐험으로 안내한다.

차 례

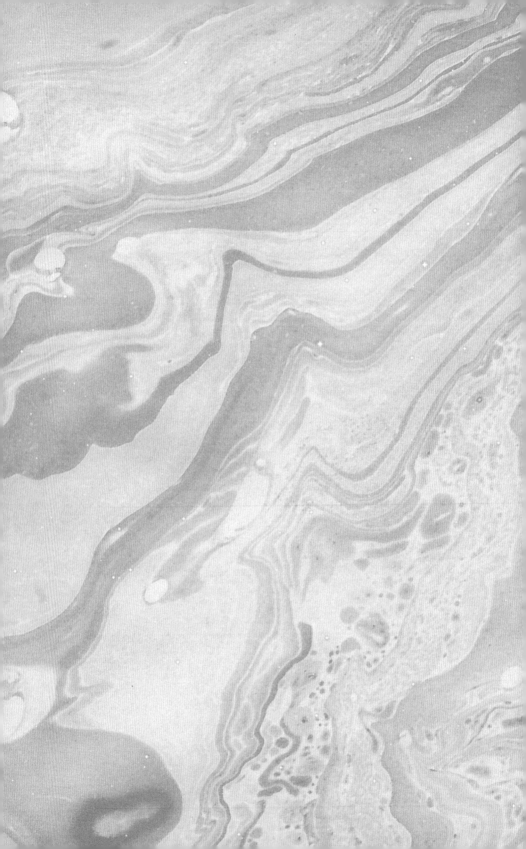

결정론과 확률론, 그리고 우주

만약 필자가 신이 된다면 화려한 기적 대신 수많은 우주를 만들겠다. 그것도 필자를 비롯한 수많은 과학자의 로망이라 믿어 의심치 않는 '거창한 실험'을 할 수 있도록 넉넉하게 말이다. 여기에서 거창한 실험이란 우리 우주가 탄생하는 순간의 상태를 똑같이 재현한 뒤, 시간을 앞으로 돌려 얼마나 많은 우주가 우리의 보금자리로 발전할 수 있는가를 살펴보는 것을 말한다.

그리고 그 우주는 탄생 시점부터 동일하게 조율할 수 있도록 만들고 싶다. 또한 우리 우주의 나이와 동일한 137억 7,000만 년의 세월이 지났을 때, 다른 우주에도 태양계가 존재하는지 확인하겠다. 그러고 나서 우리와 동일한 태양계가 그곳에 있다면, 지구와 함께 그 안의 우리를 찾아보겠다.

그렇다면 지금 우리가 존재하듯, 다른 우주에도 우리가 반드시 존재할까? 혹시 일부 우주에만 살고 있지는 않을까? 아니면 존재 자체가 전혀 없는 것은 아닐까? 또는 큰 귀에 코가 없는 초록색 피부의 작은 외계인이 우리를 대신하고 있을까?

우주에 따라서는 태양이나 지구의 흔적조차 없는 곳도 있을 것이다. 아니면 태양과의 공전 거리가 멀고, 달도 존재하지 않아 동식물은 고사하고 어느 생명체도 번성하기 어려운 황폐한 지구가 존재할지도 모르겠다. 이처럼 생명체로 가득한 우주가 있다면, 그 반대로 생명체가 희박하거나 전혀 없는 곳도 존재할 수 있다. 우리는 현재 우주의 극히 일부분만을 탐험한 상태임에도 지구는 우주에서 생명체가 살고 있는 유일한 행성으로 알려져 있다.

그 실험은 우리 우주의 역사가 탄생 시점에서 이미 결정되었는지, 아니면 탄생할 때마다 다른 결과를 낳을지를 밝혀낼 것이다. 시간을 앞으로 돌릴 때마다 우리가 우주에 생겨난다면, 이것이 바로 과학자들이 말하는 '결정론적 우주'이다. 열띤 연구와 대규모 컴퓨터 연산 능력을 빌리면 탄생부터 종말까지 어떤 우주라도 완벽하게 예측해 낼지도 모르겠다.

그런가 하면 일부 물리학자는 앞서 설명한 실험을 통해 충분히 예측 가능하다고 주장한다. 필자는 그들이 미세한 입자의 운동 등 현재 무작위로 일어난다고 생각하는 현상이 곧 결정론적임을 언젠가 물리학에서 밝혀내리라 믿는다. 하지만 대다수 생물학자를 비롯한 여러 과학자가 믿는 바와 같이 우주마다 다른 결과물이 나온다면, 이는 우주의 발달이 무작위로 발생한 사건의 영향 때문임을 의미한다. 우주의 역사마다 무작위로 발생한 사건에 차이가 있다면 전혀 다른 결과가 일어날 수 있다.

한편 공룡의 죽음을 불러일으킨 소행성 asteroid 이 지구에 충돌하지 않고 지구를 지나쳤다고 생각해 보자. 그렇다면 인류의 진화는 결코 일어나지 못했을 것이다. 그리고 공룡 가운데 지능이 높은 종이 필자 대신 책을 쓰고 있을지 모를 일이다.

이처럼 과학자들은 우연한 사건의 발생으로 정확한 미래 예측이 불가능한 우주를 '확률론적 우주'라고 부른다. 만약 우리 우주와 존재의 역사에서 무작위로 일어난 사건이 특정한 의미를 지닌다면, 미래를 완벽하게 예측하기란 불가능하다.

만약 필자가 1,000개의 우주를 새롭게 만들었다고 상상해 보자. 그 경과를 지켜본다면 531개 우주에서 지적 생명체가 탄생한 반면, 469개에서는 진화에 실패할 수도 있을 것이다. 이에 태초부터 도박장에서 지적 생명체가 진화하는 데 돈을 건다면, 당신의 승률은 50%를 조금 넘는다. 따라서 배당률이 2:1보다 조금 낮을 때 지적 생명체가 실제로 진화하면 배팅액의 약 2배를 벌 수 있다.[01]

그러나 안타깝게도 필자는 신이 아니기에 앞에서 구상한 실험을 통해 우주가 결정론적인지 확률론적인지 알아낼 방법은 없다. 새로운 우주를 즉석에서 창조하고, 각 우주의 진화를 연구하는 방법은 우리의 기술적 역량을 넘어선 것이다. 따라서 우주의 탄생 시점에 우리의 존재가 결정되는 것이 필연적인지, 그저 운이 좋았을 뿐인지는 질문의 방식을 바꾸어 실행 가능한 과학으로 접근해야 한다.

---

01   배당률이 2:1이라는 점은 어떤 사건이 발생할 확률이 약 33.3%임을 의미하며, 사건이 발생한다는 선택지에 돈을 1만큼 걸면 2만큼 돌려받는다는 뜻이다. 옮긴이.

이 책에서는 다음 두 가지 이야기를 모두 전달하고자 한다. 우주의 탄생에서부터 우리가 존재하기까지의 이야기, 그리고 이를 위해 반드시 일어나야 할 사건들에 관한 이야기 말이다. 이 모든 이야기는 137억 7,000만 년에 걸친 대서사시이다.

상상할 수도 없을 규모의 폭력과 죽음, 그리고 그만큼의 탄생이 담긴 이 이야기는 얼핏 비극처럼 보일 것이다. 그러나 이는 결론적으로는 성공에 관한 이야기이다. 우리가 살아 있는 이유와 이를 알게 된 경위에 관한 이야기의 조각을 맞추기 위해 피나는 노력을 한 탐정들이 있다. 이들은 미스 마플 Miss Marple, 셜록 홈즈 Sherlock Holmes, 낸시 드루 Nancy Drew, 에르퀼 푸아로 Hercule Poirot 의 활약보다 상상력이 넘치고 정교하다. 그 예로 알베르트 아인슈타인 Albert Einstein, 마리 퀴리 Marie Curie, 아이작 뉴턴 Isaac Newton, 로절린드 프랭클린 Rosalind Franklin, 찰스 다윈 Charles Darwin 을 비롯하여 당신이 생전 처음 듣는 인물도 포함된다.

이 이야기는 현재 진행형이다. 그리고 필자가 필자일 수 있고, 당신이 당신일 수 있는 비밀을 계속해서 풀어 가는 천재들이 줄거리를 바꾸기도 한다. 또한 아직 원고가 미완성임에도 이상의 이야기는 모든 사람이 반드시 알아야 할 정도의 경외감을 불러일으키는 이야기가 되기에 손색이 없다.

이에 빅뱅에서 우리의 존재에 이르기까지 수많은 이야기의 조각을 맞춰 온 과학자들에게 겸허함을 느낀다. 필자는 이 이야기에 새롭게 맞출 작은 조각의 정체를 밝히는 과학자를 업으로 삼으며 살아왔다. 이 덕분에 수많은 동료 과학자들이 쌓아 올린 놀라운 통찰에 필자가 새롭게 이해한 내용을 더할 수 있다는 점에 더욱 영광됨을 느낀다. 이에 큰 감명을 받으며 과학자뿐 아니라 누구나 쉽게 접근할 수 있도록 이야기를 풀어내기로 마음먹었다.

그 이유는 과학의 눈부신 발전을 알지 못한 채 과학을 불신하는 사람을 너무나도 많이 봐 왔기 때문이다. 기술적인 용어가 많이 등장하고, 때로는 개념이 잘 이해되지 않으니 과학을 어렵게 느끼면서 위축될 수 있다. 필자만 해도 해양 열수 분출공 hydrothermal vent [02]의 화학이나 우주가 탄생한 마이크로초 microsecond, μs [03] 직후의 모델을 다룬 글을 즐겨 읽는다. 그러니 30년 차 진업 생물학자라는 경력이 무색하게 필자도 툭하면 용어의 의미를 찾아보기 바쁘다. 따라서 이 책의 내용은 독자인 당신이 별도의 내용을 찾을 필요가 없도록 설명하려 한다.

인간은 너무나 이해하기 힘들 정도로 복잡한 존재이다. 우리를 조금씩 해체하여 구성 요소별로 유형화한다면, 인체를 구성하는 30조 개 이상의 세포, 즉 모든 생명체의 기본 단위가 대략 220개의 유형으로 분류될 것이다. 각 유형은 적혈구, 신경 세포, 피부 세포 등으로 이루어져 있다.

30조도 엄청난 숫자이지만, 앞으로 이 책에 등장할 큰 숫자에 비하면 시작에 불과하다. 물론 숫자가 너무 크다면 감도 잡히지 않겠지만, 일단 노력이라도 해 보자. 30조 초는 95만 년, 즉 9,500세기나 되는 시간이다. 이 시간이 얼마나 긴지는 상상조차 되지 않는다. 1초는

02   지하에서 뜨거운 물이 솟아 나오는 구멍으로, 육상과 해저에 모두 존재한다.

03   0.000001초를 나타내는 시간 단위.

쉽게 느낌이 오지만, 95만 년을 초 단위로 환산해서 이해하기란 불가능하다.

하지만 30조는 우리가 세포를 더 작은 구성 단위인 원자로 쪼개어 나온 숫자에 비하면 비교적 적은 편이다. 평균 30조 개에 달하는 우리의 체세포 중 하나에는 생존의 핵심 물질인 단백질 분자가 4,000만 개나 들어있다. 30조의 4,000만 배는 1.2해[04]이다. 사실 세포 내의 다른 물질과 비교하면 단백질은 비교적 희귀한 분자에 속한다. 우리 몸에서 가장 흔한 분자는 물(H_2O)이며, 전체 분자의 99%, 그리고 체중의 약 60%를 차지한다. 또한 물은 체내에 있는 대부분의 다른 분자보다 가볍다.

또한 단백질을 제외한 체내의 다른 분자들을 하나하나 세기 시작한다면 숫자는 훨씬 더 커진다. 각 유형에 있는 모든 세포를 다시금 해체해 다시 분자 단위로 분류한다면 3만 개는 족히 나올 것이다. 유형에 따라 엄청난 수의 분자로 이루어진 것이 있는가 하면 수가 적은 것도 있다. 그중 하나인 코발트는 체내에 존재하는 양이 0.003g에 불과하지만, 건강을 유지하는 데 필수적인 성분이다. 코발트 원자는 대부분 비타민 B12 형태로 발견되며, 결핍 시 신경 질환과 관절통, 시력 저하에 우울증까지 올 수 있다.

분자를 계속해서 쪼개며 분류하다 보면, 분자를 구성하는 단위인 원자로 새로운 유형을 만들게 된다. 원자의 유형은 탄소, 철, 산소 등 여러 종류가 있는데, 60개까지 만들 수 있다. 각 원자를 다시금 쪼개어 구성 단위별로 유형화하면 원자의 기본 단위인 양성자 protron ,

04   1,200,000,000,000,000,000,000.

중성자 neutron , 전자 electron 로 정리할 수 있다. 여기서 양성자와 중성자는 위 쿼크 up quark [05]와 아래 쿼크 down quark [06] 입자로 쪼개지지만, 신기하게도 이들 입자나 전자는 더 이상 쪼갤 수 없다.

상기 입자는 우주 역사가 시작될 때 에너지에서 만들어진 것들이다. 따라서 이 유형의 소립자(素粒子)를 다시 에너지로 변환하는 것이 마지막 단계라고 할 수 있다. 그렇다면 우리를 포함한 만물이 엄청난 양의 에너지로 되돌아갈 것이다. 이처럼 우주는 아주 작은 점에 응축된 강렬한 에너지이 형태로 시작되었다.

그렇다면 그동안 우리가 존재하기까지 무슨 일이 있었을까? 필자는 그 과정에서 일어나야만 했던 사건들을 설명하고자 한다. 스포일러가 될 만한 내용을 최대한 빼고 짧게 말하자면, 일부 에너지는 쿼크와 전자로 형태를 바꾸었다. 쿼크끼리 상호 반응하면 양성자와 전자라는 더 복합한 입자로 바뀌며, 두 입자 또한 상호 반응으로 원자핵 atomic nucleus 이라는 더욱 복잡한 형태를 만든다.

그리고 원자핵은 다시금 전자와 상호 반응하여 원자를 만들고, 원자끼리 상호 반응하면 분자가 된다. 우주에는 어마어마하게 다양한 분자가 있으며, 우리의 신체를 구성하는 분자의 종류만 3만 가지가 넘는다. 특정 상황에서는 분자끼리 상호 반응하여 행성과 세포는 물론 살아 있는 생명체도 만들 수 있다. 이처럼 다양한 종의 생명체는 여러 방법으로 상호작용을 하는데, 이러한 일이 수십억 년 이상

05   쿼크는 강입자를 이루는 기본 입자(fundamental particle)로, 양성자와 중성자의 구성 입자이다. 이 가운데 위 쿼크는 우리 우주를 구성하는 여섯 쿼크 중 가장 가벼운 것을 말하며, 기본 입자는 다른 입자를 구성하는 가장 기본적인 입자를 말한다.

06   위 쿼크 다음으로 가벼운 쿼크를 가리킨다.

이어져 왔다. 그 결과 일부 생명체가 더욱 복잡한 형태로 진화하면서 최종적으로 인간의 탄생을 불러왔다.

그동안 과학자들은 관찰과 실험으로 우주를 이해하는 범위를 확장해 왔다. 잘 설계된 실험은 생각이나 가설을 검증하고, 새로운 사실을 발견하는 훌륭한 방법이다. 물론 과학 얘기만 꺼내면 주눅부터 드는 사람이 많지만, 알고 보면 우리는 모두 과학적 실험주의자이다.

아직도 믿지 못하는 당신을 위해 더 자세히 설명해 보겠다. 현실에서 일어난 문제를 해결할 때, 당신은 아마도 여러 방식의 실험을 통해 해결책을 찾을 것이다. 예컨대 자녀에게 방 정리를 시킨다면 뇌물로 꼬드기기, 단호하게 지시하기, 정리할 때까지 용돈 금지하기, 부모가 솔선수범하기 중 어느 방법을 택하는 것이 좋을까?

물론 필자의 경우는 어떠한 방법도 통하지 않았다. 대신 필자는 위의 시행착오를 통해 요리 실력이 늘었다. 재료의 배합을 달리하고, 오븐 온도 및 조리 시간을 조정한 끝에 영국 간식인 스카치 에그 ^{scotch egg} 를 완벽하게 만드는 법을 익혔다.

주방에서의 경험과 비슷하게 과학자들도 실험실에서 조건을 바꾸어 가면서 그것이 결과에 미치는 영향을 확인하는 실험을 한다. 물론 방이 정리되거나 맛있는 음식이 완성되지는 않지만, 실험의 결과는 물리학, 화학, 생물의 세계가 작동하는 원리의 통찰에 기여할 학술적 성과가 된다.

한편 세계에서 가장 큰 기계 장치는 대형 강입자 가속기 Large Hadron Collider, LHC 이다. 스위스의 유럽 입자물리 연구소 Conseil

Européen pour la Recherche Nucléaire, CERN [07]에 있는 이 실험 장비는 둘레만 27km인 원형 터널로, 지하에 설치되어 있다. 터널 내부에는 거대한 전자석이 있어 우주에서 낼 수 있는 최대 속도인 빛의 속도에 가깝게 가속해 입자를 서로 충돌시킨다. 충돌 결과는 웬만한 성당 한 채가 들어갈 정도로 넓은 공간에 설치된 여러 대의 거대한 검출기가 기록한다.

위의 과정에서 수집된 정보 분석을 통해 우주를 구성하는 아원자 입자 subatomic particle [08]를 밝혀냈다. 물리학사에 따라서는 이러한 발견으로 우주에 있는 모든 입자의 상호작용을 설명하는 '모든 것의 이론 theory of everything '[09]의 정립이 눈앞에 있다고 주장한다. 이 이론은 아직 완성되지는 않았지만, 물리학, 화학, 생물학, 수학, 역사학, 고고학을 비롯한 수많은 분야의 연구자들 덕에 큰 진전을 이루었다.

이상과 같이 호기심 넘치고 똑똑한 과학자들은 우리가 존재하기 위해 반드시 일어나야 했던 중요한 사건들을 밝혀냈다. 그들은 이러한 사건이 일어난 이유를 설명하기 위해 정성스럽게 질문을 던지면서 중요한 사건의 비밀을 푸는 실마리를 가져왔다.

우주에 생명체가 존재한다는 사실은 거울에 비친 우리의 모습만 봐도 알 수 있다. 그러나 중력이 조금 더 약하거나 얼음이 물에 가라

---

07 스위스와 프랑스 국경에 걸친 입자물리학 연구소로, 현재 명칭은 'European Organization for Nuclear Research'이다. 그러나 약칭은 여전히 옛 명칭을 축약한 형태를 사용한다.

08 원자를 구성하는 전자, 양성자, 중성자 등의 입자.

09 강한 상호작용과 약한 상호작용, 전자기력과 중력으로 풀이되는 네 가지 기본 상호작용의 근원이 하나임을 밝혀내어 통합적으로 설명하는 가상의 이론이다.

앉았다면, 생명체가 존재할 수 있었을까? 이 질문과 관련하여 화산은 생명체의 탄생에 핵심적인 역할을 했을 것으로 추정된다. 이에 대한 근거로 지구는 그동안 연구해 왔던 다른 암석형 행성[10]에 비해 유난히 화산 활동이 많다.

달에 의한 조수 간만의 차도 생명체의 탄생에 필수적인 영향을 미쳤을 가능성도 배제할 수 없다. 지질학자들은 '테이아 Theia'라는 행성이 당시 젊은 지구와 충돌하여 달이 형성되었다고 여긴다.[11] 만약 테이아가 지구를 그냥 지나쳤다면 달도, 생명체도 높은 확률로 존재하지 않았을 것이다.

만약 3억 년 전 석탄기에 석탄이 형성되지 않았다면 어땠을까? 그렇다면 인류는 태양광과 풍력으로 기술 발전을 도모하여 인간의 활동이 불러온 기후 변화를 피할 수 있었을까?

인류가 고차원적인 기술의 진보를 이룬 배경에는 사실상 3억 년 전에 죽은 식물로 만들어진 석탄이 있었다고 해도 과언은 아니다. 그렇다면 기술이 고도로 발전된 문명이 존재하는 행성이라면 석탄이 반드시 만들어졌어야 할까? 만약 그렇다면 얼마나 자주 생성되어야 할까?

인류는 그중 일부에 답변할 만큼 진보를 이루었다. 우리는 이에 그치지 않고 다른 중요한 질문까지 고민하는 단계에 이르렀다. 이러한 질문으로는 우주에 생명체가 얼마나 존재하는가, 인간과 같은 문명이 흔한가 아니면 희박한가 등이 있다. 이처럼 우리 우주의 137억

---

10   지구형 행성(terrestrial planet)과 동의어.

11   이는 거대충돌설(Giant impact hypothesis)에 해당한다. 테이아는 이 가설에 등장하는 가상의 천체로, 크기는 화성과 비슷하다.

7,000만 년의 이해에 기여한 과학의 역사는 끈기와 놀라움, 그리고 경이로운 발견으로 가득하다. 물론 발상은 좋아도 잘못된 결론으로 과학적 진전을 이루지 못할 때도 있었지만, 원인이 무엇인지 몰랐던 관찰이 이해되면서 '유레카!'를 외친 순간도 많았다.

현 세계는 '한계를 뛰어넘은 기술의 발전'으로 정의할 수 있다. GPS와 태양광 패널, 원자력, 작물 생산량 증대와 현대 의학은 과학자들이 힘들게 얻어 낸 통찰이 있있기에 가능한 일이었다. 그들 가운데 누군가는 새로운 발견을 통해 부와 명예를 거머쥐었을 테다. 그러나 수많은 발전은 대부분 부와 명예를 갈구하는 욕망 때문은 아니다. 그러한 공헌은 문제를 해결하고 우주의 일부 측면이라도 이해하려는 염원이 담긴 개개인의 헌신이 있기에 가능했다.

인류는 자연 현상과 우주의 역사를 이해하고자 일평생 노력했던 수많은 과학자에게 두고두고 감사해야 할 정도의 빚을 졌다. 그러나 이 책에서는 과학자가 과학의 비밀을 풀어낸 과정을 군이 설명하지는 않겠다. 흥미롭지 않아서가 아니다. 단지 지식 그 자체에 더 집중하려 함이다. 발견 과정에 얽힌 이야기는 향후 더 긴 분량의 책에서 다루도록 하겠다.

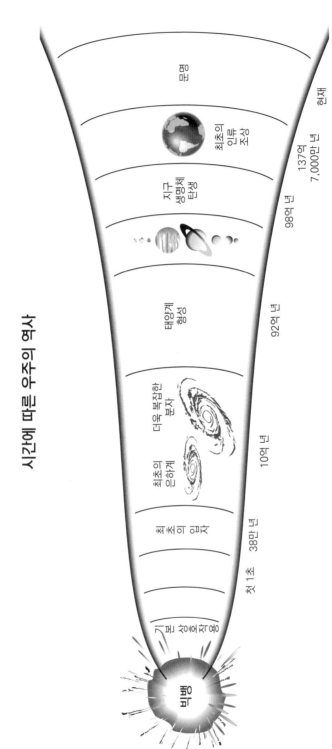

시간에 따른 우주의 역사

- 빅뱅
- 빛의 에너지 편
- 첫 1초
- 최초의 입자
- 38만 년
- 최초의 은하계
- 더욱 복잡한 분자
- 10억 년
- 태양계 형성
- 92억 년
- 지구 생명체 탄생
- 98억 년
- 최초의 인류 조상
- 137억 7,000만 년
- 달 형성
- 현재

137억 7,000만 년에 달하는 역사를 한 권의 책에 담아내려면 일단 내용을 선별하는 작업이 필요하다. 이에 필자는 우리가 존재하기 위해 반드시 일어나야 할 핵심적인 사건에 집중했다. 우주의 탄생 이후 네 가지 기본 상호작용 interaction 인 중력 gravity, 전자기력 electromagnetism, 강한 상호작용 strong nuclear force 과 약한 상호작용 weak nuclear force [12]이 적절한 세기를 지닌 상태로 등장해야 한다.

그리고 쿼크와 전자가 존재해야 쿼크 간 결합으로 양성자와 중성자를 생성하고, 전자가 더해지면서 수소와 헬륨 원자기 만들이진다. 또한 최초의 별이 형성되어야 탄소와 산소 등 더 무거운 원소가 만들어진다. 이에 원소 간 상호작용으로 수많은 분자가 생성된다. 행성으로는 은하수와 태양계 가운데 특히 태양과 지구가 생성되어야 하며, 생명체가 탄생하기 적절한 환경을 갖추어야 한다.

우리가 아는 생명체들이 확산과 진화를 거쳐 종국에는 우리처럼 복잡하며, 의식을 지닌 생물로 거듭나려면 지구의 환경이 일정 범위 내에서 유지되어야 한다. 그리고 여러 사건이 우리의 인격을 형성한다. 이처럼 이 책에서는 과학에서 중요한 사건들을 먼저 설명한 뒤, 이들 사건이 필연적이었는지, 그저 운 때문인가를 논의하도록 하겠다.

이에 논의 과정에서 각 장에 소개할 본격적인 내용이 등장하기까지 이어져 온 다양한 연구 사례를 제시하면서 더욱 자세히 설명할

---

12 강한 상호작용/약한 상호작용은 공통적으로 원자핵을 이루는 양성자와 중성자 사이에 작용하는 힘으로, '강한 핵력/약한 핵력' 또는 '강력/약력'이라고도 한다. 강한 상호작용은 원자핵이나 중간자의 결합을, 약한 상호작용은 핵반응을 통한 입자의 종류 변화에 관여한다.

것이다. 이 책의 목표는 단순히 개개의 내용마다 숨겨진 의미와 진행 중인 관련 연구의 나열이 아니다. 그보다는 우주의 여러 측면을 이해하기 위해 과학자들이 지금껏 일구어 온 진전을 조명하는 데 있다. 이에 더 깊이 있는 지식을 원하는 독자를 위해 물리학, 화학, 지구과학, 진화와 인류의 역사를 더 자세히 다룬 과학 분야의 추천 도서 목록을 부록으로 정리했다.

이쯤 되면 필자의 배경과 전문성이 궁금해질 것이다. 당신이 생태학과 진화 분야의 연구자가 아니라면 필자를 마주칠 확률은 매우 낮다. 특히나 이 책은 필자의 첫 교양 과학서이므로 과거 저서 중 당신이 읽었을 법한 책은 없을 것이다. 필자는 현재 옥스퍼드대학교 교수로, 생물학과 통합학과장직을 맡고 있다. 또한 연구소와 대학에 30년 이상을 몸담은 과학자로, 자연계의 작동 원리에 대한 이해가 필자의 주요 연구 주제다. 강의 중에는 복잡한 개념을 이해하기 쉽게 가르치려고 노력하며, 공개 강의도 즐기는 편이다.

2013년에 아내 소냐가 필자를 만나고 얼마 되지 않은 때, 아내는 친한 친구들에게 옥스퍼드대 교수와 사귄다고 말했다. 이에 그들은 필자가 냉담하고 잘난 척하며 오만한 사람일 것이라 지레짐작했다. 이러한 짐작은 아내의 친구들이 만났던 옥스퍼드대학교 교수의 특징 탓이라기보다는 명문 대학에 몸을 담은 과학자일수록 대외적으로 썩 호감이 가는 이미지는 아니기 때문이었다.

그럼에도 아내의 친구들이 생각했던 이미지와 다르게 필자를 마음에 들어 했으니 다행이라고 생각한다. 필자는 그간 냉담하고 잘난 척하며, 오만하기까지 한 옥스퍼드대 교수뿐 아니라 이와 비슷한 성

존재의 역사

격의 변호사, 회계사, 산업계의 거물도 만난 적이 있다.

과학이란 과목이 사람을 주눅 들게 한다지만 과학자라고 일반인과 다를 것은 없다. 겸손한 사람도 있는가 하면 그렇지 않은 사람도 있다. 때로는 신경질적이고, 실수도 하며, 진지하지만 가끔 우스꽝스러운 모습을 보이기도 한다.

그리고 옥스퍼드대 교수직은 필자의 선택에 따른 것은 아니었다. 그저 일련의 운과 뜻하지 않은 일들이 빚어낸 결과였다. 앞으로 가끔 내용을 전개하면서 막간에 필자의 인생 이야기도 곁들이도록 하겠다.

필자가 이 책을 쓰는 데는 여러 가지 이유가 있다.

첫째, 많은 이들이 과학에 쉽게 다가갈 수 있도록 하면서도 과학자의 인간적인 면모를 보여주려 한다.

둘째, 후반부에 가까워질수록 인격의 형성을 다루고자 한다. 여기에서도 필자의 인격을 형성한 핵심적인 사건에 잠시나마 초점을 맞추고 있는바, 당신 또한 필자를 조금은 이해할 필요가 있다.

셋째, 마지막 장에는 과학이 주는 교훈과 더불어 당신의 이해에 도움이 될 필자의 이야기를 전하려 한다.

이 책의 집필 또한 30년 전, 20대 초반부터 시작된 필자의 인생 역정의 일부이다. 필자는 10대 시절에 성인이 되어 무엇을 하고 싶은지 몰랐다. 그러던 와중 영국의 대학에 지원하여 수학을 전공할 기회가 생겼다. 당시 필자는 수학을 깊이 공부해 두면 선택할 수 있는 진로의 범위가 늘어나리라는 생각을 했으며, 다행히 수학 공부는 흥미로웠다.

대학 생활을 시작하기 전, 필자가 짐바브웨의 어느 시골 학교에서 1년 동안 교사로 지낼 때의 일이었다. 문득 초목 사이를 걷다가 멈춰 서서 영양 떼를 바라보았다. 그러다가 필자에게는 수학자보다 생물학자가 더 잘 어울리겠다는 생각에 전공을 바꾸어 잉글랜드 북부의 요크대학교에서 생물학을 공부하기 시작했다.

교사로 지내는 동안 필자는 짐바브웨라는 나라와 그곳에서 만난 사람들을 사랑하게 되었다. 이에 필자는 아프리카로 다시 돌아가기를 간절히 바랐다. 그러던 중 공교롭게도 2학년 말에 평가하는 학부생 연구 과제를 선택하면서 다시금 아프리카에 갈 기회가 생겼다. 알고 보니 설득을 통해 교수가 과제를 감독한다는 조건하에 자체적으로 과제를 수행하는 방법이 있었던 것이다. 운 좋게도 필자는 그 일을 해낼 수 있었다.

발이 넓은 사촌의 도움에 힘입어 필자는 케냐 코라 국립보호구역 내에 있는 조지 애덤슨 George Adamson 의 숲속 캠프에 들어갈 수 있었다. 조지 애덤슨은 전통적인 환경보호 운동가였다. 그는 아내 조이 애덤슨 Joy Adamson 이 두 사람의 일생을 소재로 쓴 책인 《야성의 엘자 Born Free 》와 동명의 영화가 세상에 나온 뒤부터 유명세를 얻기 시작했다.

당시 필자의 과제는 야생 새끼 사자와 사람의 손에 길러진 새끼 사자의 행동 비교였다. 당시 조지는 어미가 총에 맞아 혼자가 된 새끼 사자를 키워 자연에 방생하고 있었다. 필자는 몇 주 동안 캠프에 머물며 사자의 행동을 관찰, 기록했다. 그리고 여자 친구를 비롯한 다른 친구 여러 명과 함께 케냐에서 탄자니아, 말라위까지 히치하이킹을 한 뒤 영국으로 돌아왔다.

존재의 역사

필자가 아프리카에서 보낸 시간은 너무나도 소중했다. 비록 과제의 과학적인 근거는 빈약했지만, 그곳에서의 매 순간을 즐겼다. 어린 시절에 필자는 커서 타잔이 되고 싶었다. 그렇게 시간이 지나고 21세의 어른이 되어 사자에 둘러싸여 일했을 때가 당시의 꿈에 가장 가까웠던 시절이었지만, 연구는 그리 잘하지 못했다. 하지만 아프리카에서 겪은 다양한 경험이 필자를 과학자의 길로 이끄는 데 결정적인 역할을 했다.

케냐를 떠나 여행을 하던 중 어느 날에는 열대열 원충 Plasmodium falciparum 이 원인체인 뇌성 말라리아에 걸렸다. 예방약을 계속 먹던 중이었으나, 점점 약물 저항성이 나타나기 시작했다. 정수용 알약과 말라리아 약을 혼동한 것이 문제였다. 식수로 적합하지 않은 물을 마신 탓에 수인성 세균에 감염되어 배탈이 났었는데, 속이 좋지 않아 말라리아 약을 먹지 않는 바람에 병에 걸린 것이다. 게다가 말라리아 약을 먹을 때마다 배가 아팠던 이유도 설명이 된다. 정수용 알약 성분인 염소가 위장 내벽을 심하게 자극했기 때문이다.

뇌성 말라리아 증상은 며칠 주기로 나타났다. 그런데 아프리카에 있는 동안에 몸이 좋지 않으면서도 그 이유를 알지 못했다. 그렇게 영국에 돌아온 다음 날, 필자는 고열로 정신이 혼미한 채 케임브리지 외곽에 있는 부모님 댁 인근의 애든브룩 병원 Addenbrooke's Hospital 으로 달려갔다.

당시 상황은 기억이 잘 나지 않는다. 다만 의사가 진단 후 치료를 시작하면서 증상이 한 번 더 나타났다면 죽을 수도 있었다는 말만은 똑똑히 기억한다. 다행히 필자가 앓던 말라리아는 치료가 가능한 유형이었고, 머지않아 완쾌할 수 있었다.

마지막 고열 증상이 말라위에서 히치하이킹을 하던 도로가 아니라, 고국에 돌아온 후에 나타났기에 운이 참 좋았다는 생각이 든다. 정말이지 정신이 번쩍 들 정도로 아찔한 경험이었다. 당시 죽을 수 있으리라는 생각을 단 한 번도 한 적이 없었기 때문이었다. 그렇게 말라리아로 죽을 뻔한 경험은 이후의 삶에 지속적으로 영향을 미쳤다.

그 후 필자는 몇 달 동안 인생에서 무엇을 성취하고 싶은가를 고민하기 시작했다. 실제로 임종을 맞이한다면 어떤 생각이 들까 하는 생각이 들었다. 만약 필자가 말라리아로 죽었다면 젊은 날을 허비한 자신에게 실망스러웠을 것이다. 따라서 생의 마지막에 다다랐을 때, 그동안의 삶을 돌아보면서 앞으로 즐거움과 성취감을 느낄 수 있도록 살아가기로 다짐했다.

신앙보다 새로운 지식을 추구하며 과학을 온전히 받아들이기로 결심한 시기도 바로 그때쯤이었다. 이에 필자는 우리가 인생의 마지막을 맞이하기 전까지 존재하는 이유, 그리고 어차피 죽음과 함께 사라질 인격이 성장하는 이유는 대체 무엇인지를 제대로 알아내겠다는 결심을 했다. 이때는 과학자의 길을 택하기로 한 시점이기도 하다.

필자는 지금껏 여러 해가 지나도록 필자의 존재에 대해 고민하고 연구하며 시간을 보냈다. 과학자들이 그렇듯 인간이나 동물의 고통 경감, 생활 수준 향상, 기후 변화와 같이 인류를 위협하는 문제 등을 연구하며 사회에 공헌하고자 하였다. 그 동기는 다소 개인적이다. 그저 필자가 존재하는 이유와 이를 위해 일어나야 했던 일들을 알고 싶었을 뿐이다.

그 결심도 이미 30년 전의 일이다. 현생을 살자니 제대로 준비하는 데 오랜 세월이 지났다. 생활비를 벌어야 했고, 결혼도 해서 가정을 꾸리고, 이혼과 재혼도 겪었다. 누구나 그렇듯 필자의 인생도 때로는 즐겁고, 슬프기도 했고, 편하다가도 힘들 때가 있었으며, 좌절하면서도 한편으로는 보상도 받으며 살아왔다.

그 시간 속에서도 필자의 내면에는 여전히 존재의 이유를 이해하고자 하는 열망이 남아 있었다. 필자는 빌 브라이슨 Bill Bryson [13]과 데이비드 크리스천 David Christian [14] 같은 저자들이 우주에 관한 멋진 책을 쓰는 것을 보며, '나도 책을 쓰되 다른 지자들의 집근법과는 다른 방식으로 쓸 수 있지 않을까?'라는 생각이 들었다. 그럼에도 우리가 존재하는 이유를 모두 이야기할 수는 없다. 하지만 현재에 이르기까지 어떤 일이 일어나야 했고, 그 이유는 무엇이며, 과학자들이 이를 어떻게 밝혀냈는지만큼은 잘 알고 있다.

과학자로 살아오면서 의외로 많은 이들이 과학을 불신하며, 그다지 관심을 보이려 하지도 않는다는 사실을 알게 되었다. 물론 과학은 어렵거니와 개념을 직관적으로 이해하기 힘들 것이다. 그뿐 아니라 학교에서의 교육 방식 또한 그다지 즐겁지 않은 방식이었음은 필자도 인정하는 바이다.

과학을 불신하는 일부 시각에는 최근 몇십 년에 걸친 놀라운 기술적 진보에도 기술이 인류를 늘 이롭게 하지 못한 탓도 있다. 그 예

---

13   《거의 모든 것의 역사(A Short History of Nearly Everything)》,《바디(The Body)》등을 쓴 영국 작가.

14   빅뱅에서 인류 출현까지의 과정 속 다양한 상호작용을 포괄하는 거대사(big history) 및 지구사(global history) 분야의 석학인 호주 맥쿼리대학교 교수이자《빅 히스토리(Big History)》의 저자.

로 원자의 분열은 놀라운 과학적 성취임과 동시에 인류를 쓸어 버릴 위력을 지닌 핵폭탄의 시대가 도래하는 원흉이 되었다. 그런가 하면 안과 수술용 레이저가 살을 찢어발기는 무기가 되고, 땅을 갈아엎지 않고도 공중에서 파종하는 데 사용하는 무인 드론으로 수백 km의 거리에 있는 사람을 날려 버리는 것도 가능해졌다.

그렇다고 과학을 이용하는 방식으로 과학 자체를 문제 삼아서는 안 된다. 과학이 누군가에게 해를 입히거나 살상하는 수단이 되었다면, 이는 그럴 목적으로 과학을 선택한 자들 때문이다. 마찬가지로 좋은 목적으로 사용되는 것 또한 인간의 선택에 달렸다.

결국 과학은 세상에 관한 지식을 찾아내는 방법이다. 세계 곳곳에서 식량 안보 증대로 수많은 질병을 박멸, 예방 및 치료하여 수명 연장에 기여한 바도 과학의 긍정적인 효과에 속한다. 다만 이와 같은 긍정적인 영향력이 인류의 행복을 증진시켰는가의 여부는 불투명하다.

기술은 일상을 편리하게 만들고 기대 수명을 늘려 우리에게 더 많은 시간을 돌려주지만, 한편으로 불안감을 주기도 한다. 물론 인공지능이 필자보다 책을 더 잘 쓰게 될지, ChatGPT의 출현으로 쓸모없는 사람이 되지는 않을까 하는 생각 말이다. 물론 필자는 그러한 부분까지 장담할 수는 없다. 다만 사람들이 과학을 이해한다는 전제 아래 기술의 쓰임새를 논의하는 데 지혜를 보탤 수는 있다.

한편으로 필자는 존재의 이유에 깊이 빠지면서 과학의 대변인이 되고 싶다는 생각도 들었다. 과학은 역사나 철학보다 어려울지 몰라도 다른 분야에서 불가능한 방식으로 진보를 이루어 낸다. 과학과 기술이 없었다면 날씨가 자비를 베푸는 때, 바깥에 앉아 자연현상이 일어나는 이유를 밝히려는 토론을 벌이고 있었을 것이다. 아니면 지진이 위대한 조상님의 분노를 샀다거나, 미래에 일어날 분란의 징조라고 추측하고 있지는 않았을까.

오늘날 우리는 과학 덕에 지진이 지구의 표면을 구성하는 거대한 판이 다른 판 위로 미끄러져 들어가면서 일어나는 현상임을 이미 알고 있다. 이처럼 과학은 우리가 세상에 존재하는 과정을 제대로 이해하는 수단이며, 현실에 적용되면서 지난 수십 년 동안 세상을 확연하게 바꾸어 놓았다는 점에서 경이롭다.

이에 다음 장에서는 과학적 원리와 사실을 발견하는 방법을 살펴보겠다. 과학적 연구 방법은 단언컨대 인류의 발전이 만든 가장 위대한 성과라 할 수 있다. 그것이 없었다면 우리는 우주의 원리와 탄생에 대해 그 무엇도 알지 못했을 것이다.

제1장

거대한 역사의 전제

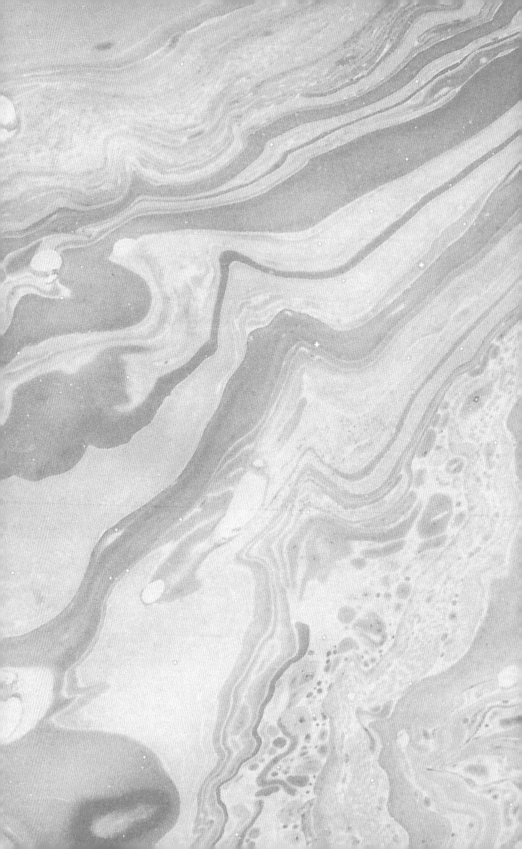

과학과 비과학

밀레토스[15]의 탈레스 Thales of Miletus 는 세계 최초의 과학자라고 해도 과언이 아니다. 그는 철학은 물론, 법과 정치 분야에서의 성과로 명성을 떨쳤다. 이뿐 아니라 탈레스는 지식과 지혜의 아이콘으로 추앙받던 고대 그리스의 일곱 현인에 최초로 추대된 인물이다. 밀레토스의 탈레스는 명칭 그대로 2,600년 전 밀레토스에 살았다. 그에 관한 모든 기록이 사실이라면, 탈레스는 비범한 삶을 살았던 당대의 유명 인사인 셈이다.

탈레스의 일생을 하나로 엮기는 쉽지 않다. 그의 업적으로 알려진 것 가운데 상당수는 그의 사후 수십 년이 지난 뒤에 기록된 자료

---

15   아나톨리아 반도 서부에 위치한 고대 그리스의 식민도시.

에 근거한다. 탈레스가 살았던 당시 그의 업적을 다룬 기록은 거의 남아 있지 않고, 역사학자 또한 탈레스가 직접 남긴 기록을 단 한 장도 찾지 못했다.

다만 헤로도토스 Herodotus 와 에우데모스 Eudemus 등 고대 그리스의 역사가들은 탈레스를 깊이 존경했다. 그들은 태양과 달의 지름 측정법, 1년을 365일로 통일, 별을 활용한 해군의 항해술 개선, 일식 예측, 동지(冬至)와 하지(夏至)의 발견, 군대가 건널 수 있도록 할리스 강의 흐름 바꾸기, 각종 수학적 정리 theorem , 선물거래 고안, 지구설 spherical earth [16] 등 탈레스의 굵직한 업적을 언급한다. 이 가운데 일부 행적은 비교적 설득력 있는 증거가 남아 있기는 하다. 그중에서도 상기한 내용을 관통하는 공통적인 개념이 하나 있다. 바로 탈레스는 실제로 시험 가능한 가설을 거쳐 사물을 이해하고자 했다는 것이다.

탈레스에서 현대에 이르기까지 과학자들은 세상을 둘러싼 사실을 밝혀내기 위해 온 힘을 다한다. 이때 사용되는 기법이 바로 과학적 연구 방법이다. 이는 복잡하지 않으면서도 매우 효과적이며, 이 책에서 소개할 모든 사실을 밝히는 방법이기도 하다.

과학이란 특정한 관찰 결과가 발생하는 원인을 설명하고, 미래에 일어날 현상을 예측한다. 늘 일어나는 현상은 관찰하기가 참 쉽다. 그 예로 공중으로 뛰었다가 다시 지면으로 떨어지는 행위를 생각해 보자. 우리가 지면에서 점프한다고 우주 저편으로 둥둥 날아가는 일이 절대 일어나지 않는 것은 모두 중력 덕분이다. 중력은 늘 우리

16   지구가 평평하다고 믿는 지평설(flat earth)과 반대의 개념으로, 땅이 구체의 형태를 지닌다는 주장을 말한다.

를 아래로 끌어당기지만, 관찰 대상에 따라서는 그때그때 결과가 달라지는 변덕스러운 모습을 보이기도 한다.

한편으로 얼음을 상온에 그대로 두었을 때 액체, 즉 물로 변하는가 하면 녹지 않은 채로 남아 있기도 한다. 최소한 해수면 이상의 높이에서 온도가 어는점 미만일 때 얼음의 상태를 유지하겠지만, 그 이상이라면 녹아서 물이 될 것이다. 이처럼 과학의 목적은 관찰 결과를 설명하고, 그 원인을 파악하는 데 있다. 앞선 두 사례는 무한하게 반복할 수 있는, 비교적 간단한 관찰에 해당한다.

반면 드문 사건일수록 연구는 더욱 어려워진다. 우주가 탄생한 시점에서 우리는 과연 필연에 따른 존재인가의 여부를 관찰한다고 해 보자. 이는 단 한 번만 발생한 사건을 다루므로, 관찰 내용의 이해와 예측이 훨씬 더 어렵다. 그럼에도 해당 문제는 과학자들의 노력으로 해결에 조금씩 진전을 보이고 있다.

아주 오래전에 발생한 사건도 연구가 어렵기는 매한가지다. 과거로 거슬러 갈수록 남아 있는 정보가 더 적기 마련이다. 우리는 고대 그리스의 위인보다 현재 유명인의 삶에 필요 이상으로 많은 것을 알고 있지 않은가. 또한 우리는 약 9,000년 전 가장 융성했던 세계 최초의 도시인 차탈회위크 Çatalhöyük [17]보다 고대 밀레토스에 살던 주민에 대해 상대적으로 더 많이 알고 있다.

그보다 더 앞선 시간으로 거슬러 올라가면 정보는 훨씬 희박해진다. 화석 기록은 생명체의 역사를 이해하는 데 유용하지만, 발견되는 양이 드문 데다가 그마저 형태가 온전하지 않은 경우가 허다하다.

---

[17] 튀르키예 중앙 아나톨리아 콘야 지역에 있는 신석기 시대의 초기 도시 유적으로, 기원전 7500년에서 5700년 사이에 존재하였다.

게다가 종을 막론하고 고대 생물 가운데 사망 후 화석으로 남은 개체는 극소수에 불과하다. 이에 고생물학자가 현재까지 발굴한 성체 티라노사우루스 렉스 화석은 총 32마리뿐이다.

티라노사우루스 렉스는 거대한 골격과 이빨을 가진 대형 공룡이다. 참고로 신체 부위 중 가장 화석이 되기 쉬운 부위가 바로 뼈와 이빨이다. 물론 32마리도 많은 것이 아닌가 하는 생각이 들 수 있고, 실제로도 다른 종보다는 많이 남아 있다고 볼 수는 있다. 하지만 이 무시무시하고 거대한 존재는 2,500만 년 동안 지구를 누비던 생명체로, 고생물학자는 총 250억 마리의 티라노사우루스 렉스가 살았을 것이라고 추산했다. 현존하는 인간에 위의 화석화 비율을 대입해 본다면, 6,600만 년 후 겨우 100명만 화석으로 남는 꼴이다. 이를 계산해 보면 인간의 0.00000128%만 화석이 되는 셈이다.

동식물이 화석이 되려면 반드시 적절한 환경과 상황 속에 사망해야 한다. 물론 화석이 될 확률을 극대화하는 최선의 방법이 있기는 하다. 바로 갑작스러운 홍수에 밀려온 토사나 화산 폭발로 분출된 화산재에 순식간에 파묻힌 뒤, 시체가 최소 1만 년 이상 온전히 보존되어야 한다는 것이다. 그렇지만 성공한다는 보장은 없다.

필자도 화석이 되길 원한다. 물론 자녀들은 이미 필자가 화석이나 다름없다고 하지만 말이다. 그래도 이왕이면 홍수나 화산 폭발에 생매장을 당하는 대신 평화로운 최후를 맞이하고 싶다. 필자가 화석이 되고 싶은 이유는 미래의 과학자들이 우리 시대의 역사를 해석할 때 도움이 되고 싶어서이다. 미래의 고생물학자들이 필자의 화석을 발견한다면, 필자는 생전보다 사후에 인류에게 도움을 주는 존재가 될 것이다.

과거 생존했던 생명체의 역사는 일부 인상화석 trace fossil [18]의 형태로 바위에 남아 있다. 그러나 인상화석은 워낙 희귀하기도 하고, 우리가 세상에 존재하게 된 경위를 밝히는 데는 딱히 도움이 되지 않는 경우가 많다. 그 와중에도 화석을 연구하는 고생물학자는 생명체의 역사를 두고 놀라운 분석 결과를 선보였다.

이상을 토대로 이 장에서는 과학의 원리를 다루고자 한다. 과학적 연구 방법에는 여러 가지가 있으며, 우리가 사는 우주의 실체를 밝히는 데 도움을 준다. 인기에 영합하는 일부 징지인 및 소셜 미디어에 상주하는 전문가들의 생각은 다르겠지만, 사실이 아닌 내용을 되풀이해 봤자 그 내용이 지식으로 탈바꿈하지는 않는다. 세상의 이치를 설명하는 데 그러한 방법은 이제 식상하기 그지없다. 물론 과거에 과학적 연구 방법으로 지식을 얻기 전, 사람들은 주변 세계를 관찰한 결과를 설명하는 데 허구를 담곤 했다. 그중 그럴싸한 설명도 많기는 하지만, 대개는 괴담에 지나지 않는다.

과학적 노력이 그동안 수많은 지식을 일구어 냈음을 감안할 때, 괴담과 그 탄생이 오늘날 사회에서도 여전히 모종의 영향력을 끊임없이 미치고 있다는 사실이 놀랍고도 개탄스럽다. 필자만 해도 왕족 중 파충류 외계인이 있고, 엘비스 프레슬리는 아직 살아 있는 채 은둔 중이며, 2020년 미국 대선은 도널드 트럼프의 승리로 끝날 것이라는 둥, 달 착륙은 가짜에 키아누 리브스는 불사의 몸이며, 어쩌면 흡혈귀일지도 모른다고 믿는 음모론자들을 만난 적이 있다.

18   생물의 골격이나 형체는 사라지고 그 흔적만 암석 표면에 남아 있는 화석.

너무 말도 안 되는 말이야 웃어넘길 수는 있겠지만, 근거 없는 소리에 귀를 기울이느라 사실을 부정하는 단계에 이른 사람은 위험할 수 있다. 동종요법 homeopathy [19]이나 원격 치유 distance healing 는 당연히 효과가 없고, 생강에 암 치료 효능이 없음은 이미 과학으로 충분히 밝혀졌다. 하지만 많은 사람들이 이와 같은 잘못된 믿음에 집착한다.

과학과 의학이 만병통치약은 아닐지언정 수많은 질병의 치료에 놀라운 진보를 이루어 냈다. 얼굴조차 본 적 없는 웬 신비주의자가 팀북투 Timbuktu [20]에서 당신을 위해 기도한다는 말만 듣고 현대 의학의 치료법을 무시한다면 단명을 각오해야 한다. 그러니 과학을 믿도록 하자.

과학은 증거를 만들어 가설을 뒷받침하거나 논박하고, 원인을 알 수 없는 문제의 원인을 해명한다. 괴담과 음모론은 증거와 거리가 멀다. 우리 문명은 과학으로 발전해 왔으며, 이를 일루미나티가 꼭두각시 인형 조종사처럼 흑막에 숨어 조종한 결과라고 생각하면 곤란하다. 당신이 존재하는 이유는 그 어떤 미신이나 음모론보다 훨씬 더 설득력이 있으며, 검증도 가능하다.

---

19   현재 겪고 있는 질병과 비슷한 증상을 일으키는 물질을 사용하여 병을 치료하는 방법.

20   아프리카 말리의 도시명.

과학적 연구의 시작

    과학적 연구 방법은 관찰과 질문으로 시작한다. 관찰 대상은 자연물이나 인공물 가운데 어느 것이라도 모두 가능하다. '이 나무는 왜 여기 있을까?'라든지, '이 나무는 왜 다른 품종도 아니고 그 품종으로 존재하는 것일까?', '내 몸은 왜 아플까?', '몸이 회복되는 이유가 뭘까?', '뛰어오를 때마다 땅에 떨어지는 이유는 뭘까?', '지금 영국에는 부모님이 젊었을 때보다 눈이 왜 적게 올까?' 같은 단순한 질문이라도 좋다. 이 책에서 필자의 관찰이란 '우리는 존재한다.'이며, 이에 따른 후속 질문은 '우리는 왜 살아 있는가?'이다. 과학은 이 질문의 해답에 더욱 가까워지기 위해 오랜 세월 발전을 거듭해 왔다.

과학적 연구 방법

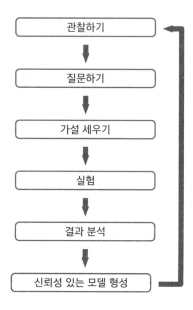

필자는 어린 시절부터 부모님께 계속 질문을 해 왔다. 부모님께서는 그때 화가 나셨을지도 모르겠지만 말이다. 필자가 서너 살 때처음으로 부모님과 함께 바다에 갔을 때의 일이었다. 필자는 몇 분동안 바다를 바라보면서 파도가 위아래로 움직이는 이유가 무엇인지 부모님께 물은 적이 있었다.

당시 부모님 모두 교육 수준이 높고 과학적 개념이 뿌리박힌 분이셨다. 그럼에도 질문에 대답하기가 점차 어려운 지경에 이르면서 필자는 결국 도서관에 가서 과학 도서를 빌려왔다. 그리고 10대가 되자 부모님께서는 청소년 과학 주간지를 구독해 주셨다. 필자는 잡지가 배송되는 날만 기다렸다가 잡지를 받으면 처음부터 끝까지 샅샅

존재의 역사

이 읽었다. 때로는 읽었던 개념의 이해를 돕기 위해 그래프를 그리거나 공식을 적기도 했다.

아마 심리학자가 어린 시절의 필자를 연구했다면 괴짜 소년으로 분류하지 않았을까. 한편으로 부모님이 연구 대상이었다면 필자가 과학에 집착하면서 학교에 잘 적응하지 못하는 모습을 걱정한다고 여겼을 것이다.

필자는 학교를 좋아하지 않았다. 사람들은 대부분 필자를 조금 이상한 애 취급했기 때문이다. 10대 시절 골프 비지에 끝이 뾰족한 구두와 트렌치 코트, 녹색 트릴비 모자 Trilby hat [21] 도 문제를 해결하는 데 딱히 도움이 되지 않았다. 그리고 또 다른 이유로는 학교가 세상이 돌아가는 원리가 아닌, 나열된 사실만을 줄줄이 배우는 곳이었기 때문이다. 따라서 필자는 학교에서 과학적 연구 방법을 배운 적이 없다. 집에서 혼자 연구했을 따름이다.

관찰이 끝났다면 다음으로 가설을 제시한다. 가설은 관찰에 대한 타당한 설명을 말한다. 심리학자가 어린 시절의 필자를 관찰한다면 필자가 유전적으로 과학을 좋아하는 괴짜라는 가설을 세울지도 모르겠다. 그렇지만 1980년대의 과거에는 이를 쉽사리 검증할 수 없었다.

가설은 추가적인 관찰이나 실험으로 검증할 수 있어야 의미가

---

21 중절모를 간소화한 모자로, 챙이 작고 크라운이 낮은 것이 특징이다. 명칭은 프랑스계 영국인 작가 조지 듀 모리에(George du Maurier)의 소설 〈트릴비〉와 동명의 여주인공인 '트릴비'에서 왔으며, 형태 또한 그녀가 착용하는 모자에서 유래했다.

있다. 검증할 수 없는 가설은 미신이나 꾸며낸 이야기와 다를 바가 없다. 얼핏 그럴듯하게 들릴지라도 지식은 우리의 관찰을 넘어설 수는 없기 때문이다.

가설을 제시하는 방법을 보여 주기 위해 앞선 질문인 '저 나무는 왜 저기 있을까?'를 집중적으로 다루어 보겠다. 이 질문을 선택한 이유는 다음과 같이 두 가지이다.

첫째, 누구에게나 관련이 있을 법하지만, 나무를 보면서 아무도 그 질문을 던지지 않을 것이기 때문이다.

둘째, 필자가 박사 학위 연구를 시작한 직후 들판에 앉아 그곳에 있는 자작나무를 1시간 동안 바라보며 정확히 같은 질문을 했기 때문이다. 그 질문은 박사 학위 논문의 주제를 '지형 내 수목 분포와 다람쥐, 사슴 등 동물의 역할 간 상관관계'로 정하는 계기가 되었다.

'이 나무는 왜 여기 있을까?'라는 질문에 즉시 떠오르는 대답은 다음과 같다. 결함이 없는 한 나무 품종의 씨앗이 그 장소에 정착하여 원만하게 발아하고 성장하여 묘목으로 생존한 개체가 유목을 거쳐 성목으로 자랄 수 있는 올바른 환경이 갖추어졌기 때문이다. 이 과정에서 나무는 초식 동물에 먹히거나, 치명적인 질병을 일으키는 병원체에 감염되지 않은 상태에서 생존해야 한다. 동시에 생장에 필요한 물과 빛, 영양분을 충분히 공급받아야 한다. 이처럼 뻔한 대답이라도 알고 보면 하나의 지식을 위해 수많은 가설들이 수립과 검증의 과정을 거쳤을 것이다.

당연한 이야기겠지만, 질문 속의 나무가 씨앗에서 자란다는 가설부터 시작해야 한다. 이 가설은 여러 품종의 나무에서 얻은 씨앗을 모아 지정된 장소에 심은 뒤, 어떻게 자라는지 확인하는 실험으로 검증이 가능하다. 이 가설은 오늘날 우리가 배운 지식에 비하면 너무나도 하찮게 느껴질 수도 있다.

그러나 19세기 중반까지만 해도 바위나 물 등의 무생물에서 생명체가 생겨난다는 자연발생설을 믿는 사람이 많았다. 물론 당시에도 자연발생설과 별개로 농작물이 씨앗에서 자란다는 사실 정도는 알고 있었다. 그러나 생명체가 특정 환경에서 저절로 발생한다는 인식이 여전히 저변을 이루고 있었다. 그 탓에 묘목이 반드시 씨앗에서 자란다는 사실이 일반적인 통념으로 정착되지는 않았다. 실제로 17세기에 일부 저자는 밀과 걸레에서 쥐가 저절로 나타난다고 주장하기도 했다.

씨앗을 모으고 심는 실험을 하면서 전체가 아니더라도 충분히 많은 숫자가 발아하여 묘목으로 자란다면 씨앗이 유목으로 자란다는 증거를 확보할 수 있다. 하지만 이 통찰의 과정은 자연스럽게 '모든 씨앗이 나무로 자라지 못하는 이유는 무엇인가?'라는 새로운 질문을 낳는다.

위 질문에 따라 발아 이후의 생존과 생장 여부는 씨앗을 심은 곳의 환경에 따라 달라진다는 가설을 세울 수 있다. 이 가설에서는 씨앗을 여러 종류의 흙에 심고 빛과 물, 영양분 공급량을 달리한 뒤 어느 쪽이 잘 자라는지 관찰하는 형식의 실험을 할 수 있다. 씨앗이 특정 환경에서만 발아하고 다른 환경에서는 그렇지 않다면, 발아부터 성장까지 모든 씨앗이 성공적으로 생존할 수 없다는 결론에 이른다. 그리고 이를 설명하는 데 환경적 요소가 도움이 된다는 증거를 확보할 수 있다.

그러나 발아와 성장에 적합한 환경이라도 모든 묘목이 생존하여 유목이 되지는 않는다. 여기서 또 '왜?'라는 의문이 들 것이다. 일부 묘목은 초식성 곤충이나 달팽이, 토끼, 사슴 등에 먹혀 생장에 어려움을 겪는 것으로 추정된다. 이외에도 바이러스나 세균, 곰팡이에 감염되어 병이 든 개체도 있을 것이다.

위의 관찰은 질병 및 초식성 개체가 묘목의 사망률에 중요한 요인이 되리라는 새로운 가설로 자연스럽게 이어진다. 이에 다음 실험으로 빛과 물, 영양분을 충분히 공급하되, 초식 동물과 병원체에 노출된 집단과 그렇지 않은 집단의 씨앗과 묘목, 유목의 상태를 비교한다. 두 집단의 사망률에 차이가 있다면 초식 동물과 병원체가 씨앗의 생존 여부를 결정하는 증거를 확보할 수 있다.

한편으로 물과 빛, 영양분 공급량이 적절하고, 병원체와 초식 동물이 없음에도 발아에 실패하는 경우가 있기도 하다. 이 관찰에서는 일부 씨앗에 문제가 있다는 가설을 세울 수 있다. 이는 씨앗이 제대로 발달하지 않았거나, 상했거나 유전적인 문제가 있어 발아하지 못할 가능성이 있다. 해당 가설을 검증하려면 실험 장소를 들판과 온실에서 실험실로 옮겨야 한다. 현미경과 저울, 질량 분석기, 전자 염기 서열 nucleic sequence 분석 기기에 유전공학 기법까지 활용하여 씨앗의 형태와 대사 기전, 유전자를 비교한 다음에야 이상적인 환경에 씨앗을 심어 발아 여부를 확인한다.

이상과 관련하여 필자는 박사 학위 연구로 영국의 숲 일부 구역에서 사슴을 배제했을 때, 씨앗과 묘목의 성장률에 미치는 영향을 평가하는 실험을 진행했다. '사슴 차단 실험군'이라고 명명한 구역에는 울타리를 쳤고, 동일한 면적의 다른 곳에는 울타리를 치지 않아 사슴이 드나들 수 있는 대조군으로 설정했다. 그리고 각 구역에 나무 씨앗과 묘목을 심었다.

사슴 차단 실험군과 대조군은 사슴이 드나들 수 있다는 점을 제외하고, 모든 환경을 최대한 비슷하게 조성하고자 했다. 실험군과 대조군에 자라는 식물 중 짧은 것은 큰 낫으로 모두 정리했다. 그러던 도중에 다소 지루함을 느끼면서 심심함을 달래고자 '나는 저승사자다!'리고 중얼거리며 낫을 휘둘렀다. 그 순간 개와 산책하던 한 여성이 모퉁이를 돌다가 필자를 보더니 황급히 사라졌다.

당시 실험 장소가 범죄자 치료감호시설과 가까웠기에 혹여나 그 사람이 필자를 탈출한 환자로 오해하여 경찰에 신고하기 전에 재빨리 자리를 떴다. 그래도 그때는 다행히 트렌치 코트와 녹색 트릴비 모자를 착용하지는 않았다. 이처럼 작은 해프닝이 있었지만 실험은 잘 진행되었다. 그렇게 실험 지역에 심은 여러 품종의 나무 씨앗과 묘목의 생존률에 사슴이 미치는 영향을 계속 평가해 나갔다.

실험이 끝날 무렵 필자는 나무가 잘 자라는 장소와 그 이유를 잘 이해하게 되었다. 하지만 의미 있는 진전에도 이후에 제기한 질문이 모두 해결되지는 않았다. 당신이 보고 있는 나무는 왜 다른 품종이 아니고 그 품종일까? 몇 년 전 필자의 눈에 들어온 나무는 왜 코코 드 메르 coco de mer [22]가 아니라 자작나무였을까? 이 질문에 답변하려

---

22   프랑스어로 '바다의 야자'라는 뜻을 지닌 식물로, 학명은 'Lodoicea maldivica'이다. 의미에 따라 바다야자나무라고도 불리며, 이외에도 큰열매야자 또는 겹야자(double coconut), 또는 원산지이자 주산지가 세이셸 공화국이라는 점에서 세이셸 야자(Seychelles nut)라고도 부른다.

면 다시 새로운 가설을 설정해야 한다.

새로운 가설은 특정 환경이 어느 품종의 씨앗에 유리한지, 또는 모체 나무 parent tree 와의 거리상 근접성이나 운 가운데 어느 요소가 씨앗이 특정 장소에 도달하여 그곳에서 발아하고 생장하는 데 시기적으로 적절하게 작용하는가를 중심으로 다룰 수 있겠다. 어쩌면 자작나무 씨앗이 발아 후 묘목으로 자라는 데 필요한 빛과 물, 영양분의 양이 코코 드 메르와 다를지도 모르겠다.

그렇다면 다음과 같은 의문이 들 것이다. 나무의 품종에 따라 씨앗의 크기와 형태가 다른 이유는 무엇이며, 이는 특정 환경에서 잘 자라지만 다른 환경에서는 그렇지 못하게 하는 요소일까? 이에 과학자들이 고심한 끝에 과학적 연구 방법으로 일부 품종의 씨앗이 특별히 거대한 이유를 설명해 냈다.

코코 드 메르는 세이셸 공화국에서 단 두 곳의 섬에서만 발견되는 야자나무이다. 이 나무에는 모든 식물을 통틀어 가장 큰 씨앗이 열린다. 바보가 아니고서야 열매가 떨어지는 시기에 코코 드 메르 나무 아래에 선 사람은 없다. 열매 하나당 최대 20kg에 길이는 30cm에 달하므로 머리에 명중하면 목숨을 부지하기 힘들 정도이기 때문이다.

위와 달리 자작나무의 경우 머리에 떨어져도 감촉을 거의 느끼지 못할 만큼 작다. 자작나무 씨앗의 길이는 1~2mm 정도이며, 무게는 1g도 되지 않는다. 또한 자작나무는 코코 드 메르와 달리 유럽과 아시아에 광범위하게 분포해 있다. 생물학자들은 작디작은 자작나무 씨앗보다 훨씬 큰 코코 드 메르 씨앗에 관심을 기울이며 여러 해 연구한 끝에 그 이유를 밝혀냈다.

최초의 야자는 8,000만 년 전에 진화했으며, 이는 공룡이 멸종하기 약 1,400만 년 전이다. 최초의 야자가 등장한 이래 코코 드 메르는 토양에 무기질과 영양분이 적은 척박한 환경에서도 잘 자라도록 진화했다. 다른 종이라면 일찌감치 죽을 수밖에 없는 가혹한 환경에서도 자라는 남다른 특징을 갖추도록 진화한 것이다.

그러나 코코 드 메르는 열악한 환경에서 생존하는 능력을 대가로 비옥한 토양에서는 다른 식물과의 경쟁에서 밀린다는 특징을 지닌다. 그렇다면 척박한 환경에서도 특별히 생존이 가능한 코코 드 메르는 어떤 특징을 갖도록 진화했을까?

먼저 코코 드 메르의 잎은 배수로처럼 흐르는 물을 나무의 줄기 주변으로 떨어뜨리도록 발달했다. 비가 내리면 잎에 쌓인 새똥과 꽃가루, 기타 생명체의 부산물이 씻겨 내려간다. 귀중한 영양분과 무기질을 머금은 이 빗물은 줄기 근처의 흙으로 들어간다. 흙 속의 영양분과 무기질은 다시 뿌리에 흡수되어 새로운 가지와 잎과 열매, 뿌리를 만드는 데 쓰인다. 코코 드 메르는 토양에 부족한 영양분과 무기질을 서식지의 주변 환경에서 조달할 수 있게끔 잎의 형태가 독특하게 진화했다.

다음으로 코코 드 메르는 오래되어 떨어지려는 잎에서 영양분을 흡수하는 놀라운 능력을 보여 준다. 이처럼 현재까지 연구된 다른 어떤 식물도 영양분 재활용에 능한 식물은 없다. 이처럼 코코 드 메르는 가능한 모든 자원까지 재활용해야 할 정도로 가혹한 환경에 서식한다. 그러한 환경에서 무엇이라도 그냥 버리는 것은 있을 수 없는 일이다. 하지만 그러한 사실만으로 씨앗의 크기에 대한 이유를 설명하는 데는 무리가 있다.

코코 드 메르는 최대 4년 동안 엄청난 크기의 열매를 키우는 데

귀중한 자원을 투자한다. 그리고 떨어진 열매는 발아에만 2년이 걸린다. 이 나무는 자손이 영양분으로 가득한 커다란 열매에서 발아하여 묘목까지 순조롭게 자라도록 진화했다. 코코 드 메르 묘목은 씨앗의 영양분과 더불어 잎이 제 기능을 할 크기로 자랄 때까지 빠른 속도로 생장이 가능하다. 씨앗이 작아 모체 나무에게서 물려받은 영양분만으로 크게 자랄 수 없는 다른 종에 비하면 코코 드 메르는 시작부터 유리한 셈이다.

또한 씨앗이 크면 모체 나무에게서 그리 멀지 않은 곳에 떨어진다. 이와 마찬가지로 코코 드 메르도 대부분 모체 나무의 그늘에서 싹을 틔운다. 놀랍게도 코코 드 메르는 자손을 보살피는 유일한 식물로 알려져 있다. 동물이야 자손을 보살피는 행동은 흔하지만, 식물에서는 단 한 종에서만 관찰된다.

실험에 따르면 모체 나무의 바로 아래에 떨어진 씨앗이 멀리 떨어진 것보다 빠르게 자란다고 한다. 그 이유로 모체 나무의 잎이 물과 생체 부산물을 줄기와 가까운 곳으로 흘려보내면 근처에 있는 자손에게도 이득이 되기 때문이다.

하지만 여기서 끝이 아니다. 나무 가운데 다수의 종은 경쟁 요소를 줄이기 위해 같은 종의 씨앗이라도 자신의 근처에 발아하지 못하도록 방해하는 화학 물질을 적극적으로 생성한다. 이와 달리 코코 드 메르는 모체 나무가 화학 물질을 분비하지 않고 자손의 성장을 적극적으로 돕는 환경을 제공한다.

코코 드 메르는 해마다 1개에서 2~3개의 씨앗을 만들지만, 자작나무는 수십만 개씩 생산한다. 자그마한 자작나무 씨앗에는 날개가 있어 바람을 타고 수 km의 먼 거리를 이동할 수 있다. 그러나 자작나무 씨앗은 울창한 숲이 형성한 지붕 아래에서는 잘 자라지 못한다. 오히려 경쟁이 거의 없고 개방적인 환경에 뿌리를 내려야 잘 자랄 수 있다. 달리 말하면 자작나무 씨앗은 극히 일부만 성장에 적합한 환경에 도달한다는 의미다.

따라서 자연히 자작나무의 생활 방식은 코코 드 메르와 매우 다르다. 어떤 종은 수백만 개의 씨앗을 만들어 내는 한편, 다른 종은 평생을 들여도 얼마 안 되는 수만 생산하기도 한다. 그러나 두 식물의 씨앗 모두 환경만 뒷받침된다면 큰 나무로 자랄 가능성은 충분하다. 식물학자들은 관찰, 가설, 실험, 반복이라는 과학적 연구 방법을 통해 특정 종의 생김새 및 특정 환경에서 잘 자라도록 적응하게 된 이유를 알아내는 쾌거를 이루었다.

보통 사람이라면 특정 나무가 왜 그 자리에 있는가를 생각하지는 않는다. 하지만 누군가 그 이유를 묻는다면, 씨앗이 그곳에 뿌리를 내려 자라면서 지금의 모습이 되었으리라는 가설이 머릿속에 떠오를 것이다. 이러한 생각이 가능한 이유는 우리 모두 마음만큼은 과학자이기 때문이다.

우리는 누구나 주변 세상의 한 측면을 설명하기 위해 가설을 세운다. 이 가설은 '아침에 그 사람은 길에서 왜 날 무시했을까?'처럼 사소한 것은 물론, '인생의 의미는 무엇일까?'와 같은 굵직한 주제에도 적용될 수 있다. 그런가 하면 관찰 내용을 설명하기 위해 여러 가설을 세우는 경우도 적지 않을 것이다. 개가 카펫 위에 토한 이유를 잘 알 수는 없어도 전날 산책길에 누군가 공원에 버린 케밥을 주워 먹었거나, 이틀 전에 받은 광견병 예방 접종이 원인일 수 있다.

근거가 과학을 만든다

    과학적 연구 방법의 절차 가운데 가설 제시는 관찰 이후에 이루어지는 단계이다. 그다음은 가설 검증을 위한 정보를 모아야 한다. 이에 정보 수집은 어떻게 이루어지고, 좋은 근거와 그렇지 않은 근거는 어떻게 다르며, 양은 얼마 정도가 충분할지 궁금할 것이다.

    그러나 과학적 연구 방법은 단순히 관찰과 가설, 실험으로 끝나지 않는다. 해당 방법은 관찰 및 실험 결과가 제대로 나왔으며, 그것이 우연히 발생하지 않았음을 이해하는 과정까지 포함한다. 그렇다면 과학자들은 가설을 뒷받침할 만한 근거를 어떠한 방식으로 검토하고 판단할까?

    무릇 과감한 주장일수록 강력한 근거가 필요한 법이다. 당신에게 암 치료제가 있다고 주장하려면 다른 과학자들이 납득할 만한 뭔가를 보여 줘야 한다. 결론을 뒷받침하는 근거를 제시할 수도 있겠지만, 다른 연구자가 당신의 실험을 반복하여 동일한 결과를 낼 수 있도록 하는 것도 과학적 연구 방법의 일부이다. 가설을 제시하고 관찰과 실험 결과를 보고하더라도 데이터가 빈약하다면 가설을 제대로 뒷받침하지 못할 수도 있다. 다음에 소개된 인간과 유사한 세 가지종의 사례를 통해 근거의 수준 차이를 살펴보도록 하자.

레프러콘 ^{Leprechaun}은 아일랜드 신화에 등장하는 요정으로, 홀로 생활히는 초자연적인 존재이다. 이 종은 키가 작고 녹색 옷에 구레나룻이 있는 남성으로 자주 묘사된다. 필자가 레프러콘이 필자의 집 뒷마당에 산다는 얘기를 당신에게 매우 설득력 있게 얘기한다고 가정해 보자. 그럼에도 근거를 제시하지 않으면 당신은 그 말을 믿지 않을 것이다. 아무리 말을 잘해도 말 자체만으로 좋은 근거는 되지 않는다.

그렇다면 어떤 근거를 제시해야 당신이 믿을까? 레프러콘을 직접 만나거나, 혹시 죽었다면 시체라도 봐야 직성이 풀릴 것이다. 아니면 어떠한 조작도 없는 고화질 사진이나 유전자 샘플이라면 당신도 인정할 가능성이 있다. 그러니 필자의 말이 아무리 그럴듯해 보여도 그 말을 곧이곧대로 믿어서는 안 된다.

이처럼 과학의 강점은 근거 기반이라는 점에서 오며, 가설을 뒷받침하거나 반박하려면 근거가 필요하다. 수차례의 실험을 거쳐 가설이 뒷받침된다면 그 가설은 사실이 된다. 참고로 필자의 집 뒷마당에 레프러콘이 살고 있다는 증거는 없다. 진짜 그렇다면 레프러콘은 필자가 키우는 유니콘 떼에 짓밟혀 살 수 없었을 테니 말이다.

이쯤이면 레프러콘 이야기로 말도 안 되는 억지를 부리나 싶기도 할 것이다. 그렇다면 오랑펜덱 Orang pendek 이야기는 들어 본 적이 있는가? 잊을 만하면 인간과 유사한 새로운 종을 발견했다는 보고가 한 번씩은 들어온다. 누군가는 탐험 중에 예티 Yeti 나 빅풋 Bigfoot, 오랑펜덱의 증거를 가지고 탐험에서 돌아왔다고 말한다.

오랑펜덱은 이족보행 유인원으로, 수마트라섬의 깊은 산속에 산다고 전해진다. 이야기의 패턴은 대개 비슷하다. 어디선가 돌아온 모험가가 사스콰치 Sasquatch, 스컹크 유인원 skunk ape, 바투툿 Batutut 등[23] 새로운 종이 존재한다는 증거를 제시하고, 이를 방송에서도 연일 보도해 댄다. 하지만 대중의 반응은 금방 시들해지고, 정치인이나 연예인의 스캔들이 다시 방송에 오르내린다.

괴생명체에 대한 뉴스는 대개 "마지막 소식입니다."라는 말과 함께 대미를 장식한다. 그러나 대중의 관심이 식으면 어떤 형태로도 해석이 가능한 조악한 사진 한 장, 석고로 뜬 수상한 발자국 표본, 괴생명체의 것으로 추정되는 털, 확인 불가능한 현지 주민의 이야기 등 새로운 종을 뒷받침하던 증거는 점점 힘을 잃어 간다. 심지어 유전학자의 분석에 따라 소나 염소, 또는 개의 털이라고 밝혀지거나, DNA를 전혀 추출할 수 없다는 결론에 도달한다. 이처럼 미약한 증거를 가져온 당사자는 자신이 목격한 바를 굳게 믿는다. 그러면서도 이상적으로는 골격 표본과 같이 더욱 설득력 있는 증거를 요구하는 과학자들을 이해하지 못한다.

한번은 런던동물원 산하 연구기관인 동물학연구소에서 '오랑펜덱의 이해'라는 주제로 이야기하는 자리에 참석한 적이 있다. 연사는

23　예티, 빅풋, 사스콰치, 스컹크 유인원과 바투툿은 모두 전설에 등장하는 인간형 괴생명체를 말한다.

스스로 제시한 증거를 믿었지만, 참석자 측에서는 그렇지 않았다. 이어지는 토론에서 참석자들은 대부분 오랑펜덱이 실존하기를 원하는 눈치였다. 새로운 영장류의 발견은 곧 생물학계의 큰 진전이 될 것이며, 발견자는 큰 영예를 얻을 것이기 때문이다.

그러나 참석자들은 대부분 화면에 제시된 사진이 너무 흐려서 증거로 간주하기는 어렵다고 생각했다. 또한 현지 주민과의 인터뷰도 증거로서 큰 가치는 없다고 여겼다. 인터뷰 대상자는 숲에서 여러 해를 보낸 현지 동식물 전문가임이 틀림없었다. 하지만 그는 자신이 오랑펜덱의 사체를 발견해서 묻었다고 주장했던 장소를 찾아내지 못했다.

그뿐 아니라 오랑펜덱이 추적자를 따돌리기 위해 발을 뽑아서 반대 방향으로 끼워 넣고 돌아다닌다는 진술까지 하였다. 그러나 이는 유인원은 물론 다른 어떤 동물도 불가능한 일이기에 누구도 신뢰하지 못했다. 이 괴상한 특징은 발목이 고정된 개체에 비해 진화의 목적인 생식에 유리하지 않다는 점에서 진화가 일어날 가능성은 매우 낮아진다.

참석자 중 한 명은 오랑펜덱이 발을 바꾸어 끼우는 재주보다 발표자가 전생에 비둘기였다는 주장이 더 그럴듯하다고 말했다. 이에 필자를 비롯한 참석자들은 연구진이 더 많은 데이터를 수집하기를 바라는 마음에서 발표 내용에 믿음이 가지 않는다고 전하며, 여기 모인 사람들을 설득하려면 무엇이 필요한지 설명해 주었다. 언젠가 수마트라에 살고 있는 새로운 유인원 표본이 발견되었다는 소식이 들리길 바라지만, 딱히 기대는 되지 않는다. 마찬가지로 지구의 오지를 배회하고 있을 사스콰치와 예티에 대해서도 더 알고 싶지만, 실제로 존재할지는 의문이다.

　한 종이 존재한다는 강한 근거를 제시하기 위해 굳이 많은 양의 자료를 제시할 필요는 없다. 레프러콘은 존재하지 않고, 오랑펜덱 또한 마찬가지일 것이다. 그러나 데니소바인 Denisovan 인 '엑스 우먼 woman X '만큼은 실존했다.

　데니소바인은 네안데르탈인과 유사한 고대 인류로 유럽이 아닌 중앙아시아에서 생활했고 우리와 유연관계가 가깝다. 현재까지 발견된 유물은 과학자들이 데니소바인을 새로운 종으로 분류하기에 부족하지만, 그에 담긴 놀라운 내용은 충분하다. 데니소바인에 대하여 밝혀진 이야기 중 대부분은 손가락뼈 하나를 첨단 기술로 분석해 알아낸 것이며, 이는 인간이라는 종의 역사를 더 깊이 이해하는 데 도움을 주었다.

　데니소바인 이야기는 시베리아 알타이산맥에서 어느 러시아인 은둔자가 은신처로 사용했던 동굴에서 시작된다. 18세기에 디오니시우스 Dionisij 라는 은둔자가 그 동굴에서 살았다. 훗날 이 동굴은 데니소바 동굴이라 명명되었는데, 해당 명칭은 디오니시우스의 영어 번역명인 데니스 Denis 에서 유래하였다.

　그러나 데니소바 동굴에 처음 살았던 사람은 데니스가 아니었다. 이에 러시아 고고학자들은 네안데르탈인과 엑스 우먼, 그보다 최근인 현대 인류까지 최소 10만 년이 넘는 시간 동안 해당 동굴에 사람이 살았다는 증거를 발견했다. 한 아이의 손가락뼈를 조사한 결과 네안데르탈인도, 호모 사피엔스 Homo sapiens 도 아닌 엑스 우먼으로 밝혀졌다. 이 결과는 뼈의 구조가 아닌 손가락에서 추출한 DNA 염기 서열에서 비롯된 것이다.

그 뼈의 주인인 여성은 약 3만 년에서 5만 년 전쯤 데니소바 동굴에 거주하였다. 생물학계에서는 그 여성이 우리와 다른 종인지, 아니면 다른 아종에서 분화하였는가는 아직 결론을 내리지 못했다. 같은 종에 속하더라도 개체군에 따라 차이를 보일 가능성이 있기에 생물을 종으로 분류하는 생물학자에게도 판정하기가 여간 까다로운 일이 아닐 수 없다.

가령 벵골호랑이 Panthera tigris tigris , 수마트라호랑이 Panthera tigris sumatrae , 시베리아호랑이 Panthera tigris altaica 는 외형상 큰 차이는 없지만, 유전적으로는 다르다. 이는 사실상 수백 세대에 이르는 세월 동안 떨어져 살며 독자적으로 진화했기 때문이다. 하지만 모두 같은 호랑이이므로 교배를 통해 온전한 자손을 낳을 수 있다. 따라서 세 호랑이는 아종으로 분류된다.

일반적으로 엑스 우먼은 데니소바인으로 분류된다. 필자에게 선택권이 있었다면 데니소바인과 네안데르탈인, 현생 인류를 서로 별개의 종이 아닌 아종으로 분류할 것이다. 그러나 이 의견은 일부 고생물학자의 심기를 거스를 여지가 있다.

엑스 우먼의 생애는 알려진 바가 거의 없다. 다만 최신 기술로 그녀의 손가락 뼈에서 DNA를 조심스럽게 추출하여 염기 서열을 분석할 수 있었다. 이에 엑스 우먼의 유전체를 전 세계 현생 인류 및 네안데르탈인 유전체와 비교한 결과, 어느 쪽에도 속하지 않았다. 먼 옛날 엑스 우먼이 사망할 당시 친지와 친구들이 애도했겠지만, 이는 딱히 특별한 일이 아니었을 것이다. 그러나 그녀가 남긴 손가락 뼈는 과학자들이 인류의 역사를 다시금 돌아보는 놀라운 결과를 낳은 유산이 되었다.

데니소바인의 발견으로 과학계는 흥분의 도가니에 휩싸였다. 그러나 인류와 매우 유사하면서도 이미 멸종된 아종의 증거가 발견되어 관심을 끈 사례는 과거에도 있었다. 다윈이 《종의 기원 On the Origin of Spices 》을 출간하기 3년 전인 1856년, 독일 네안더 계곡 Neander valley 에 있는 어느 동굴에서 유골이 발견되었다. 이 뼈는 현대 인류와 확연히 달랐고, 엘버펠트 신문에 해당 기사가 처음으로 실리자 사람들은 흥분을 감추지 못했다.

그 후 몇 년 동안 과학자들은 그 뼈의 주인공을 두고 러시아 카자크족, 아메리카 원주민, 아틸라 군의 병사, 구루병을 앓았던 남성, 현대 인류가 유럽에 당도하기 전에 멸종된 원시 부족의 일원 등 다양한 주장을 펼쳤다. 그중 윌리엄 킹 William King 은 1864년 발표한 논문에서 뼈 화석이 침팬지나 고릴라 같은 유인원 뼈와 유사성을 지닌다는 결론을 내리며, 호모 네안데르탈렌시스 Homo neanderthalensis [24]라는 이름의 새로운 종으로 분류할 것을 제안했다. 이에 과학자들은 인간과 유사한 또 다른 종 또는 아종이 한때 유럽에 존재했음을 인정하기 시작했고, 네안데르탈인은 일반적으로 사나운 야만인 취급을 받게 되었다. 그리고 이 견해를 다시 뒤집기까지 거의 150년이라는 시간이 걸렸다.

고대 유골에서 DNA를 극소량 채취해 염기 서열을 분석하는 기술이 나오기 전까지 인간은 '호모 에렉투스 Homo erectus '라는 종이 아프리카에서 진화 후 200만 년 전 유럽과 아시아로 확산되었다는 견

24   네안데르탈인의 학명. 옮긴이.

해가 정설이었다. 호모 에렉투스는 성공적으로 번성하여 네안데르탈인과 인도네시아 플로레스섬에서 소수 발견된 호빗 인간인 '호모 플로레시엔시스 Homo floresiensis '[25]를 비롯한 여러 종으로 진화했다.

약 30만 년 전, 아프리카에서는 호모 에렉투스의 후손이 현생 인류로 진화했다. 그리고 12만 5,000년이 지나고 최초의 호모 사피엔스가 아프리카를 벗어났지만, 아라비아반도와 시리아, 튀르키예까지만 퍼져 나갔다. 최초의 호모 사피엔스는 아프리카 이외의 지역에 정착하는 데 실패한 이후 모두 죽어 버렸다.

하지만 6만 년 전, 두 번째로 아프리카를 벗어나는 이동이 시작되었다. 이때의 호모 사피엔스는 정착에 성공하여 5~6만 년 전 남아시아에 도달했고, 몇천 년이 지난 후 호주까지 넘어갔다. 유럽에 성공적으로 정착한 것은 약 4만 년 전의 일이었다. 한편 아메리카는 유럽에 자리 잡은 이후인 약 2만 5,000년에서 1만 6,500년 전 사이에 정착했다. 이렇게 지구 전체로 뻗어 나간 호모 사피엔스는 호모 에렉투스에서 진화한 호미닌 hominin [26] 중 상대적으로 더 원시적인 종들을 경쟁에서 밀어냈고, 3만 년 전에는 네안데르탈인을 마지막으로 모두 멸종시켰다.

아프리카에서 퍼져 나간 인류가 네안데르탈인과의 교배 여부를 두고 1990년대 중반까지 추측만이 무성했었다. 네안데르탈인과 인류가 서로 교배하는 화석이 발견되지 않는 한 그 근거는 확보할 수 없었기 때문이다. 그러던 1994년 어느 날, 인류의 조상이 네안데르

---

25   플로레스인(Flores man)의 학명. 옮긴이.
26   인류의 조상인 사람족을 통칭. 옮긴이.

탈인과의 교배 여부를 다루는 TV 방송에서 필자의 동료가 인터뷰를 하던 장면이 기억난다. 당시 필자의 동료는 '증거는 없지만, 아마 교배하지 않았을 것'이라고 설명했다. 그로부터 며칠 후, 동료는 시청자에게서 한 통의 편지를 받았다. 편지에는 다음과 같은 내용이 적혀 있었다.

네안데르탈인과 현대 인류 사이에는 교배한 적이 있었고, 제게 증거가 있습니다. 첨부한 남편의 사진을 보면 아실 겁니다.

물론 재치 있는 발언이었지만, 네안데르탈인은 이미 수천 년 전에 사라진 존재였다. 더군다나 인간과의 교배 여부는 1990년대에 알 도리가 없었을 것이다. 다만 유전학은 30년 동안 인간의 진화 분야에서 놀라운 진전을 이루었다.

지금까지 우리는 우먼 엑스의 손가락 뼈와 잘 보존된 네안데르탈인 유골의 발견, 고대 화석에서 DNA를 추출하고 염기 서열 조각으로 유전체를 짜맞추는 진일보한 기술의 등장을 경험하였다. 이에 생물학자들은 네안데르탈인과 호모 사피엔스, 데니소바인 간 교배를 둘러싼 의문에 철저히 과학적으로 접근할 수 있게 되었다. 하지만 이 작업은 최대한 조심스럽게 이루어져야 했다.

사체의 DNA는 시간이 지날수록 구성 원자들 간 화학 결합이 깨지면서 분해된다. DNA가 분해되는 속도는 환경에 따라 다르다. 우먼 엑스가 사망한 데니소바 동굴은 평균 온도가 영하로 유지되었으며, 내부도 비교적 건조하여 우먼 엑스의 DNA 일부가 보존되었다. 이에 과학자들이 그녀의 손가락 뼈에서 미량의 DNA를 추출할 수 있었다.

그 과정에서 손가락 뼈가 디오니시우스 또는 발굴에 참여한 과학자를 비롯한 타인의 DNA에 오염되지 않도록 만전을 기해야 했다. 또한 해당 동굴에 살았을 가능성이 있는 동물이나 세균의 DNA가 아닌 인간에서 추출한 것이 맞는지를 확인하는 과정도 거쳐야 했다. 그렇게 추출한 DNA기 다른 어떤 것에도 오염되지 않았음을 확신할 수 있도록 세심하게 다룬 끝에 마침내 독일에 모인 연구팀은 우먼 엑스의 DNA 해독, 즉 염기 서열 분석에 성공했다. 이에 그 DNA를 지구 곳곳에 사는 수많은 현대 인류 및 네안데르탈인의 뼈와 치아에서 얻은 DNA와 비교할 수 있었다.

우먼 엑스는 손가락 뼈 하나에서 나온 시료로 처음 분석을 진행했음에도 불구하고 많은 데이터를 얻을 수 있었다. DNA는 '핵염기 necleobase '[27]라는 분자 가닥으로 구성된 물질이며, 염기는 아데닌 adenine 과 구아닌 guanine , 시토신 cytosine , 티민 thymine , 일명 A, G, C, T로 네 가지 종류가 있다. DNA 가닥에 있는 염기의 순서가 바로 DNA 염기 서열이며, 그 예로 AACACTGT와 ATTAGAGC는 염기 서열이 서로 다르다. 유전체는 30억 개의 염기가 서로 46가닥을 이루며 연결된 형태로, 각 가닥을 염색체라고 한다.

우먼 엑스의 유전체를 처음 분석할 당시에는 염기 서열을 1.9배수로 분석했다. 달리 말하자면 평균적으로 각 염색체의 염기마다 두

---

27   이하 문맥에 따라 '염기'로 표기하기로 한다. 옮긴이.

번도 채 되지 않는 횟수만큼 기록했다는 의미이다. 염기 서열 분석 기기는 염색체 가닥에 있는 A, G, C, T의 개수를 모두 기록한다. 아예 기록이 되지 않거나 중복으로 기록되는 경우도 있겠지만, 어쨌든 각 염기를 평균적으로 1.9회 확인한 셈이다. 그렇다면 각 염기를 한 번 이상 확인하는 이유는 무엇일까?

현재 기술로는 유전체를 분석할 때 염색체 전체의 염기 순서를 한 번에 확인하기란 불가능하다. 그 이유는 분석 대상인 DNA가 검체의 여러 세포에서 유래했으며, 각 염색체가 조각조각 끊어져 있기 때문이다. 그 조각 중 다수는 염기가 수십 개 정도로 길이가 짧다. 또한 유전자 염기 서열 분석은 그 수많은 DNA 조각의 염기 순서를 일일이 확인한 후 컴퓨터 알고리즘을 이용해 하나로 합성하는 방식이다. 따라서 염기 및 이웃하는 DNA 조각을 분석하는 횟수가 많을수록 수많은 조각에서 염색체 전체의 염기 서열을 정확하게 조립할 수 있다는 신뢰도가 커진다.

이쯤에서 염기 순서를 파악하는 일이 이렇게까지 복잡한가 하는 의문이 들 것이다. 그 예로 ACAGTCAGA라는 매우 짧은 염기 서열을 ACAG와 TCAGA라는 두 조각으로 나눈다고 가정해 보자. 그렇다면 이들 조각을 어떻게 다시 합쳐야 할까?

ACAG가 먼저 오고 TCAGA가 그다음에 위치할까? 아니면 그 반대일까? 또한 두 조각의 DNA 방향이 오른쪽에서 왼쪽인지, 그 반대인지도 알 수 없으니 실제로는 훨씬 더 복잡하다. 그렇다면 ACAG가 맞을까, GACA가 맞을까?

이때 1.9배수로 분석하면 전체 유전체를 높은 신뢰도로 짜 맞추기 어렵다. 최근 유전체 염기 서열을 전체적으로 분석할 때는 30배수도 흔하게 적용하기도 한다. 실제로 5년 후 우먼 엑스 유전자를 다시 연구할 때도 비슷한 배수를 적용해 분석한 바 있다.

유전자 염기 서열 분석을 쉽게 이해하도록 적절한 비유를 들어 설명하겠다. 바로 이 책을 여러 권 복사한 다음, 몇 개의 어절 단위로 조각낸 후 다시 책으로 짜 맞춘다고 생각하면 된다. 물론 실제 유전자 염기 서열 분석에서는 26개 중 4개의 알파벳뿐이고, 빈칸도 없으며, 읽는 순서도 왼쪽에서 오른쪽인지 그 반대인지 알 수 없으므로 책보디 훨씬 어렵다. 디군다나 이 책의 글자 수는 38만 자가 조금 님지만, 인간이나 우리 조상의 유전체는 이보다 훨씬 더 길다. 유전자 염기 서열 재구성은 그만큼 어려운 작업이다.

네안데르탈인과 인간, 데니소바인은 약 30억 염기쌍의 유전체 크기를 지닌다. 우먼 엑스의 유전자를 분석한 과학자들은 데니소바인과 네안데르탈인 1명, 전 세계에 거주 중인 사람 12명, 침팬지 1마리의 유전체 염기 서열과 비교해 보았다. 이들 데이터를 모두 합치면 염기만 450억 개에 달하는 거대한 양을 자랑한다. 비교 결과 데니소바인 DNA의 일부는 남아시아와 오세아니아 지역, 네안데르탈인의 경우는 유럽에 거주하는 현생 인류에게서 발견되었다.

당신이라면 현생 인류 또는 과거 생존했던 인류와 유사한 종이 있다는 주장을 들었을 때, 어떤 증거를 가장 신뢰하겠는가? 레프러콘이 있다고 주장하는 필자의 말인가, 아니면 조악하고 초점이 나간 사진과 함께 전생에 비둘기였다고 주장하는 남성의 오랑펜덱 목격담인가? 또는 염기 450억 개를 세심하게 분석한 유전체 염기 서열과 정식으로 진행한 우먼 엑스의 통계 분석 결과인가? 과학은 근거에 기반한다.

인류의 조상이 네안데르탈인과 데니소바인과 교배했다는 증거는 큰 설득력이 있다. 물론 이 와중에도 유전자 복제 오류, 즉 DNA 돌연변이가 만들어 낸 편향적인 패턴이 상기 DNA 분석 결과와 우연히 일치할 가능성을 배제해야 한다는 괴짜 과학자들이 아직도 존재하기는 한다. 그러나 이 의견은 사람들의 인정을 거의 받지 못하고 있다. 그럼에도 다른 가설을 제시하는 자세는 중요하다. 가설을 제시하여 관찰된 패턴이 실제로 나타나는지 검증하는 활동이야말로 과학의 핵심이기 때문이다.

기술과 지식의 진화

방대한 양의 데이터를 만들어 내는 기술의 진보로 수혜를 입은 분야는 비단 인류의 역사뿐만은 아니다. 대형 강입자 가속기에서 입자가 충돌하면 우주를 구성하는 기본 입자와 관련하여 막대한 양의 데이터가 생성된다. 그러나 데이터 가운데 새로운 발견을 기대할 만한 극히 일부만 저장하고 나머지는 폐기된다.

최근 발사된 '제임스 웹 우주망원경 James Webb Space Telescope'[28]같은 우주망원경도 엄청난 양의 데이터를 생성한다. 우주망원경은 궤도를 돌며 수십억 광년 내지는 수조 km 떨어진 은하의 고화질 이미

---

28   외래어표기법상으로는 '제임스 웨브 우주망원경'이 적절한 표기이나, 뉴스를 포함한 다수의 미디어에서 '제임스 웹 우주망원경'을 사용하는 언어 현실에 따라 본문에서도 후자의 표기를 따르기로 함.

지를 지구로 대량 전송한다. 이 책을 읽는 당신의 스마트폰 또한 계단을 얼마나 올라갔는지 계산하는 등 안테나와 송수신하며 대량의 데이터를 생성한다.

그 외에도 당신이 올리거나 감상하는 소셜 미디어 게시물에 발생하는 다량의 조회수에서 신용카드 및 현금카드의 거래 내역까지 모든 것이 데이터이다. 인류는 매일 1조 1,450억 MB에 달하는 데이터를 생성하는 것으로 추정된다. 이 책은 약 9만 어절로 이루어졌지만, 0.1MB도 채 되지 않는다는 점에서 그 수치는 실로 방대하다고 할 수 있다.

인류가 생성한 데이터는 약 18개월에서 2년이 지날 때마다 2배로 늘고 있으며, 당분간은 이러한 추세가 지속될 것으로 보인다. 1945년 당시 기준으로는 25년마다 데이터가 2배로 늘었다. 이제 새롭게 생성되는 데이터[29]를 따라잡을 수 있는 사람은 아무도 없고, 그 일부만 분석하기도 버거운 지경이 되었다.

그러한 문제를 해결하기 위해 '데이터 과학'이라는 새로운 분야가 등장했다. 당신이 데이터를 주무르고 분석할 수 있다면 은행이나 정치, 게임 등 다양한 분야에서 환영받는 인재가 될 것이다. 이처럼 데이터의 상세한 관찰을 돕는 장비가 다양해질수록 데이터 생성 속도가 증가하면서 인류의 지식도 높은 확률로 늘어날 것이다.

데이터를 수집하려면 관찰과 측정 대상이 필요하다. DNA 염기서열, 대형 강입자 가속기로 충돌시킨 입자의 파편, 1억 2,500만 년 전 티라노사우루스 렉스의 화석 등을 예로 들 수 있다. 이 가운데 대

---

29 본문의 데이터(data)는 복수형이며, 단수형은 '데이텀(datum)'이다.

상이 과거보다 현대에 가까울수록 측정할 것은 훨씬 많아진다. 우리가 우먼 엑스보다 밀레토스의 탈레스에 대한 정보를 더 많이 아는 이유도 우먼 엑스가 탈레스보다 수천 년은 더 오래된 사람이기 때문이다.

우먼 엑스는 최초의 도시가 탄생하기 전, 문자의 발명으로 기록이 이루어지기 전에 태어난 존재이다. 하지만 그녀의 DNA에 내재된 정보를 상세하게 분석함으로써 인류 역사의 단편을 일부나마 알 수 있었다. 즉 우먼 엑스의 손기락에서 유진자 샘플을 추출하는 기술과 유전학의 원리를 이해한 덕분에 인류가 진화한 과정의 퍼즐 조각을 맞출 수 있게 되었다.

그 과정에서 검증해야 했던 가설들은 특정 나무가 그 장소에 자라는 이유를 유추하는 것보다 훨씬 더 복잡하다. 그러나 그 가설 모두 과학적 연구 방법에 근거했다는 공통점이 있다. 과학적 연구 방법이 인류의 가장 위대한 성과인 이유가 여기에 있다. 이 방법은 나무의 위치와 적응 방식에서 인류의 역사, 나아가 우주의 역사에 관한 질문에 모두 답할 수 있다.

이처럼 설득력 있는 관찰은 모두 훌륭한 과학에 이르는 핵심 요소이다. 이에 우리는 세밀하고 광범위한 관찰력을 갖게 되었다. 하지만 관찰이 전부는 아니다. 모든 데이터는 우리에게 과제를 남긴다. 따라서 데이터 분석은 컴퓨터의 전유물이 아니다. 그렇다면 데이터에서 얼마나 강한 패턴이 관찰되어야 우연히 발생할 결과가 아니라고 확신할 수 있고, 그 데이터를 의미 있는 데이터로 봐야 할까?

필자가 가르치는 학부생 중 61.4%는 통계학을 좋아하지 않는다. 통계학이 재미있거나 유용하다고 해도 대부분의 사람을 설득하기란 쉽지 않다. 하지만 통계 분석이야말로 현대 과학의 주춧돌이다. 통계학의 목적은 데이터에 보이는 특정 패턴이 실제로 존재한다는 신뢰도를 수치로 제공하는 데 있다.

예컨대 사탕이 들어 있는 큰 가방이 있다고 가정해 보자. 손을 넣어 사탕을 하나 꺼냈더니 빨간색이 나왔다. 그렇다면 이는 가방 속 모든 사탕이 빨간색이란 뜻일까? 모두 수백 개 이상의 사탕이 들었을지도 모르는데 하나만 확인했으므로, 즉 통계학자의 관점에서는 표본을 추출했으니 그렇게 결론을 내리면 안 된다는 생각을 직관적으로 했을 것이다.

그렇다면 가방에서 사탕 두 개를 표본으로 추출했더니 둘 다 빨간색이라면, 가방 속에 빨간 사탕만 있다는 확신이 아주 조금 커진다. 사탕 50개를 표본으로 추출했는데 모두 빨간색이었다면 확신은 더욱 커지지만, 모든 사탕이 빨간색이라고 100% 확신하기는 아직 이르다. 100%는 모든 사탕이 빨간색임을 확인한 후에야 가능하다.

상기한 바와 같이 데이터에서 특정 패턴에 나타나는 신뢰도를 수치로 표현하는 방법이 바로 통계학의 역할이다. 이 경우 빨간 사탕의 숫자는 데이터, 모든 사탕의 색이 빨간색이라는 점은 패턴이다. 그렇다면 '모든 사탕이 빨간색임을 85% 확신한다.'라고 표현하고 싶지 않은가? 이러한 면에서 우리 모두 마음만은 과학자이자 통계학자이다. 우리는 어떠한 현상이 일어날지, 아니면 그렇지 않을지를 신뢰도에 근거하여 끊임없이 결정한다. 이 내용을 쓰는 동안에도 필자는 누군가 이 책을 출판해 주리라는 도박을 하고 있었다.

현대 통계학의 창시자는 생물학자인 로널드 피셔 Ronald Fisher 이다. 그는 1890년 영국에서 태어나 1962년 오스트리아에서 72세를 일기로 사망했다. 피셔는 놀라운 통계 분석 기법을 다수 개발했다. 통계학 수업을 한 번이라도 들어 본 사람이라면 알겠지만, '최대가능도 maximum likelihood ', '분산분석 analysis of variance ', 'F–검정 F-test ' 등, 이 세상에 등장한 것도 모두 피셔 덕분이다. 이들 개념은 현재까지도 과학, 의학, 사회학 대학원 교과 과정에 포함되어 있다.

피셔가 기초를 다진 통계학은 이후 큰 발전을 이루었다. 현재는 가역 도약 마르코프 연쇄 몬테카를로 reversible-jump Markov Chain Monte Carlo , 차원 변환 담금질 기법 trans-dimensional simulating annealing , 계층적 베이지안 다중상태 모형 hierarchical Bayesian multistate modelling 등 온갖 난해한 이름을 가진 통계 분석 기법이 탄생하였다. 이들 기법은 과학자들이 관찰 결과에서 보이는 차이를 요인에 따라 영향을 미친 부분을 나누어 설명할 수 있다는 피셔의 기본적인 통찰에 뿌리를 두고 있다.

위 논리를 설명하기 위해 당신이 동네 사람의 체중을 모두 잰다고 가정해 보자. 사람마다 체중이 다를 것이고, 이는 당신이 데이터를 수집한 집단 내에서 체중의 차이가 있음을 나타낸다. 여기에 통계적 방법을 이용하면 그 차이가 어디서 왔는지 설명할 수 있다. 그렇다면 그 원인은 식사, 출생지, 유전자, 운동량, 성별, 신장, 연령 중 어느 것일까? 이에 피셔는 앞의 요인이 데이터의 차이에 어떤 영향을 미치는가를 산출하고, 통계 수치에 신뢰도를 부여하는 기법을 개발했다.

데이터가 받아들일 만하다고 평가하는 신뢰도는 수집된 데이터의 양에 따라 달라질 수 있다. 물리학에서 신뢰 수준 평가에 자주 사용되는 척도는 5시그마(σ)이며, 이는 약 1/1,000,000의 확률로 해당 사건이 일어남을 의미한다.[30] 고생물학처럼 데이터 자체가 적은 분야에서는 하나의 발견이 우연이 아닌, 제대로 된 발견이기에 논의할 가치가 있는 신뢰 수준을 1/20로 본다.[31]

통계학은 데이터에서 발견된 패턴에 신뢰도를 부여하는 방법이며, 관찰 및 실험 데이터에 통계적 검정을 모두 적용할 수 있다. 이에 데이터에서 특정한 패턴이 확인되면 그다음에는 주로 해당 패턴이 일어나는 과정을 가설로 세우거나, 원리의 타당성을 탐구하는 실험을 설계한다.

앞서 언급한 '저 나무는 왜 저기 있을까?'라는 질문에 해당 내용을 적용해 본다면, 다양한 나무의 씨앗을 여러 토양에 심어 싹이 나는가를 보는 방법이 있겠다. 여기에서 실험군과 대조군이 다양할수록 좋은 실험이다. 이 실험에서 실험군은 씨앗과 토양의 종류가 될 것이다. 한편 대조군은 씨앗을 심지 않은 토양, 토양에 심지 않은 씨앗 그리고 토양과 씨앗 모두 없는 상태에서 생명체가 저절로 발생하는지 관찰하는 과정이다. 물론 이는 불가능하겠지만 말이다.

실험을 제대로 했다면 기존 데이터에서 발견된 패턴의 원인을 검증하는 가설에서 새로운 데이터가 생성된다. 새로운 데이터는 다

30　더 정확하게 말하자면 5시그마는 약 1/3,500,000이며, 신뢰도는 99.99994%를 나타낸다. 옮긴이.

31　신뢰도 95%. 옮긴이.

시 통계 분석을 적용할 수 있다. 해당 실험이 실제로 가설을 뒷받침한다면 데이터에서 패턴을 확인하고, 해당 패턴이 발생한 가설을 제시하며, 가설이 타당함을 보여주는 데이터 생성이라는 과정을 따른다. 물론 가설이 뒷받침되지 않더라도 그 자체로 유용한 정보이므로 새로운 실험을 고안할 수 있다.

그런데 가끔은 실험 자체가 불가능한 경우가 있다. 가령 우주가 탄생할 당시의 환경은 기술적으로 극복할 수 없는 문제이므로 재현이 불가능하다. 따라서 우리는 밤하늘에서 멀리 떨어진 물체를 망원경으로 관찰한 결과에 의존해야 한다. 실험이 불가능하다면 차선책으로 수학적 모델을 구축하여 해당 모델이 생성한 예측치가 관찰 결과와 일치하는지 확인할 수 있다. 이에 과학자들은 우주가 발달한 모델을 여럿 만들고, 각 모델의 결과를 확인하며 어느 쪽이 우리의 관찰과 가장 유사한가를 비교한다. 현실과 가장 근접한 모델일수록 우리가 관찰한 패턴을 생성한 과정을 재연했을 가능성이 크다.

수학은 정확하면서 깐깐한 언어이다. 수학은 추상적이지만 다양한 대상들이 서로 어떻게 연결되어 있으며, 시간과 공간, 심지어 우리가 실제로 떠올릴 수 없는 가상의 차원에서 어떻게 변화하는가를 설명한다. 스포츠, 음악, 예술, 외국어 학습 등 인간의 여러 가지 활동이 그렇듯 수학 능력에는 사람마다 크고 작은 편차가 있다. 누군가에게는 당연한 내용이 다른 이에게는 아무리 이해하려고 노력해도 뜬구름 잡는 소리로 들릴 것이다.

모든 과학에서 수학이 필수는 아니다. 실험 및 현장 연구에서 이름을 날린 수많은 과학자도 수학에 약하거나 서툴렀다. 필자도 마찬가지로 이성적이기는 하지만 수학에 특출나지 않았다. 현장 연구는 절망적인 수준이었고 말이다. 필자는 본인에게 부족한 기술을 지닌 해당 분야의 전문가와 협력하여 연구하기를 좋아한다. 이에 필자의 특기는 서로를 채워 줄 수 있는 기술을 지닌 사람들을 한데 모아 흥미로운 질문을 던지는 것이다.

수학적 모델에는 우주의 발달 외에도 태양계와 은하, 화학 반응, 종 다양성, 인간의 뇌 기능을 다룬 것도 있다. 수학적 모델에서 방정식을 쓰지 않은 분야는 찾아보기가 어려울 정도이다. 음악과 예술에 다양한 장르가 있듯, 수학적 모델도 마찬가지이다. 단일 과정의 특정 패턴을 형성하는 원리에만 집중하는 간단한 모델이 있는가 하면, 연구 대상의 체계를 실시간으로 정확히 설명할 수 있는 복잡한 모델도 있다. 장르에 따라 각 모델이 유용하게 쓰이므로, 어떠한 모델을 연구에 활용할까를 숙지하는 것이 관건이다.

역사상 최고의 과학자로 손꼽히는 알베르트 아인슈타인은 "모든 것을 최대한 단순하게 만들되, 정도가 지나치면 안 된다. everything should be made as simple as possible, but not simpler "라고 말했다. 이따금 이 문구를 모델이 무조건 단순해야 한다는 의미로 받아들이는 사람도 있지만, 이는 올바른 해석이 아니다. 모델이 목표한 바를 이루려면 때로는 복잡해질 필요가 있다.

가령 당신이 주식 시장을 완벽하게 예측하는 복잡한 수학적 모델을 개발했다고 가정해 보자. 그렇다면 당신은 엄청나게 행복해질 것이다. 만약 모델을 단순하게 바꿀 때마다 예측 정확도가 떨어진다면, 이 모델은 더 이상 당신의 기대를 충족할 수 없다. 결국 모델을 원래대로 복잡하게 만들어야 조금이라도 빨리 은퇴할 수 있다는 결론

존재의 역사

에 도달할 것이다. 당신이 모델의 작동 원리를 모른다고 해도 돈만 잘 벌어다 준다면 신경이 쓰이지 않을 것이다. 이 모델은 당신을 부자로 만들어 준다는 본래의 설계 목적을 달성했으므로 딱 알맞게 복잡하다고 할 수 있다.

모델은 새로운 가설을 낳는다는 점에서 굉장히 중요한 수단이다. 모델을 구축하면 예측을 할 수 있고, 예측은 새로운 관찰이나 실험을 통해 검증할 수 있다. 입자물리학에서 표준 모형 Standard Model [32]은 우주의 네 가지 기본저인 힘 중 세 기지, 즉 깅한 상호작용과 약한 상호작용, 전자기력을 설명하는 복잡한 방정식에 해당한다. 이 모델을 분석한 결과 '힉스 보손 Higgs boson ,[33]이라는 입자를 예측할 수 있었다.

세계에서 가장 큰 기계 장치인 대형 강입자 가속기는 힉스 입자를 찾기 위해 만들어졌으며, 실제로 발견에도 성공한 바 있다. 이에 수학적 모델은 새로운 기본 입자의 존재를 예측했고, 과학자들이 확인한 결과 모델의 예측과 일치했다. 이처럼 힉스 입자는 수학적 모델로 가설을 제시하고, 실험을 통해 이를 뒷받침한 멋진 사례라고 할 수 있다.

대형 강입자 가속기는 지난 수 세기 동안 과학자와 공학자가 일궈 낸 놀라운 기술의 진보를 보여 주는 사례이다. 이제 우리는 수십 년 전에 상상조차 할 수 없었던 새로운 형태의 측정 장비를 만들어 냈다. 이로써 과거보다 적은 오류로 사물의 정확한 측정이 가능해졌

32   기본 입자의 상호작용을 설명하는 모형. 옮긴이.

33   이하 '힉스'라 칭하기로 함.

다. 또한 자연을 새로운 방식으로 다루는 방법을 익혀 자연의 일부를 바꾸어 놓았고, 지금 그 결과를 목격하고 있다.

자연을 이해하고 바꾸는 인간의 능력이 극적으로 향상된 분야 중 하나가 바로 유전학이다. 1980년대 후반, 필자가 대학을 다닐 당시 유전학에서 다루는 내용의 주인공은 대부분 초파리였다. 학생들은 다양한 특성을 지닌 초파리를 번식시키고, 그 자손이 물려받은 특성을 평가하곤 했다. 특성이라고 해 봐야 눈 색상이나 다리에 난 털 숫자가 고작이었다.

지루한 작업이었지만 학생들은 특성이 유전되는 패턴을 이해하고, 그 연관 유전자의 개수를 이해할 수 있었다. 필자는 예전부터 통계학과 진화를 좋아했지만, 그 실습만큼은 따분하게 다가왔다. 그래도 그 수업에서 배울 점이 있었고, 지금은 서로 비슷하게 생긴 초파리 대신 더 복잡한 주제를 연구한다. 이 연구 주제는 필자가 수학적 모델에 새로이 눈을 뜬 계기이기도 하다.

필자의 연구 주제 가운데 옐로스톤 국립공원에 서식하는 회색늑대의 개체 수를 조사하는 작업이 있었다. 옐로스톤 국립공원은 일터로서 매력적인 장소였다. 공원에 늑대를 다시 풀어 주고 정착시키는 작업은 종 보존의 측면에서 큰 성과를 거두었다. 여기에는 특히 지치지 않고 일하는 필자의 친우이자 동료인 더그 스미스 Doug Smith 가 큰 역할을 해 주었다.

그러나 모든 이들이 늑대가 집 뒷마당에 나타나는 것을 달가워하지는 않는다. 늑대의 존재는 말코손바닥사슴의 개체 수를 조절하여 경관을 개선하는 효과가 있지만, 결과를 바라보는 관점은 사람마다 다르다. 사냥꾼의 경우 이제는 말코손바닥사슴을 사냥할 때 차에서 내려야 할 정도로 사냥이 어려워졌기에 늑대를 싫어한다.

회색늑대는 '카니스 루푸스 Canis lupus '라는 종의 일반명이지만, 검은색 털과 회색 털 늑대 모두 포함된다. 검은색 털을 발현하는 유전 변이는 원래 가축화된 개에서 진화하였으며, 이는 인류가 북아메리카에 도착한 직후 개와 늑대를 교배시키면서 늑대의 후손에게 전달되었다. 이후 검은 늑대의 숫자도 늘기 시작했다.

검은 늑대는 북아메리카 전역에 분포하지는 않는다. 이들은 노바스코샤 Nova Scotia 의 북동쪽 인근에 시식하지 않지만, 남서쪽인 멕시코로 갈수록 흔히 발견된다. 이를 제외하고 전 세계 다른 지역에는 검은 늑대가 없거나 매우 드물게 존재한다.

학창 시절과 대학에서 실습했던 초파리 실험을 늑대로 바꾸어 본다면, 털의 색을 결정하는 유전 변이가 하나의 유전자에 있음을 알수 있다. 회색늑대끼리 교배했을 때 태어나는 새끼 늑대는 늘 회색이다. 검은 늑대와 회색늑대 또는 검은 늑대끼리 교배한다면 새끼 늑대의 털 색은 검은색과 회색 모두 가능하다. 이처럼 회색늑대와 검은 늑대가 태어나는 빈도를 통해 유전자에 2가지 변이, 즉 대립 유전자가 있음을 알 수 있다. 이를 편의상 회색(Grey)과 검은색(Black)을 뜻하는 영어 명칭의 앞 글자를 따서 'G'와 'B'라고 부르자.

위와 같이 모든 늑대는 대립 유전자를 2개 가지고 있다. 둘 다 G일 때 늑대의 털은 회색, 둘 다 B이면 검은색이다. 한쪽이 G, 다른 하나가 B인 경우도 검은색 털로, 대립 유전자 B가 G보다 우성이라고 밝혀진 상태이다. 학교 실습에서 초파리 대신 늑대를 번식했다면 더없이 즐거웠을 테지만, 이는 보건 안전 규제에 위반되므로 별다른 수가 없었다.

한편 검은 늑대는 숲이 우거진 지역에 많이 서식하는 경향이 있다. 이는 검은 늑대의 털이 나무 사이에서 보호색으로 작용하므로, 숲에서 사냥할 때 회색늑대보다 유리하다는 가설을 제시했다.

우리는 다양한 유전자를 가진 늑대의 생존율과 번식력 데이터를 통계 분석한 결과 흥미로운 점을 발견했다. B와 G 대립 유전자를 하나씩 가진 BG 늑대가 BB 늑대보다 생존율과 번식력이 높았던 것이다. 검은색인 BG 늑대는 GG 늑대와 비교해도 생존률이 조금 더 높았다. 이 결과에 따르면 검은색 털이라고 숲에서 사냥이 더 유리한 것은 아니며, 검은색 혹은 회색을 결정하는 유전 변이에 다른 요인이 있음을 의미한다.

우리가 위와 같은 결론을 내린 이유는 BB 늑대와 BG 늑대의 색상이 동일함에도 기대 수명에서 큰 차이가 났기 때문이다. 만약 검은색 털이 더 유리하다면 BB 늑대도 BG 늑대만큼 살아남아야 마땅하다. 하지만 BB 늑대는 대개 어릴 때 죽고, 살아남더라도 번식을 거의 하지 못했다. 이와 대조적으로 BG 늑대는 잘 성장했다. 만약 검은색 털이 더 유리하다면 두 유형의 검은 늑대 모두 생존율과 번식력이 높아야 한다. 그렇지 않다면 늑대의 털 색을 결정하는 대립 유전자에 다른 요인을 결정하는 기능이 있다는 뜻이다.

위와 관련하여 늑대의 털 색을 결정하는 유전자는 'CBD103'이다. 이 유전자는 이미 다른 종에서 면역과 관련이 있다고 알려져 있다. 이에 우리는 'BG 늑대는 BB/GG 늑대에 비해 감염 면역력이 강하다.'라는 새로운 가설을 세웠다.

존재의 역사

옐로스톤 국립공원에서는 몇 년에 한 번씩 '개 디스템퍼'라는 질병이 창궐한다. 개 디스템퍼 바이러스 Canine Distemper Virus , 일명 CDV는 늑대를 비롯한 육식 동물이 걸리는 홍역과 유사하다. 우리는 해당 질병이 발병한 해에 검은색 BB 늑대나 회색 GG 늑대에 비해 검은색 BG 늑대가 덜 죽는다는 가설을 세웠다.

통계 분석 결과도 우리의 가설을 뒷받침했다. CDV가 발병하지 않을 때, BG 늑대와 GG 늑대의 생존율 격차는 훨씬 줄어들었다. 반면 BB 늑대는 CDV 발병과 무관하게 생존율이 항상 좋지 않았다.

CDV의 감염 대상은 곰과 미국너구리, 스컹크 등 다양한 포유류이다. CDV는 해당 지역에 감염병에 걸린 포유류가 많을 때만 상존한다. 이에 검은 늑대가 많이 분포하는 남서쪽 지역일수록 CDV에 걸린 포유류가 많이 서식하고, 북동쪽으로 갈수록 그 수가 줄어드는 경향이 있었다. 결국 검은 늑대의 개체 수는 해당 지역에서의 CDV 감염 여부, 그리고 이는 그 지역에 서식하는 종 가운데 해당 바이러스에 감염된 개체 수에 따라 결정되었다.

우리는 가설이 뒷받침되어 매우 뿌듯했지만, 우리가 관찰한 패턴에 다른 원인이 작용했을 가능성을 간과하지 않았다. 이를 밝히기 위해 동료 중 일부는 로스앤젤레스에서 밥 웨인 Bob Wayne 이 주도하는 연구팀에 들어가 야생 동물 연구에 일대 혁명을 가져온 기술을 활용해 놀라운 실험을 설계했다. 안타깝게도 밥 웨인은 최근 고인이 되었다고 한다.

늑대를 연구하려면 늑대를 찾아야 하고, 이를 위해서는 무리 중 한두 마리에게 전파를 발신하는 목걸이를 걸어야 한다. 이 목걸이는 늑대에게 해롭지 않으며, 개가 착용하는 두꺼운 목걸이와 유사하다.

늑대에게 목걸이를 거는 과정에서 마취총으로 진정제를 주입해 늑대가 잠든 사이 질병 유무와 체중을 확인하고 혈액 샘플과 볼 안쪽의 세포를 채취한다. 세포는 동결 처리하여 로스앤젤레스로 보내고, 동료들이 실험실에서 배양을 진행한다.

동료들은 크리스퍼 유전자 가위 CRISPR [34] 등 기발한 유전공학 기법을 이용해 각 늑대마다 CBD103 유전자형이 각각 BB와 BG, GG인 3가지 세포주를 만들어 냈으며, 그 외 다른 유전자는 변형하지 않았다. 유전공학으로 만든 세포 중 일부는 병원체에 노출한 뒤 반응을 기록했다. 이 실험은 병에 잘 견디는 원인이 CBD103 유전자의 BG 유전형인지 다른 유전자인지 확인하기 위해 설계되었다. 실험 결과 CBD103의 유전자형이 실제로 여러 가지의 다른 유전자와 함께 면역에 중요한 역할을 담당하는 요인이었다.

유전자 편집 기술의 활약과 통계 분석으로 CDV가 발병하는 해와 그렇지 않은 해에 유전형이 다른 늑대의 생존율에 차이가 있음이 밝혀졌다. 그러나 생존율의 차이가 늑대 개체 수에 실제로 영향을 미치는지는 알지 못했다. 생명이라면 어차피 결국 죽기 마련인데, 유전형이 다른 늑대가 CDV로 생존율이 달라지는 것이 크게 중요할까?

우리는 그 의문을 해결하기 위해 수학적 모델을 만들어 분석을 시작하였다. 그 결과 흥미로운 예측이 발견되었다. 당신이 잠깐 검은 늑대가 되어 몇 년에 한 번씩 CDV가 발병하는 옐로스톤 국립공원에 서식하는 상황을 상상해 보자. 진화의 관점에서 당신이 취해야 할 최선의 전략은 당신의 유전자를 지닌 미래 세대를 최대한 늘리는 것이

---

[34] 정확하게는 'Clustered Regularly Interspaced Short Palindromic Repeats'의 두문자어이다.

다. 늑대를 기준으로 검은색 BG 늑대의 자손, 다시 말하면 CDV에 면역력을 가진 BG 유전형을 만들어 내는 것이 최선의 전략이겠다. 그렇다면 이를 위한 최선의 방법은 무엇일까?

연구 결과 당신이 검은 늑대라면 회색늑대와, 그 반대라면 검은 늑대와 짝짓기를 해야 한다. 자신이 BB 또는 BG 검은 늑대라도 모두 BG 늑대를 만들 확률을 극대화하려면 자신과 색상이 다른 늑대와 짝짓기를 해야 한다. 이는 GG 회색늑대도 마찬가지다. 그렇다면 털의 색이 같은 늑대 부부보다 다른 부부기 디 많이 보일 것이나.

우리는 옐로스톤 국립공원에서 늑대의 짝짓기 실태를 검증했다. 그 결과 검은 늑대와 회색늑대가 짝짓기한 조합이 무작위일 때의 기댓값보다 더 많음을 확인했다. 검은 늑대 한 쌍 또는 회색늑대 한 쌍보다 검은 늑대와 회색늑대의 조합이 평균적으로 더 많이 짝을 이루는 경향이 있었다.

또한 우리가 설계한 모델에서는 다른 예측도 내놓았다. 우리는 CDV가 발병하지 않는 환경이라면 GG 회색늑대를 낳는 것이 무조건 유리하다고 생각했다. CDV 청정지역에서는 회색늑대가 검은 늑대보다 진화의 관점에 더욱 적합했기 때문이다. 이론대로라면 회색늑대는 회색늑대끼리 짝짓기를 하며, 종국에는 B 대립 유전자를 가진 검은 늑대가 전체 개체에서 사라지게 된다. 연구 결과도 우리의 생각과 일치했다. 북아메리카에서 CDV가 거의 또는 전혀 발병하지 않는 지역에는 검은 늑대가 없다.

물론 우리 모델의 예측보다는 새로운 입자를 예견하고 그 입자를 발견해 낸 입자물리학의 표준 모형이 훨씬 더 놀라운 것은 부정할 수 없다. 하지만 우리 모델에서는 검증할 수 있는 예측을 내놓았고,

이를 뒷받침하는 결과도 제시하였다. 이 모델은 진화의 놀라운 힘을 보여 준다.

CDV 발병 지역에서 유전적으로 우연히 다른 색상의 늑대를 짝짓기 대상으로 선호하는 개체일수록 그 반대보다 새끼의 생존율이 높았다. 시간이 흐르자 CDV 발병 지역에서 훨씬 더 많은 수의 늑대가 털의 색이 서로 다른 늑대와 짝짓기를 하기 시작했다. 이는 검은 늑대가 북아메리카 여기저기에 분포하는 결과로 이어졌다.

기술의 발전으로 유전학뿐 아니라 물리학, 화학, 컴퓨터 과학 분야에서도 일대 혁명이 일어났다. 현재 우리는 130억 광년 떨어진 은하는 물론, 원자 2~3개 크기만 한 분자의 구조도 관찰할 수 있게 되었다. 또한 머나먼 곳에서 블랙홀끼리의 충돌로 생성된 아주 미세한 중력파도 측정할 수 있으며, 물질을 구성하는 기본 입자에 전자기력을 걸어 광속의 99.999999%까지 가속하는 것도 가능해졌다.

그런가 하면 인공지능은 컴퓨터가 아닌 사람과 대화 중이라 착각할 정도이며, 대학교 학부생 수준의 리포트를 작성할 만큼 발전하였다. 이처럼 우리의 기술이 발전해 온 여정은 인류의 조상이 최초의 뗀석기를 만들던 시절에서 시작되었다. 이후 인류는 먼 길을 달려왔지만, 최신 기술은 놀라움을 넘어 다소 염려되는 측면도 있다.

늑대를 대상으로 한 실험처럼 개별 세포에 있는 유전자의 유전자형을 편집하는 능력은 인간을 좀먹는 질병을 치료할 가능성을 보여 준다. 사회적인 합의만 이루어진다면 이러한 도구는 질병을 치료할 무기가 될 것이다. 필자의 동료는 늑대의 볼 세포 연구를 통해 해당 기술이 어디까지 가능한지, 어떤 결과를 낼 수 있을지 보여 주었다. 다만 우리는 그 기술의 중요성을 잘 인지하며 다루어야 한다.

현재 우리는 개인에게 유전공학을 적용해 질병에 대항할 수 있을 정도의 인간 유전체에 대한 충분한 지식이나 기술 또는 능력을 보유하고 있지 않다. 그럼에도 지식은 빠른 속도로 쌓이고 있으므로, 유전자 치료를 비롯한 기술을 적절히 규제하는 것이 중요하다. 이에 최신 인공지능 기술에도 비슷한 고민이 대두되었다. ChatGPT는 분명 유용하지만, 반드시 선한 목적으로만 사용할 수 있도록 해야 한다.

과학적 패턴의 이해

관찰은 패턴을 묘사하고, 과정은 패턴이 발생한 이유를 순차적으로 기록한다. 그리고 기전 ^{mechanism} 은 과정이 발생한 원리를 설명한다. 가령 수소와 산소 원자의 결합으로 물 분자를 형성한다는 관측은 패턴이다. 원자가 이러한 현상을 보인 이유는 산소와 수소 원자가 정반대의 전하를 띠기에 서로를 끌어당겨 분자를 형성하기 때문이다. 그리고 이들이 결합한 원리는 원자끼리 전자라는 입자를 공유해서이다. 이처럼 특정 패턴이 관측된 이유를 자세히 이해하려면 과정과 기전에 관한 지식이 모두 필요하다.

일부 기전, 특히 복잡한 형태의 생명체와 관련된 것은 상당히 난해하다. 600~800만 년 전 살았던 공통 조상에서 두 가지 계통이 갈라져 나와 최종적으로 침팬지와 인간이 된 것은 패턴이다. 여기에서 계통 분화를 일으킨 과정은 자연 선택에 따른 진화이다. 그리고 그 기전은 유전 암호의 오류, 즉 돌연변이로 종별 개체의 개별적인 발달에 영향을 미친다.

발달 궤적이 이처럼 대조를 이루는 데는 배아 embryo 성장 시 단계별로 활성화되었다가 멈추는 여러 유전자, 그리고 일부 세포에서 생성하는 다양한 단백질이 관여한다. 이 단백질은 우리가 인간이나 침팬지처럼 자라는 데 영향을 미친다. 위의 사례에서는 패턴이 두드러지고 과정이 잘 이해되면서 일부 발생 기전의 득징이 나타난다. 전부는 아니라도 말이다.

난해한 기전을 세부적으로 살펴보자면 순식간에 복잡해지므로, 가급적 책에서는 언급을 피하도록 하겠다. 대신 빅뱅에서 우리의 존재로 이어지는 과정으로 초점을 유지하며, 전문적이고 세부적인 지식을 요구하지 않는 기전만 개략적으로 소개하려 한다.

때로는 과학이 진보하는 과정에서 패턴을 두고 여러 해석이 생겨나기도 한다. 이때는 한 가지 가설을 뒷받침하고 다른 가설은 버릴 수 있도록 더 많은 데이터를 확보하려고 노력한다. 이에 과학자는 대부분 '오컴의 면도날 Occam's razor '을 토대로 지지할 가설을 결정한다.

위 용어의 어원인 오컴의 윌리엄 William of Ockham [35]은 영국의 신학자이자 철학자로, 1287년 서리주 오컴이라는 마을에서 태어났다. 오컴의 면도날이란 하나의 현상을 두고 다수의 설명이 존재할 때, 가장 간단한 쪽을 선택한다는 의미이다. 개인적으로 설명이 모두 그럴

---

[35] 중세에 성씨가 있었던 계층은 귀족뿐이었다. 따라서 '오컴의 윌리엄'은 '오컴 출신의 윌리엄'이라는 의미로, 이러한 방식의 호칭이 통용되었다. 옮긴이.

듯하다면 그러한 접근 방식을 취한다. 특히 마지막 장에서 우리 존재가 필연적인지 우연인지에 대한 의문에 답을 내릴 때 해당 개념을 적용하고자 한다.

필자는 이 책을 통해 위의 의문에 답을 내리면서, 과학이 거둔 놀라운 성과를 당신에게 알리고자 한다. 앞으로의 내용은 과학이 발견한 지식 가운데 맛보기를 요약한 것에 불과하겠다. 하지만 이 정도만으로도 우리 존재의 역사와 이유를 설명하기에는 충분할 것이다.

물론 과학을 완전히 신뢰하지 않는 이들이 많더라도 경계할 필요까지는 없다. 우리 우주의 역사와 작동 원리는 놀랍고도 아름다우므로 후회 없는 배움이 될 것이다. 지식은 수백만 명에 달하는 과학자들의 노고로 밝혀진 경이로운 성과이므로, 과학적 연구 방법은 두려움의 대상이 아니라 포용의 대상이다. 그렇다면 이제부터 우리 존재의 역사를 찾아 떠나가 보자.

제2장

이토록 작은 세계

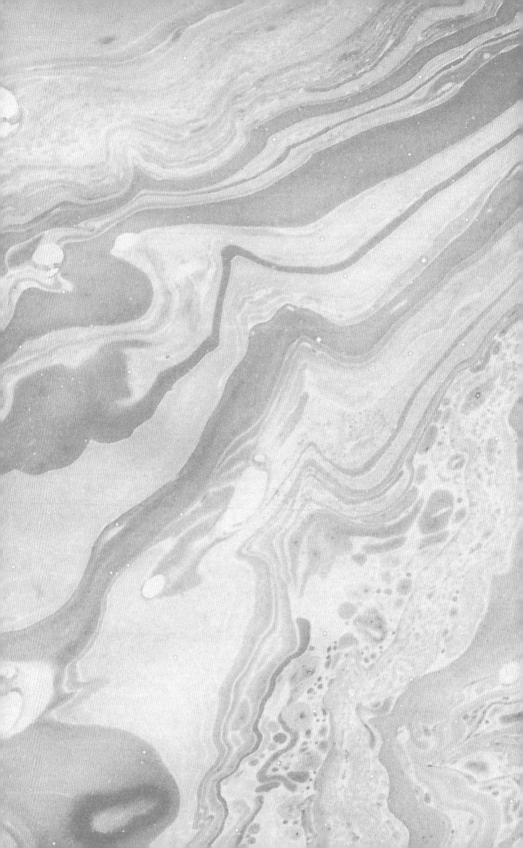

모든 것의 시작

    필자는 예전부터 늘 독서를 즐겼다. 부모님은 여느 아이들과는 정반대로 책은 그만 읽고 나가서 조금이라도 놀라고 말씀하셨다. 하지만 필자는 부모님께서 그만 자라고 말씀하실 때까지 이불 속에서 손전등을 비추며 책을 읽곤 했다.

    처음으로 읽은 과학 책의 내용은 기억나지 않는다. 그러나 필자는 동네에 방문하는 이동식 도서관에서 과학과 관련된 책이란 책은 모조리 빌려서 읽었다. 물리학을 다룬 책, 특히 우주의 비밀을 밝히는 책을 가장 좋아했고, 그다음으로 공룡이 나오는 책도 좋아했다. 과학자들이라면 다른 행성에 살고 있는 공룡을 발견할 수 있을 것이라 기대했던 기억도 난다.

    집에서 물리학을 책으로 접하는 것은 즐거웠지만, 학교에서 배우면 놀라울 정도로 재미가 없었다. 교과 과정에서 퍼텐셜 에너지 potential energy [36]와 운동 에너지의 차이를 몇 주 동안 억지로 배웠지만, 초신성처럼 흥미진진한 내용은 절대 가르쳐 주지 않았다. 그리고 벽에서 튕겨 나오는 공의 각도를 계산하는 법을 익히면서 쿼크나 광자 photon 같은 입자는 전혀 다루지 않았다. 집에 돌아오면 물체가 빛의 속도에 가까워질수록 시간이 느려지는 원리를 책으로 접했지만, 학교에서 빛을 공부하면서 가장 재밌었던 내용은 기껏해야 바늘구멍 카메라 만들기였다.

당시 선생님은 수업을 더 재미있게 진행할 수 있도록 온갖 노력을 다하셨다. 그러나 아무리 재미있는 과목이라도 지루함을 느끼도록 교과 과정을 짠 높으신 분 덕에 애초부터 선생님의 노력에도 이길 수 없는 싸움이나 마찬가지였다.

물리학은 우주가 왜 지금의 모습처럼 움직이는가를 설명하는 분야이다. 물리학은 네 가지 기본적인 힘의 원리 및 에너지와 물질의 관계, 입자가 다른 입자와 상호작용하는 이유를 설명한다.[37] 지금 생각해 보면 이렇게 엄청난 내용을 듣고도 필자를 포함한 반 친구들은 그리 놀라지 않은 것이 신기할 정도였다. 그렇더라도 달라지는 것은 없었다.

그렇게 필자는 집에서 물리학에 대한 흥미진진한 내용을 계속 읽어 나갔다. 이에 무생물의 세계도 충분히 매력적이며, 퍼텐셜 에너지와 운동 에너지도 흥미로울 수 있음을 깨달았다. 하지만 필자처럼

---

36 과거 '위치 에너지'라고 불리던 용어.

37 이 가운데 '물질'은 질량이 있고, 공간을 차지하는 모든 것을 포함한다.

물리학 교과 과정으로 고통받은 독자들을 배려하여 처음이자 마지막으로 이 책에 나올 에너지의 형태를 설명하고자 한다.

우리가 존재하려면 우주도 존재해야 한다. 그렇다면 우주는 어떻게 존재하게 되었을까? 일반적으로 우주는 으레 생명체가 지내기 알맞은 특성이 있음을 당연하게 받아들인다. 하지만 우주의 이러한 모습은 이미 탄생한 순간부터 필연적이었을까? 생명체가 진화할 수 없는 모습으로 만들어질 수도 있지 않았을까?

이에 과학자들은 우리 우주의 특성이 극히 일부만 달라졌어도 원자와 별, 행성은 물론 우리도 존재할 수 없음을 발견했다. 우리 존재의 역사를 돌아보는 첫 단계는 작은 점으로 응축된 에너지에서 기본 입자와 최초의 원자 그리고 별을 만들며 우주로 성장해 나간 과정부터이다. 이처럼 초기 우주에 아직 많은 연구가 필요하다. 그럼에도 과학자들은 우주가 움직이는 원리를 결정하는 입자와 에너지 및 힘을 발견하고, 이들이 어떻게 지구에 생명체가 탄생할 기틀을 마련했는지에 대한 놀라운 지식을 알게 되었다.

그리고 오늘날의 우리 우주는 정말 거대하다. 얼마나 클지는 아무도 모르지만, 과학자들의 계산에 따르면 우주를 횡단하는 데 7조 광년 이상 걸릴 것으로 추정된다. 이는 한 줄기의 빛이 7,000,000,000,000년이나 날아야 하는 어마어마한 거리이다. 1광년은 9조 5,000km에 조금 못 미치므로, 우주를 횡단하는 거리는 약 62자 km가 된다.[38]

---

38 1조는 10^{12}, 1자는 10^{24}이다. 옮긴이.

지구에서 우리가 눈으로 확인할 수 있는 우주의 범위는 일부에 불과하며, 과학자들은 이를 '관측 가능한 우주 observable universe '라고 한다. 관측 가능한 우주의 크기는 930억 광년에 불과하지만, 현재에도 계속해서 커지고 있다. 이 내용은 이 장의 후반부에서 우리가 우주 전체를 관측할 수 없는 이유와 함께 다시 설명하도록 하겠다.

지구에서 하루하루를 보내는 우리에게 수십억 km라는 거리는 피부에 와닿지 않는다. 현실적으로 우리가 이용할 수 있는 최장거리 노선은 런던-퍼스 비행기로, 17시간 동안 약 1만 4,000km를 비행한다. 이 거리는 1광년의 0.0000000015%에 불과한데, 빛이라면 0.05초 만에 도달하는 거리이다.

런던-퍼스 구간을 비행하는 보잉 787-9 드림라이너의 최대 속력은 1,100km/h로, 빛에 비하면 매우 굼뜨다.[39] 물론 비행기는 인류가 만들어 낸 가장 빠른 기계에 비하면 느린 편이다. 그에 해당하는 것은 바로 NASA의 파커 태양 탐사선이다. 이 탐사선은 태양 가까이 접근하는 과정에서 속력을 광속의 0.05%인 약 53만 km/h까지 올릴 수 있지만, 이마저도 광속의 1/2,000에 불과하다. 빛은 그 정도로 빠르고, 우주는 넓다.

거대한 우주가 움직이는 원리를 이해하려면 우리뿐 아니라 만물을 구성하는 미세한 입자들의 움직임과 그 입자 간 상호작용을 확인해야 한다. 이들 입자의 지름은 기껏해야 수조 분의 1mm에 불과하다. 과학자들이 해당 입자를 '기본 입자'라고 칭하는 이유도 더 작은

---

39 보잉 787-9의 공식 최대 속력은 956km/h이지만, 비행 중 기류를 타면 더 빨리 운항할 수 있다. 옮긴이.

존재의 역사

단위로 쪼갤 수 없기 때문이다. 이렇게 기본 입자는 만물을 구성하는 기본 단위가 된다.

한편 바위나 자동차, 비행기, 소행성, 달, 태양계의 행성과 같이 큰 물체의 움직임은 이미 우리에게 익숙하다. 이들 물체의 크기는 기본 입자보다 훨씬 크므로 거시적 물체라고 한다. 인간관계, 독서, 한 잔의 물까지 우리가 일상 생활에서 겪는 모든 일들이 거시적이다.

거시적 물체는 우리와 동일하게 시공간 내에서 움직인다. 즉 일부 기본 입자나 원자를 구성하는 전자처럼 존재 자체가 흐릿하거나, 갑자기 한 곳에서 사라졌다가 다른 곳에 귀신처럼 나타나지 않는다. 하지만 기본 입자가 상호작용하는 공간인 미시 세계에서는 전혀 다른 입자의 움직임을 보여 준다. 그곳에서 입자는 위치를 한 지점에 특정할 수 없으며, 움직임 또한 굉장히 기묘하다. 이러한 기본 입자의 움직임에 대하여 이 장과 다음 장에 걸친 설명을 읽는다면, 그 말에 조금이나마 수긍할 것이다. 결과적으로 우리가 아는 현실과 기본 입자 수준에서의 현실은 같지 않다.

20세기 중반까지 과학자는 대부분 우주의 크기가 일정하고 변치 않으며, 이전에도 그러했듯 앞으로도 존재하리라 추정했다. 하지만 망원경의 발달로 우주의 크기가 일정하지 않고 팽창한다는 사실이 점점 더 명확해졌다. 역으로 말하면 우주에도 시작이 있었고, 그 시점에는 매우 작았다는 의미이다. 이처럼 우주는 매우 작은 점에 응축된 에너지 형태로 탄생한 이후 성장과 변화를 거듭해 왔음이 틀림없다.

작은 점에서 시작한 우리 우주는 현재 매우 광대해졌으며, 지구에서 우리가 바라보는 방향마다 우주가 있다. 우리는 우주의 끝자락을 직접 볼 수는 없지만, 달리 볼 수 있는 방법은 많다. 우리는 가설 속에서 우주여행을 하며 우주를 시각화하여 볼 수 있다.

지구에서 400km 떨어진 국제 우주정거장의 궤도에 우주선을 탄 우주비행사를 상상해 보자. 창밖에는 우리의 아름다운 고향 행성이 보인다. 이제 지구 멀리 여행을 떠나 보자. 지구를 떠나 처음 만나는 것은 바로 달이다. 달 역시 우주정거장처럼 지구 주변을 맴돌지만, 공전 궤도는 훨씬 크다.

달에 이어 태양의 다른 행성도 보이기 시작한다. 수성과 금성, 지구, 화성, 목성, 토성, 천왕성, 해왕성까지 총 여덟 개의 행성[40]이 태양을 공전하는 모습과 수백만 개의 바윗덩이가 보인다. 그렇게 태양계를 뒤로하고 나아갈수록 태양의 빛이 희미해지면서 다른 별들이 태양보다 더 밝게 빛난다. 언젠가는 다른 항성 star 과 이를 끼고 도는 행성과 바위들을 하나둘 지나칠 것이다.[41]

시간이 어느 정도 흐르면 항성의 출현은 점점 줄어든다. 그리고 광활한 별의 구름 사이에 길을 잃은 우리는 태양이 우주의 중심점 주위를 도는 1,000억 개의 별 중 하나에 불과하다는 사실을 깨닫는다. 우리 은하에 있는 그 모든 별의 무리가 바로 은하수이다.

관측 가능한 우주에는 약 1조 개의 은하가 존재한다. 망원경으로 은하수 저편에 있는 은하를 관찰하면 흥미로운 점을 발견할 수 있다. 은하 대부분이 우리에게서 멀어지고 있고, 먼 곳에 있을수록 멀어지는 속도도 대체로 빠르다.

---

40   왜소 행성(dwarf planet)인 명왕성은 제외된다.

41   항성과 별은 동의어이며, 문맥에 따라 태양처럼 스스로 빛을 내고 움직이지 않는다는 의미를 강조할 때 항성으로 표기한다. 옮긴이.

우주학자가 우주를 컴퓨터 시뮬레이션으로 조작하듯, 우리도 시간을 되돌릴 능력이 생긴다고 상상해 보자. 그렇다면 현재 광활한 우주 전체에 흩어져 있는 모든 물질과 에너지가 과거 특이점이라는 한 점에 응축되어 있었어야 한다는 사실을 발견할 것이다. 특이점은 가장 작은 기본 입자보다도 더 작으면서 밀도는 굉장히 높고 뜨거웠을 것이다. 이 시점에서 지구에서 지각을 지닌 생명체가 진화한 우주가 탄생했다.

물리학자들은 우주가 움직이는 원리와 팽창하는 이유에 네 가지 기본적인 힘이 핵심적으로 관여한다는 사실을 밝혀냈다. 이들 힘은 지금부터 우리가 이야기할 주제로서 입자와 원자에서 행성, 항성, 은하와 같이 더 큰 사물이 어떻게 상호작용하는가를 결정한다. 그 힘은 우리의 존재에 너무나도 기본적이다. 따라서 이들의 원리를 다루기에 앞서 당신의 이해를 돕기 위해 어떤 특징을 지니는지 소개하겠다. 네 가지 기본적인 힘은 이 책의 주역이다. 이들이 없었다면 우리도, 하물며 원자도 이곳에 존재할 수 없다.

우주에 있는 모든 사물은 원자로 만들어진다. 개개의 원자마다 핵이라는 중심 구체, 그리고 핵과 거리를 두고 핵 주위를 빠른 속도로 이동하는 전자로 구성된다. 원자핵은 양성자와 중성자라는 더 작은 입자로 만들어진다. 특정 원소의 원자는 동일한 숫자의 양성자와 전자를 지닌다. 그리고 원소의 종류에 따라 하나 또는 그 이상의 중성자를 가진다. 중성자가 없는 수소의 일종만 제외하고 말이다.

수소 원자는 항상 양성자와 전자를 하나씩 지닌다. 하지만 자연 상태의 수소 핵에는 중성자가 아예 없거나, 1~2개를 지니기도 한다.

이렇게 다른 형태의 수소 가운데 중성자가 없는 것을 프로튬 protium 이라고 하며, 하나일 때 듀테륨 deuterium, 둘일 경우 트리튬 tritium 이라고 한다.[42] 이들 원자는 수소의 동위 원소 isotope [43] 이다.

중성자와 양성자는 쿼크로 만들어진다. 쿼크들은 '강한 상호작용'이라는 힘으로 서로 뭉쳐 있다. 강한 상호작용은 양성자와 중성자가 한데 모여 원자핵을 이루는 힘이기도 하다. 그 힘이 있기에 양성자와 중성자, 그리고 쿼크가 서로 결합할 수 있다. 그렇지 않았다면 원자핵도, 생명도 존재하지 않는다.

다음으로 소개할 힘은 '약한 상호작용'이다. 이 힘 또한 원자핵에 작용하는 힘이며, 일부 원소가 방사성 동위 원소로 존재하는 이유이기도 하다. 원자핵은 대부분 안정적이므로 중성자가 갑자기 양성자로 변하거나, 반대로 양성자가 중성자로 바뀌어 다른 원소의 원자가 되는 일은 일어나지 않는다. 하지만 일부 원소의 특정 동위 원소는 양성자와 중성자의 배치가 불안정하여 양성자가 중성자로 변하거나, 그 반대의 일이 일어난다. 이 과정에서 방사선이 방출된다.

물론 모든 방사성 원소가 위의 원리로 붕괴하지는 않는다. 하지만 트리튬은 상기 과정을 거쳐 헬륨으로 붕괴하며, 이때 관여하는 힘이 바로 약한 상호작용이다. 일상 생활과 별로 관련이 없는 내용이라고 생각할 수 있겠지만, 약한 상호작용이 없었다면 태양 에너지의 원천인 핵융합도 일어나지 않았다.

핵융합은 약한 상호작용으로 일어난다. 태양에서 수소 동위 원

---

42   프로튬은 경수소, 듀테륨은 중수소, 트리튬은 삼중수소라고도 한다.

43   원자 번호는 같으나 질량수가 서로 다른 원소로, 양성자의 수는 같지만 중성자의 수가 다르다.

소가 헬륨을 생성하며 막대한 에너지를 열과 빛의 형태로 만들어 낸
다. 따라서 약한 상호작용이 존재하지 않았다면 생명도 존재하지 않
았다.

양성자와 중성자를 묘사한 그림 가운데 작은 공이 서로 막대로
연결되어 원자핵을 구성한 형태가 많다. 이는 그다지 정확한 모습은
아니지만, 그럴듯한 비유로 보아도 무방하다. 전자는 화학자들이 '오
비탈 orbital '이라 부르는 흐릿한 궤도 형태로 핵 주위를 빠른 속도로
이동한다. 전자들이 제자리를 지키고 있는 이유는 전자기력 덕분이
다. 전자기력이 존재하지 않았다면 전자는 어디론가 흩어져 버리고,
그러면 원자도 존재할 수 없다.

그리고 전자기력에는 또 다른 역할이 있다. 바로 양성자와 중성
자, 전자의 개수에 따라 원자의 종류를 결정한다는 것이다. 특정 원
자가 지니는 양성자와 전자의 개수는 동일하며, 그 개수가 원소의 종
류를 결정한다. 가령 리튬은 양성자와 전자를 3개씩, 탄소는 6개씩
갖춘다.

화학 반응이 일어날 때도 전자기력이 관여하면서 원자가 지닌
전자를 다른 원자와 공유하거나 교환한다. 이 과정에서 분자가 형성
된다. 이와 관련하여 물은 분자 형태를 띤 흔한 화합물에 속한다. 개
별 물 분자는 수소 원자 2개와 산소 원자 하나가 전자기력으로 전자
를 공유하면서 결합한 것이다. 이외에도 이산화탄소와 메탄, 금속의
녹도 모두 분자이다. 이처럼 분자는 다양한 형태로 존재하지만, 분자
의 구성 물질은 원자이다. 또한 각 원자를 구성하는 물질은 양성자와
중성자, 전자이다. 전자기력이 존재하지 않는다면 원자나 분자도 애
초부터 없었다.

마지막으로 소개할 힘은 중력이다. 우리는 우주로 둥둥 날아가 버리지 않고, 지구 위를 걸어 다닐 수 있다는 사실을 거의 의식하지 않는다. 중력은 우리를 지구에 붙잡아 두는 힘이자 물체끼리 서로 당기는 힘이다. 따라서 원자를 포함해 질량을 가진 대상이라면 함께 무리를 이루려는 성질이 있다.

중력은 크고 작은 모든 물체에 영향을 미친다. 달이 지구를 돌고, 지구가 태양을 돌고, 태양이 은하 중심을 도는 것도 모두 중력 덕분이다. 지구가 태양을 한 바퀴 도는 시간이 1년임을 다들 알고 있을 것이다. 달이 지구를 완전히 도는 시간은 27일, 그리고 태양과 태양계가 우리 은하의 중심을 한 바퀴 도는 데 걸리는 시간은 약 2억 5,000만 년이다. 우리는 은하 중심을 따라 공전하는 별 주위를 도는 바위 위에 선 셈이다. 중력은 이 움직임을 유지하는 힘이며, 중력이 없다면 생명체는 물론이고 태양과 지구, 달 모두 존재하지 않았다.

이상의 네 가지 힘은 우리 우주가 움직이는 원리를 결정한다는 점에서 모든 생명체에게 중요하다. 결국 이들 힘을 이해하는 것이 우리 존재의 이유라는 내러티브에서 중요한 과정이다. 우리라는 존재는 원자와 분자를 구성하는 입자들 간의 결합으로 형성되었다. 다음 단계로 네 가지 기본적인 힘이 물질과 어떻게 상호작용하고 서로 영향을 미치는지 알아보도록 하자.

　　　　　　　　　　　　　　　　　　存在의 역사

입자와 물질의 세계

입자는 여러 가지 방식으로 결합하고 상호작용한다. 그 규칙은 우주 어디에서나 일정하지만, 그 결과물은 해당 물질이 우주로 어떻게 퍼져 나갔느냐에 따라 달라진다. 모종의 이유로 어떠한 힘은 매우 짧은 거리에 작용하고, 또 다른 힘은 훨씬 넓은 범위에 작용하기 때문이다. 가령 강한 상호작용은 좁은 범위에서 작용하며, 약한 상호작용, 전자기력, 중력 순서로 힘이 미치는 범위가 훨씬 커진다.

강한 상호작용과 약한 상호작용, 전자기력은 쿼크와 전자가 서로 '매개 입자 force carrier particle '라는 물질을 끊임없이 교환한다는 점에서 작용 원리는 비슷하다. 이때 강한 상호작용의 매개 입자는 '글루온 gluon ', 약한 상호작용은 '보손 boson '이라고 부르며, 전자기력의 경우 '광자'라고 한다.

한편 과학자들은 중력도 매개 입자를 통해 작용한다고 추정하지만, 해당 물질은 아직 발견하지 못했다. 이 가상의 입자는 '중력자 graviton'라고 한다. 이를 검출하려면 지구에서 동원할 수 있는 에너지보다 훨씬 많은 에너지가 필요하다. 추산 방식에 따라서는 대형 강입자 가속기와 유사한 장비를 태양계 크기로 만들어 밀도가 매우 높은 별들 근처에 설치해야 수십 년에 한 번꼴로 겨우 중력자를 관찰할 수 있을 것으로 추정된다. 다행히 다른 힘을 정의하는 매개 입자는 상대적으로 검출이 쉬워 현재까지 모두 관찰에 성공했다. 위에서 소개한 매개 입자는 역장 force field 의 매개체이며, 역장의 종류도 저마다 다르다.

역장은 머나먼 은하 사이의 공간까지 온 우주에 전방위로 힘을 미친다. 역장은 자기장 주변에 형성되는 것을 연상하면 가장 쉽게 이해할 수 있다. 자석 위에 종이를 올린 뒤, 철 가루를 뿌린 다음 손으로 톡톡 치면 자기장을 육안으로 확인할 수 있다. 이때 철 가루는 자석의 한쪽 극에서 반대쪽 극으로 호를 그리며 배치된다. 이때 보이는 것이 바로 전자기장의 흔적이다. 이외의 역장은 전자기장만큼 관찰이 쉽지 않지만, 언제 어디에나 존재한다.

각 역장은 에너지로 이루어져 있으며, 이 에너지는 계속해서 변화한다. 이때 매개 입자는 지속적으로 존재하지 않고 찰나의 순간에만 나타났다가 다시 사라진다. 이와 관련하여 매개 입자는 때로 가상 입자 virtual particle 라고도 하지만, 엄연히 실존한다. 가상 입자는 물질 가까이에서 나타났다가 다시 사라진다. 하지만 물질이 존재하지 않

존재의 역사

는 머나먼 우주에서도[44] 에너지는 그렇게 입자를 오가는 상태로 존재한다.

가상 입자는 크기가 작아서 더 작은 하위 성분으로 쪼갤 수 없지만, 그 수준에도 어떠한 일이 일어나고 있을 가능성도 있다. 이에 일부 물리학자는 작은 구조물의 진동으로 모든 물질을 결정한다는 끈 이론 string theory 을 주장한다. 이 이론에 따르면 각 끈의 진동수에 따라 우리가 관찰하는 입자의 형태가 결정된다. 끈의 수준에서 본 우주는 우리가 인지하는 방식과는 매우 다르게 보일 것으로 추정된다.

우리는 우주를 매끄럽게 이어진 공간으로 생각하지, 개별적인 구역으로 나누어진 곳이라 생각하지 않는다. 어느 장소에서 주변 장소로 걷거나 운전할 때, 우리는 공간을 뛰어넘으며 가지 않고 부드럽게 통과해 나간다. 그러나 과학자들은 진동하는 끈 모양의 구조물이 존재할 것으로 추정되는 극도로 작은 수준에서는 우주가 연속성을 상실한다고 여긴다. 구체적으로 그들은 그 상태를 작은 육면체 상자가 무한히 겹쳐 있는 것처럼 극소 공간으로 분리되어 있다고 생각한다.

물리학자들은 위와 같은 작은 세계를 플랑크 수준 Planck scale 이라고 부른다. 이 가운데 극소 공간의 한쪽 면인 플랑크 길이 Planck length [45]는 현존하는 가장 짧은 길이로, 더 이상 나눌 수 없다. 따라서 '1/2 플랑크 길이'라는 개념은 말이 되지 않는다. 이처럼 플랑크 수준에서는 작은 끈이 진동하고 있을 가능성이 있으며, 그 결과 이처럼

---

44 진공 상태를 의미한다. 옮긴이.

45 독일의 물리학자 막스 플랑크(Max Planck)의 이름을 딴 플랑크 단위의 일종이다. 그 값은 약 1.616×10^{-35}m로, 물리적으로 측정 가능한 가장 짧은 거리이다. 플랑크 길이보다 짧은 공간에서는 물리적 법칙이 성립하지 않는다.

작은 수준에서 거품 형태로 보일 것이다. 우리에게는 플랑크 수준에서 우주를 관측하는 기술이 없으므로, 이 결론은 수학적 모델을 분석해 도출할 수 있었다.

우주에 관하여 물리학자에게 풀리지 않는 의문으로 남아 있는 것은 비단 플랑크 수준뿐만이 아니다. 우리 우주를 구성하는 요소로 기본 입자인 물질과 반물질, 빛과 열의 형태로 존재하는 에너지, 존재가 거의 확실시되었음에도 아직 과학자들이 완전히 이해하지 못한 암흑 에너지, 그리고 다른 입자의 상호작용을 위해 생성과 소멸을 끊임없이 반복하는 가상 입자가 있다. 이들 기본 단위 물질은 서로 연관되어 있지만, 암흑 에너지가 정확히 어떠한 연관성을 지니는지는 현재까지 밝혀지지 않았다.

그러나 물리학자들은 암흑 에너지 외의 것이 빛과 열의 형태로 물질과 어떻게 연관되어 있는지 알게 되었다. 이것이 바로 과학계에서 유명한 아인슈타인의 방정식 'E=mc²'이다. E는 에너지 energy , m은 질량 mass , c는 진공 상태에서의 빛의 속도를 의미한다. 여기에서 '진공 상태'란 질량이 없는 우주를 지칭한다.

해당 방정식은 에너지와 물질을 연결하여 둘 사이의 관계를 나타낸다. 질량에 갇힌 에너지의 양은 실로 어마어마하다. 진공 상태에서의 빛의 속도(c)는 299,792,458m/s로 굉장히 큰 수치이다. 여기에 c^2인 299,792,458×299,792,458은 훨씬 더 큰 수이다. 이를 달리 표현하면 별의 내부나 핵폭탄의 원리처럼 물질을 강제로 에너지로 전환할 수만 있다면 엄청난 양의 에너지가 생성된다는 것이다. 반대로 에너지를 물질로 전환한다면 엄청난 양의 에너지를 가둘 수 있다.

존재의 역사

137억 7,000만 년 전, 우주가 처음 탄생할 당시 우주는 한 점에 모인 뜨거운 에너지였다. 이 에너지 중 일부가 쿼크와 전자로 전환되었다. 이들은 가상 입자처럼 에너지로 되돌아가지 않고, 물질의 상태를 그대로 유지했기에 우리가 존재할 수 있었다. 그 이유는 아직 과학자들도 알지 못한다. 다만 한 가지 확실한 것은 그렇게 만들어진 기본 입자들이 곧 상호작용을 하기 시작했고, 우주의 온도가 10억 ℃까지 떨어지자 쿼크가 결합하여 원자핵의 구성 요소인 양성자와 중성자를 형성하기 시작했디는 것이다.

위의 양성자와 중성자를 통틀어 '핵자 nucleon '라고도 부른다. 각 핵자는 쿼크 3개로 이루어져 있으며, 핵을 구성하는 쿼크는 위 쿼크와 아래 쿼크 2가지가 있다. 양성자는 위 쿼크 2개와 아래 쿼크 1개, 중성자는 아래 쿼크 2개와 위 쿼크 1개로 구성되어 있다. 쿼크끼리는 글루온에 의해 작은 공간 내부에서 서로 결합, 즉 갇힌 상태에서 끊임없이 글루온을 주고받는다.

쿼크 사이가 멀어지면 더 많은 가상 입자가 쿼크 사이에서 나타났다가 사라지면서 쿼크를 서로 당긴다. 이에 가두는 힘이 더욱 강해진다. 글루온은 다른 쿼크로 이동할 때마다 찰나의 순간에만 존재하지만, 이러한 움직임은 오히려 쿼크가 강하게 결합하도록 한다.

과학자들은 각 쿼크의 색, 질량, 스핀, 전하 등의 특징을 기준으로 쿼크를 묘사한다. 위 쿼크는 2/3 양전하를 지니지만, 아래 쿼크는 1/3 음전하를 가진다. 두 가지 쿼크가 결합하여 양성자가 생성되면 2/3 양전하 2개와 1/3 음전하 1개가 결합하므로, 전체 양전하는 1이 된다.

중성자의 경우 2/3 양전하 1개와 1/3 음전하 2개가 결합하므로,

전체 전하는 0이 된다. 색전하는 전하와 비슷한 개념이지만 빨간색, 초록색, 파란색으로 3가지가 있다. 여기서 '색'이란 우리가 아는 실제 색과는 전혀 무관하다. 이는 물리학자들이 단순히 종류를 구분하기 위해 붙인 이름일 뿐이다. 쿼크가 글루온을 주고받으며 상호작용할 때, 색전하의 교환도 일어난다.

강한 상호작용은 쿼크 간 결합으로 핵자를 만들고, 양성자와 중성자의 결합으로 원자핵을 생성하는 힘이다. 같은 극끼리 마주한 자석과 같이, 전하를 가진 두 입자 또한 전자기력이 작용하면서 서로를 밀어낸다. 양성자의 경우 양전하를 지니기에 마찬가지의 현상이 발생한다. 그러나 강한 상호작용은 앞의 양성자와 중성자의 결합 작용에서 발생하는 일을 충분히 막을 정도로 강하다. 이 결합은 글루온이 아닌 '중간자 meson'라는 다른 가상 입자에 의해 이루어진다.

따로 설명하지는 않겠지만, 중간자는 강한 상호작용이 작용하는 방식에 중요한 역할을 담당함에도 매개 입자로 정의하지는 않는다. 하지만 글루온과 마찬가지로 중간자도 핵자보다는 조금 크더라도 결과적으로는 매우 작은 수준에서만 작용한다. 이러한 중간자의 결합 능력은 매우 놀랍다. 중간자는 양전하를 띤 양성자 여러 개와 전하가 없는 중성자를 원자핵으로 하여 하나로 뭉치기에 충분한 결합력을 지니고 있기 때문이다.

약한 상호작용은 강한 상호작용보다 약하며, 작은 수준에서는 후자의 역할과 비슷한 작용을 한다. 다른 힘과 마찬가지로 약한 상호작용의 역장의 힘도 우주 전체에 영향을 미친다. 그리고 그 매개 입자는 W 보손과 Z 보손이다. W 보손에는 2가지 형태가 있지만, 여기에서 굳이 자세히 다루지 않겠다.

약한 상호작용이 양성자를 중성자로 바꾸거나, 중성자를 양성자로 바꾸면 베타 입자가 방출된다. 이 입자는 에너지가 매우 높은 입자로, 이에 따라 방사성을 띤다. 한편 수소, 산소, 탄소, 질소, 칼슘 등 우리 몸을 구성하는 원소는 다른 원소로 붕괴하지 않는다. 다행히 이 원소들은 안정적이다. 만약 이 원소들이 붕괴한다면 우리 몸도 분해될 것이다.

우주에서 최초로 생성된 원자핵은 수소와 헬륨이다. 수소와 헬륨은 원자핵만 있는 뜨거운 플라즈마 상태로 존재하다가, 우주의 온도가 충분히 내려간 후에야 −1 전하를 띤 전자와 결합해 최초의 원자를 형성했다. 이 시점부터 전자기력이 물질의 발달에 중요한 역할을 하기 시작했다.

전자기력의 세기는 강한 상호작용의 몇백 분의 1 수준이다. 그럼에도 전자기력은 강한 상호작용이나 약한 상호작용보다 훨씬 더 먼 거리까지 작용한다. 또한 전자기력은 중력과 함께 우리가 일상 생활에서 경험하는 힘이기도 하다. 그리고 화합물이 고체나 액체, 기체로 바뀌며 원자 간 결합으로 분자 형태를 유지하는 힘의 원천이다.

강한 상호작용과 약한 상호작용이 글루온과 W, Z 보손을 매개 입자로 하는 역장이 존재하듯, 전자기장도 마찬가지이다. 이에 전자기력을 지니면서 양성자와 전자가 서로 상호작용하도록 하는 입자를 '광자'라고 부른다. 광자는 빛을 구성하는 입자이기도 하다. 쿼크가 상호작용할 때에 글루온을 주고받는다면, 전자와 양성자의 경우 가상의 광자를 교환한다. 가상의 광자는 원자핵 내부의 양성자와 그 주변을 도는 전자가 상호작용할 때 나타났다가 사라진다.

가장 약한 힘은 중력으로, 그 세기는 강한 상호작용의 $1/10^{38}$에 불과하다. 그만큼 중력은 매우 약하지만, 물체가 커질수록 중력의 세기도 덩달아 커진다. 마찬가지로 지구의 크기가 충분히 큰 덕에 중력이 우리를 우주 공간으로 날아가지 않도록 잡아 둘 수 있게 되었다. 중력은 강한 상호작용, 약한 상호작용과 달리 전자기력과 비슷하게 매우 먼 거리까지 작용한다. 두 상호작용의 영향을 받기에 우리의 몸은 너무 크기에 일상 생활과 더 밀접한 관련이 있는 힘은 중력과 전자기력이다.

기본 입자에 위 쿼크와 아래 쿼크, 전자만 있는 것은 아니다. 지금까지는 기본 입자의 세 집단 중 하나만을 집중적으로 설명했다. 물리학자들은 이 집단을 '세대'라고 부른다. 지금까지 설명한 입자들은 1세대로, 오늘날 육안으로 보이는 모든 물질을 구성한다.

그중 '중성미자 neutrino ',[46]라는 입자는 설명에서 제외했다. 중성미자는 매우 흔한 입자이지만, 원자핵이나 전자와 상호작용을 일으키는 경우가 매우 드물기 때문이다. 당연한 원리겠지만 특정 대상을 검출하려면 다른 대상과의 상호작용이 필요하다. 그러나 모든 입자가 네 힘의 영향을 다 받는 것은 아니다.

중성미자의 상호작용은 오직 약한 상호작용과 중력을 통해서만 이루어지며, 나머지 힘의 영향은 받지 않는다. 그렇게 매초 태양에서 방출되는 수백만 개의 중성미자가 지구의 물질과 상호작용하지 않고 스쳐 지나간다. 그 와중에도 매우 적은 비율의 중성미자는 원자핵과 상호작용을 한다.

---

46   약한 상호작용과 중력에만 반응하며, 아주 작은 질량을 지닌 기본 입자이다.

필자가 중성미자를 굳이 다루지 않은 이유는 해당 입자가 우리 몸을 구성하는 물질이 아니기 때문이다. 다만 물리학자와 우주학자들이 일구어 낸 우주의 지식이 얼마나 대단한지 음미하기 위해서라도 잠깐은 언급할 필요가 있겠다.

기본 입자표

1세대에 속한 입자는 위 쿼크, 아래 쿼크, 전자, 중성미자, 더 정확하게 말하자면 전자 중성미자로 네 가지이다. 이 입자들이 더 무거워지면 2세대 입자가 되며, 이보다 더욱 무거워지면 3세대 입자가 된다.

가령 2세대는 맵시 쿼크, 기묘 쿼크[47], 전자를 대체하는 뮤온 그리고 뮤온 중성미자로 구성된다. 여기에서 '맵시', '기묘'라는 명칭은 실제로 입자가 매력적이고 기이하다는 의미가 아니다. 이중 기묘 쿼크는 1세대 입자인 아래 쿼크보다 무겁다. 또한 2세대와 3세대 물질에 속한 입자는 안정적이지 않으므로, 고에너지 상태에서 형성 시 빠른 속도로 붕괴되어 1세대 입자를 형성한다.

기본 입자표에서 확인한 바와 같이 총 3세대에 있는 네 가지 입자가 합쳐지면서 열두 가지 기본 입자를 형성한다. 이들 입자가 바로 물질의 기본 구성 단위이다. 여기에 앞서 설명한 네 가지 매개 입자인 글루온, 광자, W, Z 보손은 기본 입자의 상호작용을 돕는 역할을 한다.

매개 입자가 실존한다는 가설에도 불구, 아직 관찰되지 않은 중력자를 제외하면 총 입자는 16개이다. 여기에 힉스 입자를 더하면 17개로 늘어난다. 힉스 입자가 없다면 어떤 입자도 질량을 가질 수 없고, 그렇다면 별도 행성도, 우리도 존재할 수 없다. 이처럼 힉스 입자의 발견에 얽힌 이야기는 물리학자가 물질의 3세대와 매개 입자의 역학을 얼마나 잘 이해하는가를 보여 주는 사례이다.

표준 모형은 위의 17개 입자 간 상호작용 및 작동 원리를 설명하기 위해 물리학자들이 개발한 이론이다. 표준 모형을 나타내는 모든 방정식은 수학적으로 주눅이 들 정도이다. 표준 모형을 하나의 방정식으로 우아하게 나타낼 수는 없지만, 과학계에서 여전히 놀라운 성과임은 부정할 수 없다. 해당 성과는 입자가 전자기력, 강한 상호작용과 약한 상호작용을 통해 상호작용하는 원리를 놀라우리만치 정확

---

47   기묘 쿼크는 '야릇한 쿼크' 또는 '낯선 쿼크'라고도 한다.

하게 예측한다.

표준 모형은 복잡하지만, 크게는 다음과 같이 네 영역으로 나눌 수 있다. 첫 번째 영역에서는 네 가지 힘을, 두 번째에서는 이들 힘이 총 3세대에 걸친 기본 입자에 작용하는 원리를 설명한다. 세 번째 영역에서는 힉스 입자가 각 기본 입자의 질량을 결정하는 원리를 다루며, 네 번째 영역에서는 그 과정에서 힉스 입자의 역할을 나타낸다.

그런데 문제가 있다면 최근까지 아무도 힉스 입자를 관측하지 못했다는 것이다. 표준 모형의 성립은 힉스 입자의 존재 여부에 달려 있는데, 만약 그것이 존재하지 않는다면 어떻게 될까? 그렇다면 물리학자들이 우주를 잘못 이해한 상태이므로 다시 칠판 앞으로 돌아가 새로운 모델을 만들어야 할 것이다.

힉스 입자의 관측은 결코 쉽지 않다. 힉스 입자를 관측하려면 초기 우주와 비슷한 환경을 조성해야 하며, 이 과정에서 막대한 에너지가 필요하다. 구체적으로 보손이 출현하도록 한 다음, 그것이 다른 입자로 붕괴하기 전에 매우 빠르게 검출해야 한다. 이에 물리학자들은 힉스 입자를 찾기 위해 세계에서 가장 큰 실험 장비를 만들었고, 필자는 운 좋게 그곳에 방문할 수 있었다.

필자의 큰딸인 소피는 필자와 마찬가지로 항상 독서에 심취해 있었으며, 특히 물리학을 다루는 책에 완전히 빠져 있었다. 역시 그 아버지에 그 딸이다. 당시 소피가 학교에서 배우던 교과 과정은 다행스럽게도 필자의 어린 시절에 비해 많이 개편되었다.

물리학을 너무 좋아하던 딸은 전공도 그쪽으로 정하면서 필자 부부가 사는 옥스퍼드의 물리학 스타트업 회사에 취직했다. 소피의

18번째 생일이 다가올 무렵, 받고 싶은 선물을 물었더니 대형 강입자 가속기를 보고 싶다는 대답이 돌아왔다. 대형 강입자 가속기는 바로 물리학자들이 힉스 입자를 검출하기 위해 만든 장비이다.

대학에서 일하면 좋은 점은 여러 분야의 전문가를 만날 수 있다는 것이다. 마침 필자는 옥스퍼드와 유럽 입자물리 연구소를 오가며 일하는 물리학자를 한 명 알고 있었다. 그에게 방문하기 좋은 시간이 언제냐고 물었더니, 유지 보수로 장비를 정지하는 기간에 오라는 대답을 들었다. 이에 필자가 당황하자, 그는 이때 방문하면 함께 지하로 내려가 거대 강입자 가속기의 핵심부를 보여 주겠다고 말했다.

그렇게 소피와 필자는 일정을 맞추어 제네바로 향했고, 그의 안내로 ATLAS 검출기의 일부를 보게 되었다. 필자는 야외생물학자로서 커리어의 상당 부분을 지구의 야생 지역에서 보냈고, 이에 동료들이 그 모습을 다소 부러워하는 반응에 이미 익숙했다. 개인적으로 다른 직업을 선택했으면 좋았겠다고 생각한 적은 거의 없었지만, 대형 강입자 가속기를 본 그날만큼은 물리학자가 너무나 부러워졌다. 이처럼 대형 강입자 가속기는 과학과 인류가 이룩한 가장 위대한 업적에 속한다.

대형 강입자 가속기는 양성자, 또는 가끔 다른 입자를 빛의 속도에 가깝게 가속한 빔 beam 을 서로 충돌시킨다. 충돌이 일어나는 장소는 27km에 달하는 지하 터널에서 장비의 핵심부에 해당하는 네 지점 중 한 곳이다. 각 지점에는 양성자끼리 고속으로 충돌했을 때 생성되는 입자를 검출하기 위해 특별히 제작된 거대한 장비가 자리를 잡고 있다.

이렇게 충돌로 생성된 입자는 에너지를 방출하면서 다른 입자로 붕괴하거나, 양성자, 중성자, 전자와 상호작용을 하므로 그리 오래 존재하지는 않는다. ATLAS 검출기는 대형 강입자 가속기의 8개 소중 한 곳이며, 2012년에 힉스 입자를 관찰한 2대의 검출기에 해당한다. 이 장비는 가로 25m, 세로 45m에 달하며, 어지간한 성당 한 채가 들어갈 정도로 넓은 지하 공간에 자리 잡고 있다. 설계 목적은 양성자끼리 충돌했을 때 생성되는 입자들의 질량과 궤적, 수명을 측정하기 위함이다.

그리고 대형 강입자 가속기와 4대의 검출기는 세계에서 가장 거대할 뿐 아니라 최고의 기술적 진보를 이룬 실험 장비이기도 하다. 신기하게도 냉각된 초강력 자석으로 가속되어 회전하는 입자는 다른 입자와 정확하게 충돌한다. 대형 강입자 가속기는 입자물리학 분야의 지식에 현저한 진보를 가져왔지만, 그중 으뜸은 단연 힉스 입자의 발견이다.

표준 모형 또한 대형 강입자 가속기만큼이나 놀랍다. 표준 모형은 쿼크, 전자, 중성미자뿐 아니라 그보다 더 높은 세대의 입자가 전자기력, 강한 상호작용과 약한 상호작용으로 서로 상호작용하는 원리를 수학 공식으로 나타낸 것이다. 해당 모형은 우리 주변의 물리적 세계에서 일어나는 현상을 정확하게 나타내며, 관측된 적이 없는 입자의 존재까지 예측했다.

물리학자들이 위의 예측을 확인한 결과, 힉스 입자는 실존했다. 해당 입자 검출을 위하여 수천에 달하는 물리학자와 공학자가 서로 협력하며 세계에서 가장 큰 기계 장치를 설계, 제작했다. 건설 비용만 38억 파운드, 연간 유지비는 약 10억 파운드나 되지만, 개인적으로는 충분히 그 값을 한다고 생각한다.

중력의 실체

　이제 우리는 우주가 작동하는 원리를 이해하게 되었다. 하지만 모든 물리학자가 지금의 수준에 만족하는 것은 아니다. 일부에서는 표준 모형이 불완전하므로 완전히 새롭게 검토해야 한다고 주장하기도 한다. 어쨌든 새로운 모형이 나온다면 기존의 수준을 넘어 더 포괄적이고 뛰어나야 할 것이다.

　위와 관련하여 표준 모형이 현재 불완전한 이유는 중력이 빠져 있기 때문이다. 앞선 바와 같이 표준 모형은 열일곱 가지 입자가 움직이는 원리를 설명한다. 그런데 네 가지 기본적인 힘 중 하나인 중력만 모형에 없다. 따라서 중력에 대한 지식과 표준 모형의 연결은 현대 물리학이 당면한 중대한 과제이다.

　물리학계에서는 중력에 대한 놀라운 이론이 있다. 이 이론은 표준 모형만큼이나 뛰어난 예측 능력을 보여 준다. 그것은 바로 20세기 초 알베르트 아인슈타인 Albert Einstein 이 확립한 일반 상대성 이론 general theory of relativity 이다. 이 이론은 앞서 나온 아인슈타인의 특수 상대성 이론 special theory of relativity 을 확장한 것이다. 두 이론은 중력과 에너지, 공간, 시간, 질량에 얽힌 원리를 설명하며, 에너지와 질량의 관계에서 빛의 속도가 중요한 의미를 지닌다는 사실을 보여 준다. 이렇게 아인슈타인은 과학계의 또 다른 거장인 아이작 뉴턴에서 시작된 중력 연구에 물리학적 토대를 쌓아 올렸다.

한편 우주에서 낼 수 있는 최고 속도는 진공에서의 빛의 속도이다. 빛의 속도는 앞서 설명한 바와 같이 299,792,498m/s로, 이는 광자가 텅 빈 우주 공간을 이동하는 속력이다. 광속에 가까워지면 여러 가지 기묘한 현상이 일어난다. 우선 시간이 느려지고, 그다음으로 당신의 질량이 점점 더 커진다.

예컨대 어떠한 물체가 빛의 속도로 움직이려면 질량이 무한이 되어야 한다. 이는 결국 그 속도에 다다를 수 없다는 말과 같다. 만약 그럴 수 있더라도 그 물체의 시간은 멈춰 버릴 것이다. 이와 다르게 질량이 없는 광자는 빛의 속도로 이동할 수 있다. 이러한 광자는 하나하나가 우주를 빠르게 날아가는 '에너지 덩어리 packet of energy '이다.

아인슈타인의 상대성 이론을 생각한다면, 일상의 상식을 버리고 상상력을 발휘해야 한다. 가령 빛이 지구에서 태양까지 이동하는 데 걸리는 시간을 측정한다면 8분 20초가 나올 것이다. 이것이 우리가 인지하는 시간이다.

그렇다면 진공인 우주 공간을 가로지르는 빛줄기를 구성하는 광자의 관점에서 생각해 보자. 이때 각 광자는 태양에 있는 동시에 지구에도 존재한다. 이는 광자의 관점에서 시간이 멈춰 있어 시간이라는 개념이 없기 때문이다. 따라서 현실은 당신이 이동하는 속력과 상대적이므로, 아인슈타인은 해당 이론에 적절하게 명명하였다고 볼 수 있다.

당신이 얼마나 빠르게 이동하든 빛과 시간은 서로 연계되어 있다. 이에 당신이 손전등을 켜면 빛은 299,792,498m/s로 당신에게서 멀어진다. 이는 당신이 가만히 서 있든, 아니면 빛보다 단 1km/h 덜 빠르게 이동하든 299,792,498m/s라는 수치는 일정하게 나온다. 이처럼 당신이 움직이는 속도가 어떻든 빛이 엄청난 속도로 당신과 멀어진다는 사실에는 변함이 없다. 그 이유는 당신이 정지해 있을 때보다 광속에 가깝게 이동 중일 때, 1시간이 훨씬 길어지기 때문이다. 따라서 당신의 이동 속도와 무관하게 빛의 속도는 언제나 일정하다.

그러나 위 현상은 지구에서 경험하는 양상과 사뭇 다르다. 만약 당신이 차를 150km/h로 운전한다고 생각해 보자. 이때 다른 차량이 160km/h로 달리며 당신의 차를 앞지른다면, 그 차는 상대적으로 당신보다 그다지 빨라 보이지는 않을 것이다. 반면 그 차가 200km/h라면, 훨씬 빠르게 지나가는 듯 보일 것이다. 이와 같이 속력이 낮을 때는 그것이 시간이 흐르는 속도를 늦춘다는 느낌을 받지 못한다. 하지만 속력이 낮아도 분명히 시간은 미묘하게 다른 속도로 흐르고 있다.

속도와 시간의 관계는 상황에 따라 기묘한 결과를 낳을 수 있다. 만약 쌍둥이 형제 중 한쪽이 20세에 광속의 99.99% 속도로 우주여행을 떠났다고 생각해 보자. 우주선 기준으로 1년이 지난 후 그가 다시 돌아온다면 21세이겠지만, 그의 형제는 90세가 되어 있을 것이다. 이와는 다르게 우리는 지구에서 시간이 늘 일정한 속도로 흐른다고 생각한다. 그러나 이동 속도가 빨라진다면 꼭 그렇지만은 않다. 시간은 상대적이기 때문이다.

10대 시절, 필자는 실제로 불가능함을 알면서도 광속 여행의 개념에 빠져든 적이 있었다. 당시 필자는 광속으로 이동하는 우주선의 창밖 풍경은 어떨까 궁금했었다. '내 시간은 멈춰 있지만 광속보다 느린 물체의 시간은 그렇지 않으니까, 나는 우주에 있는 모든 사물의 미래 위치를 볼 수 있게 될까?', '지구의 공전 궤도는 우주에 묻은 일룩처럼 보일까?'라고 말이다.

필자는 위의 상상 과정에서 오류를 범했다. 바로 우주와 시간의 연관성을 간과한 것이 실수였다. 광속에 가깝게 속력이 올라갈수록 시간이 느려지면서 우주가 수축할 것이다. 그렇게 점점 작아지다가 광속에 다다르면, 우주는 아주 밝고도 무한히 작은 하나의 점이 될 테다.

그러나 필자는 이를 통해 중요한 교훈을 배웠다. 과학이 시행착오를 통해 진보한다는 것을 말이다. 괜찮은 발상이라 생각되는 것도 알고 보면 잘못된 경우도 있다. 이처럼 속도가 높아질수록 공간이 수축한다는 사실을 망각했기 때문에 결함이 있는 가설에 도달하기는 했지만, 여기에서 중요한 점을 배웠다. 과학은 틀렸다고 판명된 가설을 하나씩 배제하면서 데이터의 패턴을 설명하는 학문이다. 이러한 과정으로 과학은 점차 발전해 나간다.

이상에서 이야기한 필자의 일화에 비추어 보면 아인슈타인의 업적은 실로 대단하다고 할 수 있다. 이는 공간과 시간이 속력에 따라 변할 뿐 아니라 중력의 영향을 받는다는 것도 보여 주었기 때문이다.

이와 같이 일반 상대성 이론은 공간, 시간, 속력, 중력을 다루며, 중력이 강할수록 시간은 느리게 흐른다. 이 효과는 지구에서도 관찰할 수 있는데, 해수면보다 산 정상에서 시간이 더 빠르게 흐른다. 물론 지구에서 관찰한 효과는 미미하기는 하지만, 아인슈타인이 방정식에서 예측한 내용과 정확히 일치한다.

중력은 시간뿐 아니라 공간도 왜곡시킨다. 빛줄기가 우주를 가로지를 때 큰 질량을 가진 물체 곁을 지나간다면 빛의 궤적이 휘어진다. 비록 3차원이 아니라 2차원적이기는 하지만, 중력이 공간에 미치는 영향을 설명하기 위해 트램펄린의 사례가 가장 널리 사용된다.

먼저 표면이 완전히 편평한 트램펄린의 한쪽 위에 구슬을 반대편으로 떨어질 때까지 굴린다고 상상해 보자. 그다음 트램펄린 중앙이 처질 정도로 무거운 추를 놓고 다시 구슬을 굴려 보자. 구슬의 속력이 충분하다면, 트램펄린을 가로지르는 이동 경로가 휘어질 것이다. 이러한 현상과 매우 비슷한 원리로 물체의 중력은 공간을 휘어지게 한다. 만약 추의 무게가 더 무거웠다면, 구슬의 이동 경로도 급격한 곡선을 그리면서 무게추를 중심으로 궤도를 형성할 것이다.

또한 사물의 질량이 클수록 중력도 커진다. 그 예로 태양은 지구보다 질량이 33만 3,000배나 더 크므로 중력도 훨씬 강하다. 따라서 태양이 공간을 왜곡시키는 능력은 지구보다 강하며, 마찬가지로 태양에 다가갈수록 시간도 느려진다. 하지만 태양이 당기는 힘도 블랙홀과 비교하면 빛이 바랜다. 블랙홀 주변에는 사건의 지평선 event horizon 이 있는데, 빛조차 벗어날 수 없을 정도로 매우 강한 중력이 작용한다. 특히 블랙홀의 경우 공간을 접어 버리는 수준이며, 사건의 지평선을 지나는 어떤 물체라도 시간이 멈춘다.

위와 같이 상대성 이론은 계속해서 검증되어 왔다. 그리고 그 놀라움은 새롭게 다가올 만큼 정확했다. 해당 이론은 달이 지구 주변을 돌고, 지구가 태양을 공전하는 원리 및 원인과 함께 우리가 우주로 날아가 버리지 않는 이유도 설명한다. 또한 우주의 나이를 측정하고, 우주가 확장하는 이유를 밝히는 데도 활용된다. 이외에도 또 다른 형태의 물질이 필연적으로 존재함을 밝혀냈다. 이 물질이 없었다면 은하계는 존재하지 않았을 것이다.

과학자들은 은하계의 중력으로는 그 가장자리를 도는 항성계를 궤도에 붙잡아 놓을 수 없을 정도로 은하가 너무나 빠르게 돌고 있다는 사실을 발견하고 혼란에 빠졌다. 그렇다면 은하의 가장자리를 도는 항성계는 우주 밖으로 튕겨 나가야 정상이다. 이에 우주학자들은 강한 상호작용과 약한 상호작용, 전자기력으로 다른 입자와 상호작용하지 않는 입자가 존재한다는 가설을 세워 이 모순을 해결했다. 그리고 이 입자를 '암흑 물질 dark matter '이라 명명하였다.

이론에 따르면 암흑 물질의 상호작용 대상은 오직 중력뿐이다. 따라서 암흑 물질을 감지하기는 굉장히 어렵다. 대형 강입자 가속기가 있음에도 과학자들은 암흑 물질 입자를 아직 관측하지 못했다. 하지만 아인슈타인의 이론이 참이라면 그 입자도 반드시 존재할 것이다. 그리고 과학자들의 가설에 따라 암흑 물질 외에도 반드시 존재해야 하는 것이 있다.

우주는 빠른 속도로 확장하고 있으며, 그 속도도 점점 빨라지고 있다. 물리학자들은 이 현상을 설명하려면 암흑 물질 및 관측 가능한 다른 물질 외에도 또 다른 것이 존재해야 한다고 추산했다. 그리고 매우 거대한 수준에서 무언가가 은하계를 서로 밀어내도록 하는 힘이 존재한다. 앞서 언급한 바와 같이 과학자들은 그 수수께끼 같은 존재를 암흑 에너지라고 불렀다.

우리가 현재까지 우주를 관측한 내용에 따르면 암흑 물질과 암흑 에너지는 매우 흔하게 존재해야 한다. 추정치에 따르면 우주의 5%는 우리가 관측 가능한 에너지와 물질로 구성되어 있다. 이와는 대조적으로 암흑 물질은 27%, 암흑 에너지는 무려 68%를 차지한다.

과학자라도 암흑 물질 입자나 암흑 에너지의 근원을 아는 바는 거의 없지만, 이들이 반드시 실존하리라는 측정 결과는 여러 가지가 있다. 이처럼 우리가 거의 알지 못하는 입자와 에너지가 존재한다는 사실이 마냥 터무니없는 개념은 아니다. 힉스 입자가 발견되기 전, 핵심적인 입자가 측정되지 않았다는 이유로 누군가는 표준 모형이 틀렸다고 주장했을지도 모른다. 마찬가지로 아직 암흑 에너지를 직접 측정하지 못하고, 암흑 물질을 볼 수 없다고 해서 이들이 존재하지 않는다는 의미는 아니다.

그뿐 아니라 앞서 설명한 바와 같이 표준 모형에서 모든 입자가 기본 상호작용의 영향을 받는 것은 아니다. 실제로 강한 상호작용과 약한 상호작용, 전자기력, 중력과 모두 상호작용하는 입자는 쿼크가 유일하다. 전자는 강한 상호작용의 영향을 받지 않으며, 중성자는 약한 상호작용과 중력을 통해서만 상호작용하므로 연구하기가 매우 힘들다.

만약 가설대로 암흑 물질이 전자기력이나 강한 상호작용 또는 약한 상호작용과 상호작용하지 않는다고 생각해 보자. 그렇다면 암흑 물질을 구성하는 입자를 직접 감지하기가 힘들어진다. 이에 따라 대형 강입자 가속기가 생성하는 수준보다 훨씬 더 많은 에너지가 필요할 것이다.

초기 우주의 역사를 다시 이야기하기에 앞서 지금까지 설명한 내용을 간단히 정리해 보도록 하겠다. 표준 모형은 기본 상호작용 가운데 세 가지가 상호작용하는 원리를 과학자들이 하나의 이론으로 통합하여 설명한 것이다. 물론 네 번째 힘인 중력을 설명하는 이론은 따로 있으나, 두 이론의 통합은 수학적으로 상당히 어렵다는 문제가 있다. 중력이 시공간을 왜곡할 때 표준 모형은 힘을 잃기 때문이다. 또한 표준 모형의 발달에 기여한 수학적 기법으로는 중력까지 포괄하기는 어렵다.

다만 중력과 다른 세 가지 기본적인 힘을 통합하는 이론으로, 앞서 언급한 끈 이론, M 이론 M-theory 과 루프 양자 중력 loop quantum gravity 이 제시되고 있다. 우리는 현재 이들 이론이 예측하는 내용을 검증할 방법이 없다. 이를 달리 말하면 널리 인정되는 '모든 것의 이론'은 존재하지 않는다는 것이다. 모든 것의 이론이 있다면 초기 우주의 역사를 더 자세히 알 수 있겠지만, 그렇지 않은 상황에서도 과학자들은 젊은 시절의 우주를 상당 부분 밝혀냈다.

그런가 하면 과학자들은 컴퓨터 시뮬레이션을 활용하여 각 기본적인 힘의 세기를 바꾸면서 각종 원자와 별들이 탄생을 관측할 수 있게 되었다. 이는 해당하는 네 가지 힘의 값에 따라 생명체가 진화할 수 있는 우주의 탄생 여부도 달라질 것이다. 따라서 우리는 그 힘이 지금 같은 세기를 지니고 있다는 사실에 감사해야 한다. 그 이유는 아직 알지 못하지만, 어쨌든 결과적으로는 그렇게 되어 다행이다. 그렇지 않았다면 당신은 이 책을 읽지 못했을 테니 말이다.

지금까지 살펴본 바와 같이 과학자들은 표준 모형과 일반 상대성 이론, 거대 강입자 가속기에서 미세한 입자 간 충돌, 컴퓨터 시뮬레이션, 천체에서 여러 은하의 관측으로 얻은 통찰로 초기 우주의 퍼즐 조각을 맞출 수 있었다. 이를 토대로 우리의 탄생까지 에너지에서 쿼크와 전자를 거쳐 다양한 원소를 구성하는 원자까지로 발돋움할 수 있었으며, 우리와 우주의 역사는 여기에서부터 시작된다. 다음으로 설명할 사건은 바로 특이점에서 밤하늘을 수놓은 별에 이르기까지 우주가 지나온 역사이다.

우주의 역사

우주가 탄생하기 전, 과학자들은 '무(無)'가 있었다고 추측한다. '무'라는 말을 들으면 지구와 달 사이 또는 가장 가까운 항성계인 알파 센타우리 Alpha Centauri [48]와 태양계 사이처럼 비어 있는 우주 공간을 연상할 수도 있다. 하지만 그 공간은 비어 있지 않다. 플랑크 수준에서는 해당 공간에도 에너지와 역장이 존재하며, 거품 형상일 가능성이 있다.

그러나 무는 에너지도 역장도 없음을 의미한다. 그런데 어떤 이유에서인지 우리 우주는 무에서 나타났고, 그 원리는 과학자도 모른다. 일부 과학자들이 몇 가지 이론을 제시하기는 했지만, 현재로서는

---

48   센타우루스자리의 알파별, 즉 해당 별자리에서 가장 밝은 별을 말한다.

이를 검증하는 데이터를 수집할 방법이 없다. 이에 일부 수학자들은 무에서 우주가 탄생했다고 말한다. 그들은 무가 불안정한 상태를 겪다가 결국 붕괴하여 우주의 가장 초기 형태인 특이점을 형성했다고 주장해 왔지만, 실제로 이 가설이 사실인지는 알 방법이 없다.

137억 7,000만 년 전 나타난 특이점에서 시작된 우주는 수십억 ℃에 밀도도 굉장히 높았을 가능성이 있다. 이 점은 마치 오늘날 우주가 가진 모든 질량과 에너지가 우주에 존재하는 가장 작은 입자보다 작은 점 하나에 포함된 상태와 같다. 현재 온 우주에 적용되는 물리학의 네 가지 기본적인 힘은 탄생 시점에 존재하지 않았을 것이다. 그리고 우주가 처음 등장하던 순간 작용했던 힘은 생명체를 지배하는 힘보다 더 간단했을 테다.

특이점이 나타나고 찰나의 순간이 지난 시점에 과학자들이 '인플레이션 inflation '이라고 부르는 현상이 일어났다. 인플레이션은 수십억 분의 1초라는 짧은 순간에 우주가 급격히 팽창한 현상을 의미한다. 그 시간 동안 우주의 크기는 10^{78}배나 커졌다. 그렇지만 당시의 우주는 모래 한 알에서 농구공 사이의 크기였을 것이다.

뒤이어 우주가 탄생하고 1초가 채 지나기도 전, 기본 상호작용이 등장했다. 구체적으로 젊은 우주가 팽창하며 온도가 내려가기 시작했고, 이 과정에서 오늘날 우리가 관찰하던 네 가지 기본적인 힘이 모습을 드러내기 시작했다. 가장 먼저 나타난 것은 중력이며, 강한 상호작용이 그 뒤를 이었다.

우주학자들은 인플레이션 직전이나 직후에 전자기약력

electroweak force [49]에서 강한 상호작용이 분리되었다는 의견에 동의하지는 않는다. 그러나 강한 상호작용의 등장으로 우주에는 쿼크와 글루온이 뜨거운 수프처럼 채워졌다. 그리고 이 직후 전자기약력의 시대가 끝나고, 나머지 힘인 전자기력과 약한 상호작용의 등장과 함께 전자가 형성되었다. 이 모든 일이 우주가 탄생한 지 0.000001초가 된 시점에 엄청나게 빠른 속도로 일어났으며, 온도가 충분히 낮아지면서 중성자와 양성자가 형성될 수 있었다.

뜨거운 수프 같은 상태였던 양성자와 전자는 불투명했다. 따라서 광자의 형태를 한 에너지가 오늘날 우주를 가로지르듯 쉽게 이동할 수 없었다. 따라서 초기 우주는 암흑이었다. 이에 우주학자는 감마선, X선, 자외선, 가시광선, 적외선, 마이크로파, 라디오파 등 다양한 종류의 전자기 복사 electromagnetic radiation 를 조사하며 우주를 연구한다.

전자기 복사는 입자이면서 파동이기도 한 광자의 형태로 우주를 이동한다. 또한 연속적인 파동의 꼭짓점 사이의 거리를 척도로 파장에 따라 여러 종류로 나뉜다. 그중 라디오파의 파장이 가장 길고, 감마선이 가장 짧다. 또한 에너지를 지닌 광자는 '쿼크-전자 수프'와 끊임없이 상호작용했을 것이다. 따라서 상기 전자기 복사 가운데 어느 것도 초기 우주를 가로질러 이동할 수 없었다.

우주가 탄생한 이래 38만 년이 지났을 때, 온도가 충분히 내려가면서 양성자와 중성자, 전자 간 결합으로 수소와 헬륨 원자를 형성

49   약한 상호작용과 전자기력이 통합된 힘.

하게 되었다. 이 시점에 우주가 투명해지면서 전자기 복사가 그 안을 가로질러 이동할 수 있었다. 결과적으로 오늘날 지구에서 감지할 수 있는 가장 오래된 복사선은 우주가 38만 년 되었을 때부터 137억 7,000만 년이 넘는 시간 동안 여행을 하고 있었던 셈이다. 이 복사선을 '우주 마이크로파 배경 복사 cosmic microwave radiation '라고 한다.[50]

우주 배경 복사는 우리가 보는 곳 어디에나 있다. 우리 은하의 중심부나 멀리 떨어진 곳을 보더라도 지니고 있는 속성은 비슷하다. 우주가 탄생한 특이점까지 시간을 되돌린 모형의 예측에 따르면 우주 배경 복사는 반드시 존재한다. 이러한 우주 배경 복사의 발견은 우주가 특이점과 빅뱅에서 시작되었음을 증명하는 데 기여하였다.

우주 배경 복사가 발견된 1960년대 이후 다수의 연구 프로젝트에서 우주 배경 복사 지도를 제작하기에 이른다. 이후 2013년에는 매우 높은 해상도로 우주 전체를 아우르는 지도가 발표되었다. 이 지도에 따르면 복사선이 모든 방향에서 완전히 동일하지 않고 약간의 차이를 보였다. 온도 또한 위치에 따라 달랐다. 우주 배경 복사는 우주가 탄생한 시점부터 영향을 미쳤기 때문에 온도 차이는 극초기의 우주에서 에너지와 물질 분포에 조금씩 차이가 있었음을 반영한다. 과학자들은 이러한 차이가 오늘날 은하와 우주의 거대한 구조를 형성하였다고 믿는다.

또한 상세하게 기록된 우주 배경 복사 지도는 극초기 우주에 일어난 작은 요동 fluctuation 이 물질 분포의 미세한 차이를 일으켰음을 나타낸다. 이에 해당 지도는 우주의 인플레이션 기간에 대한 강력한

---

50   흔히 '우주 배경 복사(cosmic background radiation)'라고 하며, 이후 본문에서도 이 표기로 통일한다. 옮긴이.

근거를 제시한다. 또한 우주학자들은 그 지도를 바탕으로 우주의 나이가 대략 137억 7,200만 년이며, 오차는 5,900만 년 이내로 추산할 수 있었다.

우주는 상상 이상으로 광활하다. 따라서 지구에 도달한 빛은 수백만에서 수십억 년 동안 우주를 떠돌았을 것이다. 즉 밤하늘을 볼 때 우리는 어떠한 물체의 현재 모습이 아닌, 복사선이 그 물체를 떠났을 당시의 모습을 보고 있는 셈이다.

달에서 출발한 빛은 1.3초 만에 지구에 도착한다. 이와는 다르게 알파 센타우리에서 온 빛은 지구에 도착하기까지 4년 3개월 하고도 조금 더 걸린다. 만약 알파 센타우리 항성계에서 재앙이 일어나더라도 우리는 52개월이 넘는 기간 동안 무슨 일이 일어났는지 알지 못할 것이다. 결국 우리는 우주를 바라보면서, 동시에 과거를 돌아보고 있기도 하다.

이는 마치 지질학자가 여러 시대에 걸쳐 퇴적된 암석층을 파 내려가는 것과 비슷하다. 다른 점으로는 지질학자가 과거를 하나의 장면으로 본다면, 천문학자는 영상으로 보고 있는 셈이다. 그 예로 한 외계인 천문학자가 7,000만 광년 떨어진 별 주위를 도는 행성에 산다고 생각해 보자. 그가 가진 강력한 성능의 망원경이 지금 지구를 향하고 있다면, 티라노사우루스가 백악기의 대지 위를 달리는 광경을 직접 목격하고 있을 것이다.

멀리 있는 물체일수록 전자기 복사가 우리에게 도달하는 거리와 시간도 길어진다. 이에 따라 그동안 저마다 다른 거리에 있는 물체를 관찰하는 방식으로 과학자들은 우주의 역사라는 퍼즐을 맞출 수 있었다. 작은 구역에 몰려 있던 관측 가능한 우주는 우주가 투명해지기 시작하면서 점차 확장되었다. 여기에서 우주 배경 복사는 그러한 우주에서 날아온 최초의 빛이다. 우리 눈에 보이는 모든 은하계는 우주가 탄생한 지 38만 년이 되었을 때, 작은 구역에 몰려 있던 물질들이 수십 광년 이상 확산된 것들이다.

이를 시각화하는 방법으로, 바람을 불어넣지 않은 풍선에 점을 하나 찍는다고 상상해 보자. 이 풍선의 표면은 전체 우주와 비슷하지만, 형태는 2차원적이다. 그리고 풍선에 찍은 점은 우주가 투명해지면서 빛의 이동이 가능해진 시점의 환경과 같다.

이제 그 풍선을 분다고 생각해 보자. 풍선 표면이 팽팽해질수록 점도 계속 커진다. 바람이 들어가는 풍선은 팽창하는 우주와 비슷하다. 계속해서 넓어지는 잉크 점은 현재 우리가 볼 수 있는 관측 가능한 우주이다. 그리고 풍선의 상당 부분은 우리가 볼 수 없으며, 이는 '관측 불가능한 우주 unobservable universe '에 해당한다.

여기에서 우주 배경 복사는 바람을 불어넣지 않은 풍선에 찍은 점 내부의 빛이라 생각할 수 있다. 또한 그 점 내부에 있던 물질은 모두 은하계를 나타낸다. 이에 우주학자들은 우주가 여전히 팽창하는 중이며, 그 속도도 가속화된다는 사실을 알고 있다. 마치 풍선이 커지는 속도가 끝없이 빨라지는 것과 비슷한 형국이다.

이상의 '풍선 우주'는 유용하지만 완벽하지는 않다. 팽창하는 풍선의 표면은 곡면이지만, 과학자들에 따르면 우주는 풍선과 달리 평평하다고 밝혀졌기 때문이다. 또한 너무 커진 풍선은 결국 터져 버린다. 개인적으로 우주만큼은 그렇게 되지 않기를 바랄 뿐이다.

우주가 투명해진 시점은 내부를 가로지르는 거리만 약 140만 광

존재의 역사

년 정도의 크기가 되었을 때로, 특이점에서부터 꽤 많이 팽창한 상태였다. 이에 오늘날 우리가 보는 관측 가능한 우주는 그 당시 우주의 끝자락에 있지 않았기 때문에 우리는 우주의 경계를 볼 수 없다.

이후 우주가 38만 년이 되었을 때, 관측 가능한 우주는 사방이 물질과 에너지로 둘러싸인 상태였다. 결국 우리는 우주의 경계와 중심부 가운데 어느 쪽에 가까이 위치하는지 알 수 없다. 어쩌면 영원히 알 수 없을지도 모른다.

우주가 투명해짐과 동시에 수소와 헬륨 원자기 흔해졌을 때, 중력의 마법이 시작되었다. 바로 최초의 원자와 분자가 뭉치면서 별들이 처음으로 탄생한 것이다. 이 별들은 우주가 만들어진 지 약 1억 년이 되었을 때 처음으로 빛을 내기 시작했으며, 태양보다 몇 배는 컸지만 수명은 더 짧았을 것이다.

별이 밝게 빛나는 이유는 수소와 헬륨 원자가 중력으로 가까이 끌리면서 열이 발생하고, 서로 충돌하기 시작할 정도로 에너지가 높아지기 때문이다. 이 충돌로 핵과 전자를 이루는 결합이 깨지고, 원자핵으로 합쳐져 질소와 산소 등 더 무거운 원소의 핵을 형성하는 것이 가능해졌다.

밝은 별은 자체적으로 가지고 있는 수소와 헬륨 원료를 작은 별보다 더 빨리 소진한다. 반면 특정 크기 이상의 별이라면 모두 내재된 연료가 질소와 산소, 탄소, 철 등 무거운 원소의 핵으로 바뀐다. 한편 최후가 임박한 별은 스스로 붕괴되고, 강력해진 중력에 수많은 양성자와 중성자가 뭉쳐 우라늄과 플루토늄처럼 더욱 무거운 원소의 핵을 형성한다. 이처럼 약한 상호작용과 중력으로 수소에서 무거운 원자의 핵이 만들어질 수 있다는 점이 대단히 흥미롭다.

별의 중심부에서는 수소 원자가 헬륨 원자로 바뀌어 헬륨심 helium core 을 형성한다. 이처럼 별의 내부에서 핵융합 nuclear fusion 이 촉발되는 이유는 중력이 원자를 서로 끌어당겨 고에너지 상태를 유발하기 때문이다. 핵융합은 빛과 열의 형태로 많은 양의 에너지를 생성하고, 이에 따라 발생하는 높은 압력으로 별의 바깥층이 저절로 붕괴되는 현상을 막는다. 별의 생애에서 대부분은 원자를 서로 끌어당기는 중력의 영향과 핵융합으로 배출된 에너지로 형성된 압력이 대략적인 균형을 유지한다. 하지만 별이 최후를 맞이하는 시기가 오면 이 균형은 깨진다. 이 시점에서 정확히 어떤 일이 일어날지는 별의 질량에 따라 달려 있다.

태양이라면 앞으로 50~60억 년 이상은 온도가 점차 높아지고 크기가 커진 뒤, 팽창과 수축을 반복하는 주기에 들어갈 것이다. 가장 커졌을 때는 목성의 궤도까지 팽창한 후 다시 현재의 크기로 수축한다. 이렇게 팽창과 수축이 일어나는 맥동 pulsing 으로 헬륨심은 강한 압력을 받아 온도가 1억 ℃까지 올라갈 것이다.

그 후 헬륨이 탄소와 산소 그리고 기타 무거운 원소로 바뀌면서 만들어 낸 상당한 양의 에너지로 태양은 다시 거대한 크기로 팽창한다. 최종적으로 맥동의 주기가 끝나고, 태양의 죽음으로 무거운 원소가 형성된다. 그리고 타지 않고 남은 수소는 먼지구름을 형성한다. 지구는 태양이 죽어가는 과정에서 팽창하는 중에 삼켜지면서 태양과 함께 불타며 종말을 맞이한다.

한편 태양보다 8배가량 큰 질량을 가진 별에서 연료가 소진되면 중력으로 붕괴되어 우주에서 가장 격렬하게 폭발하는 초신성을 형성한다. 초신성이 되어 폭발하는 별은 이 과정에서 철보다 무거운 원소를 만들어 낸다. 초신성에서 나온 원소와 먼지, 잔해는 우주로 퍼지며 다음 세대의 별이 태어날 성운이 만들어지기도 한다.

지구와 태양계에는 무거운 원소가 꽤나 풍부하다. 이러한 사실은 태양이 1세대 별이 아니라는 근거에 힘을 실어 준다. 실제로 과학자들은 태양계가 형성되었을 당시 우주의 나이가 이미 92억 년 이상이었음을 알게 되었다. 지구는 2세대 아니면 3세대, 4세대 별에서부터 만들어졌을 가능성이 있지만 확실하지는 않다. 나만 한 가지 확실한 점은 이전 세대의 별이 죽어서 만들어진 무거운 원소가 우리의 보금자리가 될 행성과 생명체의 등장에 필수적이었다는 사실이다.

이상과 같이 특이점에서 시작해 우리가 사는 우주가 만들어지기까지 초기 우주에서 수소와 헬륨이 별의 중심부에서 핵합성 nucleogenesis 을 거치며 더 무거운 원소를 만들어 낸 이야기를 소개했다. 이제 우리의 역사를 찾아 나가는 다음 단계는 서로 다른 무거운 원소들이 전자기력 결합으로 물과 이산화탄소, 메테인 methane 이 만들어진 원리를 살펴보는 것이다.

이 장에서는 우리가 존재하기 위해 일어나야 했던 사건을 다루었다. 지금까지의 내용을 요약하면 다음과 같다.

첫째, 137억 7,000만 년 전 엄청난 에너지를 지니며 매우 뜨겁고 밀도가 높은 특이점이 만들어져야 했다. 이후 우주가 팽창하고 온도가 낮아지기 시작했으며, 이 과정은 오늘날에도 계속되고 있다.

둘째, 눈을 깜빡이는 시간보다 더 짧은 순간에 우주가 나이를 먹으면서 네 가지 기본 상호작용이 등장했고, 에너지는 기본 입자의 형태인 물질로 전환되었다. 이러한 에너지와 물질의 관계는 우주의 기능뿐 아니라 우리에게도 매우 중요하다. 곧이어 쿼크가 양성자와 중성자를 형성하기 시작했고, 그 뒤 가장 가벼운 원소의 핵도 만들어졌다.

셋째, 우주의 온도가 점차 내려감에 따라 핵과 전자의 결합으로 최초의 원자가 탄생했다. 이들 원자가 모여 최초의 별을 형성했으며, 그 일부는 강한 열을 내기도 하였다. 이에 더 무거운 원소가 생성되었고, 이들 원소의 결합으로 현재 우리가 사는 태양계와 태양이 만들어졌다.

필자가 학교에 다닐 때 이상의 내용을 배웠다면 얼마나 좋았을까. 이에 아이들 모두 물리학자의 놀라운 지식으로 만들어진 주기율표의 원리와 이유를 이해했으면 한다.

이제 우리 역사의 다음 단계로 화학, 특히 화학 반응이 일어나는 이유를 다루고자 한다. 알다시피 우리는 복잡한 화학 작용으로 만들어졌다. 따라서 원자가 지금처럼 상호작용하는 원리와 이유는 우리가 이곳에 존재하는 이유를 파악하는 데 매우 중요하다.

제3장

화학적 이끌림

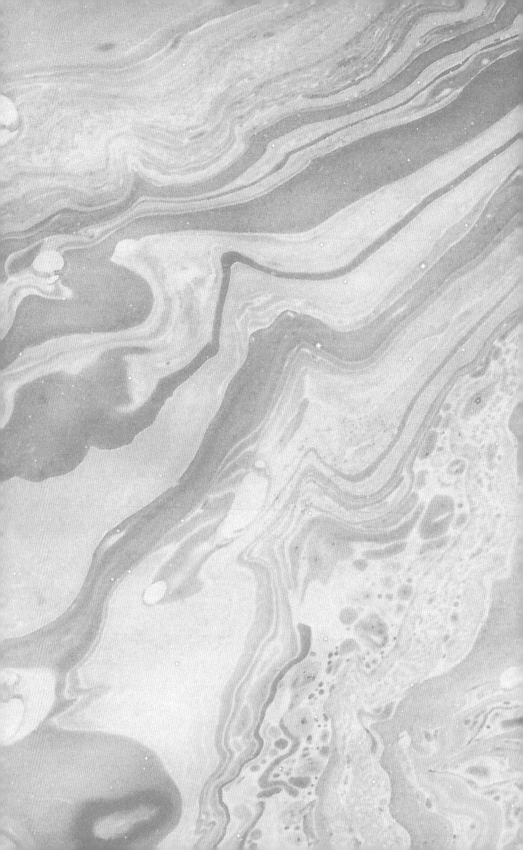

반물질, 그리고 화학 반응

학창 시절 필자는 화학을 별로 좋아하지 않았다. 다만 폭발에 관련된 내용만큼은 그나마 관심이 갔다. 물론 선생님들은 모두 훌륭한 화학자였으므로, 섞여도 폭발하지 않을 화학 물질만 주셨으니 기대하던 격렬한 화학 반응은 보기 힘들었다. 화학 실험 세트를 사서 집에서 실험을 하기도 했지만, 그것만으로는 쉽게 난장판이 되는 일은 없었다.

나중에야 안 사실이지만, 폭발성 화학 물질은 대부분 비반응성 액체 unreactive liquid 에 넣어 보관해야 한다. 따라서 그러한 물질은 화학 실험 세트에도 포함되지 않았고, 학교에서도 잠금장치를 걸어 보관했다. 특히 나트륨 같은 금속은 공기 중 산소와 접촉하자마자 반응하기 시작하므로 등유에 넣어 보관한다. 그러나 아무리 불안정한 화학 물질의 반응이라도 마지막 장에 제시할 별의 죽음이나, 물질과 반물질 ^{antimatter} 의 혼합 결과에 비하면 아무것도 아니다.

이 장에서는 전자기력과 화학 반응을 비롯하여 전자가 원자핵 주변에 배치되는 원리, 그리고 다양한 형태의 원자 결합을 중심으로 고찰하도록 하겠다. 우선 전자 이야기에 앞서 우리의 존재에 중요한 역할을 하는 다른 상호작용을 간단하게 소개하고자 한다.

우주의 탄생 직후 쿼크와 전자, 중성미자가 탄생했고, 반물질 입자, 즉 반입자 ^{antiparticle} 도 함께 만들어졌다. 이들은 반쿼크 ^{antiquark} 와 양전자 ^{positron} 라고 하며, 반쿼크가 결합하면 반양성자 ^{antiproton} 와 반중성자 ^{antineutron} 가 생성된다.

물질과 반물질의 충돌은 서로를 파괴하는 동시에 막대한 에너지를 생성하는, 우주에서 가장 강력한 폭발의 일종이라 할 수 있다. 가령 음전하를 띠는 전자가 양전자와 충돌하면 고에너지의 광자가 2개 방출된다. 우주에서 반물질은 희귀한데, 반물질 입자가 생성되더라도 그 직후에 물질 입자와 충돌하면서 서로 소멸하며 에너지를 만들어 내기 때문이다.

우주의 탄생 초반에 물질이 반물질보다 우위에 선 이유는 아직 과학에서 풀리지 않은 수수께끼이다. 이론적으로는 물질과 반물질이 동일한 양만큼 생성되는 즉시 서로 완전히 소멸하므로 우주는 일찌감치 종말을 맞이했어야 했다. 우주가 지금까지 존재한다는 말은 물질이 반물질보다 조금이나마 많다는 의미이므로, 이론상 결점이 있다고 봐야 한다. 물질과 반물질이 동일한 양만큼 생성되었다면 우리는 존재할 수 없다.

존재의 역사

그리고 반물질은 우주의 탄생을 통해서만 만들어지지는 않는다. 때로는 상상조차 하지 못한 곳에서 만들어지기도 한다. 바나나 한 바구니에서 양전자를 일정하게 생성하는데, 바나나 한 개당 약 1시간 30분마다 하나씩 방출한다. 이는 바나나에 있는 원소인 칼륨에는 칼륨-40이라는 희귀한 동위 원소가 포함되어 있기 때문이다.

칼륨-40은 약한 상호작용에 의해 매우 느린 속도로 칼슘-40으로 붕괴 decay 한다. 여기에서 칼륨-40 1g은 10억 년 후 절반 조금 안 되는 양이 칼슘-40으로 붕괴한다. 특정 칼륨-40 원자가 칼슘-40으로 붕괴하는 시점을 예측할 수는 없지만, 평균적으로 12억 9,000만 년이 걸림을 알 수 있다. 이는 어디까지나 평균이므로 칼륨-40 원자에 따라서는 훨씬 더 빠르게, 또는 수십억 년에 걸쳐 붕괴가 이루어지기도 한다.

바나나는 개당 약 75분에 칼륨-40 원자가 하나씩 붕괴하니, 바나나에는 엄청나게 많은 칼륨-40 원자가 있는 셈이다. 물론 실제로도 많다. 칼륨-40 1g에는 1.50×10^{22}개[51]의 원자가 들어 있다. 물론 바나나 한 개에 포함된 칼륨-40은 평균 0.015g 정도에 불과하지만, 원자의 개수로 환산하면 여전히 많은 양이다.

칼륨-40은 붕괴 시 에너지가 높은 양전자를 베타 입자[52]로 방출하며, 전자를 만나면 소멸한다. 우리 눈으로 소멸 장면을 관찰하기에는 무리지만, 이는 실제로 일어나는 현상이다. 이 과정에서 에너지가 방출된다.

---

51   15,000,000,000,000,000,000,000개.

52   방사선의 일종인 베타선(β-ray)을 구성하는 고에너지, 고속의 전자나 양전자 입자를 뜻한다.

예컨대 물질 1g이 반물질 1g을 만나 소멸한다고 가정해 보자. 그렇다면 히로시마에 투하된 원자 폭탄과 맞먹는 에너지가 생성될 것이다. 다행히 과일 바구니에서의 반물질 생성 속도는 그리 빠르지 않다. 만약 반물질의 생성 속도가 빨랐다면 우리는 바나나 스무디 한 잔을 만드는 데도 목숨을 걸어야 할 것이다.

이제부터 우리가 존재하는 이유를 설명할 때 반물질을 더 이상 언급하지는 않을 것이다. 다만 우리는 우주에 반물질이 희귀하다는 사실에 감사해야 할 것이다. 반물질이 흔했다면 우리는 이 세상에 존재하지 않았으니 말이다.

화학 반응은 물질과 반물질의 소멸과 무관하다. 화학 반응은 약한 상호작용이 아닌 전자기력에 의해 일어난다. 물론 일부의 경우 굉장히 불안정하다. 1-디아지도카바모일-5-아지도테트라졸 1-diazidocarbamoyl-5-azidotetrazole , 일명 아지도아자이드 아자이드 azidoazide azide 화합물은 인간이 알고 있는 가장 불안정한 분자에 해당한다. 작은 압력 차이나 빛과의 접촉, 심지어 미세한 온도 변화에도 폭발을 일으킬 수 있기에 보관은 거의 불가능하다. 또한 불안정하기 짝이 없어 표준 장치로도 폭발을 일으킬 위험이 있으므로 화학물질의 휘발성조차 측정할 수 없다.

위와는 정반대로 화학 반응을 일으키기 매우 어려운 분자도 있다. 그 예로 헬륨은 양성자 2개와 중성자 2개, 전자 2개로 구성되어 있어 굉장히 안정적이다. 따라서 다른 물질과의 반응이 잘 일어나지 않는다. 그렇다고 헬륨이 쓸모없는 것은 아니다. 헬륨은 오히려 쓰임새가 많은 기체로, 공기보다 가벼워 풍선을 띄울 수 있고, 헬륨을 들이마시면 목소리가 변조되는 재미있는 경험을 할 수 있다. 그렇다면 화학 물질마다 반응성에 차이가 있는 이유는 무엇일까?

제2장에서는 네 가지 기본 상호작용을 소개하며, 그중 강한 상호작용과 약한 상호작용을 중심으로 다루었다. 별의 탄생과 죽음을 이야기하며 수소 원자핵이 헬륨 원자핵으로, 헬륨 원자핵이 더 무거운 원소로 융합하는 과정을 설명했다. 이 핵들에 전자가 더해져 더 무거운 원소가 만들어진다.

그다음 중요한 과정으로 원소들이 서로 결합하면 더 거대한 화학 구조인 분자를 형성한다. 분자 형성에는 전자기력이 개입하므로, 이번 이야기의 주인공은 전자기력이다. 전자기력은 작은 분자끼리의 간단한 상호작용부터 세포 내 복잡한 분자의 기능을 멈추는 약물 작용에 이르기까지 모든 화학 반응의 원동력이 된다.

비록 필자는 학교에서 배우는 화학을 썩 좋아하지는 않았지만, 어린 시절의 필자에게 큰 영향을 미친 것은 사실이다. 당시 필자의 부모님은 약사로 일하고 계셨다. 두 분은 케임브리지셔에서 프랜차이즈 약국을 운영하며 처방약을 조제하고, 가벼운 증상이나 질병 또는 상처가 있을 때 복용하는 일반의약품을 판매하셨다. 그때 가족 사업을 잠깐 생각한 적도 있었지만, 당시 10대였던 필자에게 가게 일을 돕는 것은 전혀 즐겁지 않았다. 아무래도 약사가 천직은 아니었던 모양이다.

부모님에게는 필자의 화학 리포트가 영 마음에 들지 않으셨을 것이다. 이런저런 사정이 있었지만, 필자는 물리학을 독학하듯 화학도 따로 공부했다. 하지만 방법은 물리학과 전혀 달랐다. 당시에는 전자기력을 제대로 이해하지 못한 상태였으나, 분자가 병을 치료하고 예방한다는 사실만큼은 똑똑히 배웠다.

부모님께서는 여러 질병 및 증상과 이들을 치료할 수 있는 약이 정리된 큰 책을 하나 가지고 계셨다. 이 책을 읽으면 사람이 아픈 다양한 원인과 치료 방법을 알아가는 즐거움이 있었다. 그러나 열이 나거나 발진이 생기면 늘 자가 진단을 하면서 최악의 경우를 상상하며 두려움에 떠는 버릇이 생겼다. 그러나 부모님은 약을 엄격하게 관리하셨고, 가끔씩 주시는 아스피린 외에는 괴혈병이나 기니벌레 Guinea worm [53], 상피병 elephantiasis [54], 선페스트 bubonic plague [55] 치료 약을 달라는 요청을 묵살했다.

그런가 하면 10~11세가 될 무렵에는 어디선가 광견병에 치료제가 없어 걸리면 고통스럽게 사망한다는 내용을 보고 공포에 질렸던 적이 있었다. 우리 가족은 해마다 휴가차 프랑스로 떠나곤 했는데, 여행 중에도 잠을 설칠 정도였다. 당시 필자는 눈에 보이는 모든 개와 고양이, 소, 양들이 모두 광견병에 걸려 있는 듯 보였다. 그리고 그것들이 필자를 감염시킬 거라는 망상에 빠져 있었다. 그렇게 극도로 긴장한 통에 부모님과 여동생이 여행을 제대로 즐기지 못했다.

한 번은 실제로 광견병에 걸리지는 않았을까 하는 생각을 한 적이 있었다. 10대 후반, 짐바브웨에 있을 때 필자는 술집에서 비틀거

---

[53] 기생충의 일종으로 메디나충이라고도 하며, 오염된 식수를 통해 감염된다. 감염 시 약 10~14개월 동안 체내에서 성장 후 피부 표면에 궤양을 만들어 숙주가 물과 접촉할 시 산란을 위해 피부를 뚫고 밖으로 나온다는 특징이 있다.

[54] 사상충의 림프절 감염에 의한 만성 질환으로, 증상은 피부가 코끼리와 같이 울퉁불퉁하고 두꺼워진다.

[55] 과거 흑사병이라 불린 세균성 감염병을 뜻한다.

리며 나오다가 잠을 자던 개에 걸려 넘어지면서 개를 밟는 바람에 물리게 되었다. 그 순간 바로 광견병의 공포가 되살아났다.

그 길로 동네 병원을 찾아갔더니 백신은 있었지만 배에 7번이나 주사를 맞는 불쾌한 경험을 해야 했으며, 그나마도 수도인 하라레 Harare 에서만 맞을 수 있다는 대답이 돌아왔다. 하지만 하라레는 필자가 있던 장소에서 쉽게 갈 수 있는 곳이 아니었다. 이에 일단 몇 년까지는 아니더라도 최소 몇 달 동안은 주변에서 광견병이 발병한 이력이 없음을 확인했다.

결과적으로 광견병으로 죽을 확률이 낮다는 생각이 들어 주사를 맞지 않기로 했다. 그러나 이후 몇 주 동안 정신이 나가거나 목이 엄청나게 마르는 증상이 나타나지는 않는가를 스스로 진단하며 지냈다. 시간이 지나고 광견병을 충분히 공부하면서 믿을 만한 백신이 있음을 안 뒤로는 야생 동물을 마주칠 가능성이 있는 곳으로 출장을 떠나기 전에 접종을 미리 받아 두었다.

이상과 같이 필자는 질병과 백신, 처방약에 집착한 덕분에 분자의 특성을 조금이나마 알게 되면서 화학자들이 이룬 과학계의 성과에도 지속적으로 관심을 갖기 시작했다. 코로나19 대유행 시기에 화이자 Pfizer 를 필두로 여러 기업에서 개발한 mRNA 백신도 그중 하나였다. 백신은 인체의 면역 체계에 숨겨진 화학적 원리를 이해해야 가능했던 업적이었다.

이처럼 인공 화학 물질은 질병 치료는 물론 식품 보존에서 해충 박멸, 옷감 염색에 이르기까지 우리의 생활 곳곳에 자리 잡고 있다. 그리고 이 모든 반응의 원동력은 바로 전자기력이다. 매년 전 세계에서 화학자들이 1,000만 개에 달하는 신종 화합물을 합성하는 것으로 추산된다. 그중 미국에서만 매년 2,000개의 화합물이 상업용으로 승인을 받고 있다.

원소들은 여러 방식의 결합이 가능하여 무한대에 가까운 물질을 만들어 낼 수 있다. 그중에는 우리에게 이로운 물질이 있는 한편, 해로운 것도 있다. 특히 염화카보닐 ^{carbonyl chloride} 은 세계 대전에서 화학 무기로 사용되었으며, 합성 화학 물질 중에서도 손에 꼽히는 독성 물질이다. 공기 중에 200ppm만 있어도 목숨이 위험할 정도이다.

염화카보닐도 충분히 위험하지만, 자연계에서 보툴리누스균 ^{Clostridium botulinum} 이 만들어 내는 보툴리눔 독소에 비하면 아무것도 아니다. 보툴리눔 독소 1g이라면 자그마치 100만 명이나 되는 사람의 목숨을 앗아갈 수 있는 양이다. 물론 해당 독소는 보톡스 주사의 주성분으로, 우리 몸에 극소량 주사하기도 한다.

화학에서 다양한 원소의 원자가 결합하여 분자를 이루고, 분자 간 결합 또한 매우 다양한 방식으로 이루어진다. 우리 몸에도 단순한 물 분자에서 수천 배는 더 크고 복잡한 DNA에 이르기까지 분자의 종류는 굉장히 다양하다. 원소끼리 결합하여 분자를 만들지 않았다면, 우주는 훨씬 더 따분한 곳이 되었을 것이다. 우리 또한 존재하지 않았음은 두말할 것도 없다.

이다음부터는 원소가 서로 결합해 분자를 만드는 이유와 DNA처럼 안정적인 분자와 아지도아자이드 아지드처럼 불안정한 분자의 차이를 살펴보도록 하자. 각 원소의 차이는 주기율표에서 쉽게 이해할 수 있다.

존재의 역사

원소와 분자의 발견

　　화학자들은 원소를 주기율표에 정리한다. 주기율표의 순서는 좌측 상단을 기점으로, 가장 가벼운 원소이자 양성자와 전자를 하나씩 지닌 수소로 시작해 118개의 두 입자로 구성된 오가네손 oganesson 까지 이어진다. 주기율표의 행과 열은 전자의 배열 방식을 기준으로 원소를 정리한다. 이에 대한 내용은 뒤에 자세히 설명하고자 한다.

　　가장 최근에 발견되었으며, 주기율표에서 가장 무거운 원소인 오가네손은 매우 불안정하고 빠르게 붕괴한다는 특징을 지닌다. 따라서 자연 상태에서 나타나지 않는 원소이다. 하지만 화학자들은 오가네손의 동위 원소 5개, 어쩌면 6개라고 할 수 있는 양을 실험실에서 만들어 냈다. 즉 오가네손은 인간이 만들어 낸 스물네 가지 원소에 속한다.

위와 같이 자연에서 발견되지 않는 원소가 화학자의 손에서 탄생했다는 사실은 참으로 경이롭다. 그렇다면 지구는 그러한 원소가 창조된 유일한 행성일까? 아니면 우주의 어딘가에 존재하는 외계인도 오가네손을 만들었을까?

주기율표에서는 리튬과 나트륨 등의 금속을 왼쪽에, 염소와 산소를 비롯한 비금속을 오른쪽에 배치하여 금속과 비금속을 구분한다. 각 열은 다른 원소와의 반응 방식 등 원소의 특성에 따라 집단을 이룬다. 주기율표에서 금속은 다른 원자와 반응 시 전자를 내주려는 반면, 우측에 위치한 비금속 원소는 전자를 받으려고 한다. 그런가 하면 주기율표 중앙에 있는 원소의 경우 전자를 공유하려는 경향이 있다.

지금이야 화학자라면 원소의 특성에서부터 각 원소마다 원자의 양성자와 중성자, 전자의 수까지 모두 파악하고 있을 것이다. 그러나 그만한 지식이 쌓이기까지는 매우 오랜 시간이 걸렸다. 지금까지 원소를 구성하는 물질이 정확히 무엇인지 밝혀내기까지 수천 년의 시간이 걸렸다. 그만큼 사물의 근본에 대한 물음에 답하기란 그만큼 쉽지 않다.

사람들은 고대 그리스 시대, 어쩌면 그 이전부터 자연을 구성하는 원소에 관심을 가졌다. 약 2,500년 전 엠페도클레스 Empedocles 는 흙과 불, 공기, 물이 만물을 이루는 네 가지 기본 원소라고 주장했다. 반세기가 지나 고대 그리스의 데모크리토스 Democritus 와 인도의 카말라 Kamala 는 물질을 더 이상 보이지 않는 단위까지 쪼갤 수 있지만, 보이지 않는 단위가 무엇인지는 불명확하다고 주장했다. 그리스인은 이 단위를 원자라고 불렀지만, 너무 작아서 볼 수 없다고 여겼다.

중세 시대에 들어 화학의 관심사는 원소의 정체를 규명하기보다 변형 가능성에 주목했다. 특히 철처럼 싸고 흔한 금속을 금과 같이 더 비싸고 희귀한 원소로 바꾸는 것 말이다. 사람들이 그동안 관찰한 바에 따르면 특정 원료를 혼합하면 새로운 화합물을 만들 수 있었다. 따라서 연금술의 1차 목표는 한 금속을 다른 금속으로 바꾸는 것이었다.

연금술은 뉴턴이 살던 시절에도 과학의 한 분야로 인정받았으며, 뉴턴의 관심사이기도 했다. 지금이야 연금술의 위상은 사기로 전락하여 박한 취급을 받고 있기는 하다. 그러나 연금술은 과학계에서 핵심적인 수학적 언어라 할 수 있는 미적분학을 우리에게 안겨 준 인류 최고의 지성도 큰 관심을 보인 주제였다.

18세기가 되어 과학자와 철학자들이 연금술에서 하나둘씩 등을 돌리기 시작하면서 현대 화학의 시대가 열렸다. 1700년대에는 기체와 금속 분야에서 여러 가지 원소와 화합물이 분리 및 명명되었다. 1766년, 영국 과학자 헨리 캐번디시 Henry Cavendish 는 물에서 수소를 분리하여 '불타는 공기 inflammable air '라는 이름을 지었다. 한편 1773년에는 스웨덴 과학자 카를 빌헬름 셸레 Carl Wilhelm Scheele 는 산소를 발견했고, 이듬해 영국에서도 독자적으로 산소의 존재를 밝혀내었다.

1789년 프랑스의 앙투안 라부아지에 Antoine Lavoisier 는 원소의 특징을 설명한 최초의 화학서를 출간했으며, 수소와 질소, 산소, 인, 황, 아연, 수은을 더 쪼갤 수 없는 물질로 분류했다. 이 가운데 현재 원소로 보지 않는 다른 화학 물질까지 원소로 분류하는 오류를 범하기는 했지만, 그의 책은 18세기 말 화학 지식과 이론을 집대성한 중요한 기록이었다.

19세기 초 영국에서는 험프리 데이비 Humphry Davy 가 전기로 화합물을 구성 물질로 분리하는 기술인 전기 분해를 적극 활용하였다. 이를 통해 나트륨과 칼륨, 칼슘, 마그네슘 외에도 붕소 boron , 스트론튬 strontium , 바륨 barium 등 새로운 원소가 속속 발견되었다.

수소가 발견된 이후 거의 한 세기가 지난 1860년대 말까지 66종의 원소가 세상에 모습을 드러냄과 동시에 원자량이 측정되었다. 1869년에는 러시아의 화학자 드미트리 멘델레예프 Dmitrii Mendeleev 가 66종의 원소를 배열하여 최초의 주기율표를 만들었다. 그는 1871년에 주기율표를 변경하는 과정에서 일부 원소의 원자량을 수정하고, 오늘날에 알려진 스칸듐 scandium , 갈륨 galium , 저마늄 germanium 이라는 세 원소의 존재를 예견했다. 그리고 1870년대 후반이 되어 갈륨과 스칸듐, 1886년에 저마늄이 실제로 발견되면서 멘델레예프의 주기율표는 널리 인정받았다. 이에 화학은 '예측의 과학'으로 위상이 높아졌으며, 위대한 화학자로서 멘델레예프의 유산은 화학계의 최대 업적으로 당당히 자리매김하였다.

또한 멘델레예프의 주기율표 등장과 더불어 원소 간 결합으로 새로운 화합물을 만든다는 이론이 대두되기 시작했다. 이에 원자 간 화학적 결합을 이해하려는 연구가 진행되었다. 1897년 톰슨 J. J. Thomson 은 폴란드의 화학자 마리 퀴리와 뉴질랜드의 물리학자 어니스트 러더퍼드 Ernest Rutherford 의 획기적인 방사능 연구를 토대로 전자를 발견했다.

시간이 지나 20세기 전반에는 양자역학이 태동하기 시작했다. 그리고 후반에는 화학이 완숙기에 접어들었다. 그렇게 인류는 화학

존재의 역사

반응이 일어나는 원리와 이유를 제대로 이해하고, 많은 반응을 예측하기까지 했다.

화학의 발달은 과학적 연구 방법이 훌륭하게 적용된 사례이다. 그러나 그 과정을 살펴보면 진보가 하루아침에 이루어지지 않았음을 보여주기도 한다. 초기 관찰 단계에서는 철과 은처럼 물이나 공기에 노출되면 물질이 산화되거나, 일부 물질이 하위 구성단위로 쪼개진다는 사실부터 알게 되었다. 그리고 여러 물질이 원소로 쪼개질 수 있다는 가설이 다듬어지고, 과학자들은 실험을 통해 다양한 원소의 존재를 밝혀낼 수 있었다.

멘델레예프는 여러 원소가 비슷한 양상을 보인다는 것을 발견하고, 이들을 유형화하는 방식을 고안해 낸다. 화학자 및 물리학자는 그러한 유형화에 원소 간 상호작용의 원리가 숨어 있다고 보면서 가설을 발전시켜 왔다. 그러나 가연성 물질에 존재한다는 플로지스톤 phlogiston 이라는 원소, 부드럽고 폭신한 크리스마스 푸딩 같은 핵에 전자가 박힌 원자 모형 등 몇몇 가설은 틀렸음이 판명되었다. 이와 달리 일부 가설은 근거가 탄탄해지고, 훨씬 더 세련되고 발전된 기술이 실험에 활용되기도 했다.

물리학과 마찬가지로 화학에서도 원자와 분자의 움직임을 나타내기 위해 수학적 방정식이 발달했다. 또한 전자기력을 제대로 이해함에 따라 표준 모형 내에서 강한 상호작용, 약한 상호작용과도 연관성이 있다는 사실이 밝혀졌다. 단언컨대 물리학은 가장 발전된 학문이 틀림없으며, 화학이 그 뒤를 바짝 쫓고 있다. 두 분야 모두 아직 풀리지 않은 문제들이 남아 있고, 앞으로도 획기적인 발견과 성과가 뒤를 이을 것이다. 다만 생명과학 분야는 거대한 과학적 성취를 그보다 느린 속도로 달성할 것이다.

우리는 분자의 새로운 쓰임새와 함께 인류의 문제를 해결할 새로운 분자를 찾을 것이다. 궁극적으로 지금까지 알지 못했던 전자기의 원리를 발견함으로써 모든 것의 이론 가운데 중력과의 연관성도 밝힐 수 있으리라 본다. 하지만 이는 아직 먼 미래의 이야기이다. 이제부터는 우리에게 허락된 지식의 수준으로 다시 돌아와 원자의 상호작용으로 생명체에 필수적인 분자를 형성하는 원리를 설명하겠다.

원소의 종류와 상관없이 양성자와 중성자는 모두 위 쿼크와 아래 쿼크로 구성된다. 이러한 사실은 원소의 원자핵을 구성하는 소립자는 모두 동일하다는 의미이다. 여기에서 양성자는 늘 양전하를 띠는 반면, 원자의 바깥 부분을 차지하는 전자는 음전하를 띤다. 그리고 양성자와 전자의 전하는 서로 반대되므로 서로 끌어당기는 성질을 지닌다.

그러나 모든 원소가 양성자와 전자로 동일하게 구성되었음에도 각 원소마다 특징이 천차만별이다. 예컨대 아르곤 argon 의 경우 전자기력으로 다른 원자와 결합하기 어렵다. 반면 산소 같은 원소는 반응성이 매우 높아 다른 원소와 결합함으로써 다양한 화합물을 만들어낼 수 있다.

원소는 각자 다른 원자를 만났을 때의 반응성뿐 아니라 원소의 물리적 특성도 다르다. 수소와 산소는 실온에서 기체, 수은은 액체이지만, 리튬과 철은 고체이다. 그리고 수소와 산소가 반응하면 물이 된다. 기체끼리 결합했지만 액체가 생성된 셈이다. 다만 온도가 0℃ 이하로 내려가면 고체인 얼음이, 100℃도 이상이면 수증기가 된다.

한편 물리적 형태의 변화를 일으키는 온도는 압력에 따라 달라진다. 고도가 높아 기압이 낮은 곳에서는 100℃보다 낮은 온도에서 수증기로 바뀐다.

우리의 몸은 그 자체로 화학의 복합체이다. 따라서 우리가 존재하는 이유를 알고자 한다면 화학을 조금이나마 이해할 필요가 있다. 수백만 가지의 화학 반응이 매초 당신의 세포 내부에서 일어나며, 이는 원자의 반응성이 커야 함을 전제로 한다. 만약 모든 원소가 헬륨이나 네온처럼 반응성이 없다면 생명체의 탄생은 절대 불가능했을 것이다.

빅뱅 이후 우리의 탄생에 이르는 과정을 알아가는 여정의 다음 단계는 원자가 분자로 바뀌는 원리를 이해하는 것이다. 최대 속도 제한이 있는 우주[56], 시간을 느리게 만드는 중력, 플랑크 길이 적용 시 우주가 거품처럼 보일 가능성 등 제2장에서 제시한 개념 중 어느 하나라도 와닿지 않았다면, 양자 수준에서 원자가 전자를 공유하거나 뒤바꾸는 양상 역시 신기하게 느껴질 것이다.

---

56   일반적으로 빛의 속도가 가장 빠르며, 어떤 물체도 이를 넘어설 수는 없다.

원자의 수상한 움직임

우리가 사는 세상에서는 사물이 갑자기 사라졌다가 다른 장소에 나타나는 법이 없다. 반려견 우플러도 안방에서 갑작스레 자취를 감췄다가 별안간 마당에 있지는 않는다. 할 수 있다면 진작에 그렇게 했을 것이다. 이처럼 사물은 특정 시점에 한 곳에만 존재할 수 있다. 필자 또한 아무리 노력한들 사무실과 술집에 동시에 존재할 수는 없다. 하지만 소립자와 원자처럼 눈에 보이지 않을 정도의 작은 것들이 존재하는 세계에서는 다소 양상이 다르다.

가시광선을 포함한 모든 전자기 복사는 파동의 형태로 이동한다. 하지만 이 파동은 광자라는 입자로 이루어져 있다. 소립자의 세계가 기묘한 이유는 광자나 전자, 원자, 그 외의 더 작은 입자들이 입자인 동시에 파동으로 존재할 수 있다는 것이다.

우리의 몸은 늘 한 가지 상태로만 존재하므로, 두 가지 상태가 공존한다는 말이 언뜻 와닿지는 않을 것이다. 믿거나 말거나이겠지만, 당신뿐 아니라 시골에 심은 나무와 도로 위의 자동차, 그리고 행성을 비롯한 온 우주가 고체 형태의 물체임과 동시에 파동이다. 이처럼 큰 물체가 형성하는 파동은 본체의 크기에 비하면 수십억 분의 1에 불과하므로 일상 생활에서 무시해도 될 수준이다.

하지만 광자나 전자, 원자처럼 매우 작은 물체에서는 파동이 본체보다 커지는 기이한 현상이 일어난다. 이렇듯 한 물체가 자신보다 큰 파동을 갖는 것을 '양자 현상 quantum behaviour '이라고 부른다. 소위 '파동–입자 이중성 wave-particle duality '이라고도 하는 이 현상을 명확하게 보여주는 실험이 하나 있다. 바로 '이중 슬릿 실험 double slit experiment '[57]으로, 과학자들이 해당 실험을 반복 수행한 결과 '원자는 두 장소에 동시에 존재할 수 있다.'라는 결론을 내렸다.

이중 슬릿 실험을 위해서 우선 원자를 발사하는 장치와 그 원자가 충돌한 지점을 기록할 수 있는 스크린을 준비한다. 여기에서 발사 장치와 스크린은 고정된 위치에 놓는다. 다음으로 평행한 슬릿[58] 두 개가 세로로 뚫린 얇은 판을 발사 장치와 스크린 사이에 놓는다. 슬릿의 틈은 원자가 통과하기 충분한 크기여야 한다. 마지막으로 원자를 스크린에 쏜 뒤 표시되는 지점을 기록한다.

우리가 사는 세계라면 실험 결과를 바로 예상할 수 있다. 실험 규모를 키워 볼 머신이 테니스공을 발사하면 두 개의 틈새가 세로로 난

---

57   양자역학에서 실험 대상의 파동성과 입자성을 확인하는 실험.

58   좁고 긴 구멍. 옮긴이.

판을 지나 벨크로로 만든 스크린에 맞는다고 가정해 보자. 테니스공이 스크린에 명중하려면 최소 두 틈새 중 하나를 통과해야 한다. 볼 머신과 틈새의 위치에 따라 다소 차이는 있겠지만, 최종적으로 테니스공은 두 개의 수직선을 형성하며 스크린에 도달한다.

양자 세계에서 당신이 쏜 원자 중 일부는 테니스공과 비슷한 양상을 보인다. 발사 장치를 떠난 원자들이 두 슬릿 중 하나를 통과하면 스크린에 수직선 모양의 충돌 흔적을 남긴다. 이때 스크린의 흔적과 슬릿, 그리고 발사 장치는 모두 일직선을 이룬다. 하지만 이와 같이 이동하는 원자는 소수의 운 좋은 경우에 불과하고, 대부분은 테니스공과 전혀 다른 양상으로 움직인다.

그런데 스크린에 수직선이 추가로 나타나면서 원자가 충돌하지 않은 구역과 대비되는 여러 개의 줄무늬가 생기기도 한다. 스크린과 슬릿, 발사 장치가 일직선을 이루지 않는 지점에도 충돌 흔적이 남는다면 원자는 대체 어느 슬릿을 통과한 것일까? 정답은 '각 원자는 두 슬릿을 동시에 통과한다.'이다. 테니스공이 두 틈새 중 하나만 통과하는 것만이 당연한 이치인 세상에 살아가는 우리로서는 참으로 혼란스러운 결론이 아닐 수 없다.

원자뿐 아니라 어느 물체라도 고유의 파동을 지닌다. 각 파동은 파동 함수 wave function 라는 방정식으로 표현할 수 있다. 파동 함수는 물체가 존재할 수 있는 모든 장소와 입자가 파동의 일부일 확률을 나타낸다. 매우 작은 파동을 가진 큰 물체는 늘 동일한 장소에 존재한다. 반대로 큰 파동을 가진 작은 물체는 물체가 존재할 수 있는 장소가 다양하다.

원자의 파동은 입자의 위치를 특정하는 것이 아닌, 존재할 수 있는 장소를 모두 나타낸다고 봐야 한다. 파동 함수가 입자보다 크다면 물체는 두 장소에 존재할 수 있다. 이와 관련하여 전자가 원자핵 주변에 흐릿하게 존재한다고 말한 이유도 전자의 파동 함수를 설명하기 위함이었다.

영화 〈맨 인 블랙 3 Men in Black 3 〉에 출연한 배우 마이클 스툴바그 Michael Stuhlbarg 는 아크에이넌 Archanon 행성에서 온 외계인인 그리핀 Griffin 역을 맡았다. 작중에서 아크에이넌 종족은 다차원적인 존재로, 대체 시간선 alternate timeline [59]과 실현 가능한 미래를 무한대로 내다볼 수 있다고 묘사된다. 즉 어떠한 미래가 다가올지 정확히 예측할 수는 없지만, 현실에서 특정 사건이 일어나면 실현 가능한 미래 중 일부가 사라지고 새로운 미래가 나타난다는 것이다.

그리핀은 그 능력을 이용해 세상을 구하는 미래로 맨 인 블랙 요원들을 인도한다. 그 과정에서 그는 너무 많은 가능성을 단번에 보는 능력이 조금은 부담스럽다고 털어놓는다. 필자도 영화를 보면서 공감했다.

결론적으로 그리핀의 힘은 자신의 주위에 있는 파동 함수를 보는 능력에 가깝다. 시간이 흘러 눈에 보이는 파동 함수가 변하면서 특정 미래가 실현될 가능성이 높아지거나 낮아진다. 입자가 가진 파동도 이와 유사하다. 하지만 양자의 영역에서는 이 모든 것들이 훨씬 더 혼란스러운 양상으로 변화한다.

원자나 전자를 비롯한 여러 입자는 위치나 운동 속도 등 측정 가능한 요소가 여러 가지이다. 그리고 각 요소마다 그와 관련된 파동

---

[59] 현재의 역사나 시간의 흐름과는 다른 방식으로 사건이 전개된 가상의 시간선.

함수를 지니고 있는데, 말하자면 입자마다 여러 파동 함수가 엮인 셈이다. 이를 달리 표현하면 입자가 있을 법한 위치와 연관된 정보가 많을수록 입자의 속도에 대한 정보는 줄어든다.

만약 입자의 위치를 정확히 알고 있다면 속도에 관한 정보는 사라진다. 반대로 입자의 속도를 안다면 위치를 알 방법은 없다. 이처럼 위치와 속도를 동시에 알 수 없는 이 현상은 독일의 물리학자 베르너 하이젠베르크 Werner Heisenberg 의 이름을 따 '하이젠베르크의 불확정성 원리 Heisenberg's uncertainty principle '라고 한다. 이처럼 확률을 근거로 설명하는 불확정성이 바로 양자 세계의 기반이다. 작은 입자나 원자의 양자 현상은 확률론적이며, 이는 결국 파동 함수가 입자의 크기보다 크기 때문이라고 요약할 수 있다.

이중 슬릿 실험에서 전자가 존재할 수 있는 위치를 알려주는 파동 함수는 간섭 무늬 interference pattern 의 형태로 나타난다. 바로 스크린에서 원자가 충돌하지 않은 구역과 대비되는 여러 줄무늬가 바로 간섭 무늬이다.

간섭 무늬는 물을 통해서도 확인할 수 있다. 물결이 2개의 슬릿 쪽으로 이동한다고 가정해 보자. 물결이 슬릿에 부딪히면 슬릿 너머에도 물결이 인다. 따라서 반원형 물결이 양쪽 슬릿에서 각각 퍼져 나간다. 두 물결은 다른 슬릿에서 발생한 물결을 서로 만날 때까지 확산한다. 그리고 두 물결이 만나면 서로 간섭을 일으켜 물이 위아래로 일렁인다.

위의 현상은 두 척의 배가 지나간 흔적이 서로 만날 때도 마찬가지로 발견할 수 있다. 물결이 중첩되면 위아래로 진폭을 그리며 일렁인다. 마찬가지로 발사 장치에서 쏜 원자의 파동 함수도 동일한 현상을 보여 준다. 원자의 파동 함수가 일렁이며 진폭이 높은 곳은 입자가 존재할 가능성이 높음을, 낮은 곳은 그 반대를 나타낸다. 해당 실험에서 스크린에 나타난 수직선이 바로 진폭이 높은 곳이며, 줄무늬사이의 공간은 진폭이 낮은 곳이다. 따라서 실험 장치에서 다른 원자를 발사한다면 개별 원자의 파동 함수를 바로 알아낼 수 있다.

장치에서 발사된 원자는 파동을 형성하며 슬릿을 통과하고, 스크린에서는 슬릿 너머로 생성된 파동의 도착 시점을 남긴다. 이에 의미 있는 실험 결과를 얻으려면 두 슬릿의 간격이 좁아야 한다. 그리고 각 슬릿의 폭이 입자의 파장, 즉 파동 함수의 속성에 가까워야만 간섭 무늬가 형성된다. 상기 조건이 충족되면 실험은 재연이 가능해지면서 위와 동일한 효과가 늘 관찰된다. 그렇다면 이상의 설명에서 다음과 같은 의문이 들 것이다. 파동이 입자로 바뀌어 스크린의한 지점에 나타나는 이유는 무엇일까?

이중 슬릿 실험에서 원자가 스크린에 명중하면 파동 함수가 붕괴되어 특정 위치에 있는 것처럼 보이게 된다. 마치 당신이 앞문과뒷문으로 동시에 나갔지만, 다시 거리의 어느 한 지점에 갑자기 나타나는 마술을 선보이는 것과 비슷하다. 파동 함수는 대상 물체의 파장을 나타내는바, 물체가 클수록 파장이 작아지면서 한 지점에 있는 것처럼 보이도록 한다.

여담이지만 큰 물체도 모든 구성 원자의 파장을 강제로 맞추면작은 물체처럼 움직일 수 있다. 하지만 분자 이상의 크기를 가진 물체를 대상으로는 그러기가 매우 어렵다. 파동 함수를 조정한다는 개념은 메트로놈 여러 대의 움직임이 완벽하게 같도록 조작하는 상황을 연상하면 된다. 이처럼 물체를 구성하는 원자는 메트로놈의 움직임이 제각각이듯, 대부분 개별적으로 움직이는 양상을 보인다.

이 책을 읽는 당신도 마찬가지이다. 인체를 구성하는 원자의 파동 함수가 제각각이므로 당신의 몸에서 방출하는 파장은 미미하다. 따라서 파장보다 본체가 훨씬 큰 상황이니 당신은 파동 함수를 무시하는 여느 물체와 다르지 않다. 당신의 몸을 구성하는 모든 원자의 파동 함수를 맞출 수 있다면, 당신도 파동처럼 움직일 수 있을 것이다. 양자 세계의 입자처럼 여러 출구를 동시에 나가서 별안간 길거리에 나타나는 마술이 가능해지는 셈이다.

당신을 구성하는 파동 함수를 맞출 수 없다는 말은 곧 이중 슬릿 실험이 의미가 없다는 말과 같다. 해당 실험은 엄청나게 좁은 슬릿 사이를 지나갈 수 있어야 성립된다. 이는 마치 바늘구멍에 낙타를 통과시키는 실험에 비유할 수 있다. 결과적으로 이중 슬릿 실험은 파장이 본체보다 큰 사물, 즉 소립자와 원자를 대상으로 할 때 의미가 있는 실험이다. 참고로 전자의 파장은 본체보다 수천 배는 더 크다.

이중 슬릿 실험에서 원자 하나가 한쪽 슬릿을 통과해 스크린에 닿으면 원자와 스크린 사이에 화학 결합이 형성된다. 그러면 원자는 훨씬 더 큰 물체의 일부가 된다. 원자와 스크린은 파장이 서로 다르므로, 원자가 스크린의 일부가 되어도 위치를 특정할 수 있다. 만약 원자가 스크린과 분리된다면 본래의 양자역학적 특성을 되찾을 것이다. 원자가 모여 분자가 되고, 분자가 모여 우리 눈에 보이는 큰 물체가 되면 개별 분자의 파장은 대개 의미가 없어진다. 따라서 양자 세계의 입자가 아닌 일상 생활에서 익숙하게 보던 물체에 가까운 양상을 보이게 된다.

이중 슬릿 실험

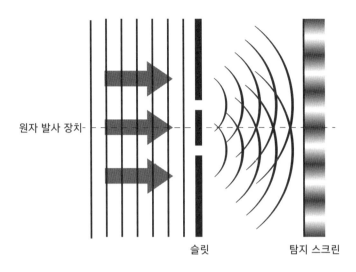

원자 발사 장치-

슬릿   탐지 스크린

앞서 초기 우주를 이야기하면서 우주에서 가장 오래된 복사선인 우주 배경 복사의 특성 및 요동을 설명했다. 우주학자는 이러한 변화가 파동 함수보다 작았던 우주의 극초기부터 시작되었다고 추정한다. 이에 따르면 우주가 급격히 팽창하면서 파동 함수의 진폭이 증폭되면서 물질 분포에 비균일성이 생겼다. 이렇게 시간의 흐름에 따라 물질의 밀도에 차이가 생기면서 은하마다 수십억 개의 별을 포함하며, 그 사이에는 별이 없는 빈 공간이 형성되었다. 이 광활한 우주의 구조는 아직 우주가 엄청 작았을 당시에 발생한 양자 현상의 결과로 추측된다.

이렇듯 기묘한 원자의 양자 현상은 원자가 상호작용하는 방식을 이해하는 데 어떻게 도움이 될까? 필자가 학창 시절에 화학을 공부할 때는 그 질문의 답을 찾을 수 없었다. 적어도 당시 배운 내용 중에는 없기 때문이었다.

사실 필자가 학교에서 배운 것 가운데 기억나는 것은 단 세 가지뿐이었다.

첫째, 개리라는 학생 때문에 과학실 전체가 매캐한 연기로 가득 차면서 다들 기침을 하며 대피했던 일이었다. 개리는 이후에도 화학 시간에 같은 장난을 계속 시도했지만 실패했다.

둘째, 친구인 마이크에게 분젠 버너 Bunsen burner [60]를 수도꼭지에 연결하면 5m 떨어진 선생님에게 닿을 만큼 세찬 물줄기를 뿜을 수 있다고 말한 일이 기억난다. 이에 마이크는 못 믿겠다며 분젠 버너를 수도꼭지에 연결했지만, 그는 선생님께 함부로 물줄기를 뿜을 정도로 버릇없는 학생은 아니었다. 대신 버너를 실험대에 올려 둔 상태로 수도꼭지를 틀었다. 결국 물줄기는 천장을 향해 세차게 솟아올랐고, 우리는 모두 수업이 끝날 때까지 축축하게 젖은 상태로 수업을 들어야 했다.

셋째, '원자핵을 중심으로 전자라는 입자가 행성처럼 돌고 있으므로 원자는 태양계와 비슷하다.'라고 배운 내용이 기억난다. 앞의 두 기억이 머릿속에 아직까지 남아 있는 이유는 잘 모르겠다. 하지만 여기에서 우리가 '사실'처럼 배운 내용은 거의 틀린 말이다.

물론 태양계에 빗대었을 때 원자의 대부분이 비어 있다는 점만큼은 사실이다. 그러나 딱 거기까지다. 가장 단순한 원자인 수소를 예로 들어 보도록 하겠다. 수소 양성자의 크기가 태양만 하다고 가정

---

60   독일의 화학자 로베르트 분젠(Robert Bunsen)이 만든 가열용 실험 기구로, 가스 버너의 일종. 옮긴이.

했을 때, 전자가 명왕성보다 10배는 더 멀리 떨어진 곳에 위치한다고 본다면 어느 정도는 비슷하다. 이 정도면 상당히 먼 거리이다. 반대로 태양계가 원자만큼 작다고 생각한다면 태양과 가장 가까운 수성은 원자핵과 가깝다. 그리고 그 위치는 전자를 발견할 가능성이 큰 곳보다도 더 가깝다.

'전자가 있을 가능성이 가장 큰 위치'라는 표현을 확률론적으로 말해서인지 뭔가 이상하게 들릴 법도 하다. 그런데 이는 행성에 비유했을 때 더욱 어색해진다. 전자는 태양에서 명왕성까지의 거리보다 10배 더 떨어진 곳에 '있을 가능성이 크다.'보다는 '있다.'라고 말하는 편이 이해하기 훨씬 더 쉬워 보인다.

하지만 안타깝게도 이중 슬릿 실험에서 발사 장치를 떠난 원자가 스크린에 닿기 전까지 어느 곳으로 가는지는 모른다. 이처럼 전자가 원자핵에서 얼마나 멀리 떨어져 있는지는 알 수 없다. 다만 있을 가능성이 크거나 없을 법한 곳만큼은 알고 있기에 확률로 표현할 수밖에 없다. 따라서 전자는 원자핵 주위를 도는 궤도처럼 묘사해서는 안 된다.

화학 반응의 두 얼굴

　전자의 파동 함수는 핵 주변에 퍼져 있으며, 굳이 위치를 말하자면 전자는 파동 함수의 범위 안이라면 어디든 존재할 수 있다. 화학자들은 이 복잡한 개념을 표현하기 위해 '궤도 orbit ' 대신 '오비탈'이라는 용어를 사용한다.[61]

　전자는 핵을 둘러싼 오비탈을 형성하고, 그 오비탈 내에 어디라도 존재할 가능성이 있다. 행성이 공전 궤도가 아닌 오비탈을 형성한다면 안개가 퍼진 밤하늘처럼 보일 것이다. 즉 안개가 짙을수록 행성이 그곳에 위치할 가능성이 크다는 뜻이다. 확률 때문에 뭔가 더 복

61　사전적으로 orbital은 '궤도의'라는 형용사지만, 화학에서는 '전자가 원자핵 주위에 존재할 확률을 나타내는 함수'라는 용어로 자리 잡았다. 궤도 함수라고도 한다. 옮긴이.

잡해진 듯하지만, 사실 일상 생활에서도 누구나 확률론적으로 사고한다.

우리 가족은 휴대전화로 서로를 추적하지 않는다. 그렇기에 필자가 사무실에서 글을 쓰는 지금, 아내와 아이들은 필자가 어디에 있는지 알지 못한다. 아내는 사무실에 근무 중이거나 쇼핑 또는 친구들과 커피를 마실 수도 있지만, 가정의 평화를 위해 다른 가능성을 더 언급하지는 않겠다. 아들은 대학교에 있을 확률이 높지만, 맑은 날 공강 시간에는 스케이트보드장에 있거나 사진 프로젝트 준비차 출사를 나갔을 것이다.

당연하겠지만 전자는 우리 가족처럼 활기찬 일상을 보내지는 않는다. 하지만 필자가 가족이 있을 법한 장소를 추정할 수 있듯, 마찬가지로 화학에서도 핵 주변에서 전자가 존재할 법한 위치를 지정할 수 있다.

일반적으로 수소 원자는 핵을 이루는 양성자 하나와 전자 하나로 구성되어 있다. 전자가 존재할 수 있는 위치를 나타내는 파동 함수에 따르면 핵 주변일 때 전자는 어디라도 위치할 수 있다. 다만 그 중에서도 너무 가깝거나 멀지 않은 적당한 거리에 있을 가능성이 훨씬 높다. 전자의 에너지 준위 energy level , 즉 에너지값에 따라 파동 함수와 오비탈이 결정되고, 이에 따라 전자의 존재 가능성이 높은 양성자와의 거리가 결정된다. 에너지가 많은 전자일수록 적은 것보다 오비탈에서 먼 거리에 위치한다.

수소 원자의 이미지

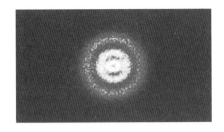

전자는 핵에 끌리는 성질이 있으므로 가급적 핵과 가까운 오비탈에 위치하려고 한다. 전자가 오비탈 안쪽에 위치하려면 에너지가 최대한 적은 상태여야 한다. 오비탈의 바깥쪽에 에너지 준위가 높은 전자 하나를 지닌 수소 원자가 에너지를 잃으면 전자는 오비탈 바깥쪽에서 사라지고, 다시 안쪽에 나타난다. 이때 전자가 잃은 에너지는 광자 형태로 원자에서 발산된다.

전자에는 '스핀 spin '이라는 특성이 있다. 스핀은 하나 이상의 전자를 지닌 원자에서 전자의 분포 패턴을 결정한다. 스핀은 사실상 전자의 움직임을 의미하지만, 그 수학적 정의는 꽤나 복잡하다.

스핀은 스핀 업 spin up 과 스핀 다운 spin down 으로 나뉜다. 이들 개념을 비유적으로 설명하면, 스핀 업 전자는 시계 방향으로, 스핀 다운 전자는 반시계 방향으로 움직인다고 이해하면 쉽다. 하지만 양자론에서 '맵시 charm '과 '류 colour '가 그렇듯 스핀도 단어의 본래 의미와 거리가 멀다. 다시 말해 전자가 크리켓 공처럼 실제로 회전하지는 않는다.[62]

---

62 맵시를 뜻하는 영어 용어 'charm'은 'charm quark'에서 유래하였는데, 한국에서는 '맵시 쿼크' 또는 '참 쿼크'라고 부른다. 'colour'는 예컨대 쿼크에 '6종 3류'가 있다고 분류할 때, '류'를 지칭하는 단어이다. 옮긴이.

각 오비탈은 최대 2개의 전자를 지닐 수 있지만, 스핀이 동일한 두 전자는 같은 오비탈을 공유할 수 없다. 오비탈은 껍질 shell 이라는 구조를 이루어 원자 주변에 배치된다. 핵과 가장 가까운 껍질은 1개, 두 번째로 가까운 껍질은 4개, 세 번째는 9개의 오비탈을 지닌다. 그리고 네 번째는 16개, 다섯 번째는 25개, 여섯 번째는 36개의 오비탈을 지닌다. 그러면 첫 번째부터 여섯 번째까지 각 껍질이 지닐 수 있는 최대 오비탈의 수는 2, 8, 18, 32, 50, 72개이다.[63]

한편 수소는 첫 번째 껍질에 1개의 전자를 지닌다. 하지만 두 번째로 가벼운 원소인 헬륨은 양성자 2개와 중성자 2개로 이루어진 핵과 함께 첫 번째 껍질에 2개의 전자를 가진다. 그중 하나는 스핀 업, 다른 하나는 스핀 다운 전자이다.

다음으로 무거운 리튬은 양성자 3개와 중성자 4개로 이루어진 핵을 지닌다. 또한 원자마다 양성자와 전자의 수는 동일하므로 자연스럽게 3개의 전자를 지닌다. 리튬 원자의 전자는 첫 번째 껍질에 2개, 두 번째에 1개가 있다.

오가네손의 전자 수는 첫 번째 껍질에 2개, 두 번째에 8개, 세 번째에 18개, 네 번째에 32개, 다섯 번째도 32개, 여섯 번째에 18개, 일곱 번째는 8개이다. 참고로 해당 수치는 과학자들의 추정치인데, 그 이유는 전자의 배치를 정확히 파악할 만큼 오가네손 원자가 오랜 시간 존재하지 못했기 때문이다.

가벼운 원소는 안쪽 껍질에 전자를 완전히 채워야 다음으로 핵

63 　오비탈이 전자가 존재할 가능성이 있는 공간 자체를 의미한다면, 껍질은 전자가 옮겨 다니는 에너지 층을 의미한다. 핵과 가까운 안쪽 껍질일수록 에너지가 낮고 안정적이다. 옮긴이.

에 가까운 껍질에 전자를 채울 수 있는 반면, 무거운 원소는 껍질을 채우는 방법이 더 복잡하다. 가령 오가네손의 전자 118개는 7개의 껍질에 분산되어 있지만, 6개라도 모든 전자가 충분히 들어갈 수 있다. 이와 같이 무거운 원소가 껍질을 채우는 방식이 더 복잡한 이유는 핵과 거리가 먼 껍질은 부껍질 subshell 을 지니며, 부껍질마다 전자가 들어가는 데 필요한 에너지량이 다르기 때문이다.

때로는 핵에 가깝고 높은 에너지를 요구하는 껍질보다는 핵에서 멀지만 낮은 에너지를 요구하는 부껍질에 있는 것이 전자 입장에서 에너지가 적게 든다. 여기까지 적고 보니 학교 화학 수업에서 세부 내용을 적당히 생략하고 정확하지 않은 태양계를 비유로 든 이유가 비로소 이해된다. 원자는 복잡하다. 하지만 이처럼 복잡한 덕분에 화학자는 원소가 다른 원소를 만났을 때 어떻게 반응할지 예측할 수 있다. 그리고 이러한 반응은 우리가 존재하는 데 필수적인 역할을 한다.

원자는 에너지가 최대한 낮은 상태일 때 가장 안정적이다. 즉 바닥 상태 ground state 인 원자에서 전자는 에너지가 가장 낮은 오비탈에 위치한다. 만약 원자가 에너지를 얻으면서 전자 하나가 높은 에너지를 지닌 오비탈로 밀려난다면 전자를 방출하면서 최대한 빠르게 바닥 상태로 돌아가려고 한다.

수소 원자의 전자가 두 번째 껍질에 있을 때는 바닥 상태가 아니다. 따라서 전자는 광자를 방출하며 에너지를 소모한다. 그 결과 전자는 바깥 껍질에서 사라지고, 가장 안쪽 껍질에 나타난다. 또한 방출된 광자의 파장은 에너지 준위에 따라 결정된다. 이때 원자가 바닥

　　　　　　　　　　　　　　　　　　　　존재의 역사

상태로 돌아가면서 방출된 광자는 자외선 스펙트럼에 속하는데, 이는 육안으로 관찰이 불가능하다.

전자가 수소 원자의 세 번째 껍질에서 두 번째 껍질로 이동할 때는 더 적은 에너지가 방출된다. 이렇게 방출된 광자는 그만큼 낮은 에너지를 지닌다. 이러한 광자는 앞선 경우보다 파장이 길어 우리 눈에 붉은색으로 보인다.

원자는 바닥 상태에서도 반응성이 있다. 원자는 껍질이 전자로 가득할 때 가장 반응성이 낮다. 반응성은 부껍질에서 오비탈이 가득 찼을 때의 순서대로 높아진다. 일부 원소는 껍질에 전자가 하나만 있어도 매우 높은 반응성을 보인다. 그 예로 수소와 리튬, 나트륨, 칼륨, 루비듐 rubidium, 세슘 cesium, 프랑슘 francium 이 있다. 이들 원소는 모두 바닥 상태일 때 가장 바깥 껍질에 하나의 전자만을 지니며, 주기율표의 좌측에 위치한다.

수소는 실온에서 기체이며, 나머지 원소는 모두 고체이다. 이중 수소를 제외한 원소를 통틀어 알칼리 금속이라고 한다. 알칼리 금속이 가장 바깥쪽 껍질에 있는 전자를 다른 원자에게 내주면 양이온으로 변한다. 다시 말해 핵에 있는 양성자의 수가 껍질에 있는 전자의 수보다 많아져 양전하를 띤다는 뜻이다. 여기에서 양전하를 띠는 이온을 양이온 cation 이라고 하며, 음전하에 이끌리는 성질이 있다.

염소와 플루오린 Fluorine, 브로민 Bromine, 아이오딘 Iodine, 아스타틴 Astatine, 테네신 Tennessine 은 부껍질이나 바깥 껍질이 가득 찼을 때보다 전자가 하나 모자라다. 이들 원소 그룹을 할로젠 halogen 이라고 부르며, 주기율표의 우측에 위치한다.

할로젠은 전자를 하나 잃는 것을 선호하는 알칼리 금속과는 반대로 전자를 하나 얻길 원한다. 전자를 잃으면 음전하를 띠는 음이온 anion 으로 변하는데, 음이온은 양전하에 이끌린다는 특징을 지닌다. 그렇다면 알칼리 금속과 할로젠 원자가 서로 만나면 어떻게 될까?

그 답은 알칼리 금속이 할로젠 원자에 전자 하나를 내주며 화합물을 형성한다. 이 화합물은 강한 정전 결합 electrostatic bond 의 일종인 이온 결합 ionic bond 으로 만들어진 것이다. 이온 결합으로만 이루어진 화합물은 엄밀히 말하자면 분자는 아니지만, 평소에는 이러한 차이에 큰 의미를 두지 않는다. 염화나트륨은 화합물이다. 우리가 소금이라고 알고 있는 바로 그것 말이다.

염화나트륨은 나트륨과 염소가 결합하여 만들어진다. 나트륨 원자는 바깥쪽 껍질에 있는 단 하나의 전자를 내주며 염소 원자의 바깥쪽 껍질을 채운다. 그 결과 나트륨 원자가 양전하를, 염소 원자가 음전하를 띠면서 두 전하가 서로를 끌어당긴다. 그렇게 나트륨 이온과 염소 이온이 대량으로 이온 결합을 하면 소금 결정이 생성된다.

실험실에서 기체인 염소와 고체인 나트륨을 결합하여 소금을 만들려면 화학 반응을 촉발하기 위해 약간의 에너지를 가해야 한다. 하지만 일단 반응이 시작되어 나트륨과 염소가 서로 전자를 주고받으면 밝은 노란색 빛을 내며 에너지를 방출하는 모습을 볼 수 있다. 여기에서 화학 반응 촉발에 필요한 에너지를 활성화 에너지 activation energy 라고 한다.

이온 결합은 화학 결합의 일종으로, 그중 원자가 전자를 공유하며 결합하는 방식을 공유 결합 covalent bond 이라고 한다. 그 예로 수소 원자 2개와 산소 원자 하나가 공유 결합을 하면 물 분자가 만들어진다. 세 원자가 전자를 공유하면서 각자 바깥 껍질을 채우면 각 원자 사이에 공유 결합이 이루어진다.

공유하는 전자가 많을수록 공유 결합은 강해진다. 이를 잘 보여주는 사례로, 탄소 원자 한 쌍이 결합할 시 서로 전자를 하나 또는 2~3개까지 공유할 수 있다. 전자 3개를 공유한 탄소 원자는 2개일 때보다 분리하기 어렵다. 또한 이중 결합이 이루어진 탄소 원자는 단일 결합보다 떼어내기가 더 어렵다. 이처럼 분자는 바로 원자가 모여 공유 결합을 이룬 결과물이다.

화학에서는 공유 결합을 극성 polar 과 무극성 nonpolar 이라는 두 가지 형태로 분류한다. 예컨대 탄소 한 쌍이 결합하면 전자 두 개를 동등하게 공유하므로, 무극성 공유 결합이다. 이때 전자의 위치를 나타내는 파동 함수는 두 원자 사이에서 대칭을 이룬다. 전자의 위치를 눈으로 확인할 수 있다면, 한쪽 원자에 가까이 있는 시간과 다른 쪽 원자에 가까이 있는 시간이 같을 것이다.

한편 극성 공유 결합은 전자가 평균적으로 어느 한쪽 원자에 더 가까이 있는 상태를 나타낸다. 대표적인 예로는 물이 있다. 물 분자가 공유하는 전자는 수소보다 산소 원자에 더 가까이 위치하려는 경향이 크다. 무극성 공유 결합에서는 분자의 일부가 양전하 또는 음전하를 띠게 된다. 이처럼 전하를 띠는 부분을 쌍극자 dipoles 라고 한다. 쌍극자가 서로 반대 전하를 지닐 때는 서로 끌어당기는 약한 정전결합을 형성한다.

가령 물 분자에서는 산소 원자가 공유 전자를 독차지하여 음전하를 띤 쌍극자가 되려는 성질이 있다. 반면 수소 원자는 양전하를 띤 쌍극자가 되려는 성질이 있다. 양전하를 띠는 수소 원자는 음전하를 지닌 산소의 쌍극자와 약한 결합을 형성한다. 이와 같은 형태의 결합을 수소 결합 hydrogen bond 이라고 한다. 수소 결합은 이온 결합에 비하면 약하지만, 정전 결합 중에서는 강한 편이다. 이외에 수소 결합 또한 생명체의 탄생에 매우 중요하다. 이상과 같은 화학 작용이 없었다면 우리는 존재하지 않았을 것이다.

얼음이 물에 뜨는 이유는 바로 수소 결합 덕분이다. 물이 액체 상태일 때는 물을 구성하는 원자들이 끊임없이 움직인다. 이때는 원자가 충분한 에너지를 가지고 있으므로 수소 결합이 오래 유지되지 못하고 분자 간 충돌을 자주 일으킨다.

하지만 물의 온도가 내려가면 원자가 에너지를 잃고 격자 구조를 형성하기 시작한다. 이는 물 분자를 구성하는 수소 원자가 다른 분자의 산소 원자와 수소 결합을 이루어 12면체 격자 구조를 이루기 때문이다. 이렇게 고체가 되는 과정을 통해 물 분자 사이의 거리가 멀어지면서 틈이 많아진다.

위와 같이 빈 공간이 늘어난 얼음은 결과적으로 물보다 밀도가 낮아진다. 수소 결합이 없었다면 얼음은 물이나 진 토닉 위에 뜨지 못했을 것이다. 얼음처럼 화합물의 성질이 변하는 일은 흔치 않다. 사람들은 대부분 물의 특성을 깊이 의식하지 않지만, 사실은 매우 특이한 현상이다.

크기 또한 원자의 반응성을 결정하는 요인이다. 크기는 원자 간 전자의 공유와 교환에도 영향을 미친다. 예컨대 알칼리 금속은 양성자와 전자가 많을수록 전자를 더 쉽게 내준다. 그런가 하면 칼륨은 자신보다 크기가 작은 나트륨에 비해 바깥쪽 껍질에 위치한 전자 하나를 더 쉽게 내어 주므로 반응성이 더 높다.

반면 할로젠 중에는 가장 크기가 작은 플루오린이 전자를 가장 쉽게 받으므로 반응성이 가장 높다. 원자의 크기가 작으면 전자의 위치 또한 핵에 가까우므로 다른 화합물에게서 전자를 받기 쉽다. 따라서 플루오린은 같은 집단 내에서도 더 무거운 염소보다 반응성이 크다.

플루오린은 상당한 반응성으로 지구상에서 가장 위험한 두 화학 물질에 속한다. 세계에서 가장 강한 산은 플루오로안티몬산 fluoroantimonic acid 으로, 플루오린이 포함된 오플루오린화안티본 antimony pentafluoride 과 플루오린화수소 hydrogen fluoride 의 혼합물이다.

일상에서 접하기 쉬운 가장 강한 산은 황산 sulphuric acid 으로, 피부를 태워 버릴 정도의 초강산성 물질이다. 이와 다르게 플루오로안티몬산은 황산보다 10,000,000,000,000,000배, 즉 1경 배나 더 강력하다. 해당 화합물은 거의 모든 물질에 격렬하게 반응하므로 보관이 극도로 어렵다. 따라서 테플론 teflon 등 부식되지 않는 재질의 용기가 필요하다.

한편 삼플루오린화염소 chlorine trifluoride 는 플루오린 화합물 가운데 두 번째로 반응성이 높다. 삼플루오린화염소는 플루오린 원자 3개와 염소 원자 하나가 공유 결합한 물질이다. 이 화합물이 매우 불안정한 이유는 전자의 배치 형태 때문이다. 삼플루오린화염소는 20세기 중반에 화재 예방용으로 널리 애용된 화합물인 석면도 태울 정도다. 심지어 이미 다 탄 나무의 재까지 태워 버리기도 한다.

삼플루오린화염소는 반응성이 매우 높은 물질임에도 로켓 연료와 컴퓨터 산업 분야에서 소량 사용된다. 일상 생활에서는 0.1ppm

정도로 희석시켜야 안전하다고 본다. 1950년대 당시 정제 삼플루오린화염소 900kg을 창고로 옮기는 과정에서 해당 화합물이 쏟아지는 사고가 발생한 적이 있었다. 삼플루오린화염소의 높은 반응성은 화학 반응이 끝날 때까지 두께 30cm의 콘크리트와 90cm 깊이의 자갈을 모두 태워 버렸다.

반응성이 높은 물질은 다른 물질과 재빨리 반응함으로써 안정된 물질을 형성하려 하므로 자연에 드물게 존재한다. 물론 생명체는 삼플루오린화염소나 1-디아지도카바모일-5-아지도테트라졸과 같은 물질을 활용하지는 않는다. 반응성이 높은 물질은 다른 물질과 쉽게 반응하여 생명체에게 필요한 에너지를 생성한다. 그러나 생명체는 스스로 통제할 수 있는 다른 화학 반응을 찾았다.

존재의 역사

원소에서 생명까지

    에너지를 원자로 바꾸는 우주의 원리가 물리학에 담겨 있다면, 화학에는 원소를 생명체로 바꾸는 우주의 원리가 담겨 있다. 생명체는 자신이 사용할 원소를 까다롭게 고른다. 철은 지구를 구성하는 물질 가운데 질량으로는 1/3이 조금 안 되지만, 인체에서는 0.01% 이하의 비중을 차지한다.

    산소는 지구를 구성하는 원소 중 30%인데, 지구에서 두 번째로 풍부하다. 해당 원소는 특히 인체에서의 비중이 높아지면서 인체 질량의 65%를 차지한다. 규소와 마그네슘, 황, 니켈 또한 지구에서 매우 풍부한 원소이기는 하지만, 인체에서 차지하는 비율은 극히 일부에 불과할 뿐더러 활용 빈도도 드물다. 설령 우리 몸이 우주진 star dust [64]에서 비롯되었다고 할지라도 생명체는 일부 원소만 선택적으로 받아들였다.

탄소는 지구상의 생명체에게 필수적인 원소로, 우주 어딘가에 있을 다른 생명체에게도 마찬가지일 가능성이 높다. 우리 몸에 있는 탄소를 질량으로 환산하면 18.5%이다. 탄소 원자는 양성자 6개와 전자 6개, 중성자 2~16개를 지니며, 대부분 6개의 중성자가 있는 동위 원소인 탄소-12의 형태를 취한다. 탄소-13과 탄소-14도 자연에 존재하지만, 탄소-14는 방사능이 약하면서 질소-14로 붕괴하는 특성이 있어 고고학에서 고대 유물의 연대 측정에 사용한다. 그 외의 탄소 동위 원소는 모두 실험실에서 만들어졌으며, 불안정하다.

바닥 상태인 탄소는 가장 안쪽 껍질에 전자 2개, 두 번째 껍질에 전자 4개를 지닌다. 탄소는 다른 원자와 전자를 공유하면서 최대 4개의 공유 결합을 생성한다. 탄소 원자는 크기가 작으므로 공유 결합에서도 상당히 강하고 안정적인 화합물을 형성한다. 탄소는 여러 방식으로 결합하여 다양한 특성을 지닌 화합물을 만들어 낼 수 있다.

예를 들어 탄소 원자는 고압 환경에서 다른 탄소 원자 4개와 각각 단일 결합을 이루는 삼각 피라미드 구조, 즉 사면체 구조를 형성해 다이아몬드가 된다. 반면 적절한 온도를 동반한 낮은 압력에서는 흑연이 만들어진다. 흑연 분자는 회색빛이 나는 검은색이며, 각 탄소 원자가 다른 탄소 원자 3개와 전자를 공유하는 형태로 결합한다. 이에 탄소 원자들이 서로 연결되면서 판상 구조 sheet structure 를 이루고, 정전 결합으로 종이 더미처럼 겹겹이 쌓인다.

---

64   직역하면 '우주의 먼지'로, 우주 공간에 흩어진 미립자 모양의 물질을 말한다.

또한 탄소 원자는 금속 등 다른 원소와도 공유 결합을 형성한다. 자연 상태에서 탄소는 질소, 수소, 산소 원자와 주로 결합한다. 상기 원소들은 탄소와 이중, 삼중 결합을 형성하므로 생명체에서 매우 중요한 역할을 하는 대형 분자들을 만들어 낼 수 있다.

디옥시리보핵산 deoxyribonucleic acid 이라고도 하는 DNA는 생명체 그 자체라고 해도 과언은 아니다. DNA 분자 하나는 수십억 개의 원자로 이루어져 있다. 그리고 DNA 분자마다 세균, 식물, 진균, 동물 등 생물을 조립하는 유전 암호 genetic code 를 포함한다. DNA는 안정적이므로 다른 분자와 반응하여 원자 구조가 바뀌거나 하지는 않는다. 만약 DNA의 구조가 쉽게 바뀐다면 우리를 만들어 낸 자가 조립 매뉴얼도 순식간에 사라질 것이다.

같은 이유로 생명체를 구성하는 다른 분자 또한 상당히 안정적이다. 우리는 필요할 때 꺼내 쓸 수 있도록 에너지를 지방의 형태로 저장한다. 지방은 세포 내에서 안정적이며, 필요할 때마다 우리 몸에서 분해하여 에너지를 얻는다. 단백질 또한 마찬가지로, 생명체에서 여러 화학 반응을 끊임없이 일으키는 일꾼 역할을 한다. 생명체의 화학 작용은 분자 분해로 에너지를 얻는 반응을 조절하는 일과 에너지를 소비하여 세포 및 뼈와 뇌 같은 신체 구조물을 만드는 것이 무엇보다 중요하다.

모든 화학 반응이 그렇듯, 생명체에서 일어나는 반응에도 활성화 에너지가 필요하다. 다른 물질과 쉽게 반응하는 분자는 매우 적은 활성화 에너지로도 반응이 일어난다. 이와 달리 물을 수소와 산소로 분해하는 등의 일부 반응에는 더 많은 활성화 에너지를 요구한다.

일단 화학 반응이 시작되면 주변 환경에 에너지를 방출하거나 주변 환경에서 에너지를 흡수한다. 에너지를 생성하는 반응 가운데 열과 빛을 방출하는 것을 '발열 반응 exothermic reaction'이라고 부른다. 한편 열을 가져오는 반응은 '흡열 반응 endothermic reaction'이라고 한다. 당신이 뭔가를 태운다면 발열 반응을 일으키는 중인 한편, 광합성은 광자의 에너지를 이용해 식물 성장에 필요한 당을 생성하는 것은 흡열 반응의 사례라고 볼 수 있다.

생명체는 발열 반응과 흡열 반응을 모두 활용하는데, 여기에서 일반적으로 두 반응에 소모되는 활성화 에너지를 줄이는 비결이 있다. 그 비결은 바로 효소라는 화학 물질에 있다. 효소는 대부분 단백질로 이루어져 있다. 그리고 단백질은 아미노산이라는 작고 긴 분자들이 모여 분자를 형성하고, 이 분자가 다시 이리저리 접히면서 크고 복잡한 구조를 이룬다.

한편 체내에는 1조 개나 되는 효소가 늘 활성화 상태에 있다. 효소는 우리 몸을 구성하는 분자의 결합을 담당한다. 또한 음식 섭취 시 음식의 분자를 태워 하루를 생활할 에너지를 제공하는 역할도 한다. 이처럼 효소의 놀라운 기능 없이 생명체는 존재할 수 없다.

효소는 크고 복잡한 입체 구조를 이루고 있다. 효소는 이온이나 분자가 드나들 수 있는 통로와 함께 여기저기 들어가거나 돌출된 부분이 있다. 효소의 구조를 이루는 일부 아미노산은 해당 효소 고유의 화학 반응을 촉발하는 결합 부위 binding site 역할을 한다. 이 결합 부위는 효소가 촉매 작용을 일으키는 특정 화학 물질과 정전 결합을 형성한다.

화학 반응을 가속하는 모든 화합물을 촉매 catalyst 라고 하며, 촉매는 활성화 에너지를 낮추어 화학 반응이 쉽게 일어나도록 한다. 효소는 생명체가 가장 흔히 사용하는 촉매이지만, 무기 화학에서도 중요한 역할을 한다. 효소가 쪼개거나 만드는 대상 물질을 기질 substrate 이라고 부르며, 효소는 기질의 형태를 바꾼다. 효소에 따라서는 단독으로 화학 반응을 주도하거나, 보조 인자 cofactors [65]라는 분자를 이용하기도 한다.

그렇게 효소가 기질에 결합하면 활성화 에너지를 낮춰 반응을 촉발한다. 그리고 최종적으로 신체를 구성하는 물질, 세포를 움직이는 연료, 폐기물 형태로 배출될 분자 등의 결과물을 만들어 낸다. 이때 화학 반응 시 효소 자체에는 변화가 없으며, 다음 반응의 촉매 작용을 계속 이어 나간다.

기질은 효소 단백질의 활성 부위 active site 에만 결합할 수 있다. 일부 효소의 경우 기질이 활성 부위에 3D 퍼즐 조각처럼 딱 들어맞는다. 또는 기질과 효소 모두 단단하게 결합하기 위해 일시적으로 모양이 바뀌기도 한다.

결합의 경우 수소 결합이 주로 일어나며, 때로는 약한 정전 결합이 관여하기도 한다. 하지만 효소에 따라서는 일시적으로 무극성 공유 결합 또는 이따금 극성 공유 결합을 하기도 한다. 일단 기질이 활성 부위에 결합하면 반응이 시작되기까지 여러 단계를 거친다. 효소에 따라서는 이 책에서 모두 다룰 수 없을 정도로 복잡한 화학 작용을 거치기도 하지만, 절차가 간단한 것도 있다.

효소는 활성 부위에 결합된 기질의 모양을 변형시켜 기질의 공

---

65   효소의 촉매 활성을 위한 비단백질성 화학 물질.

유 결합에 힘을 가한다. 이 과정에서 효소가 양성자나 전자를 내주거나 가져온다. 여기에 보조 인자가 개입하면 더욱 쉽게 분해된다. 뿐만 아니라 효소는 반응에 관여하는 다른 분자들이 기질과 접촉하기 쉽도록 기질이 결합한 형태를 조정하기도 한다. 이 중 어떤 방법을 활용하든 반응에 필요한 활성화 에너지가 줄어들면서 반응 속도가 빨라진다.

이따금 효소의 촉매 작용은 화학 반응 속도를 수백만 배나 향상시킬 정도로 강력하다. 촉매의 힘은 고대 화석 연구에서 잘 드러난다. 6,800만 년 전, 암컷 티라노사우루스 렉스가 한 마리 죽었다. 이 공룡의 사망 원인은 알 수 없지만, 해당 개체는 희박한 확률을 뚫고 화석이 되었다. 놀랍게도 그 화석에는 근육과 힘줄의 일부가 보존되어 있었다.

노스캐롤라이나주립대학교 분자고생물학자인 메리 슈바이처 Mary Schweitzer 는 2007년에 화석 속 공룡의 조직을 분석하였다. 그리고 그중 일부에 콜라겐 분해 효소 collagenase 를 혼합하였다. 그 효소는 몇 시간 만에 연부 조직 내 콜라겐을 분자 단위로 분해하였다.

콜라겐은 신체를 구성하는 데 중심적인 역할을 하는 튼튼한 단백질로, 피부와 연골, 힘줄, 뼈에서 발견된다. 콜라겐은 분해 효소 없이는 잘 분해되지 않는다. 이는 고기를 조리한 후에도 연골과 힘줄이 질긴 이유이기도 하다. 이러한 이유로 콜라겐이 있는 부위는 동물의 사후 미생물에 의해 오랜 시간에 걸쳐 가장 느린 속도로 분해된다.

콜라겐이 아무리 튼튼하다고 해도 눈곱만한 연부 조직이 수백만 년이나 남아 있었다고 주장한 슈바이처의 연구는 발표 당시 논란이 많았고, 지금도 여론이 크게 다르지 않다. 누군가는 독자적으로 슈바이처의 연구를 재연했지만, 실패한 과학자도 있다. 이것이 바로 과학이 진보를 이루는 방식이다.

기존 지식에 반하는 주장이 인정받으려면 개별적으로 수많은 실험을 거쳐야 한다. 분자생물학이나 고생물학 분야에 몸을 담은 과학자들이 만장일치로 슈바이처 연구팀의 발견을 인정하는 일은 없을 것이다. 하지만 필자를 포함하여 슈바이처의 연구를 인정하는 과학자의 수도 점점 늘어나는 추세다.

티라노사우루스 렉스 연구가 다른 분야에 비해 근거가 다소 약하더라도, 이를 본 장에 소개한 이유가 있다. 이 발견이 오랜 시간 검증을 거친다면, 약 7,000만 년 동안 안정적으로 보존된 기질을 대상으로 효소가 반응을 일으켰음이 증명된다. 물론 콜라겐 분해 효소가 분해 속도를 수십 배 가속한다는 사실은 슈바이처의 발견 이전에도 익히 알려진 내용이다. 하지만 티라노사우루스 렉스 연구에 따르면 효소의 능력이 더 강력할 가능성이 있다.

콜라겐 분해 효소의 사례와 같이 효소가 촉매 반응을 일으켰다면, 효소에서 생성물이 분리되어야 한다. 이 과정에서 효소와 생성물 사이에 일시적으로 형성된 화학 결합은 모두 끊어진다. 간혹 반응이 끝난 기질의 전하가 뒤바뀌면서 저절로 빠져나오기도 하지만, 다른 요소가 추가로 개입할 수도 있다. 이렇게 반응이 끝난 효소는 기질과 결합하기 전의 원래 형태로 돌아가며 생성물을 방출한다. 그리고 새로운 기질을 만나 촉매 반응을 반복한다.

화학 반응을 일으키는 힘은 전자기력이다. 전자기력이 지금보다 더 강하거나 약했다면, 전자껍질과 이온의 음전하 및 양전하가 바뀌면서 생명체는 존재할 수 없었을 것이다. 원자가 전자를 붙드는 힘이 지금보다 더하거나 덜했다면 수많은 화학 반응은 일어나지 않았을 것이다. 설령 화학 반응이 발생하더라도 더 높은 온도와 압력이 있어야 가능했을 것이다. 결국 화학이 있기에 우리가 존재하며, 전자기력이 있기에 화학 반응이 존재한다.

이상으로 이 장에서는 화학에서 원자의 특성, 원자가 전자를 공유하는 원리, 화학 반응이 일어나 분자를 형성하는 이유를 개괄적으로 살펴보았다. 지금까지의 이 모든 과정이 우리의 존재에 필수적인 역할을 하였다. 생명체에서 일어나는 화학 반응은 앞서 이야기한 바와 같이 반응성이 높은 폭발성 물질에 비하면 화려하지는 않더라도 충분히 경이롭다.

과학자들은 자연에 작용하는 네 가지 힘을 깊이 이해했다. 이에 전자기력에 관한 지식이 늘어난다면 화합물을 직접 혼합하지 않고도 여러 화학 반응의 결과를 예측할 수 있다. 물론 모든 것을 완전히 이해하기까지는 아직 갈 길이 멀지만 말이다.

생명의 기초인 유기 화학 분야는 화학자라도 아직 예측이 쉽지 않다. 우리는 생명체 내에서 일어나는 여러 반응을 조절하고 멈추는지 방법을 모두 알지 못한다. 또한 전자기력을 포함하여 자연의 네 가지 힘이 애초부터 존재하는 이유도 알지 못한다.

그렇다면 전자기력은 전자 껍질이 지금처럼 원자에서 특정한 거리로 배치되도록 작용하는 이유는 무엇일까? 왜 더 가깝거나 멀리 배치되지 않는가? 그리고 전자기력의 세기가 지금과 같은 현상은 필연적인 결과일까, 아니면 우주의 생성 과정에서 우연히 일어난 일일까?

위의 질문에서 한 가지 확실한 것이 있다. 바로 전자기력은 우리가 경험하는 화학의 원동력이며, 화학이 없다면 생명체도 존재하지 않았다는 것이다. 하지만 생명체의 존재를 보장하는 것은 비단 전자기력뿐만이 아니다. 태양계와 지구가 형성되려면 그보다 약한 중력 또한 필요하다. 이제부터 중력이 우리의 존재 이전에 어떠한 활약을 했는지 확인하도록 하자.

제4장

미지를 떠도는 고향들

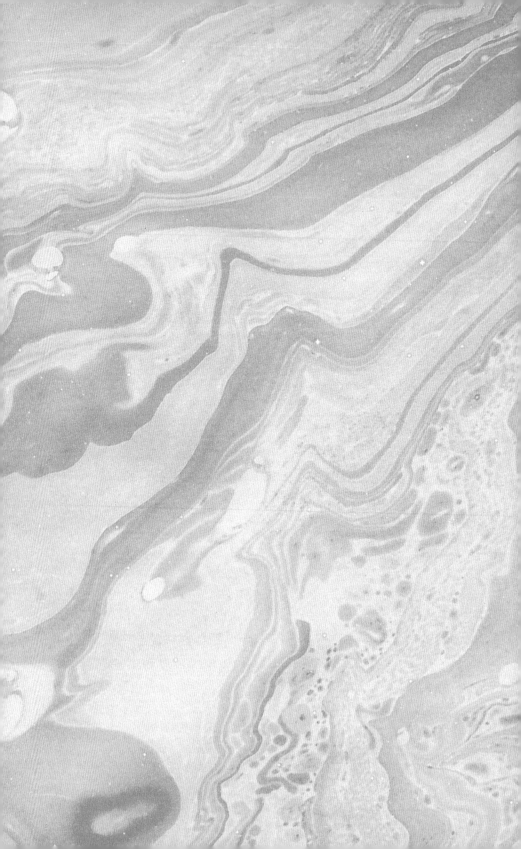

우주 이웃과 우리

우주는 참으로 아름답지만, 때로는 우리에게 막막함을 안겨 주기도 한다. 우주는 너무나도 거대하기에 우리가 사는 곳의 앞마당을 벗어나 우주 저편을 탐험할 가능성은 매우 낮다.

필자가 아홉 살이던 1977년 9월, 우주 탐사선 보이저 1호가 발사된 이래 45년이 넘도록 여정을 지속하고 있다. 보이저 1호는 인간이 만든 것 중 지구에서 가장 멀리 보낸 물체로, 현재 약 240억 km나 떨어져 있다. 이 거리는 지구에서 빛을 쏘았을 때, 하루 안에 보이저 1호 안에 닿을 정도이다.

그만큼 240억 km는 우주적 관점에서 매우 가까운 거리이다. 한편 태양에서 가장 가까운 항성계인 알파 센타우리는 4.37광년 떨어져 있다. 비록 알파 센타우리가 보이저 1호의 목적지는 아니지만, 지금과 같은 속도로 간다고 가정하면 8만 년 후에 도착할 것이다.

태양은 항성이며, 그 주변을 공전하는 행성과 함께 태양계를 이룬다. 그러나 우리가 사는 항성계인 태양계에는 항성이 단 하나뿐이다. 그러나 다수의 항성계에는 그보다 많은 항성이 존재하며, 이들 항성은 각자의 궤도를 따라 정교하게 움직이고 있다. 그 예로 카스토르 항성계 Castor star system 에는 항성이 6개나 있다.

한편 태양계나 카스토르 항성계 등의 항성계가 무리를 이룬 것을 '은하 galaxy '라고 한다. 그리고 은하수 Milky Way 는 현재 우리가 위치한 은하이다.[66] 하나의 은하에는 최소 1,000억 개의 항성이 있으며, 은하에 따라 그 수가 4,000억 개가 넘기도 한다.

밤하늘에 반짝이는 별들은 우리 은하의 내부에 위치하고 있다. 달이 뜨지 않은 맑은 날 밤이면 가장 가까운 은하를 육안으로 볼 수 있다. 하지만 고성능 망원경이 아니라면 은하 내부의 별까지 식별하기는 어렵다.

한편 관측 가능한 우주 내 은하의 수는 약 1조 개라고 추정되며, 그 사이에는 광활한 공간이 자리 잡고 있다. 이는 별의 수는 물론, 우리가 찾아가거나 교신할 수 없는 곳도 상당함을 뜻한다. 우주 저편 어딘가에 지성을 가진 외계인이 존재한다고 해도, 우리의 존재를 인지하려면 우주 내부에서도 상당히 가까운 위치에 있어야만 할 것이다.

---

66   'Milky Way'는 흔히 아는 '은하수' 외에도 태양계가 속한 '우리 은하'라는 뜻도 있다. 이후 'Milky Way'는 문맥에 따라 은하수와 우리 은하로 적절히 구분하여 표기한다. 또한 본문에서 은하계라 함은 주로 우리 은하를 지칭하며, 수많은 타 외부 은하와 구분됨을 알려 둔다. 옮긴이.

지금으로부터 약 125년 전인 1897년, 굴리엘모 마르코니 Guglielmo Marconi 가 '들립니까?'라는 최초의 무선 메시지 radio message 를 보냈다.[67] 이에 외계 문명에서 우리의 무선 메시지에 귀를 기울이다가 '들립니다.'라고 즉시 응답하더라도, 지구에서는 62.5광년이나 기다려야 들을 수 있다.

라디오파 radio wave 는 광속으로 이동하므로, 마르코니가 지구에서 보낸 신호는 1959년쯤 가장 가까운 외계인의 귀에 들어갔을 테다. 이에 외계인이 답장을 보냈다면 지금쯤 지구에 도착했을 것이나. 지구에서 62.5광년의 범위 안에는 약 1만 5,000개의 별이 있으나, 이들 항성계에서 지성이 있는 신호를 수신한 바는 아직 없다. 외계인이 고향 행성에 있다면 아무리 빨라도 몇 세대는 더 지나야 서로 대화가 가능할 것으로 보인다.

위와 관련하여 외계 문명에서 보낸 것으로 추정될 만한 전파[68]를 천문학자가 감지한 사례가 하나 있다. 이 신호는 '와우 신호 Wow! signal '라고 하며, 1977년 오하이오주립대학교 전파 망원경에서 기록했다. 그 명칭은 천문학자 제리 에먼 Jerry Ehman 이 신호를 출력한 종이에 '와우!'라고 적은 것에서 유래되었다. 와우 신호는 지금까지 본 적이 없는 파형을 취하고 있어 마르코니가 최초로 보낸 무선 메시지와는 전혀 달랐다.

2012년, 인류는 와우 신호에 대한 답장으로 신호가 온 궁수자리를 향해 1만 개의 트위터 메시지를 보냈다. 이에 신호를 보낸 상대가

---

67   'radio'에는 '무선'이라는 의미도 있다. 옮긴이.

68   전파와 라디오파는 동의어이며, 이후 문맥에 따라 혼용한다. 옮긴이.

만약 외계인이라면, 우리가 불순한 의도로 보내는 것이 아님을 알아 주기 바랄 뿐이다. 개인적으로는 와우 신호가 외계 생명체의 존재를 보여 주는 증거라는 의견에 의심을 거두지 않을 생각이다. 동일하거나 비슷한 메시지를 다시 수신하여 여러 가지 다른 가능성을 배제하기 전까지는 말이다.

필자가 아득할 정도로 먼 항성계 사이의 거리에 막막함을 느끼는 이유는 일반적인 생명체, 그중에서도 지적 생명체가 우주에 어떻게 존재하는지 알고 싶기 때문이다. 아직 만나지 못했다고 해서 외계인이 존재하지 않는 것은 아니다. 은하계마다 저마다의 역사가 있는 법이니 말이다.

그동안 지적 생명체가 단 하나의 행성에서만 진화했다고 가정해 본다면, 관측 가능한 우주에서만 1조 개의 문명이 있다는 의미이다. 그러나 실제로는 어떠할지 알 도리가 없다. 어쩌면 우리는 외계인을 만날 운명을 타고나지 않았을지도 모른다. 다행히 지구만 해도 놀라운 역사와 함께 곳곳에 즐비한 볼거리와 숨이 막힐 듯한 절경을 자랑한다.

필자가 지구에서 가장 좋아하는 장소는 웨스턴오스트레일리아주의 벙글벙글 산맥 Bungle Bungle mountain range 으로, 이곳에 마음을 빼앗긴 계기가 있다. 1980년대 말, 학부생이었던 필자와 친구들은 호주 드라마 〈네이버스 Neighbours 〉의 열렬한 애청자였다. 이 드라마에서 극중 인물인 헬렌 대니얼스 Helen Daniels 는 벙글벙글로 그림을 그리러 한 번씩 여행을 가겠다고 선언한다. 이에 필자는 해당 인물을 맡은 배우 앤 해디 Anne Haddy 가 쉬고 싶어서 그런 발언을 했나 싶었다.

필자는 설마 '벙글벙글'이라는 지명이 실제로 있겠냐는 생각에 사실을 확인하고자 도서관으로 갔다. 시험이 코앞이라 여유가 없는 상황에서도 예상보다 많은 시간을 들여 그에 대한 사실을 찾아보았다. 그 결과 벙글벙글은 수백만 년 동안 바람과 물, 모래에 깎여 나가면서 형성된 벌집 모양의 줄무늬 언덕과 계곡이 있는 고대 산맥의 이름임을 알게 되었다.

벙글벙글 산맥은 1983년 유럽인들이 영화 촬영차 방문하면서 처음 발견되었고, 4년 후 국립공원으로 지정되었다. 원수민인 기자족 Gija 은 2만 년 전, 혹은 그 이전부터 그 산맥을 푸눌룰루 Purnululu 라고 부르며 찾아들었다. 이후 푸눌룰루는 현재 지명으로 굳어졌다.

그로부터 30년이 지난 2018년, 필자는 쉰 번째 생일을 맞아 아내 소냐와 자녀인 소피, 조지아, 루크와 함께 푸눌룰루로 떠났다. 런던에서 시작한 여정은 싱가포르, 다윈 Darwin , 쿠누누라 Kununurra 를 거쳤다. 목적지가 가까워질수록 비행기는 점점 작아지더니, 마지막에 탄 8칸짜리 좌석의 프로펠러는 우리 가족을 모래로 뒤덮인 간이 활주로에 내려 주었다. 그래도 그곳은 그나마 산맥과 가까운 지점이었고, 간판에는 당당하게 '푸눌룰루 공항'이라고 적혀 있기는 했다.

필자는 유네스코 세계유산에 등재된 푸눌룰루를 방문하기까지 30년이나 걸린 셈이다. 그러나 필자의 시선으로 꿈의 직장에 다니는 공원 직원은 왜인지 '당신은 호주 정부의 마케팅에 속았어요.'라고 귀띔했다. 알고 보니 호주 관광청은 1987년 당시 벙글벙글 산맥의 국립공원 지정을 발표하면서 관광객을 유치하려고 했다. 이와 관련하여 따로 확인은 하지 못했지만, 국립공원을 홍보할 의도로 헬렌 대니얼스의 대사에 '벙글벙글'이라는 단어를 넣었다는 이야기가 있다.

푸눌룰루의 벌집 모양 언덕에는 오렌지색과 검은색 줄무늬가 있다. 그리고 겨우 해발 575m인 산맥의 앞쪽을 지키며 평원 한가운데에 덩그러니 자리를 잡고 있다. 이 산맥의 모양새는 수백만 년 동안 깎여 나간 계곡들이 함께 얽혀 있다. 벙글벙글 산맥의 역사는 포유류가 등장하기도 전, 양서류가 지구를 지배하던 때로 거슬러 올라간다.

약 3억 5,000만 년에서 3억 7,000만 년 전, 퇴적물이 강바닥이나 호수에 겹겹이 쌓인 후 압착되어 여러 겹의 사암을 형성했다. 이에 지질 활동으로 지구의 지각을 구성하는 '지각판'이라는 거대한 돌판이 움직이며 사암을 밀어 올렸다. 그렇게 사암은 우뚝 솟은 산맥이 되었다. 세월이 흐르고 산맥은 비와 물줄기, 바람, 기온 변동으로 침식을 겪으며 지금의 푸눌룰루가 만들어졌다.

벌집 모양 언덕은 현재 심프슨 사막 Simpson desert 방면에서 불어오는 바람을 정면으로 맞아 산맥 내에서 가장 침식이 심한 곳이다. 그 언덕에 줄무늬가 형성된 원인은 처음 산맥이 형성될 당시 퇴적 작용으로 생성된 사암층의 진흙 함량 차이로 추정된다. 퇴적 과정에서 진흙이 많을수록 바위층의 수분 함량이 높아지고, 수분이 더 많은 층에는 광합성을 하는 미생물 남세균 cyanobacteria [69]이 자리 잡기 때문이다.

남세균은 빛이 있어야 생존할 수 있다. 그러므로 줄무늬는 빛이 통과할 수 있을 정도로, 그 두께는 고작 몇 mm에 불과하다. 그리고 남세균은 그 특징에 따라 줄무늬 가운데 건조한 층에서는 생존할 수 없다. 결국 언덕의 줄무늬는 약 4억 년 전, 고대 호수에 퇴적물이 쌓

---

69   지구에서 최초로 광합성을 시작한 원시 생물로, 세균의 일종.

이는 동안 습하고 건조한 시대가 2,500만 년 주기로 반복되었음을 나타내는 지표이다. 따라서 푸눌룰루 산맥은 지구상에서 특별한 장소이다. 마찬가지로 지구 또한 그 자체로 특별하다.

지금까지 이 책에서 여러 주제를 이야기했지만, 우리가 사는 환경에 일어난 사건에 주목하기는 이번이 처음이다. 중력과 전자기력, 강한 상호작용, 약한 상호작용은 우주 전체에서 동일하게 적용된다.[70] 우주가 젊었을 적, 양자 변동 quantum variation 으로 물질이 우주 전체로 균등하게 흩어지지 않았다. 그러나 불균질한 우주에서 중력의 탄생으로 물질을 끌어당겨 별과 은하계가 생성되었다.

이처럼 기본 상호작용은 우리가 살아가는 지구와 태양계를 유지하는 힘이다. 그러나 우주의 한 귀퉁이에 불과한 이곳이 탄생한 과정을 이해하려면 우리가 사는 환경을 중심으로 조금 더 생각해 볼 필요가 있다. 태양계와 행성의 형성 원리를 생각하면 우리가 사는 곳 주변에 물질이 분포하게 된 과정도 중요해지게 마련이다.

그렇다면 태양만 한 별이 현재 위치에 탄생하고, 밤하늘에 보이는 행성이 태양 주위의 궤도를 따라 존재하는 사실은 필연적이었을까? 이는 별마다 조금씩 다르며, 이는 태양계와 은하도 마찬가지이다. 우리가 존재하기 위해서는 적절한 조합을 이룬 여러 사건이 이곳에서 일어나야 생명체가 지성을 지닌 종으로 발달 및 진화할 수 있는 행성이 탄생할 수 있다.

70   물리학자들은 적어도 그렇다고 가정한다. 그 이유로 네 가지 기본적인 힘은 우주가 매우 작을 때 나타났으며, 지금까지 변하지 않았다고 추정하기 때문이다. 그리고 다른 은하에서도 그 힘이 다르게 작용한다는 증거는 없다.

따라서 이 장에서는 우리가 사는 곳의 조건이 어떻게 형성되었는가를 중심으로 다룰 것이다. 이번 이야기의 주인공은 중력이다. 다만 이야기를 본격적으로 진행하기에 앞서 짚고 넘어가야 할 점이 있다.

기본 상호작용과 최초의 별, 최초의 분자는 모두 우주의 나이가 수억 년이 채 되기 전에 등장했다. 하지만 태양계는 46억 년 전에야 겨우 형성되었다. 현재 우주의 나이는 137억 7,000만 년이다. 그렇다면 태양계가 탄생하기까지 수십억 년 동안 도대체 무슨 일이 있었던 것일까?

존재의 역사

은하와 태양계

136억 년 전 은하가 형성된 이후, 은하는 우주 전역에 은하군 group 이나 은하단 cluster 으로 무리를 지으며 존재한다. 우리 은하는 최소 54개의 은하가 뭉친 국부 은하군 Local Group 에 속해 있다. 국부 은하군은 처녀자리 초은하단 Virgo supercluster 을 구성하는 100개 이상의 은하군 중 하나일 뿐이다. 처녀자리 초은하단 또한 10만 개나 되는 은하로 이루어진 라니아케아 초은하단 Laniakea supercluster 의 일부에 불과하다. 이 가운데 작은 은하를 구성하는 별은 수천 개에 그치지만, 큰 은하의 경우 100조 개, 또는 그 이상의 별을 포함한다.

은하는 움직인다. 모든 은하는 거대한 수소 구름이 중력에 이끌려 생성되었기에 중심점 주위를 돌고 있다. 또한 일반적으로 우주가 계속 팽창하고 있어, 은하 또한 서로가 점점 멀어지는 중이다. 하지만 국부 은하군처럼 은하단에 속한 은하끼리는 서로 가까워지다가 충돌할 수도 있다. 이에 천문학자들은 우리 은하에 있는 별 중 약 3만 개가 대부분의 별과 반대 방향으로 회전하고 있으며, 이들 별은 머나먼 과거, 우리 은하에 충돌한 다른 은하의 일부분임을 밝혀내었다. 이와 관련하여 겨우 250광년 떨어진 가까운 이웃인 안드로메다 은하와 우리 은하의 궤적을 계산한 결과, 45억 년이 지나고 서로 충돌할 것으로 추정된다.

모든 은하는 비슷한 시기에 생성되었지만, 소멸 시점은 저마다 다르다. 지구 주위를 돌며 우주를 이해하는 데 큰 도움이 되었던 허블 우주망원경으로 관측한 결과, 우주가 탄생한 후 30억 년이 지났을 때 6개의 은하가 죽었음이 확인되었다. 이들 은하는 알 수 없는 이유로 수소를 모두 소진했기에 새로운 별을 만들 수 없는 상태였다.

반면 은하에서는 대부분 속도에 차이는 있지만, 별은 여전히 만들어지고 있다. 그중에서도 별이 여러 세대를 거쳐 철과 같은 무거운 원소가 많이 만들어진 은하가 있는가 하면, 1~2세대 별만 있어 그러한 원소가 거의 없는 은하도 있다. 전자와 마찬가지로 우리 은하에도 금속과 산소가 상대적으로 더 풍부한 영역이 있어 같은 은하 내에서도 영역에 따라 역사가 다를 수 있음을 보여 준다.

위와 같이 우리 은하를 장식한 최초의 별들은 대부분 죽음을 맞이했지만, 새로운 별이 계속해서 태어나고 있다. 우리 은하 중 일부 영역은 우주 과거 죽음을 맞이한 별의 먼지와 분자뿐 아니라 막대한 양의 수소와 헬륨으로 이루어져 있다. 이 가운데 수소와 헬륨은 우주 탄생 초반에 만들어졌지만, 아직 별이 끌어당기지 못한 상태였다.

때로는 태양보다 몇 배는 더 무거운 별의 폭발로 발생한 여파가

이 광활하게 펼쳐진 구름을 휘젓기도 한다. 큰 별이 폭발하는 초신성은 우주에서도 손꼽히게 격렬한 사건이다. 폭발의 여파로 생성된 먼지와 가스 구름은 성운을 형성하여 새로운 별이 태어나는 무대가 되기도 한다.

나선 성운은 지구에서 가장 가까운 별들의 요람으로, 빛의 속도로도 7세기나 걸리는 거리에 있다. 성운 내에서는 차가운 가스와 먼지가 중력의 영향으로 뭉치기 시작하고, 온도가 점차 상승하면서 최종적으로 새로운 별이 탄생한다. 은하 내에서 수소가 풍부한 지역이라면 어디든 동일한 과정을 거치면서 크고 작은 별이 형성된다. 대부분의 별은 행성과 함께 만들어지지만, 그렇지 않은 경우도 일부 있다.

현재까지 항성계를 연구한 결과, 각 항성에게는 1~5개의 행성이 있다. 항성계와 이를 구성하는 행성은 저마다 특색을 지닌다. 항성과 행성은 중력으로 형성되나, 이들이 만들어진 성운 내 먼지의 밀도와 구성 성분, 그리고 각 행성이 만들어진 지점에 작용하는 별의 중력의 세기에 따라 행성의 크기와 구성 물질이 달라진다. 이처럼 모든 별과 행성은 나름의 역사를 지닌다. 이제 다시 태양계의 역사로 돌아가 보자.

태양계의 형성은 49억 년 전에서 50억 년 전 사이에 한 초신성으로 촉발되었다. 은하의 다른 곳에서 관측되는 성운이 태양이 형성된 성운과 비슷했다면, 여러 별과 태양계가 추가로 만들어졌을 것이다. 성운에서 새롭게 탄생한 젊은 별과 태양계는 우리 은하의 회전 운동에 영향을 받아 처음으로 은하의 중심을 도는 궤도를 형성한다.

우리 은하의 중심부에는 질량만 태양의 400만 배에 달하는 거대한 블랙홀이 차지하고 있다. 이 블랙홀의 이름은 궁수자리 A* Sagittarius A* 이다. 우리 은하의 별과 태양계는 해당 블랙홀 주위를 돌고 있으며, 블랙홀에 빨려 들어가거나 수소를 완전히 소진한 채 최후를 맞이할 것이다. 궁수자리 A*도 거대하지만, 이보다 질량이 더 큰 블랙홀도 존재한다. 2023년 초 천문학자들은 'TON618'이 궁수자리 A*보다 10배는 더 크다고 추산했다.

태양계는 우리 은하의 중심에서 2만 5,640광년 떨어져 있다. 2만 5,600년 전, 당시 인간은 바위와 매머드 뼈로 만든 움막이 한 곳에 모인 최초의 정착지를 건설했다. 이는 우리 조상이 혁신을 이룰 때, 태양에서 출발한 빛이 이제야 우리 은하의 중심에 도착한 셈이다. 이처럼 태양계에서 은하 중심부까지의 거리를 생각해 보면, 태양계가 우리 은하 주위를 완전히 도는 시간도 딱히 놀랍지는 않다.

이렇게 태양계가 우리 은하를 도는 시간이 너무 긴 나머지 설명이 번거로웠던 과학자들은 아예 '은하년 galactic year'이라는 새로운 단위를 만들어 버렸다. 1은하년은 정확히 측정하기는 어렵지만, 대략 2억 2,000만 년에서 2억 3,000만 년 사이다. 지구는 태어난 지 약 20은하년이 지났으며, 최초의 생명체 진화는 약 16.9은하년 전에 일어났다. 한편 최초의 인류는 은하년을 기준으로 한다면 약 2주 전에 등장했다.

우리 은하에서 태양의 위치

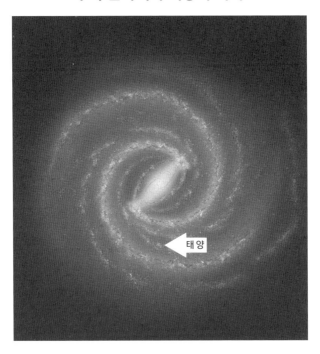

태 양

46억 년 전, 다시 말해 20.4은하년 전에 중력으로 상당량의 수소가 서로를 끌어당긴 이후 핵융합을 시작하면서 태양이 만들어졌다. 태양은 태양계에서 가장 큰 별이며, 태양계 전체 질량의 99%를 차지하고 있다. 앞서 소개한 블랙홀에 비하면 미미한 수준이지만, 그 정도면 인간 기준에서는 여전히 큰 수치이다. 또한 태양의 지름은 태양계에서 두 번째로 큰 목성의 11배, 지구의 109배이다.

태양이 만들어진 성운에서 함께 탄생한 다른 별들 또한 저마다의 속도로 우리 은하 주위를 돌기 시작했다. 지구와 가장 가까운 별또한 지구와 나이 차가 크기에 동일한 성운에서 생성되지 않았음을 알 수 있다.

예컨대 지구에서 두 번째로 가까운 항성계인 바너드 별 ^{Barnard's}의 나이는 태양보다 2배 더 많은 반면, 그다음으로 가까운 루만 16 ^{Luhman 16} 항성계는 6~8억 살에 불과하다. 또한 항성계마다 우리 은하 주위를 도는 속도도 다르다. 현재 우리와 가장 가까운 항성계로는 알파 센타우리가 있지만, 10억 년 후에는 순위가 뒤바뀔 가능성이 크다.

은하단에 소속된 은하가 각자의 궤적을 따라 움직이듯, 우리 은하에 포함된 항성계도 마찬가지로 궁수자리 A*을 중심으로 저마다 궤도를 이루며 움직인다. 궤도에 따라서는 특정 별끼리 더 자주 가까워지기도 하는데, 태양은 대략 1은하년을 주기로 과거에 만났던 항성계와 다시 가까워진다.

과학자에 따라서는 항성계끼리 가까워지면 기존 궤도에서 이탈한 유성체 ^{meteoroid} 와 소행성이 태양계 외곽에 진입할 것이라 말하였다. 이와 함께 그들은 태양으로 향하는 새로운 궤적을 따라 이동하여 지구와 충돌할 가능성을 제기하기도 했다. 은하년에 따라 소행성과 운석의 충돌 횟수에 고점과 저점이 있다는 증거도 있지만, 모든 과학자가 이를 인정하지는 않는다. 이 현상을 확실히 입증할 데이터를 더 수집하려면 상당한 시간이 걸릴 것으로 보인다.

한편 우주 암석을 지칭하는 용어는 가끔 혼란을 주기도 한다. 그렇다면 지금까지 언급한 소행성과 유성체, 유성과 운석은 서로 어떤 차이가 있을까?

소행성은 지름이 1m보다 크고 행성보다는 작은 암석이다. 유성체도 암석이기는 하지만, 지름은 1m 이하이다. 유성체가 지구 대기권에 진입하면 불타오르면서 유성이 만들어지고, 이는 별똥별이 밤하늘을 가로지르는 장관을 연출한다.

그리고 지상에 충돌한 유성은 운석으로 분류된다. 소행성은 행성에 접근하면 유성체로 부서지는 경우가 많고, 이는 밤하늘에 별똥별이 소나기처럼 내리는 유성우가 된다. 그러나 공룡을 멸종시킬 때 충돌한 소행성은 유성체가 되지 않은 채 거대한 바윗덩어리인 상태 그대로 지구에 떨어졌다.

앞서 소개한 소행성이나 유성체, 유성, 운석, 우주 암석과는 달리 혜성은 암석이 아닌 얼음과 먼지로 구성되어 있다. 태양계에 진입한 혜성이 태양과 가까워지면 일부가 녹으면서 물과 먼지를 흔적으로 남긴다. 혜성이 녹아 가는 부분에 빛이 반사되면 반짝거리는 빛이 밤하늘을 가로지르는 것처럼 보인다.

태양계가 일반적인지 예외적인지는 다른 항성계의 데이터 부족으로 정확히 알 수 없다. 태양계는 흔한 항성계의 일부일 수도, 과거에 한 번도 일어나지 않은 매우 특별한 환경이 연속적으로 중첩된 결과물일 수도 있다. 태양이 아닌 다른 별을 공전하는 외계 행성에 대한 연구는 우주에서 행성이 흔함을 보여 준다. 특히 지구와 비슷한 크기의 행성이 생명체의 핵심이 되는 물이 액체 상태로 존재할 수 있는 거리를 유지하면서 별 주위를 도는 경우가 그리 드물지 않음을 드러낸다.

위와 같이 지구와 유사한 행성이 여럿 존재할 가능성이 있다고 해서 우리의 존재가 특별하지 않다는 의미는 아니다. 지구의 역사야말로 빅뱅에서 우리의 존재에 이르는 여정에서 매우 중요하기 때문이다. 이에 우리는 과학적 연구 방법을 총동원하여 지구의 역사라는 퍼즐을 맞추어야 한다. 여기서부터는 지구의 역사를 잠시 접어두고 필자가 과학자가 되기까지의 이야기를 잠깐 소개하려고 한다.

필자는 학교에서 배우는 과학을 매우 시시하게 여겼다. 멋진 성당이 있는 잉글랜드 북부 도시 요크에 있는 대학에 진학할 때도 그 태도는 크게 달라지지 않았다. 대학 생활은 즐거웠지만 강의는 대부분 지루했다. 그렇게 도서관에서 독학하며 시간을 보내는 나날이 계속되었는데, 특히 과학 학술지에 게재된 논문을 재미있게 읽었다.

생물학과 2학년이 되었을 때, 필자는 친구와 함께 뒷자리에 앉아 어느 수업 분위기를 흐리고 있었다. 우리는 뒷자리에서 큰 소리로 떠들면서 친구들에게 종이 뭉치를 날렸다. 수업이 끝나자 존 로튼^{John Lawton} 교수님은 우리를 야단치기 위해 뒷자리에 그대로 남아 있으라고 말씀하셨다.

이에 창피함을 느낀 필자는 다음날 사죄를 드리려 교수님의 연구실을 찾았다. 교수님께서 왜 그런 장난을 쳤느냐고 물으셨을 때, 강의에서 흥미를 느끼지 못하고 논문을 통해 학문적 깊이를 실감한다고 털어놓았다. 이에 로튼 교수님은 필자의 말에 수긍하시면서도 기초를 먼저 익히는 것이 중요하다고 말씀하셨다. 또한 흥미는 졸업 연도에 연구 과제를 수행하면서 많이 느낄 수 있으니 그때까지는 참으라고 하셨고, 그 말씀에 필자도 납득했다. 결과적으로 교수님 말씀이 맞았지만, 요크대학교에서 다시 교수님을 다시 뵐 일이 없어지면서 야단맞은 일도 금세 잊어버렸다.

그 후 1년이 지나고 학부 과정도 점점 막바지에 접어들 때였다. 이때 필자는 인생의 다음 행보를 결정해야 했다. 존재의 이유를 고민

존재의 역사

하고 있을 때가 아니라는 말이다. 그러나 당시에는 필자도 스스로 무엇을 하고 싶은지 도무지 알 수 없었다. 따라서 당시 임페리얼 칼리지 런던 박사 과정을 준비하던 여자 친구를 따라 함께 지원서를 쓰기로 했다.

대학원 공부에 어떤 의미가 있는지도 모르면서도 지원서 만큼은 많은 공을 들여 작성했다. 몇 주 뒤, 면접 합격 통보를 우편으로 받았다. 그 우편물에는 믹 크롤리 Mick Crawley 와 존 로튼 교수님이 면접관으로 배정되었다는 내용이 써 있었다. 심장이 덜컥 내려앉는 듯했다. 로튼 교수님이라면 분명 필자를 알아보면서 그때 그 일을 기억할 것이다. 그러면 대학원 입학 계획은 모조리 물거품이 되고 만다.

하지만 그 걱정은 기우였다. 로튼 교수님을 알아보자, 오히려 "팀, 다시 봐서 반갑구나."라는 말씀과 함께 필자를 맞이하면서 옛일은 굳이 언급하지 말자고 하셨다. 그렇게 면접은 잘 마무리되어 합격 통보를 받았다. 교수님께서는 그날의 대화를 기억하셨고, 수업에 대한 필자의 의견과 교과 과정을 벗어난 공부에 깊은 인상을 받았다고 하셨다. 수업 시간에 노닥거리는 것이 바람직한 행동은 아니었지만, 그날만큼은 필자에게 득이 된 셈이다.

로튼과 크롤러 교수님은 박사 학위 연구의 일환으로 미국 북동부에서 진행한 대형 프로젝트 데이터 수집과 관련하여 미국인인 찰리 캐넘 Charlie Canham 과 스티브 퍼캘러 Steve Pacala 교수의 지도도 함께 받을 것을 권했다. 당시에는 크게 와닿지 않았지만, 지금까지 필자를 지도한 네 교수님 모두 뛰어난 연구 실적을 자랑하는 분이었다. 또한 과학에 접근하는 관점도 각자 달랐기에 가히 과학 멘토계의 드림팀이라 할 만했다.

그중 로튼 교수님은 만능 과학자로, 자연 세계가 돌아가는 원리를 깊이 이해하는 훌륭한 자연사학자다. 필자가 연구를 진행하면서 지엽적인 부분에 골몰할 때마다 그분께서는 "한 걸음 물러나서 큰 그림을 보게."라고 말씀하시곤 했다. 교수님께서는 지금 이 책을 쓰면서 몇 걸음이나 물러난 필자의 모습을 당시에 상상이나 하셨을까 싶다.

크롤러 교수님은 식물을 연구하며, 생물학적 데이터에 통계적 접근 및 분석으로 가설을 검증하는 분야의 전문가이다. 강의 실력도 출중해 수학을 포기한 사람이라도 그분께서 강의하시는 통계학에 빠져들 정도다. 이외에 캐넘 교수님은 숲을 대상으로 먹이그물 food web [71]의 영양소와 에너지의 흐름을 연구하는 생태학자이다. 그리고 퍼캘러 교수님은 분석 모형을 설계하여 통찰을 이끌어 내는 이론가이다.

필자는 접근법이 저마다 다른 네 분에게 조금씩 영향을 받으며, 한 가지 과학적 연구 방법만 깊이 파고든 달인이 아닌 만능 과학자로 성장했다. 또한 네 분의 지도 속에서 다음과 같이 좋은 과학자의 덕목을 배웠다.

첫째, 상상력이 풍부하되, 멋진 아이디어라도 기존의 지식에 반한다면 과감히 버릴 수 있어야 한다.

둘째, 신봉하던 가설이 틀렸다는 사례가 제시되었을 때, 기꺼이 주장을 수정한다.

셋째, 근거에 기반하고, 건설적인 비판이 가능해야 한다.

과학은 장례식을 하나씩 치르며 진보한다는 말이 있다. 이는 많

---

71 먹이사슬이 복잡하게 얽혀 있는 관계. 옮긴이.

은 과학자들이 강력한 근거를 접하고도 기존의 신념을 버리기 힘듦을 비유적으로 이르는 말이다. 하지만 네 분의 멘토 아래에서 언제나 그렇지는 않음을 알게 되었다.

그 예로 크롤러 교수님은 매년 하나씩 가설을 폐기하곤 했다. 필자가 박사 과정을 끝낸 뒤, 크롤러 교수님을 비롯한 다른 연구진과 함께 스코틀랜드의 한 외딴섬에서 야생 양을 주제로 연구한 적이 있었다. 우리는 해마다 양의 개체 수를 집계하기 전, 양이 총 몇 마리일지 내기를 한 적이 있었다. 이에 필자는 직접 만든 수학적 모델로 예측하여 적중률이 상당히 좋았다. 반면 교수님은 미래를 예지하는 소질은 없었지만, 자신의 가설이 틀렸음을 흔쾌히 수긍하고 쭈뼛거리며 돈을 내곤 했다. 역시나 크롤러 교수님은 월스트리트 트레이더보다는 과학자가 천직이었다.

이처럼 지구의 역사나 더 작은 단위를 연구할 때도 과학적 연구 방법을 충분히 활용해야 한다. 하늘을 보면 우리 눈에 보이는 것은 과거의 빛이므로, 수십억 년 전에 은하에서 무슨 일이 일어났는지 알 수 있다. 그러나 고대의 지구는 망원경으로도 관측할 수 없다.

이에 지질학자와 천문학자는 과학적 연구 방법을 총동원하여 지구의 역사라는 퍼즐 조각을 하나씩 맞춰 왔다. 이는 필자가 이 책을 쓰면서 즐겁게 공부한 분야이기도 하다. 역사의 조각을 맞추는 과정에서 옛 지구의 모습이나 대륙의 이동 여부를 두고 지질학자마다 견해가 수없이 갈렸다. 그러나 논쟁은 새로운 데이터의 수집으로 이어지면서 우리는 지구의 역사에 대한 올바른 지식을 갖추게 되었다. 이제 잡담을 끝내고 다시 지구의 역사 이야기로 돌아가 보자.

녹색의 터전

지구를 비롯하여 대륙과 바다, 그 안의 온갖 생명체 모두가 예전부터 존재했던 것은 아니다. 여러 시대를 거치는 동안 지구의 표면은 용융[72]된 암석이나 두꺼운 얼음으로 덮여 있었고, 지금보다 훨씬 뜨겁거나 차갑기도 했다. 그런가 하면 유성체와 소행성, 우주 암석이 지구를 덮쳤고, 심지어 화성만 한 행성과 충돌하기도 했다.

그러나 인간의 수명은 너무 짧기에 지질 시대의 한 부분만 엿볼 수 있다. 그래서인지 가끔 발생하는 지진과 화산 폭발을 제외하면 지구가 혼란스러운 인간 사회보다 더 안정적이고 평온해 보인다. 하지만 인간의 눈높이에서 지질학적 안정성을 논하는 것은 아무 의미가

---

72 고체가 가열되어 액체로 변하는 현상

없다. 지구는 역동적이고 늘 변화하지만, 이를 70년의 인간 수명과 비교하면 변화의 속도는 매우 느리다.

필자가 거주하는 옥스퍼드는 연구지인 옐로스톤 국립공원에서 매년 2.5cm가량 멀어지고 있다. 판 구조론에 따라 대서양이 점점 넓어지면서 지구 표면을 이루는 거대한 암석판이 조금씩 움직이기 때문이다. 이와 비슷한 원리로 언젠가 연구해 보고 싶은 파푸아뉴기니의 고산지대는 해마다 조금씩 높아지는 반면, 태평양의 면적은 조금씩 줄어들고 있다.

46억 년 전, 한 성운에서 수소를 비롯한 기타 원소, 얼음과 각종 분자가 중력으로 붕괴되면서 젊은 태양과 그 주변에 큼직한 원반을 생성했다. 이 원반에는 토성과 유사한 고리를 여러 개 지녔을 가능성이 있다. 그리고 고리에 있는 먼지와 얼음이 한데 뭉치는 응축 ^{accretion} 과정을 거쳐 더 큰 물체를 형성했다.

그렇게 만들어진 자갈 크기의 유성체들이 서로 결합 및 충돌하면서 작은 행성 크기의 암석이 만들어졌다. 거듭된 충돌과 중력의 영향으로 암석은 더욱 커지고, 온도도 뜨거워져 간다. 이들 암석이 다시 결합하면 '미행성 ^{planetesimal}'이라고 하는, 조금 더 큰 행성이 되어 태양 주위를 공전한다. 이렇게 만들어진 미행성에 더 많은 원반 물질들이 꾸준히 응축되면 최종적으로 행성이 완성된다.

위와 같이 태양에서 1억 5,000만 km 떨어진 곳에 만들어진 용융된 암석 덩어리가 바로 어린 지구이다. 지구는 45억 4,300만 년 전부터 존재했다. 당시 지구는 어떤 생명체도 살 만한 상태가 아니었다. 설령 생명체가 있었더라도 비참한 최후를 맞이했을 것이다.

태양과의 거리는 서로 다르지만 지구의 형성과 비슷한 과정이 여기저기에서 일어났다. 태양계에는 4개의 암석 행성이 있는바, 태양에서 가까운 수성과 금성, 지구, 화성이 바로 그것이다. 태양에서 멀어질수록 거대 가스 행성인 목성과 토성, 천왕성, 해왕성이 있는데, 네 행성 모두 결빙선 frost line 너머에 있다.

결빙선이란 태양에서 일정 거리 이상 멀어졌을 때, 물이 얼음이 되고 가스 화합물이 고체로 응축되어 거대 가스 행성이 되는 경계선을 말한다. 경계선 안쪽으로는 무거운 화합물만 응축될 수 있으므로 암석 행성이 형성된다. 특히 태양에 가까울수록 암석 행성이 형성되는 이유는 바깥쪽에서 생성된 행성들보다 무거운 원소가 차지하는 비중이 더 높기 때문이다. 결과적으로 태양계를 구성하는 행성마다 각기 다른 매력을 소유하게 되었다.

지구가 탄생한 지 4,000만 년이 지났을 때 '테이아'라는 행성과 충돌했다. 천천히 식어가던 지구는 그 충돌의 여파로 온도가 다시 올라가면서 용융된 암석이 지표면을 덮었고, 엄청난 양의 먼지와 파편이 대기권과 그 너머에까지 흩뿌려졌다. 그중 일부는 다시 지구에 떨어졌지만, 나머지는 응축되어 달이 되었다.

당시 젊은 달은 지금보다 훨씬 더 가까운 거리에서 지구를 공전했으며, 그 거리는 약 2만 5,000km에서 3만 km 사이로 추정된다. 달이 지금보다 훨씬 가까웠을 때는 최초의 바다에 미치는 기조력 tidal force [73]도 엄청났지만, 공전 궤도가 점점 멀어지면서 현재 지구와 달 사이의 거리는 38만 4,400km가 되었다.

39억 년에서 45억 년 전에는 천체 간 충돌이 지금보다 더 흔했

73　달과 태양의 인력으로 인해 조수간만의 차를 일으키는 힘

다. 이 가운데 다수는 젊은 행성과 태양계에 흩어져 있으며 무수히 많은 유성과의 충돌이었다. 지구를 채운 바닷물은 대부분 운석에서 기원했으므로, 운석 충돌은 우리에게 중요한 사건이라고 할 수 있다.

지질학자들은 과거 운석과 우주 암석이 지구에 충돌하여 발생한 영향과 공룡의 멸종으로 백악기 말기를 장식한 충돌구를 발견했다. 하지만 과거에 충돌이 잦았다고 뒷받침하는 증거 중 상당수는 달과 화성 표면을 연구하는 과정에서 나왔다. 먼 옛날, 운석과 우주 암석이 지구에 충돌한 흔적은 달과 화성에 충돌한 흔석보다 훨씬 빨리 사라졌다. 그 이유는 달과 화성에는 다음과 같은 현상이 없기 때문이다.

첫째, 암석판의 이동에 따른 판 구조론상의 지질 활동
둘째, 지표면의 물에 의한 바위의 침식
셋째, 식물의 뿌리와 세균이 수천 년에 걸쳐 바위를 쪼개고 부수는 생물학적 풍화 현상

다른 천체의 경우 남겨진 흔적들을 살펴보면 행성과 위성, 소행성. 유성체 간의 충돌이 천문학적인 기준에서 빈번하게 일어났음을 알 수 있다. 반면 지구 표면은 시간의 경과에 따라 침식이 꾸준히 일어나므로 과거에 일어난 사건을 읽어 내기 어렵다.

목성은 태양계에서 다섯 번째로 큰 행성이며, 지구와 비슷한 시기에 생성되었다. 컴퓨터로 젊은 태양계를 시뮬레이션한 결과에 따르면, 목성은 생성 후 곧바로 태양을 향해 이동하기 시작하다가 대략

현재의 화성이 있는 지점까지 와서야 멈추었다. 목성이 태양과 그대로 충돌하지 않은 이유는 토성의 공전 궤도에 영향을 받았기 때문이다. 이에 목성과 토성 모두 복잡한 움직임을 보이며, 두 행성의 궤도가 현재와 가까운 모습으로 자리를 잡게 되었다. 목성은 태양과의 거리가 지구의 약 3.5배이며, 토성은 이보다도 훨씬 더 멀다. 이렇게 수백만 년이 걸려 완성된 초기의 행성 배치를 설명한 것이 바로 그랜드 택 Grand Tack 가설이다.

목성이 태양을 향해 이동하다가 멈춘 탓에 목성 중력의 영향으로 생성되지 못한 행성이 있다. 현재 화성과 목성 사이에 위치한 소행성대는 목성이 그렇지 않았다면 하나로 뭉치면서 다른 행성이 만들어졌을 가능성이 있다. 목성이 태양계 안쪽으로 이동한 여파로 먼지와 가스, 잔해가 태양계 밖으로 밀려나거나 목성과 그대로 충돌했고, 이 때문에 화성은 더 커질 기회를 놓쳐 훨씬 작아졌다.

목성이 방황하지 않았다면 화성은 지구보다 더 커졌겠지만, 지금의 화성은 지구보다 훨씬 작다. 천문학자들은 일부 항성계에서 큰 암석 행성들이 항성에 먹힐 우려가 있을 정도로 항성과 매우 가깝게 공전하는 장면을 관측했다. 어쩌면 그랜드 택 가설과 같이 목성의 이동 덕에 지구에 더 많은 물질이 응축되지 않아 태양 가까이에서 공전하는 참사를 면했을지도 모른다.

우리는 태양계가 별다른 움직임 없이 제자리에 있다고 생각하는 경향이 있다. 이는 인간의 수명을 중심으로 본다면 틀린 말은 아니다. 오히려 수백만 년이 지나도 큰 변화가 없다고 볼 수 있다. 하지만 더 긴 시간을 기준으로 한다면 태양계는 역동적으로 움직이고 있으며, 한 행성의 움직임이 다른 행성에 영향을 줄 수 있다. 목성이 생

존재의 역사

성 초기에 이동하지 않았다면 지구의 공전 궤도는 생명 가능 지대 habitable zone [74]에 자리 잡지 않았을 가능성도 있다. 젊은 목성이 특이한 움직임을 보이지 않았다면, 지구는 생명 가능 지대에서 벗어나면서 생명체가 등장하지 못했을 것이다.

지구가 태양을 공전하는 시간은 지구의 1년인 365.24일이다. 행성이 태양과 가까울수록 공전 주기는 짧아지고, 멀수록 길어진다. 태양에서 가장 멀리 떨어진 행성인 해왕성은 공전 주기가 약 165년이다.

명왕성은 그보다 훨씬 더 긴데, 무려 248년이나 걸린다. 참고로 명왕성은 필자가 어렸을 때만 해도 행성이었다. 그러나 과학자들이 명왕성은 주변 물체의 응축으로 생성되지 않았다는 사실을 밝혀내자 행성의 지위를 잃고 왜소 행성으로 바뀌었다. 이처럼 태양과 거리가 먼 행성은 공전 시 이동 거리가 길 뿐 아니라 속도도 느리다.

한편 수성의 공전 속도는 약 17만 7,000km/h이며, 해왕성은 이보다 9배가량 느리다. 참고로 지구의 공전 속도는 약 10만 7,000km/h로 광속의 0.006배이다.

태양에서 지구까지의 거리는 약 1억 4,900만 km로, 천문학자들은 이를 1천문단위 Astronomical Unit, AU 로 정의했다. 가장 가까운 수성은 태양과 0.387AU의 거리를 두고 공전하며, 해왕성은 30AU가 조금 넘는다. 그렇다면 지구에 생명체가 존재하는 것은 태양과 알맞은

---

74   물이 수증기나 얼음이 아닌 액체 상태로 있을 수 있는 항성 간의 거리.

거리를 유지하기 때문일까? 그러면 다른 행성이나 위성 moon [75]에는 생명체가 존재하지 않는 것일까? 천문학자들은 이에 오랫동안 의문을 품으며 물이 액체 상태로 존재하는 AU의 범위를 조사하기 시작했다.

연구 초기에는 생명 가능 지대의 범위가 좁다는 결과가 나왔고, 지구의 위치 선정이 운에 가까운 듯했다. 하지만 최근 연구에 따르면 생명 가능 지대의 범위는 더욱 확장되었다. 태양계를 조사할 목적으로 발사한 무인 탐사선은 목성과 토성의 각 위성인 유로파 Europa 와 엔셀라두스 Enceladus [76]에서 물이 액체 상태로 존재하리라는 근거를 발견했다.

위의 발견을 기점으로 생명 가능 지대의 범위는 항성과의 거리뿐 아니라 해당 물체의 대기와 지질학적 특성 및 다른 천체의 중력까지 고려해야 하므로 계산이 한층 더 복잡해진다. 화성은 오랫동안 생명 가능 지대에 포함된다고 간주해 왔으나, 대기도 희박하고 지표면에 액체 상태의 물이 발견되지 않았다.

반면 유로파는 두께 15~25km인 얼음층으로 덮여 있고, 그 아래에는 액체 상태의 물이 있는 60~160km 깊이의 바다가 이 거의 확실시되고 있다. 이 물은 목성과 그 위성인 이오 Io 와 가니메데 Ganymede 의 중력이 복잡하게 작용하므로 얼지 않는다. 지금까지 소

---

75 'moon'은 '달' 외에도 행성 주변을 공전하는 '위성'이라는 뜻도 지닌다. 달 역시 지구의 위성이며, 이후 본문에서도 문맥에 따라 '달'과 '위성'을 혼용하여 표기한다.

76 엔셀라두스는 태양에서 지구보다 9.5배 더 멀리 떨어져 있다.

개한 목성의 세 위성 모두 편심 궤도 ^eccentric orbit 77^를 따라 모행성의 주위를 돌고 있다. 그 결과 목성의 인력이 조수간만의 차를 일으키면서 바다의 온도가 올라가 얼지 않게 된다. 또한 유로파는 화산에 의한 지열 생산이 활발하다는 점에서 바다의 온도를 높이는 데 일조할 가능성이 있다.

유로파와 엔셀라두스에 액체 상태의 물이 존재한다는 강력한 증거가 나타나면서 과학자들은 이들 위성을 태양계에서 지구 외에 가장 유력한 생명의 보금자리로 꼽고 있다. 어쩌면 외계 물고기가 그곳의 바다를 헤엄치고 있을지도 모를 일이다.

생명 가능 지대 내의 행성과 위성 대부분에서는 생명체가 살 수 없다. 달에도 생명체가 없으며, 과거 화성에 생명체가 살았다고 하더라도 지금까지 남아 있기란 불가능한 일이다. 지구상의 모든 생명체에게는 액체 상태인 물이 필요하기 때문이다. 이는 지구를 벗어나도 마찬가지일 것이며, 단세포 세균에서 다세포 녹색 외계인까지 누구도 예외가 될 수 없다.

지구에서 물은 해수면 기준 어는점이 0℃, 끓는점이 100℃이지만, 고도가 높아지면 온도는 변한다. 그 예로 에베레스트산 정상에서 물의 끓는 점은 68℃에 불과해 차 한 잔을 우리기도 힘들다. 반면 깊숙한 해저 아래의 해구에서는 수압이 굉장히 높아 끓는점이 무려 400℃에 달한다. 이처럼 압력이 낮아질수록 어는점도 함께 낮아진다. 따라서 물이 특정 장소에서 액체 상태인지를 알려면 해당 장소의 압력도 함께 이해해야 한다. 행성 표면의 압력은 대기의 구성 물질에

77 　타원 궤도(elliptic orbit). 옮긴이.

| 제4장 | 미지를 떠도는 고향들

213

의해 결정된다.

행성의 대기는 표면에 가까울수록 밀도가 높고, 고도가 높아질수록 희박해진다. 지구의 대기는 다섯 개 층으로 나뉜다. 먼저 지면에서 약 10km 높이까지를 대류권 troposphere 이라고 하며, 우리는 지금 이 대기권에 속해 있다. 그리고 대기 중 수증기의 99%가 대류권에 있다.

성층권 stratosphere 은 대류권 이후 지상 50km까지의 대기권을 말한다. 성층권에는 오존층이 있어 태양 복사[78]를 상당 부분 막아 준다. 태양 복사는 피부에 화상을 일으키고, 유전자 복제 오류를 일으켜 암을 유발할 수 있다. 오존은 산소 원자 3개로 이루어진 분자이다. 특히 1990년대에 환경 오염에 의한 오존층 구멍 사태를 통해 인간이 지구에 미치는 영향이 지표면에만 국한되지 않는다는 사실을 깨닫는 계기가 되었다.

다음은 중간권 mesosphere 으로, 고도가 80km까지 올라간다. 중간권은 지구에 진입하던 유성체가 대부분 불타서 유성이 되는 대기권이다. 중간권의 상층부는 기온이 −85℃까지 떨어진다.

그다음은 국제 우주 정거장이 위치한 열권 thermosphere 이다. 열권은 지표면에서 약 700km 높이까지 뻗어 있다. 여기서부터 분자가 점점 희박해진다.

마지막은 외기권 exosphere 으로 고도가 약 1만 km까지 올라간다. 이곳의 분자는 우주 공간으로 날아가 버릴 위험에 처해 있다. 그리고

---

78   태양에서 방출되는 전자파의 총칭. 옮긴이.

지구를 도는 인공위성은 대부분 외기권에 위치한다. 또한 외기권에서 37만 4,000km를 더 이동하면 달에 도달할 수 있다.

현재 대류권은 질소 78%, 산소 21%, 이산화탄소 0.04%, 그 외 수증기와 아르곤을 비롯한 기타 물질로 이루어져 있다. 지구의 역사에서 대류권의 구성 성분은 변화를 거듭해 왔다. 공룡 시대에는 이산화탄소가 지금보다 5배 많았고, 산소 27%, 질소 70%에 평균 습도는 현재의 약 2배였다. 실제로는 없었지만, 만약 공룡에게 땀샘이 있었다면 아마 매일을 땀투성이로 살았을 것이다.

또한 현재 존재하는 대기권이 과거에는 달랐을 가능성도 있다. 용융 상태였던 초기 지구에는 대기가 전혀 없었겠지만, 테이아와 충돌한 이후 시간이 지나고 온도가 떨어지면서 메테인, 황화수소, 일산화탄소, 이산화탄소가 생성되었다. 이중 일산화탄소와 이산화탄소는 초기 대기의 10%나 차지했다. 그렇게 지구가 지속적으로 식어 가는 도중 잦은 운석 충돌로 대기권에서 물의 비율이 높아지기 시작했다. 그렇게 약 400만 년 전에 웅덩이와 바다가 최초로 형성되기 시작했다.

지구의 기압 또한 시간이 흐르면서 변화했다. 과학자들이 모델을 활용해 연구한 결과, 40억 년 전 지구의 대기는 현재의 금성과 유사하게 짙고 무거웠을 것으로 예측했다. 이후 서서히 기압이 낮아지기 시작했지만, 등락 폭이 심했다. 추정치에 따라서는 공룡의 멸망을 불러온 소행성이 충돌한 날, 지구 표면의 대기는 현재보다 밀도가 4배나 높았다고 한다.

반면 27억 년 전의 애벌레에서 확보한 기체 방울을 검사한 결과, 당시 기압은 현재의 절반 수준에 불과했다. 다만 상기 추정치들은 불확실성이 높으므로 해석에 주의를 요한다. 이처럼 초기 대기권 연구가 쉽지 않은 와중에도 지질학자들은 물이 액체 상태로 존재할 수 있을 정도로 지구의 기온과 기압이 안정된 시기가 약 40억 년 전이라는 사실에 동의한다.

물이 액체 상태로 존재하려면 대기와 태양 사이의 거리도 중요하지만 다른 요소와도 관계가 있다. 밤이 되면 지구의 반대편이 햇빛을 받지 못해 낮보다 기온이 떨어진다. 이는 다른 행성도 마찬가지이다. 수성의 낮 기온은 450℃를 넘지만, 밤이 되면 −170℃로 떨어진다. 일교차가 이처럼 큰 이유는 수성의 하루 길이와도 관련이 있다.

태양에서 가장 가까운 수성의 하루는 지구의 176일과 같다. 밤이 3개월 가까이 지속되면 온도는 떨어질 대로 떨어지기 마련이다. 마찬가지로 금성의 하루는 지구의 243일 정도이다. 하지만 금성의 표면 기온은 낮이나 밤이나 일정하게 465℃를 유지한다. 이러한 원인은 대기를 구성하는 성분에 차이가 있기 때문이다.

대기 중 이산화탄소와 메테인 같은 온실가스의 농도가 높을수록 열이 잘 방출되지 않는다. 금성은 수소보다 온실가스 비중이 높다. 인간의 영향으로 변화 중인 지구의 대기도 금성에 비하면 온실가스 농도가 비교적 낮은 편이다. 지구의 자전 속도가 하루가 몇 달처럼 길어질 정도로 느렸다면, 극단적인 일교차로 복잡한 생명체의 진화가 불가능했을 것이다.

기온은 일교차나 연교차뿐 아니라 더 긴 기간을 기준으로 삼아도 들쭉날쭉하다. 태양을 바라보는 방향에 따라 다르기는 하지만, 지구 대부분의 지역에는 여름과 겨울이 있다. 북극과 남극에서는 몇 주

내내 어둠이 지속되는 극야 현상을 겪는데, 이는 지구의 일부분이 태양광을 가로막아 일어난다. 이처럼 극야 현상이나 온대 및 한대 지방에 계절이 있는 것도 모두 지구의 자전축이 태양에 비해 기울어져 있기 때문이다.

달이 지구를 공전하는 방식으로 우리는 늘 달의 한쪽 면만 볼 수 있다. 만약 우리가 달의 뒷면에 산다면 푸른 지구를 절대로 볼 수 없다. 지구의 특정 위치에서 태양이 보이지 않을 정도로 자전축이 기울어졌다면, 일부 지역에서는 높은 확률로 생명체가 살 수 없다.

행성 자전축의 기울기는 시간이 흐르면 변하기도 한다. 자전축의 기울기는 정식 용어로 경사각 obliquity 이라고 한다. 지구의 경사각은 4만 1000년을 주기로 22.1~24.5°를 오간다. 반면 수성의 경우 15~35°이다. 경사각이 아주 조금이라도 틀어지면 기후 주기 climate cycle [79]가 바뀌는데, 심하면 생명체가 살아가기 어려운 환경이 되어 복잡한 다세포생물이 등장할 수 없었을 것이다.

지난 수백만 년 동안 지구는 10만 년을 주기로 극심한 기후 변화를 겪었다. 기후 주기에는 경사각 외에도 공전 궤도의 이심률 eccentricity 이 영향을 미친다. 지구가 태양 주위를 돈다고 하면 흔히 완벽한 원형 궤도를 떠올리게 마련이지만, 실제는 다르다. 모든 궤도는 타원형이며, 그중에서도 다른 궤도보다 원에 더욱 가까운 형태가 존재할 뿐이다. 다행히 지구의 공전 궤도는 원에 가까운 타원형이다.

이심률이란 궤도가 얼마나 동그란 원에 가까운지 표현하는 수치

---

[79]　기후 주기란 일반적인 기후변화가 아닌, 짧게는 수십 년에서 길게는 수십만 년을 주기로 기후가 바뀌는 현상을 말한다. 대표적으로는 빙하기가 있다. 옮긴이.

이다.[80] 공전 중 태양과의 거리가 멀어질수록 지구에 닿는 태양광이 줄어 기온이 떨어진다. 반면 공전 궤도상 지구가 태양과 가까워지면 기온이 높아진다. 이 현상은 장기적인 기온 변동을 불러오며, 고위도 지방에서 느끼는 여름과 겨울의 온도 차이와 혼동하면 안 된다.[81]

지구 공전 궤도의 이심률은 시간에 따라 변한다. 이는 10만 년마다 찾아오는 기후 주기와 250만 년 전 빙하기를 불러온 원흉이기도 하다. 이심률이 지금보다 컸다면 지구는 공전 중에도 주기적으로 생명 가능 지대를 이탈하면서 생명체에 악영향을 줄 수도 있었을 것이다.

지금까지와 같이 지구는 온갖 까다로운 조건을 충족함으로써 태양과 너무 멀지도 가깝지도 않은 생명 가능 지대에 정착했다. 또한 공전 궤도도 극단적인 형태의 타원을 그리지 않고 안정적이며, 자전축과 공전 속도는 물이 지구 전체에 골고루 퍼지게 하는 수준을 유지한다. 이들 변수가 조금이라도 달라졌다면 바다와 강, 호수는 형성되지 않은 채 하나의 얼음덩어리, 또는 물이 대기 중 수증기로만 존재하는 행성이 되었을지도 모른다. 이상으로 설명한 대기권과 태양계 내 지구의 위치 외에도, 우리가 발을 디딘 땅 아래의 세상도 생명체의 번성에 도움을 주었다.

지구는 구형에 가까우며 스카치 에그처럼 여러 층으로 구성된다. 혹시 스카치 에그를 한 번도 접한 적이 없다면 꼭 먹어 보길 바란

---

80   궤도의 이심률이 0이면 완전한 원형이고 1에 가까워질수록 납작한 타원이다. 옮긴이.

81   계절 변화의 주원인은 자전축의 기울다. 옮긴이.

다. 스카치 에그는 삶은 계란을 다진 고기로 두텁게 감싸고 빵가루를 입혀 튀긴 음식이다. 지구도 스카치 에그와 마찬가지로 4개의 층으로 이루어져 있다.

스카치 에그의 중심부인 달걀 노른자에 해당하는 부분이 고체 상태인 내핵이며, 주성분은 철이다. 내핵 주변은 액체 상태인 외핵이 둘러싸고 있으며, 철과 기타 중금속으로 이루어져 있는데, 달걀 흰자가 바로 외핵에 해당된다. 외핵은 지구의 특성 중 하나인 자기장을 생성한다.

외핵 주변은 맨틀이 둘러싸고 있으며, 스카치 에그의 다진 고기에 해당된다. 맨틀은 규소와 산소 원자로 이루어진 규산염이 주성분인 암석층이다. 맨틀 바깥에 위치한 가장 얇은 층은 지각으로, 빵가루와 같다. 빵가루를 입혀 거칠어진 스카치 에그의 표면에서 지구 표면의 바위투성이 산을 연상하는 사람도 있을 것이다.

하지만 흥미롭게도 지구를 스카치 에그 크기로 줄인다면 당구공처럼 매끈해 보일 것이다. 마찬가지로 히말라야산맥과 안데스산맥 같은 고산지대라도 지구가 그 정도로 줄어든다면 굴곡조차 느끼지 못한다.

지구의 자기장은 대기를 보호하는 역할을 하므로 생명체에게 필수적이다. 자기장을 생성하는 외핵이 없었다면 지구상에서 생명체는 일찌감치 사라졌다. 그 원인은 바로 태양이다.

대기는 행성의 전유물이 아니다. 항성에도 대기가 있으며, 이는 태양도 예외는 아니다. 태양의 대기에서 가장 바깥층을 코로나 corona 라고 한다. 코로나에 대해서는 아직 많이 밝혀지지 않았지만, 태양 표면보다 훨씬 뜨거우며 온도가 수백만 ℃에 달한다.

그 원인의 하나로 태양 자기장이 꼽힌다. 태양 자기장은 극심한 고온으로 원자에서 전자를 분리하고, 전하를 띤 이온이 플라스마를 형성하도록 한다. 이때 플라스마 내부에서 자기장에 의해 빠른 속도로 가속된 입자들은 태양풍이 되어 약 322~805km/s로 태양계 전체에 방출된다.

지구의 내부 구조

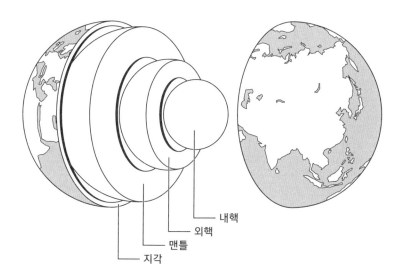

전하를 띤 이온이 행성 대기권의 기체 분자와 충돌하면 기체 분자는 우주 공간으로 방출된다. 화성은 태양풍 충돌 시 지구보다 소실이 더 심한 편이다. 화성은 과거에 대기 밀도가 높았으나, 40억 년 동안 태양풍을 맞은 뒤로 현재는 대기가 매우 희박하다.

화성이 탄생하고 첫 5억 년 동안은 태양풍으로 대기권이 그 정도의 무지막지한 피해를 입지는 않았다. 당시 화성에는 현재의 지구와 같이 자기장이 있었기 때문이다. 자기장을 지닌 행성은 태양풍의 경로를 바꾸므로 큰 피해를 면할 수 있다. 지구는 태양풍이 열권과 외기권까지만 진입할 수 있으며, 이에 남극광 및 북극광, 일명 오로라가 펼쳐진다.

빛이 그리는 오로라의 장관은 기체가 희박한 대기권 상층부와 태양풍을 구성하는 양성지, 전자와 헬륨 핵이 충돌한 결과이다. 이 현상은 자기장이 지구 대기권의 기체가 우주 저편으로 소실되는 비율을 줄여 주기에 관찰할 수 있다. 그렇다면 여기에서 당연히 의문점이 생길 것이다. 왜 지구에는 자기장이 있고, 화성에 존재하던 자기장은 일찌감치 힘을 잃었을까?

외핵은 용융된 철과 규산염, 황화물[82], 방사성 금속[83]으로 구성된다. 인간은 지구의 중심에 도달한 적이 없으므로 아직 알 수 없는 부분이 많다. 다만 지구에 자기장이 존재하는 이유는 외핵에 있는 용융된 철의 순환으로 발생한 발전기, 즉 '다이너모 dynamo '에 있다. 만약 외핵이 응고되거나 수축한다면 지구의 대기권을 보호하는 자기장이 활동을 멈추고, 대기는 우주 저편으로 천천히 소실된다. 그렇다면 질문이 하나 더 생길 것이다. 외핵은 왜 용융 상태일까?

핵이 지닌 열의 일부는 지구를 형성하던 때부터 남아 있는 것이다. 초기 태양계에서 지구는 물질 응축 및 테이아와의 충돌 결과 많

---

82 황을 포함하는 분자.

83 비율은 불명이다.

은 열이 발생했다. 지구 바깥층이 식어 암석이 되자 핵은 단열 처리라도 된 듯 열을 천천히 빼앗기고 있었다. 열은 중력의 작용이나 방사성 금속의 붕괴로도 발생한다. 물론 전체 열에서 차지하는 비중은 불확실하지만 말이다.

외핵이 용융 상태를 유지하는 요소는 여러 가지가 있으며, 그 상태가 유지되는 한 지구에는 자기장이 존재한다. 화성의 외핵은 지구보다 작으며, 더 이른 시기에 온도가 떨어져 굳어 버린 바람에 다이너모가 지속된 시간은 5억 년에 불과했다. 이후 화성의 대기권은 태양풍에 쓸려 나갔고, 생명체가 있었더라도 지구처럼 번성할 수 없는 환경이 되었다.

용융된 핵을 가진 지구는 냉장고에 붙이는 자석 장식처럼 N극과 S극이 있는 하나의 거대한 자석에 비유할 수 있다. 자북극 magnetic north pole 은 지구 자기장의 북쪽 자기력선이 지구 내부로 진입하는 지점으로, 현재 위치는 캐나다 엘즈미어섬이다. 자남극 magnetic south pole 은 남극에서 호주 방향으로 약간 벗어난 지점에 있다.

두 극의 위치는 천천히 이동하며, 6억 년 전에는 극점 근처가 아닌 적도에 가까웠을 것이다. 지구의 역사가 흘러가는 동안 자북이 자남으로 바뀌거나, 그 반대의 현상도 일어나는 등 자기장의 방향이 뒤바뀐 적도 여러 번 있었다. 이러한 자기 역전의 흔적은 지구 곳곳에 있는 여러 암석에서 탐지할 수 있다. 그러나 과학자들은 자기 역전에 숨겨진 패턴을 아직 밝혀내지 못했다.

자기 역전은 짧게는 1만 년, 길게는 5,000만 년마다 발생하지만, 평균적으로는 30만 년에 한 번씩 발생한다. 마지막 자기 역전은 77만 3,000년 전에 일어났으며, 7,000년에 걸쳐 완료된 것으로 추정된다. 이후로도 자기 역전에 가까워지는 상황이 15번이나 더 있었지만, 실제로 일어나지는 않았다.

마지막 자기 역전이 일어날 당시, 지구상에는 유럽에 살았던 사람속 Homo genus [84]을 비롯하여 이족보행이 가능한 유인원이 몇 종 존재했다. 필자는 이들이 지구의 자기장 변화를 감지하거나 딱히 큰 영향을 받지는 않았다고 본다. 이와는 다르게 현시대에 자기 역전이 일어난다면 일단 전자기기부터 엉망이 되기 때문에 바로 눈치챌 수 있다. 그리고 지구 자기장은 지기 역진 외에도 시간이 시남에 따라 강도가 달라지기도 한다.

융융 상태인 외핵의 바깥쪽은 맨틀이며, 주성분은 산화마그네슘과 규산염으로 이루어진 조암광물[85]로 감람석과 석류석, 휘석이 있다. 맨틀은 고체이지만, 수백만 년이라는 시간의 관점에서는 매우 느린 속도로 움직인다. 또한 맨틀은 지구 부피의 약 85%를 차지한다. 그리고 두께가 최소 2,800km 이상이며, 핵만큼은 아니지만 온도가 높다. 맨틀에서 외핵과 접하는 가장 깊은 부분의 온도는 4,000~5,000℃에 이르지만, 상층부는 200~600℃ 정도로 훨씬 낮다.

맨틀 상부와 하부의 온도 차로 더 아래쪽에 있는 고온의 광물과 암석이 매우 천천히 표면으로 올라온다. 이와 동시에 표면에 가까워 온도가 낮은 광물은 안쪽으로 이동한다. 이 과정에서 수백만 년이라는 시간이 걸리기도 한다. 이처럼 영겁의 세월 동안 움직이는 맨틀에 비하면 인간의 수명은 찰나에 불과하다.

---

84 현 인류의 친척뻘인 종.

85 암석을 구성하는 주요 광물 30여 종. 옮긴이.

맨틀의 느린 대류는 지구의 역동성에 중요한 의미를 지닌다. 또한 지진과 특정 유형의 화산 폭발을 일으키는 등 판 구조론에 따른 지질 활동의 원동력이기도 하다. 지질 활동은 지구가 자체적으로 경험하는 가장 극적인 사건이다. 이제 지구의 가장 마지막 층인 지각을 살펴보도록 하자.

지각은 균열이 나 있는 15개의 지각판으로 이루어져 있다. 지각판은 커다란 암석판이며, 1차 판 7개와 2차 판 8개로 나뉜다. 지각의 두께는 해저가 5km이며, 대륙은 평균 35km이다. 히말라야산맥 등 큰 산맥을 고려하면 두꺼운 지점은 최대 100km에 이르기도 한다.

이웃 행성인 화성의 지각은 지구에 비하면 균열이 나 있지 않고, 지질 활동도 전혀 없다. 지구와 크기가 비슷한 금성도 최근까지는 지각이 훨씬 두껍고, 지질 활동이 없다고 받아들였다. 그러나 마젤란 우주선에서 관측한 최신 데이터에 따르면 금성의 지각 두께는 평균적으로 지구와 비슷하다.

지구와 같은 스카치 에그 구조는 전형적인 암석 행성의 공통적인 특징일 가능성이 있다. 이를 바꾸어 말하면 지구도 종국에는 화성과 같은 운명을 맞이할 수도 있다. 시간이 지나면 지구의 온도가 떨어지면서 지각은 점점 단단해지고, 지각판의 움직임도 멈출 것이다. 다만 가까운 미래에도 지구의 지각은 역동성을 유지할 것이며, 대륙의 이동으로 지진의 위협이 끊이지 않을 것이다.

두 지각판이 서로 멀어지는 지점인 심해의 해령 ridge 은 새로운 지각을 계속 생성하고 있다. 두 지각판이 멀어지면 맨틀에서 나온 용융된 암석, 일명 마그마가 올라와 식으며 새로운 지각을 형성한다. 두 지각판이 서로 마주치는 지점에서는 한쪽 지각판이 서서히 녹으면서 아래로 밀려 내려가 맨틀과 섞여 들며, 오랜 세월에 걸쳐 핵으로 이동한다. 그리고 한쪽 지각판은 위로 밀려 올라가 육지를 형성한다. 따라서 육지가 형성되는 지점의 대륙 지각은 해양 지각보다 두껍다.

대륙 지각이 서서히 닳는 현상을 지질학 용어로 '풍화 weathering' 와 '침식 erosion'이라고 한다. 바위 틈새의 물이 얼고 녹기를 반복하면 바위가 쪼개지고, 오랜 세월에 걸쳐 비와 바람에 마모되기도 한다. 또한 수분에 포함된 산 성분도 풍화 작용에 한몫한다. 이뿐 아니라 식물의 뿌리, 진균, 세균, 심지어 몇몇 동물 등 생명체도 두 현상에 힘을 보태어 바위를 조각내기도 한다. 이처럼 침식의 힘은 높은 산맥의 고도도 오랜 시간에 걸쳐 낮출 정도이다. 필자의 50세 생일 기념으로 찾아간 푸눌룰루 국립공원을 떠올려 보자.

계속해서 움직이는 지각판은 맨틀 아래로 들어가면서 소실되는 양과 새로운 지각이 형성되는 속도에 따라 크기와 모양이 끊임없이 바뀐다. 만약 지구의 지각이 더 두꺼웠다면 맨틀로 잘 수렴되지 못하고 균열이 일어나거나 쪼개져 지구상에 육지가 사라지거나 극히 일부만 남게 될 것이다. 반대로 지각이 얇았다면 지각판이 서로 맞닿는 부분의 압력이 높아져 지진이 일어나거나 지각판이 순간적으로 뒤흔들릴 수도 있다. 이처럼 지각판이 움직여 새로운 위치에 자리를 잡는 동안 지면은 흔들린다.

지각 활동은 지구 육지의 역사에서 매우 중요한 특징을 지니며, 생명체가 퍼지고 분화하여 우리의 존재까지 이르는 데 매우 중요한 역할을 했다. 실제로 2~3억 년 전에는 판게아 Pangaea 라는 단 하나의 초대륙 supercontinent 만 존재했다. 대륙 이동설에 근거한 지질 활동으로 판게아가 쪼개지면서 대륙은 서서히 우리에게 익숙한 형태를 띠게 되었다.

판게아의 분열로 동물과 식물도 개체군이 다양화되었다. 이후 시간이 지나고 그 개체군들은 대부분 각자의 대륙에서 분화와 진화를 거쳐 전혀 다른 종으로 거듭났다. 그러나 현대에 지각판의 이동은 인간에게 대재앙을 불러올 수 있다. 21세기에 들어 가장 강력한 지진은 2004년 12월 26일 인도양에서 일어났다. 그 여파로 발생한 쓰나미는 22만 5,000명 이상의 목숨을 앗아갔다.

4,400만 년 전, 현재의 유럽과 북아메리카 대륙이 있던 지각판이 2개로 나누어졌다. 그 원인은 불명이지만, 중력으로 두 대륙이 지구 중심으로 끌려 들어가면서 그 무게에 걸려 힘이 가해졌을 것이다. 그리고 판 중앙의 약한 지점에 마그마가 쌓였기 때문이라고 추정할 수 있다. 고대의 지각판이 분열되자, 대규모 화산 활동이 일어났고, 뜨거운 암석, 화산재, 탄소와 황 이산화물이 대량으로 대기 중에 흩뿌려졌다. 다행히 이 정도의 균열은 드문 현상이며, 항상 대규모 화산 활동을 촉발하지는 않는다.

이후 6,300만 년 전, 또 다른 판이 현재의 세이셸과 인도로 분리되었다. 그런데 600만 년 앞서 해당 지역에 일어났던 화산 활동은 마그마가 거의 쌓이지 못했음을 의미한다. 따라서 현재의 북아메리카와 유럽이 있던 지각판처럼 거대한 화산 폭발을 일으키기에는 역부족이었다.

위 사례의 비교는 우리가 사는 곳의 역사가 중요함을 보여 준다. 지진과 지각판 균열, 화산 폭발은 그때그때 다르다. 하지만 이들 활동을 비롯하여 맨틀 내부 암석의 움직임, 심해 내 새로운 지각의 형성, 지각의 경화, 두 판의 충돌로 한 판이 다른 판 아래로 밀려 들어가는 섭입 subduction 등은 모두 같은 과정에 따라 일어난다.

위에서 제시한 여러 과정의 상호작용으로 다양한 지질학적 결과가 탄생했다. 지구를 연구하는 과학자들은 이들 과정에 대한 놀라운 지식을 확보했으며, 이를 토대로 다른 행성을 대상으로 놀라운 통찰력을 얻기 시작하고 있다. 그렇더라도 미래에 일어날 일을 정확히 예측하기는 어렵다. 우리는 지진이나 화산 폭발을 확실하게 예측할 수 없다.

생명의 산실

　최초의 생명체가 진화했을 당시, 지구의 대기는 화산 폭발이 뿜어낸 가스로 만들어졌다. 이때는 황화수소, 메테인, 일산화탄소, 이산화탄소가 풍부했다. 만약 생명체가 진화하지 않았다면 오늘날 지구의 대기는 금성과 유사하게 이산화탄소가 95%를 차지하고, 1~2%의 질소 및 산소와 기타 분자로 이루어졌을 것이다. 당연히 인간은 그곳에 얼씬도 할 수 없다.

　초기 지구의 역사에서 대기를 구성하는 성분에 대해 정확히 알려진 바는 없다. 다만 과학자들은 이산화탄소와 메테인 비율이 시간이 지남에 따라 확연하게 감소하고, 질소와 산소 비율은 증가했다는 의견에는 동의한다. 그러나 20~25억 년 전까지 산소는 증가하지 않았다. 당시 산소는 남세균의 광합성 부산물로 생성되었지만, 철 등 산소와 반응하는 다른 원소들이 산화하기 전까지는 대기 중에 현저하게 축적될 수 없었다.

반면 질소는 약 44억 년 전부터 풍부해지기 시작했다. 오늘날 대기 중에 질소가 크나큰 비중을 차지하는 이유는 다른 원소와 쉽게 결합하지 않는 성질을 지니기 때문이다. 이러한 특징으로 질소는 우리가 서 있는 땅속의 암석이나 결정을 잘 형성하지 않는다. 따라서 질소는 대기 중에 흔하지만, 지상에서는 상대적으로 드문 편이다. 반면 산소는 여러 원소아 산화 작용을 쉽게 일으킨다. 이는 암석에서노 발견되며, 물도 만들어 낸다.

대기를 연구하는 과학자들은 약 10억 년이 지나면 대기 중 산소 농도가 최악의 수준으로 감소하여 모든 다세포생물이 멸종할 것이라 예상한다. 그 원인으로 이산화탄소 농도가 매우 낮아지고, 태양의 온도는 더욱 상승하면서 산소의 주요 원천인 광합성이 불가능해지는 것도 한몫한다.

지구 대기의 변화로 평균 기온도 달라졌다. 지구는 '냉실 지구 Icehouse Earth 시대'로 불렸던 적이 5번 있었다. 이 추위는 수백만 년 동안 지속되어 대규모 멸종을 일으켰다. 하지만 몇몇 기간 에는 진화에 혁신이 일어나기도 했다.

소위 '눈덩이 지구 snowball Earth '라 알려진 스터트 빙하 시대 Sturtian glaciation 는 6,000만 년 가까이 이어졌고, 6억 6,000만 년 전에야 막을 내렸다. 이 과정은 진화와 그 이후에 나타날 다세포생물 전파의 촉매제 역할을 했을 것이다. 냉실 지구 시대 동안 빙하가 늘거나 줄기도 했지만, 이 기간 동안 얼음이 덮인 지역은 지구의 특징

중 하나로 자리 잡았다.

우리는 현재에도 냉실 지구 시대, 정확하게는 극지방과 산맥 위에 눈이 덮인 상태의 지구에 살고 있다. 그러나 아직은 간빙기이므로 1만 5,000년 전보다 얼음이 적은 상태이며, 아마도 5만 년 동안은 지금의 상태가 지속될 것이다. 앞으로 빙하기가 시작, 또는 현재의 냉실 지구 시대가 끝날지의 여부는 향후 수십에서 수백 년 동안 인류가 생성하는 이산화탄소 및 기타 온실가스의 양에 달려 있을 것이다. 냉실 지구를 촉발하는 원인은 아직 정확히 밝혀지지 않았지만, 지구 공전 궤도에서 대기 구성 성분, 화산 활동량에 이르는 요소의 변화가 원인일 가능성이 있다.

또한 지구는 숨이 막힐 정도로 더운 때도 거쳤다. 지구가 존재했던 시간 중 약 85%는 온실 지구 greenhouse state 상태였다. 오늘날 지구 평균 기온은 13.9℃지만, 온실 지구 기간 동안 평균 기온은 30℃에 달했다. 이 정도의 변화라면 인위적인 기후 변화가 대수롭지 않아 보일 수도 있겠다. 급격한 기후 변화가 찾아오더라도 생명체는 분명히 살아남겠지만, 그렇지 못하는 종도 있다. 그러나 인간이 생존한다 치더라도 문명은 쉽게 무너져 사라질 수 있기에 틀림없이 고통받을 것이다.

과거의 기후 변화는 대부분 수십만에서 수백만 년이라는 오랜 시간에 걸쳐 천천히 일어났다. 이외에도 때때로 소행성 충돌이나 대형 화산 폭발에 따른 갑작스러운 변화도 있었을 것이다. 그중 시베리아 트랩 trap [86]은 약 2억 5,000만 년 전, 격렬한 화산 활동이 200만 년

---

86 특정 암석의 형성을 나타내는 지질학 용어.

동안 지속적으로 일어났음을 보여 주는 증거이다. 이처럼 화산이 폭발하기 시작하면 기온은 꽤 빠른 속도로 변화한다.

현재 시베리아는 고대 화산 폭발로 형성된 현무암질 암석 지대로, 면적은 호주 정도의 크기인 약 800만 km^{2}에 달한다. 즉 지표면 아래에 쌓여 있던 엄청난 양의 마그마가 용암으로 배출된 것이다. 이에 화산 폭발로 거대한 땅덩어리가 용융된 암석으로 뒤덮였으며, 화산재를 비롯한 여러 잔해와 함께 이산화탄소 및 기타 온실가스가 대기 중으로 방출되었다.

위의 과정으로 화산재와 잔해가 대기 중에 함유되면서 일시적으로 태양광이 감소하여 지구의 기온도 떨어졌을 것으로 보인다. 시간이 지나고 화산재와 잔해가 가라앉은 후에도 대기 중에 남아 있던 이산화탄소가 식물과 퇴적물, 바다에 비교적 느린 속도로 축적되면서 지구의 기온을 올렸다. 추정치에 따르면 시베리아 트랩이 생성한 이산화탄소는 1만 2,000~10만 Gt[87]이다. 이에 따라 대기 중 이산화탄소 농도가 4배 증가했으며, 그 결과 페름기 기온은 10~15℃, 열대의 바다는 40℃로 상승하였다.

시베리아 트랩의 분출은 약 200만 년 동안 지속되었지만, 대부분은 전체의 약 1/4에 해당하는 기간 동안 집중적으로 일어났을 것이다. 이에 따라 해양 생물의 80%, 육상 생물의 70%가 멸종하여 자취를 감추었다. 인간이 속했던 네발 동물 또한 멸종 직전까지 내몰렸는데, 이들은 판게아 대륙의 극히 좁은 지역에서만 살아남은 것으로 추정된다.

---

87 Gt는 기가톤(gigaton)으로, 1Gt는 10억 t이다.

화산 폭발 자체만으로 대량 절멸 ^{mass extinction} 을 일으킬 수 있지만, 가장 유명한 원인은 하늘에 있었다. 인위적인 빛 한 줄기, 구름 한 점 없는 밤하늘이라면 유성을 볼 수 있다. 유성을 보기 가장 좋은 곳은 차가운 사막에서의 밤처럼 대기 중에 연무 ^{haze} [88]가 거의 없는 지역이다.

추운 밤, 퀸즐랜드 시골에 있는 장인어른의 농장에서 처음으로 바라본 맑은 하늘은 그야말로 장관이었다. 셀 수 없을 정도의 많은 별이 운집한 은하수가 하늘을 가로질러 날아가는 모습을 쌍안경으로 보며 다른 은하도 관측할 수 있었다. 유성이 몇 분마다 대기권 상층부에 떨어지며 별똥별이 되는 광경에 필자는 그 자리에서 몸을 꼼짝도 할 수 없었다. 필자가 만약 이러한 곳에서 어린 시절을 보냈다면 우주 과학자가 되었겠지만, 그때는 이미 아내를 만나고 동물학 교수로 일하던 중이었다.

한편 지구와 충돌 경로에 있는 암석은 대부분 크기가 작다. 이들 암석은 필자가 농장에서 관측한 유성처럼 지구 대기권에서 전소된다. 하지만 암석의 크기가 크다면 대기권에서 더욱 깊은 지점까지 들어올 수 있다. 1908년 6월 30일, 10만 kg에 달하는 암석이 10만 km/h 이상의 속도로 대기권을 통과하면서 일명 '퉁구스카 사건 ^{Tunguska event}'을 일으켰다.

사건 당시 지름 50~60m나 되는 암석의 상당 부분이 대기권을 통과하는 과정에서 연소되었지만, 8km 상공에서 작은 조각으로 분

---

[88] 대기 중에 연기나 먼지와 같은 미세한 입자가 떠 있어 공기가 뿌옇게 보이는 현상. 옮긴이.

리되며 공중 폭발을 일으킨 것이다. 유성이 두터운 대기권에 충돌하며 대폭발을 일으킨 이 사건으로 시베리아 일대에 서식하는 나무 8,000만 그루가 초토화되었는데, 그 규모가 2,150km^{2}에 달했다. 다행히 인명 피해는 없었지만, 그 유성이 대기권 저층부와 충돌해 시가지를 덮쳤다면 수백만 명이 목숨을 잃었을 것이다.

그런가 하면 유성 가운데 일부는 불타지 않고 지표면까지 도달하기도 한다. 이들의 운명은 유성체의 크기, 지구로 진입하는 각도와 구성 물질에 따라서 달라진다. 1992년 10월, 뉴욕주 픽스킬 마을에 떨어진 유성체로 자동차가 파괴된 사건이 벌어졌다. 유성체는 추락 과정에서 일부 해체되었는데, 지표면에 떨어진 중심부의 무게만 890g이었다. 이 유성체는 44억 년 동안 태양계를 배회한 끝에 쉐보레 말리부 차량 트렁크와의 충돌로 그 기나긴 여정이 막을 내렸다. 결과보다 과정이 빛난 훌륭한 사례라고 할 수 있다.

당시 차주였던 17세 소녀 미셸 냅 Michelle Knapp 양이 보험금을 수령했는지는 확인하지 못했다. 다만 필자가 그동안 지상에서 겪어온 보험사의 행태를 보건대, 보험금은 아마 받지 못했을 것 같다. 하지만 위키백과에 따르면 미셸은 그 유성체를 5만 달러에, 300달러를 주고 산 차는 수리하지 않은 상태 그대로 2만 5,000 달러에 팔았으니 딱히 안타깝다는 생각은 들지 않는다. 오히려 그날 이후 그녀는 그 일을 자랑스럽게 얘기하고 다녔을지도 모르겠다. 물론 필자라도 그랬겠지만 말이다.

우리 은하에는 1,000억 또는 그 이상의 별이 있고, 이 별을 중심으로 수천억 개 이상의 행성이 공전할 것으로 추정된다. 이는 다른 은하에서도 마찬가지라는 잠정적인 증거가 나오고 있으므로, 우리 은하에 있는 행성만 특별하게 취급할 이유는 없다. 다른 은하에도 행성이 있다고 가정한다면, 그 수는 관측 가능한 우주에만 수백조에 달할 것이다.

네 가지 기본적인 힘은 우리가 있는 우주와 마찬가지로 우주 전체에 작용할 것이다. 그리고 지구는 그 힘들의 상호작용으로 만들어진 행성이다. 각 행성은 생성 당시 그 일대에 있는 물질의 밀도와 성장 과정에서 추가적인 물질의 성공적인 응축, 별과의 거리에 따라 고유한 역사가 결정된다.

그러나 우주에는 일일이 헤아릴 수 없을 정도로 많은 수의 행성이 존재한다. 따라서 지구와 유사한 행성이 없다면 오히려 놀라울 것이다. 행성에 따라 하루와 1년의 길이, 질량과 중력, 공전 궤도의 이심률과 자전축에서 조금씩 차이를 보일 것이다. 이에 따른 기후나 운석 충돌 횟수 또한 행성마다 다를 것이다.

그럼에도 액체 상태의 물로 덮인 바다, 화산 폭발, 하나 이상의 위성, 지진이 있을 가능성이 크다. 현재까지 5,000개 이상의 행성을 조사했지만, 아직 지구와 유사한 행성은 발견하지 못했다. NASA에서 가능성 있는 행성을 추려 놓기는 했지만 말이다. 그 5,000개의 행성은 우리 은하는 물론, 관측 가능한 우주에 존재하는 행성의 극히 일부분에 불과하다.

지구와 우주를 연구하는 과학자들은 관찰과 실험, 수학적 모델을 사용하면서 화학, 물리학, 생물학에서의 통찰로 지구의 역사라는 퍼즐을 맞추어 왔다. 과학자들은 망원경을 활용하거나, 지구에 충돌한 운석 또는 무인 탐사선이 우주에서 가져온 유성체를 분석하고, 원자 특성에 따른 암석의 연대를 측정하면서 다른 행성과 항성계를 연구한다.

특히 지구의 역사에서는 대부분 서로 다른 여러 시대의 암석층을 구성하는 화학 성분을 밝히고, 해당 암석이 형성된 환경을 분석하며 알아낸 것이다. 아직도 밝혀낼 것들이 많지만, 하나만큼은 확실하다. 바로 약 40억 년 전, 젊은 지구에 존재한 한 곳 이상의 환경에서 생명체가 등장하기 시작했다는 점이다. 이 과정은 화학 작용이 굉장히 복잡해진 계기이자 우리 존재의 역사에서 그다음으로 검토할 주제이기도 하다.

제5장

생명의 태동

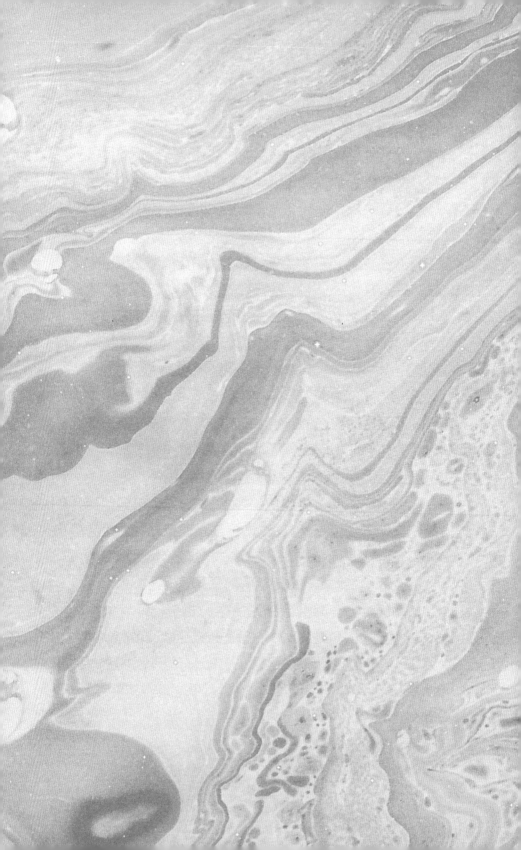

DNA의 비밀

　지금까지는 물리와 화학, 지구과학의 관점에서 생명체가 탄생하기까지 일어난 사건, 그리고 일어났어야 하는 일에 초점을 맞추었다. 이제부터는 생명과학을 중심으로 생명체의 탄생 및 분화 과정, 그리고 복잡한 종의 탄생 배경을 소개한다.

　이 장의 주인공은 바로 DNA이다. DNA의 놀라운 특성은 복제가 가능하다는 점이다. 더욱 놀랍게도 DNA는 단백질, 세포, 외에도 복제를 돕는 구조물 등 복잡한 물질을 만드는 법을 암호화하는 능력이 있다. 개중에는 굉장히 복잡한 물질도 있고, DNA의 특정 부위 복제에 우선순위를 부여하는 것도 있다.

　진화란 자가 복제에 가장 효율적인 DNA를 선택하는 자연스러운 과정이다. DNA가 먼저 존재해야 당신도 있는 법이며, 우리의 DNA

는 진화의 선택을 받아야 한다. 이를 이해하려면 생명체가 탄생한 과정에서 유전 암호의 원리, 그리고 진화를 통한 다세포화, 성, 쾌락과 고통을 느끼는 감각 및 개체 간 협동이 생겨난 배경을 알아야 한다. 이에 지금부터 여러 장에 걸쳐 빅뱅 이후 우리가 존재하게 된 과정을 이야기하고자 한다.

먼저 생명체가 탄생한 이유부터 살펴보도록 하자. 이와 관련하여 과학계에서 손꼽히는 난제가 있다. 해당 난제를 쉽게 풀어서 쓰자면 '생명체는 스스로 유기체를 구성하는 최초의 자가 조립 매뉴얼을 어떻게 만들었을까?'이다.

살아 있는 모든 생물이라면 자신을 만드는 방법이 담긴 '유전체 genome'라는 설계도를 가지고 있다. 그렇다면 해당 생물을 만드는 방법을 알려주는 최초의 유전체는 어떻게 탄생했을까? 최초의 유전체는 계획의 산물은 아니었다. 바로 지구 생성 초기에 어딘가에 있던 분자들의 상호작용으로 만들어진 것이다. 오늘날 살아 있는 모든 생물은 바로 첫 번째로 탄생한 원시 생물의 자손이다.

모든 생명체에게는 DNA가 있다. 유전체는 곧 한 개체의 전체 DNA를 의미한다. 가장 작은 세균에서 거대한 덩치의 대왕고래에 이르기까지 생물이라면 모두 유전체를 지닌다. 그리고 유전체는 생물의 성장에 필요한 정보가 담겨 있다.

유전체는 어머니의 난자와 아버지의 정자가 결합한 하나의 세포에서 출발한다. 이후 말하고, 생각하며, 식사하고, 독서도 하는 지성을 지닌 유인원[89]으로 성장하는 과정에서 필요한 물질을 암호화한다. 마찬가지로 우리 집 반려견 우플러의 유전체도 수정란에서 시작해 다람쥐를 쫓아가고, 역겨운 냄새를 맡으면 바닥에 구르지 않고는 못 배기는 귀여운 동물로 성장하기까지 필요한 물질들을 암호화한다. 이러한 자가 조립 매뉴얼은 활자로 기록되는 대신 유전자에 들어 있다. 다시 말해 생명체에 필수적인 단백질 분자를 만드는 방법이 바로 DNA 가닥에 담겨 있다.

생물하저 관점에서 당신을 포함힌 모든 생명체의 목석은 자신의 유전자를 지닌 자손의 번식이며, 유전자는 자손이 생물학적 성체로 잘 자라도록 돕는 역할을 한다. 결과적으로 생명체의 최대 관심사는 자신의 복제품을 만드는 데 있다. 생물이라면 유전체마다 유전체를 자체적으로 복제하는 데 필요한 단백질을 만드는 법이 담겨 있다. 그렇다면 유전체와 단백질 중 무엇이 먼저 등장했을까? 이에 생물학자들은 분자 수준에서 닭이 먼저냐 달걀이 먼저냐를 따지고 있는 셈이다.

무생물인 화학 물질에서 생명이 탄생하는 것을 화학 진화 abiogenesis[90]라고 한다. 화학 진화를 원리를 연구하는 과정에는 고도의 기술과 매우 복잡한 화학 반응이 관여한다. 화학 진화를 연구하는 과학자들은 생명체를 이루는 핵심 분자들이 생성되는 위치와 경로를

---

89 유인원(類人猿)은 문자 그대로 '인간과 유사한 원숭이'를 뜻한다는 점에서 인간이 유인원에 포함되지 않는다고 여길 수도 있다. 그러나 과학과 생물학, 특히 계통분류학의 관점에서는 인간도 유인원의 범주에 속한다.

90 엄밀히 말해 'abiogenesis'는 생명체의 기원, 'chemical evolution'은 생명의 기원이 되는 물질 전반을 다루는 상위 개념이지만, 본문에서 말하고자 하는 내용은 동일하므로 '화학 진화'로 일괄 표기한다. 옮긴이.

발견하였다. 그러나 이들 핵심 분자가 스스로 단순한 구조의 단세포 생물로 처음 조립된 원리를 아직 설명하지 못했다.

그 문제에는 여러 이유가 있지만, 우선 현존하는 단세포 생물 중 가장 단순한 것마저 500개가 넘는 유전자에서 수백 가지 단백질을 생산할 정도라는 점에서 너무나도 복잡하기 때문이다. 이러한 생물은 아무리 단순하더라도 인간이 만든 가장 복잡한 기계인 유럽 입자 물리 연구소의 대형 강입자 가속기보다 훨씬 더 복잡하다고 할 수 있다. 이제부터는 생명체의 탄생을 연구하는 과학자들이 발견한 모든 화학 반응을 일일이 설명하는 대신, 생명체의 탄생에 필수적인 사건에 주목하고자 한다.

지구의 탄생 이후 생명체의 등장은 비교적 빨랐다. 이러한 사실은 조건만 제대로 갖춰진다면 생명체의 진화는 그리 어렵지 않음을 짐작할 수 있다. 이견이 없는 가장 오래된 생명체의 흔적은 호주 북서부 필바라에 위치한 바위 군락으로, 그 역사는 약 34억 년 전까지 거슬러 올라간다. 이 바위들은 바로 남세균이라는 단순한 구조의 미생물이 겹겹이 층을 이룬 퇴적물인 스트로마톨라이트 stromatolite 화석이다. 스트로마톨라이트는 지금도 존재하며, 34억 년 동안 거의 변하지 않은 것으로 보고 있다. 필바라에서 수백 km 거리의 샤크만에 가면 살아 있는 스트로마톨라이트를 볼 수 있다.

2022년에 성지 순례를 하듯 그곳을 찾아가 직접 본 소감을 말하자면, 푸눌룰루 국립공원의 벌집 모양 언덕이 쪼그라든 모양이었다. 그리고 반구형에 줄무늬가 있는 것들이 많았다. 둘 사이에 차이점이 있다면 푸눌룰루의 언덕은 사암이지만 스트로마톨라이트는 석회암이며, 최대 50cm 정도 높이까지 자란다. 또한 스트로마톨라이트는 호주 샤크만 외에 바하마에서 유일하게 발견될 정도로 희귀하지만, 과거에는 전 세계에 널리 퍼져 있었다.

고대 스트로마톨라이트를 만든 남세균은 더 단순한 형태를 지닌 생명체의 후손이었다. 모든 생물의 첫 조상 격인 이 생명체는 남세균보다 약 5억 년 앞서 등장한 것으로 추정된다. 이외에도 퀘벡과 그린란드에 있는 암석에서 특별한 화학 물질의 형태로 최초의 생명체가 존재했다는 증거가 발견된 바 있지만, 아직 과학자들의 인정을 받지는 못하고 있다.

이상과 같이 최초의 생명체가 정확히 언제 출현했는지는 아직 밝혀지지 않았지만, 지구가 탄생한 지 수백만 년이 지나지 않은 시점으로 추정된다. 우리는 물론, 샐러드의 재료인 채소, 정원에 사는 벌레, 우리 집 반려견 우플러도 모두 최초 생명체의 후손이므로, 생명체의 탄생 과정은 우리가 존재하는 이유를 설명하는 데 중요한 의미를 지닌다.

샐러드 속 채소를 포함한 생물은 모두 굉장히 복잡하고 많은 수의 세포로 구성되어 있다. 물론 현존하는 가장 단순한 구조를 가진 단세포 생물도 복잡하기 그지없다. 그러한 세균 한 마리라도 어디선가 갑자기 튀어나온 것은 아니다. 그보다 더 단순한 형태에서 진화한 것이다.

더욱 단순한 구조의 생명체는 오래전에 멸종한 데다 증거로 남은 화석마저 부족하다. 따라서 이들의 정체를 과학적으로 밝히기란 쉽지 않다. 생명의 전구체 precursor [91] 역할을 하는 유기물을 아무리 배합하더라도 가장 단순한 세균과 하늘과 땅 수준의 차이를 보인다. 그러므로 생명이 만들어지는 원리를 이해하는 여정은 가시밭길일 수밖에 없다.

어떤 과학자도 실험실 비커 속에 섞인 화학 물질에서 생명체가 탄생하는 장면을 아직 목격하지는 못했다. 그렇기에 생명체가 어떻게 등장했고, 최초의 생명체에게 어떤 특성이 있었는지는 일부 추측에 의존할 수 밖에 없다. 다만 초기 생명체 또한 지금의 우리와 같이 진화의 영향을 받았을 가능성이 있다. 이에 따라 현시대에 관찰한 내용을 토대로 생명체의 진화에 반드시 일어나야 했던 사건을 일정 부분 추리할 수 있다.

생명체를 이루는 유기물 덩어리와 최초의 생명체를 정확히 구분하기란 쉽지 않다. 화학 물질에서 시작해 우리가 탄생하기까지는 연속적인 중간 과정이 존재하고, 이 과정 가운데 어느 지점을 기준으로 생물이라고 봐야 할지는 지극히 주관적으로 결정할 수 밖에 없다. 생명체에 대하여 논의하고자 한다면 그 개념 정의는 필연적이다. 그러므로 생물과 무생물의 경계를 나누는 방법은 과학자들 사이에서 해묵은 논쟁거리가 되어 왔다.

이렇게 아름다운 생명체에 걸맞은 노래 가사 한 줄 없이 무미건조하게 표현하자니 안타까운 마음이 든다. 개인적으로 생물과 무생물의 차이를 정의하자면 크게 '자연 발생 naturally arising '과 '복제 replication ', 그리고 외부 에너지원을 활용하여 막 membrane 내에서

---

91   화학 반응에서 반응에 참여하는 물질.

조절 가능한 화학 반응으로 나눌 수 있겠다.

그렇다면 위의 정의를 조금 더 자세히 파고들어 보자. '자연 발생'이란 생명체가 더욱 단순한 화학 반응에서 탄생했다는 것을 말한다. 또한 이는 어느 고등한 존재에 의하여 설계되어 만들어지거나 시작된 것이 아니라는 의미이다.[92]

복제는 자손 번식을 의미한다. 살아 있는 모든 생물은 무성 또는 유성 생식을 통해 자신의 복제품을 만들려 한다. 무성 생식으로 태어난 자손은 유전적으로 부모와 일치하지만, 유성 생식으로 태어난 자손은 양 부모의 DNA를 절반씩 공유한다. 생물학적, 진화론적 성공은 당신의 DNA를 지닌 자손의 숫자로 평가된다.

역사적 관점에서 교황 인노첸시오 3세와 칭기즈칸 모두 당대에 큰 영향력을 끼친 리더이다. 하지만 두 사람의 생물학적 유산에는 큰 차이가 있다. 물론 세르지오 3세나 알렉산드르 6세처럼 재임 중에 자식을 낳은 교황도 있었겠지만, 인노첸시오 3세에게는 자녀도 후손도 없었다.

반면 오늘날 전 세계 남성 200명 중 1명은 칭기즈칸의 후손으로 추정된다. 후손 중에는 여성도 많겠지만 유전학적인 이유로 집계가 힘들다. 이는 추후에 설명하도록 하겠다. 공식적으로 칭기즈칸의 자녀는 9명으로 알려져 있다. 그러나 실제로 얼마나 되는지는 아무도 모르며, 그 수가 수천 명에 달한다는 추측도 있다.

다시 생명체의 정의로서 돌아와 '조절 가능한 화학 반응'에 관하

---

[92] 이 책에서의 자연 발생은 생물이 저절로 생긴다는 과거의 자연발생설 (spontaneous generation theory)과는 다른 개념이다. 옮긴이.

여 살펴보자. 이 반응은 속도를 높이거나 늦추고, 도중에 멈추기도 한다. 우리 몸에서는 늘 수많은 화학 반응이 일어나고 있다. 암에 걸리지 않은 건강한 신체라는 가정하에 각 반응은 조절 가능하며, 일정한 범위 내에서 일어나고 있다.

생명체는 자신에게 필요한 물질이 충분히 생산되면 반응을 늦추거나 중지시키고, 물질의 양이 적다면 생산을 시작하거나 속도를 높이도록 진화했다. 이러한 화학 반응의 원동력은 빛이나 반응성이 있는 화학 물질, 또는 음식의 형태를 한 '외부 에너지'가 있다. 대부분의 화학 반응은 모든 생명체를 구성하는 기본 단위인 세포 내부나 세포막 외부의 표면에서 일어난다.

세균에서 우리 같은 다세포생물까지 모든 생물의 세포는 하나하나가 복잡하다. 세포 내에서는 유전 암호 해독, 단백질을 비롯한 크고 복잡한 분자의 생산 등 수많은 화학 작용과 반응이 끊임없이 일어난다. 가장 단순한 구조의 세균이라도 화학 작용에만 수백 개의 유전자가 관여한다. 개중에는 유전자의 수가 적고 구조도 더 단순한 기생형 세균도 있다. 하지만 이들은 숙주가 화학 작용을 대신해야만 생존이 가능하다.

위와 관련하여 생명체가 탄생한 이후, 지구를 정복하기까지의 이야기는 다음 장에 걸쳐 풀어내도록 하겠다. 이 과정에서 생명체의 기원 이전에 그 핵심을 이루는 특징이 그토록 복잡한 이유를 고찰하는 것 또한 의미 있을 것이다. 이를 통해 가장 단순한 생명체라도 어떻게 등장했을지 고민하는 과학자의 고충을 이해할 수 있을 것이다.

생명체의 근간을 이루는 DNA는 네 가지 뉴클레오타이드 neucleotide 가 긴 가닥 형태를 이룬 분자이다. 뉴클레오타이드는 핵산 neucleic acid 과 인산염 phosphate , 당이 결합한 작은 분자이다. 인산염 분자는 산소 3개와 인 1개로 이루어졌다. 그리고 당 분자는 디옥시리 보스 deoxyribose 로, 탄소와 수소, 산소로 구성된다.

DNA를 구성하는 핵산은 네 가지로 아데닌, 구아닌, 시토신, 티 민이다. 이들 핵산 가운데 하나와 당 분자가 결합하여 뉴클레오타이 드를 만든다. 아데닌을 제외한 핵산의 구성 요소는 탄소와 질소, 수 소, 그리고 산소이다.

DNA의 구조는 크고 복잡하지만, 흔한 원자들이 모여 유전자 염 기 서열을 만든다는 특징을 가진다. DNA 분자는 하나하나가 실제로 반응성이 없으며 안정적이다. 이 특성이 중요한 이유는 DNA의 반응 성보다도 해당 생물을 자체적으로 조립하는 유전 암호를 담고 있기 때문이다. 이처럼 DNA의 구조는 생명체에게 중요한 의미를 지닌다.

과학자들은 유전자 염기 서열을 DNA 가닥의 핵산 배치 순서로 이야기한다. DNA가 단일 가닥이라면 핵산의 배치에 아무 제약이 없 다. 생물학자들은 염기 서열을 각 핵산의 머리글자를 딴 이름으로 부 르는데, 'AGCGTGGCCAGTC'와 같은 형식으로 계속 이어진다.

하지만 DNA 두 가닥이 만나 그 유명한 'DNA 이중 나선 구조'를 형성하면 시토신은 늘 반대편 가닥의 구아닌과 결합하고, 아데닌은 늘 반대편 가닥의 티민과 결합한다. DNA 이중 나선 구조는 쌍을 이 루는 핵산 사이에 형성된 수소 결합으로 유지된다. 나선형만 아니라 면 DNA는 매우 긴 사다리 모양처럼 보인다. 세로, 즉 버팀대와 대응 하는 곳은 디옥시리보스와 인산염으로 이루어져 있다. 가로 부분에 해당하는 디딤대는 염기쌍끼리 수소 결합으로 결합되어 있다. 이 사다리 구조를 비틀면 간단히 이중 나선 구조를 만들 수 있다.

dna 구조

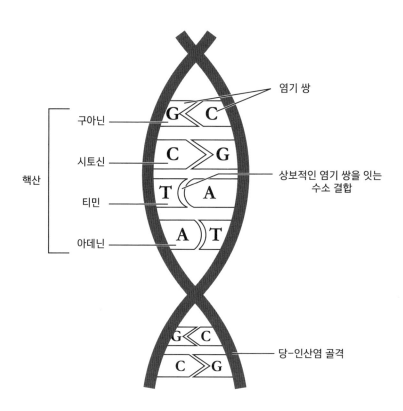

DNA 가닥 중 일부인 유전자 염기 서열에는 생명체에 필수적인 단백질을 만드는 방법이 담겨 있다. 각 단백질을 만드는 방법이 담긴 DNA가 바로 유전자이다. 인간 유전체에는 핵산이 무려 30억 개나 있으며, 이 가운데 다수는 약 2만 개에 달하는 유전자를 구성하고 있다. 유전체에는 자가 조립 방법이 암호화되어 있으며, 당신이 수정란에서 지금의 모습이 되기까지의 성장 과정과 일상 생활에 필요한 단백질을 생산한다.

단백질은 3차원 구조를 지닌 분자로, 더 작은 분자인 아미노산이 사슬 구조를 이룬 후 접히면서 만들어진다. 유전자는 특정 단백질을 생성하는 아미노산 사슬이 만들어지는 과정에서 아미노산이 결합하는 순서를 결정한다. 아미노산에는 여러 종류가 있지만 생명체가 사용하는 아미노산은 20가지다.

아미노산 2개가 서로 결합하며 시작된 사슬은 새로운 아미노산이 사슬 끝에 하나씩 붙으면서 길이가 점점 늘어난다. 여기에서 유전 암호는 다음에 어떤 아미노산이 결합할지를 결정한다. 20가지 아미노산의 암호는 3개의 핵산에 의해 결정된다.

가령 히스티딘 histidine 이라는 아미노산을 나타내는 핵산 암호는 아데닌-티민-구아닌, 줄여서 ATG라고 표기한다. 그리고 아미노산 가운데 류신 leucine 은 TTT, TTC, TTA, TTG, CTT, CTC, CTA, CTG라는 8가지 핵산 조합으로 암호화된다.

단백질도 DNA와 마찬가지로 안정적이며 대부분 반응성이 크지 않다. 앞서 설명한 티라노사우루스 렉스의 콜라겐 I[93] 단백질이 콜라겐 분해 효소에 의해 분해되기 전까지 660만 년이나 보존되었다는 점을 떠올려 보자. 일부 단백질은 촉매 역할을 하는 효소이므로 반응은 더 쉽고 빠르게 일어난다.

---

93 피부와 뼈, 힘줄 및 치아 등 다양한 조직을 구성하는 주요 성분

콜라겐 분해 효소는 콜라겐 분자와 결합하여 콜라겐을 더 쉽게 분해하는 효소이다. 이 과정에서 콜라겐 분해 효소의 화학 구조는 변하지 않으며, 콜라겐 분해 효소의 구조 자체가 촉매 기능을 수행한다. 이에 따라 콜라겐 분해 효소는 콜라겐 분자가 화학 반응에 관여함으로써 더 작은 분자로 쪼개지도록 하는 구조를 지니고 있다.

유전자가 만들어 낸 단백질은 서로 결합하여 더 복잡한 분자를 만들기도 한다. 참고로 인간의 콜라겐 분자 생산에 관여하는 유전자는 43개로, 체내의 콜라겐은 28가지가 있다. 콜라겐은 모두 우리 몸을 구성하는 물질이며, 43개 유전자에서 생산된 단백질로 만들어진다. 즉 단순한 형태의 단백질을 만드는 유전자들이 힘을 합쳐 복잡한 콜라겐 분자를 만드는 것이다. 콜라겐 생성 방법은 DNA 내 여러 유전자에 암호화되어 있지만, 단일 유전자가 일일이 단백질을 만들지 않는다. 당신의 유전체와 그 작동 원리는 단일 유전자가 단백질 하나를 만들 만큼 단순하지 않다.

다만 DNA라고 해서 모두 유전자를 암호화하지는 않는다. DNA 중 일부는 유전자의 활성화에 관여하는 스위치 역할을 하며, 이러한 기능 덕에 생물은 특정 단백질의 생산량을 조절할 수 있다. 유전자가 읽히면, 즉 생물학자의 표현으로 발현되면 단백질 생성에 필요한 아미노산 가닥을 만들기 시작한다. 이 스위치는 특정 유전자의 활성화 또는 비활성화 신호를 세포 내 구조물에 전달한다.

세포에 있는 유전자는 모두 활성화 또는 비활성화 상태이다. 마찬가지로 아미노산 사슬을 생산하는 유전자도 활성화되는 시점이 시시각각 다르다. 특정 단백질의 세포 내에서 너무 많이 생성되면 이 단백질의 양 자체가 해당 유전자를 비활성화하는 신호로 작용한다.

존재의 역사

체내의 세포는 모두 동일한 DNA를 가지고 있지만, 활용 방식은 세포마다 제각각이다. 예외적으로 성숙한 적혈구 세포는 DNA가 있어야 할 세포핵 자체가 없다. 세포의 종류는 각 세포가 지닌 유전자가 아니라 발현되는 유전자의 차이가 결정한다.

우리 몸을 구성하는 약 220가지 세포는 발달 과정에서 각기 다른 유전자가 서로 다른 시점에 활성화 또는 비활성화되면서 지금과 같은 차이를 만들어 냈다. 또한 세포 고유의 기능을 발휘하는 유전자 세트도 다르다. 피부 세포에서 활성화되는 유전자 세드는 뇌세포에서의 그것과 차이가 있다.

유전자 스위치의 구성은 우리의 세포 사이에도 차이가 있다. 사람은 저마다 유전자 염기 서열이 조금씩 다르다. 이를 달리 표현하면 특정 유전자의 단백질 생산 속도가 사람마다 다르다는 것이다. 즉 우리는 모두 인간이지만, 유전적 차이에 따라 서로 다른 사람으로 존재하는 것이다. DNA의 차이는 곧 눈과 머리카락 색상, 키, 알레르기나 질병 취약성 등 미묘한 차이를 불러온다. 나와 당신의 DNA는 평균적으로 99.9% 일치하며 0.1%만 다를 뿐이다. 우리 집 반려견 우플러와 비교하면 염기 서열이 85%는 일치한다.

당신의 유전체는 고유하며, 동일한 유전자 염기 서열을 가진 사람은 생사 여부를 막론하고 세상에 존재하지 않는다. 예외로 일란성 쌍둥이가 있기는 하지만 말이다. 고유한 유전자 염기 서열은 타인과 당신을 구분 짓는 요소이며, 이러한 차이를 불러오는 원인 중 하나로 DNA 복제 오류에 따른 유전자 돌연변이가 있다.

유전자 돌연변이는 다른 개체보다 생존과 번식에 우위를 가져오기도 한다. 그러나 개체의 성장과 기능에 거의 영향을 미치지 않으며, 일부의 경우 왜소증이나 안구 백색증 같은 유전 질환을 일으키기도 한다. 필자도 안구 백색증이 있어 안구 뒤쪽 세포의 일부가 색소를 만들지 못한다. 이를 대수롭지 않게 생각하는 사람도 있겠지만, 이 증상으로 필자의 시력은 정상인의 25%에 불과하다. 안구 백색증은 모계 유전이지만, 여성보다 남성에게 더 잘 발생한다.

그리고 우리 DNA의 절반은 어머니, 나머지 절반은 아버지에게서 받는다. 이 사실을 통해 이중 나선 구조를 이루는 DNA의 두 가닥이 각각 어머니와 아버지에게서 물려받았다는 생각이 들 것이다. 하지만 실제로는 그렇지 않다. DNA를 배열하면 23쌍의 염색체가 나오므로 총 DNA는 46가닥이다. 이에 과학자들은 이과의 센스를 발휘하여 차례대로 1번 염색체, 2번 염색체, 3번 염색체라고 명명하였다.

1번 염색체 한 쌍은 어머니와 아버지에게서 하나씩 받은 것이며, 2번 염색체도 마찬가지다. 남성의 성별을 결정하는 23번 염색체, 일명 Y 염색체만 제외하면 부모님에게서 하나씩 물려받은 염색체가 결합하면서 당신만의 고유한 염색체를 지니는 셈이다.

어머니의 난자와 아버지의 정자는 감수분열 meiosis [94]을 통해 Y 염색체를 제외하고 완전히 새로운 조합을 가진 1번, 2번, 3번 염색체를 차례로 만들어 냈다. 가령 난자에는 어머니의 1번 염색체 1쌍의 염기 서열이 잘린 뒤 재배열된 새로운 조합의 1번 염색체가 들어 있다. 마찬가지로 정자에 있는 1번 염색체도 아버지의 1번 염색체 1쌍

---

94   생식 세포를 만드는 생물학적 과정

을 재조합해서 만들어 낸 것이다.

감수분열로 정자나 난자가 만들어질 때 이와 동일한 과정이 다른 염색체에서도 일어난다. 이제야 감을 잡았겠지만 Y 염색체는 여전히 예외이다. 12번 염색체가 빨간색과 파란색 두 가닥으로 이루어져 있다고 가정해 보자. 그리고 두 가닥을 나란히 놓고 가위로 자른다. 이때 절단된 빨간색 가닥의 윗부분 파란색 가닥의 아랫부분과 합쳐서 위아래로 색이 다른 새로운 가닥을 만든다.

위의 내용은 새로운 염색체가 만들어지는 원리라고 할 수 있다. 이처럼 새로운 조합의 12번 염색체는 정자나 난자에 들어간다. 위에서는 염색체를 한 번만 잘랐다고 설명했지만, 여러 번 잘라서 조합해도 상관없다. 이와 같이 각 염색체를 이어 붙이는 과정을 염색체 교차 chromosomal crossover 혹은 재조합 recombination 이라고 한다. 생식세포가 만들어질 때마다 염색체 하나당 염색체 교차가 평균적으로 2~4회 일어나지만, 염색체에 따라서는 재조합 횟수가 늘어나기도 한다.

Y 염색체는 일반 염색체와 원리가 다르다. 따라서 칭기즈칸의 후손 중 여성보다 남성의 숫자를 추려내기가 더 쉽다. Y 염색체는 재조합이 매우 드물게 일어나기 때문이다. 남성과 여성은 23쌍의 염색체에 포함된 성염색체가 결정한다.

포유류의 성염색체 명칭은 X 염색체와 Y 염색체이다. 여기에서 여성은 X 염색체 2개, 남성은 X와 Y 염색체를 하나씩 지닌다. 여성 염색체 23쌍에는 XX가, 남성 염색체 23쌍에는 XY가 포함되어 있다. 두 성염색체의 길이는 서로 다른데, X 염색체보다 Y 염색체가 훨씬 작다. 이러한 점에서 성염색체는 재조합을 통해 X와 Y끼리 뒤섞이는 일이 잘 일어나지 않는다.

당신의 X 염색체는 어머니의 X 염색체 2개가 뒤섞인 것이다. 하지만 아버지에게는 X 염색체가 단 하나뿐이다. 그러므로 딸이라면 재조합되지 않은 X 염색체를 물려준다. 이렇게 물려받은 X 염색체는 아버지의 것과 동일하다. 한편 아들은 아버지에게서 X 염색체 대신 다른 것과 섞이지 않은 Y 염색체를 물려받는다.

당연하게도 Y 염색체가 2개인 사람은 없으므로, Y 염색체가 다른 Y 염색체와 뒤섞이는 일은 없다고 봐야 한다. 극히 드문 확률로 Y 염색체가 X 염색체 또는 완전히 엉뚱한 번호의 염색체가 지닌 DNA가 일부 섞이기도 하지만, 이는 사실상 복제 오류로 봐야 한다. 이와 같은 희귀한 사건 중 일부는 새로운 종의 탄생이라는 진화의 신호탄일 수 있겠지만, 이 책에서는 다루지 않기로 한다.

이상의 내용을 바탕으로 자가 조립 매뉴얼로서 유전 암호가 얼마나 복잡한가를 알 수 있다. 그 이유는 성별의 진화를 다루면서 설명하도록 하겠다. 지금 당장은 DNA가 커다란 분자이며, 부모의 유전 암호가 뒤섞여 자손으로 전달되는 복잡한 방식을 취하고 있다고만 이해해도 충분하다. 당신이 언젠가 죽어도 자녀가 있다면 당신의 유전자 중 일부는 계속 살아 있다. 개체는 죽어도 유전자는 복제되어 부모에서 자손으로 전달된다.

존재의 역사

세포의 신비

생물학에서는 우리 몸의 세포를 두 가지로 구분한다. 하나는 다른 세포와 융합해 다음 세대의 첫 번째 세포가 될 생식 세포, 다른 하나는 최대한 번식할 수 있도록 신체를 오래 보존하는 것이 유일한 목표인 비생식 세포다. 생식 세포는 생식 세포 계열 germ line [95]을 형성하는 반면, 비생식 세포는 일회용 체세포 disposable soma [96]로 간주한다.

[95] 생식에 관계하는 세포, 즉 생식자에서 유래하며, 몇 세대가 지나도 지속되는 세포 계열.

[96] 영국의 생물학자 토머스 커크우드(Thomas Kirkwood)의 '일회성 체세포 이론'에서 비롯되었다. 이 이론에 따르면 신체의 자원 분배 방식에 따라 번식 활동이 이루어질 때, 그만큼 많은 자원이 집중된다. 그리고 신체를 유지하고 관리하는 데 필요한 자원은 줄어들면서 노화가 빨리 일어나고 죽음을 맞이한다. 해당 이론은 곧 진화론적으로 생식 세포는 영원한 반면, 체세포는 노화를 거쳐 수명을 다한다는 함의를 지닌다.

놀랍게도 우리 같은 고등 동물은 지구에서 일회용 체세포가 매우 복잡하게 진화했다. 팔다리, 눈, 뇌, 피부, 치아, 발톱, 편도를 비롯하여 쾌락과 고통을 느끼는 감각을 지닌 생물을 스스로 조립하는 유전자 염기 서열은 곧 진화의 산물이다. 이러한 신체 구성을 지니면서 신체 부위를 만들어 내는 방법이 담긴 생식 세포 계열의 DNA를 다음 세대로 물려줄 확률이 극대화된다.

DNA라는 분자는 참으로 놀랍다. DNA 자체도 복제가 되지만, 고양이, 양배추, 바퀴벌레, 클라미디아 Chlamydia [97] 등 온갖 종을 만들어 낸다. 그뿐 아니라 각 종마다 자가 조립 매뉴얼을 물려주는 방식에 따라 개체를 복제한다.

클라미디아 같은 단세포 세균이 DNA를 복제하는 방식은 다른 종만큼 복잡하지는 않다. 그러나 여전히 여러 차례의 절차를 거친다. 세균의 DNA 복제에는 9가지 필수 효소와 여러 종류의 기타 효소가 개입한다. 간단히 설명하자면 세균은 대부분 이중 나선 DNA를 고리 형태로 저장한다. 그리고 세균이 이분법을 하기 직전 하나였던 DNA 고리가 2개로 복제된다.

이때 DNA 고리의 한 지점에서 이중 나선 구조가 효소에 의해 분리된다. 이에 다른 효소들이 개입해 복제 분기점 replication fork 을 형성하며 이중나선 구조가 Y 모양으로 서서히 풀어진다. 그렇게 분리된 DNA 양쪽의 각 사슬에 여러 단백질이 결합한다. 효소는 DNA가 풀리는 복제 분기점을 바짝 따라가며 풀어진 DNA 중 한쪽 가닥의 염기에 맞춰 새로운 DNA를 연속적으로 합성한다.

97　감염 시 성병을 일으키는 세균의 일종

반대편 가닥은 과정이 조금 더 복잡하다. DNA를 합성하는 효소는 한쪽 방향으로만 이동하므로, 반대편 가닥을 역방향으로 합성하는 꼴이 되어 버린다.[98] 따라서 반대편 가닥, 일명 뒤처지는 가닥 lagging strand 을 합성하는 효소는 DNA가 풀리는 복제 분기점과 반대방향으로 이동한다. 이때 오카자키 분절 Okazaki fragment [99]이라는 작은 뉴클레오타이드 조각을 정방향으로 조금씩 합성한 후 다른 단백질을 동원해 한꺼번에 이어 붙인다. 가장 간단한 구조의 생물이라도 DNA 복제에서는 '간단하다'라는 표현이 무색할 정도로 복잡하며, 뜬금없이 세상에 등장할 수조차 없는 수준이다.

생명체의 정의에서 복제만 복잡한 것이 아니다. DNA 암호로 단백질을 만드는 과정은 본문에 다 실을 수 없을 정도로 훨씬 복잡하다. 여기에는 리보핵산 ribonucleic acid , 줄여서 RNA라고 하는 다른 핵심 물질이 관여한다.

RNA를 이 책에서 자세히 설명하기는 힘들지만, 생명체의 등장에 중요한 역할을 하는 물질이므로 간단하게나마 소개하도록 하겠다. RNA는 DNA와 가까운 사촌으로 단일 가닥 구조이며, 리보스 ribose 와 인산염으로 이루어진 뼈대를 가지고, 티민 대신 우라실 uracil 을 핵산으로 사용한다는 특징을 갖는다.

리보스는 디옥시리보스보다 산소 원자를 하나 더 지니는 점을

---

98   DNA는 방향이 정해져 있어 상보적 결합을 한 이중나선의 반대편 염기는 역순으로 배열되어 있다. 옮긴이.

99   DNA 복제 과정에서 뒤처지는 가닥의 합성이 불연속적으로 일어나는 현상에서 나타나는 짧은 DNA 단편을 말한다.

제외하면 매우 비슷한 물질이다. 또한 우라실은 티민보다 탄소와 수소 원자가 적어 구조가 간단하다. 따라서 DNA처럼 두 가닥이 서로 붙는 수소 결합은 불가능하다.

물질대사 metabolism 는 DNA 복제나 유전암호에서 단백질이 합성되는 방식 못지않게 복잡하며, 그 체계 또한 단시간에 완성되지 않았다. 인간은 음식 섭취 후 물질대사를 통해 포도당을 비롯한 당의 형태로 에너지를 흡수한다. 이렇게 생성된 에너지는 막을 경계로 양성자의 농도 차이인 양성자 기울기 proton gradient 를 형성한다.

양성자는 원자핵을 구성하는 물질 중 하나로, 이전 장에서 소개한 바 있다. 양성자 기울기는 아데노신3인산 ATP 을 아데노신2인산 ADP 으로 만드는 수단이다. 특히 ATP는 생명체의 활동에 필요한 연료라는 점에서 그 의미가 크다.

양성자 기울기는 우리를 포함한 동물이 지닌 세포 구조물인 미토콘드리아 내부에서 ATP를 만드는 데 사용된다. 미토콘드리아는 세포 소기관의 하나로 이중막 구조를 지니며, 막 사이 공간 the inter-membrane space 으로 양성자가 드나든다. 양성자 기울기는 이 과정에서 형성되는데, 미토콘드리아와 막 사이 공간은 ATP가 생산되는 장소라는 점에서 생명체에게 필수적이다.

양성자의 움직임이 자유롭고, 막 사이를 아무 제약 없이 드나들 수 있다면 막 양쪽의 양성자 농도가 동일한 평형 상태가 유지될 것이다. 하지만 실제 양상은 이와 다른데, 양성자는 오히려 농도가 낮은 미토콘드리아 내부에서 농도가 높은 막 사이 공간으로 밀려난다. 이를 위해 일련의 화학 물질인 전자전달계 electron transfer chain 가 전자를 운반한다. 이 과정에서 전자전달계에 관여하는 분자의 전하가 바뀌

　　　　　　　　　　　　　　존재의 역사

면서 양성자를 막 너머로 밀어낸다.

전자전달계의 동력은 전자기력이다. 전자전달계가 작용하면 전자 2개당 양성자 10개가 막 너머로 이동하며, 산소 분자(O_2) 하나와 양성자 4개가 결합하여 2개의 물 분자를 생성한다. 물 분자는 소변이나 땀의 형태로 몸 밖으로 배출된다.[100]

이제 세포는 양성자 기울기로 ATP를 만들 준비가 되었다. 막 사이 공간의 양성자는 미토콘드리아 내막에 있는 ATP 합성 효소 ATP synthase 라는 단백질이 음전하를 띤 부위에 쉽게 결합한다. 이때 양성자는 물레방아처럼 회전하며 단백질 내부에 있는 통로를 지나간다. 이 과정에서 ADP와 인산염 하나가 결합하여 ATP를 완성한다.

전자전달계에 의해 막 사이 공간으로 밀려난 양성자 10개당 ATP 2.5개가 만들어진다. 이렇게 만들어진 ATP는 새로운 단백질의 합성과 막 사이를 오가며 나트륨과 칼륨 등 화합물의 농도 차이를 형성하는 데 활용된다.

결국 단백질의 구조, 특히 ATP 합성 효소는 생명체에 필수적이다. 이 단백질의 내부에서 물레방아처럼 돌아가는 구조가 ATP를 만드는 핵심이며, 생명체는 이것으로 살아갈 힘을 얻는다. 생명체의 가장 중요한 역할은 물질대사 등 화학 반응을 안정적으로 보장하는 분자 구조를 구축하여 DNA를 복제하는 것이다. DNA 복제를 통해 생명체에 필수적인 분자를 조립하는 방법도 함께 보존된다.

요컨대 물질대사를 통해 단백질 생산에 필요한 에너지를 얻고,

---

[100] 이 장에서 필자가 말하는 양성자는 H^+을 지칭하는 경우가 많다. 수소는 다른 원자와 달리 중성자가 없어 양이온으로 변환 시 양성자 하나만 남으므로 수소를 양성자라고 부르기도 한다. 옮긴이.

염색체를 다음 세대로 물려주는 것이 당신의 궁극적인 목표다. 생명체가 당신과 나라는 형태로 존재하기까지 약 40억 년이 걸렸다. 그렇지 않아도 복잡했던 생명체가 40억 년에 달하는 기간 동안 훨씬 더 복잡해졌다.

이에 분자 구조도 더욱 다양하고 복잡해지면서 일부 세포는 이에 발맞추어 구조를 더욱 발전시켰다. 그렇게 세포들이 한데 모여 뼈와 신장, 나무의 줄기, 진균류의 균사와 같은 구조물을 만들도록 진화했다. 그 결과 생명체는 단백질에서 평생 사용할 정도로 튼튼한 뇌를 만들기에 이르렀다.

구조물이 복잡해질수록 유전체의 규모도 더 커지고 복잡해졌다. 자가 조립 매뉴얼에 새로운 유전자와 스위치가 추가되고, 유전자를 담는 본체에도 새로운 유형의 세포가 생겼다. 놀랍게도 지적 생명체를 만드는 해당 매뉴얼은 진화를 통해 스스로 만들어졌다.

그 지적 생명체는 자가 조립 매뉴얼의 개념을 이해할 뿐만 아니라 자신의 탄생 과정을 스스로 되짚어 보는 수준에 이르렀다. 여기까지는 과학계에서도 논란의 여지가 없으며, 과학적 연구 방법을 적용해 도출한 결론이다. 필자는 이 책에서 과학적 지식을 요약적으로 전달하고 있지만, 역시 지식을 추구하는 과학자들의 피땀 어린 노력까지 전달하기에는 역부족이다.

여전히 수천 명에 달하는 과학자들이 관찰을 시작으로 가설을 제시하고, 실험 설계를 통한 검증과 데이터 분석 단계를 거친다. 그리고 이 과정에서 발견한 새로운 사실이 참인가를 확인하고자 동료들이 실험을 재연한다. 이처럼 과학이란 활동은 오랜 시간이 걸리며, 새로운 지식이 만들어지는 과정은 고되고 험난하게 마련이다.

결국은 과학자도 인간이다. 또한 인생사가 다 그렇듯 과학에 모든 노력을 쏟아붓고도 좌절을 맛보는 때도 있다. 과학자의 삶에서는 자신의 연구와 결과물을 공유하면서 그것이 지식의 발전에 어떻게 도움이 될까를 토론하는 자세가 무엇보다 중요하다.

지금부터는 생명체의 탄생 이후 우리처럼 복잡한 존재로 발전하기까지의 과정을 살펴보기 이전에 위의 내용과 관련한 설명을 하고자 한다. 과학자의 연구 공유 방식과 과학적 합의에 이르는 과정 말이다. 이는 지금까지 설명했던, 놀랍도록 복잡한 내용이 과학적 시식으로 인정받은 이유를 이해하는 데 도움이 될 것이다.

과학자의 삶은 곧 소통에 능해야 하는 삶이라고도 할 수 있다. 필자는 현직 과학자로서 진행 중인 새로운 연구가 탄탄한 근거를 가지고 있음을 동료에게 납득시킬 필요가 있다. 과학자들은 과학적 연구 방법을 적용해 가설을 검증한 후, 다른 과학자에게 이를 알려야 한다.

연구 결과를 알리는 수단은 매우 정형화된 문체로 작성된 논문이다. 혹시 불면증으로 괴롭다면 구글 학술검색에 접속하여 과학 용어를 한두 개 검색한 뒤, 검색 결과 화면에 나타나는 논문을 읽어 보자. 그러면 아래와 같이 건조한 문체가 당신을 반길 것이다.

이 연구는 인구 구조의 변화, 연령별 생존력 및 출산 능력 선택, 표현형 적응성, 부모와 자손의 형질값 차이에 따른 표현형의 평균값 변화를 정확히 분석하기 위한 방정식을 도출한다. 이 연구에서는 중복 세대가 있는 종의 표현형 변화를 설명하는 데 적합한 단기 관

필자가 쓴 논문에서 그나마 쉬운 내용을 일부 발췌했다. 그럼에
도 비전공자들이 과학을 싫어하는 데는 다 이유가 있다.

과학자는 연구 주제가 마무리되면 글로 정리하여 학술지에 투고
하고 게재 여부를 평가받는다. 학술지 편집위원은 투고한 원고를 확
인하고, 학술지의 기조와 일치하면 본격적으로 동료 심사 peer review
단계로 넘어간다. 동료 심사는 논문 한 편에 전문가 1~10명이 검토
후 평가 내용을 편집위원에게 전달하는 방식으로 이루어진다.

그 과정에서 심사위원은 연구의 독창성, 데이터 수집 방법, 실험
설계, 통계 분석 또는 모형화에서 숨겨진 오류를 확인한다. 또한 참
고문헌의 인용법을 준수하지 않거나 내용이 명확하지 않은 부분을
지적한다. 심사위원의 궁극적인 목표는 과학의 발전에 이바지하는
것이지만, 일부 몰지각한 심사위원은 저자에게 망신을 주고 자존감
과 경력에 큰 상처를 입히기도 한다. 다행히 대부분의 심사위원은 전
문가다운 자세를 유지하며 저자에게 도움이 되는 지적을 남긴다.

개인적으로 관련 분야의 주요 학술지 두 곳에서 15년 동안 편집
위원으로 지내면서 필요 이상으로 공격적이고 가혹한 심사를 10건
정도 목격했다. 그럴 때마다 필자는 해당 심사를 무효로 돌리고 물의
를 일으킨 교수를 향후 심사위원 위촉 대상에서 제외했다. 논문 심사
는 일반적으로 무급 봉사 활동에 가까우므로 딱히 심한 조치라고 볼
수는 없다. 해당 논문이 게재된다면 심사위원인 교수도 화가 나겠지

만, 이때를 전문가답지 못했던 자신의 행동을 따끔하게 뉘우치는 기회로 삼았으면 한다.

논문이 학술지에 게재되면 다른 과학자들도 자체적으로 실험을 재현하려고 한다. 특히 무언가 획기적이거나 기존 이론에 반하는 결과가 나왔다면 더욱 관심을 가진다. 실험 결과를 반복적으로 재현할 수 있다면 새로운 사실을 뒷받침하는 근거의 신뢰도가 올라가고, 최종적으로 학계에서 인정받게 된다.

다윈이 진화론을 발표했을 당시 자신의 학설을 뒷받침하는 근거를 충실하게 제시했음에도 불구하고 큰 논란이 일었다. 《종의 기원》이 출판된 지 165년이 지난 지금, 과학자들은 진화를 평가하는 방법을 알아내고, 그것을 예측하는 모델을 개발함으로써 실험실과 현장에서 연구가 이루어지기 시작했다. 이에 과학자들은 자연 선택에 따른 진화의 근거를 광범위하게 수집했다.

진화는 중력과 전자기처럼 실존한다. 과학자들은 진화론에 끊임없이 도전장을 던졌지만, 아인슈타인의 일반 상대성 이론이 그러했듯 진화론도 여러 논란을 깨끗이 잠재웠다. 이처럼 과학은 도전과 재연이라는 강력한 조합으로 무장한 과학적 연구 방법으로 지식의 진보를 가져온다. 중력과 진화처럼 잘못된 가설과 개념은 설 자리를 잃고, 올바른 내용을 뒷받침하는 근거가 끝없이 쌓이면서 마침내 사실로 인정받게 된다.

과학적인 글은 건조하지만, 정확하며 정형화되어 있다. 심사위원에 따라서는 논문에 입꼬리를 조금이라도 올라가게 하는 글만 보면 경찰이 되어 글을 뜯어고치려 든다. 필자도 논문을 투고한 후 실제 연구와 무관한 토론을 한 인물을 감사의 말에서 제외하라는 지적을 받은 적이 있다. 물론 재미로 넣은 내용은 맞지만, 감사하는 마음만큼은 진심이었다. 다른 분야의 전문가인 여러 동료와 몇 시간씩 토론한 끝에 비전문가의 관점에서 제대로 이해되지 않는 부분을 짚어낼 수 있었으니 말이다.

그 와중에도 일부 저자는 근엄한 심사위원과 편집위원의 눈을 피해 가는 재주를 부리기도 한다. 그러한 의미에서 필자는 1974년판 《응용행동분석학회지 Journal of Applied Behavior Analysis 》를 좋아한다. 그중 데니스 어퍼 Dennis Upper 의 〈'집필자 장애'의 자가 치료 실패 사례 The Unsuccessful Self-Treatment of a Case of "Writer's Block" 〉라는 논문은 백지한 쪽만 본문으로 있을 뿐이다. 이에 심사위원 A는 다음과 같은 논평을 남겼다.

> 레몬즙과 X선을 동원해 원고를 면밀히 검토했지만, 구성이나 문체에 흠잡을 곳이 없습니다. 별도의 수정 없이 게재하는 것이 적절해 보입니다. 간결하기 그지없는 원고일 뿐만 아니라 다른 연구자 또한 어퍼 박사의 실패를 재현할 수 있을 만큼 내용이 충실합니다.

논문은 과학계에서 돈과 동급의 위상을 차지하고 있었다. 지난 20년 동안 '논문이냐 도태냐 Publish or perish '라는 불문율이 과학계를 지배했다. 일부 일자리에 경쟁률만 수백 대 일을 넘을 정도로 많은 지원자가 몰리면, 정신이 없을 정도로 바쁜 채용 담당자는 지원자의 논문을 일일이 읽지 못한 채 등재 횟수로 줄을 세운다. 그 결과 경력이 부족하지만 대학 교수 자리를 노리는 과학자들은 논문의 수에 매달렸다. 이에 지난 몇 년 동안 학계에 자리를 잡으려면 논문을 몇 편이나 써야 하는가를 묻는 대학원생이 한둘이 아니었다.

엎친 데 덮친 격으로 영국 정부에서는 논문 성과를 일부 반영한 평가 제도를 앞세워 대학 및 학부에 지원금을 주기로 결정한다. 정부는 자신이 낸 세금을 올바르게 써 달라는 국민의 요구에 맞추어 고등교육 지원금의 지급 방식에 정당성을 부여하고자 하였다. 이에 논문 수만큼 간단한 지표는 없었다. 훌륭한 연구는 시간이 걸리기 마련인데, 논문을 돈처럼 취급하는 요즘 분위기에 발표된 논문 중 다수는 핵심이 없다.

또한 과학자라면 분야마다 누구나 논문을 게재하기를 원하는 권위 있는 학술지에서도 기존 연구를 재탕한 논문보다 획기적이고 새로운 결과를 보고하는 것을 선호한다. 이에 영국 과학계는 최소한 과학적 연구 방법을 원래 취지대로 효과적으로 활용하지 못하는 풍토가 형성되었다. 이미 발표된 내용을 재현하는 연구도 지원 대상에 들어가야 마땅하며, 주요 학술지에서도 관련 연구를 게재해야 한다. 논문에 초점을 맞추는 것도 좋지만, 정부의 대학 역량 평가 또는 과학계에서의 채용 시 저자의 이력을 거의 인정하지 않는 바람에 저술 활동은 불필요하게 에너지를 소비하는 기피 활동으로 전락해 버렸다.

필자는 정말로 운이 좋게도 대학에서 종신직을 보장받아 다른 이보다 논문 지표에 목을 매지 않아도 된다. 관리자는 5년에 한 번씩 필자를 평가하므로 별 볼 일 없는 논문 여러 편보다 시간이 들더라도 훌륭한 논문 두세 편을 쓰는 데 집중하는 중이다. 또한 필자는 대중을 대상으로 과학을 알리는 활동에 힘을 쓰고 있다. 대중과 소통하려는 노력 덕분에 이렇게 책을 쓸 기회도 생겼다.

말라리아에서 살아난 이후 존재의 이유를 찾는 것이 내 인생의 목표였지만, 2013년 옥스퍼드로 자리를 옮기면서 지금까지 배운 지식과 필자가 내린 결론을 토대로 대중서를 쓰기로 마음먹었다. 온전히 집필에 집중할 시간이 필요했던 필자는 우리 부부가 안식년이 되는 2020년을 목표로 삼았다. 그러나 코로나19 대유행으로 안식년이 다음 해로 연기된 탓에 우리 부부는 2021년 9월, 브리즈번에 있는 퀸즐랜드대학교에서 집필을 시작했다.

따지고 보면 모든 순서가 거꾸로였다. 처음 펜을 잡을 때만 해도 이 책이 어떻게 흘러갈지 알지 못했다. 원래 목표는 그저 자녀에게 보여 줄 책을 쓰는 것이었다. 하지만 당시 가장 어렸던 루크와 조지아에게 이 책의 초반부 원고를 보여 주었더니 자기들과 맞지 않다며 읽기 싫어했다. 솔직히 그 당시에는 허탈했다. 오히려 브리즈번에 있던 동료와 친구들이 책의 주제가 좋아 읽고 싶다는 긍정적인 반응을 보였다. 덕분에 필자는 인내심을 가지고 글을 썼고, 초고가 완성 단계에 이를 때쯤 출판 가능성을 검토하기 시작했다.

조사를 해 보니 필자에게는 세 가지 선택지가 있었다. 자비로 출판하면 책 홍보를 스스로 해야 하니 아무리 많이 팔더라도 수십에서 수백 부가 한계라는 예감이 들었다. 아니면 과학 전문 출판사 중 한 곳과 계약하여 예비 독자를 과학자층으로 돌리는 방법도 있다. 물론 원고에서 개인사와 유머, 멋을 부린 문장을 모두 들어내야겠지만, 대학 출판부라면 학구적인 독자를 겨냥해 출판과 홍보를 맡아 줄 것이다.

다른 방법으로 더 많은 사람들이 필자의 책을 읽을 수 있도록 대중 과학서 출판사와 손을 잡을 수도 있겠다. 이 분야를 잘 아는 사람들은 마지막 선택지가 쉽지 않으며, 교수라면 출판사에서 거절당하는 경우가 많다는 말을 해 주었다. 하지만 필자는 애초에 이 책의 원고가 일반적인 교육을 받았음에도 과학을 전공하지 않은 사람을 대상으로 쓴 글인 만큼 한 번 도전해 보기로 했다.

그렇게 두 번째 출판사까지는 이메일을 보냈음에도 답장이 없었다. 그러니 다행히 다른 회사와 연락이 닿았고, 담당자와 만난 후 서자로 등록되었을 때는 날아갈 듯이 기뻤다. 담당자는 일반적으로 원고를 완성하기에 앞서, 먼저 출간 제안서를 출판사에 보내야 한다고 설명해 주었다. 필자의 서류를 받아 준 곳은 펭귄 마이클 조셉 출판사였으며, 그곳의 담당 편집자와 계약을 진행했다.

그다음 단계는 여느 계약과 다를 바 없으니 대충 짐작은 했다. 그런데 그날 밤 필자는 분수에 맞지 않게 말도 안 되는 일을 저질렀다는 불안함에 잠을 이룰 수 없었다. 출판사 측과 편집자가 저자로서 함량 미달인 필자에게 연락을 잘못한 것만 같았다. 이러한 기분은 대학원 연구로 장학금을 받았을 때, 처음으로 대학 조교로 채용되었을 때, 첫 학술상을 수상했을 때, 교수로 임용되었을 때, 옥스퍼드로 이직 후 학과장에 선출되었을 때도 마찬가지였다. 그 와중에도 필자는 해내야만 했다.

필자는 우플러와 오랜 시간 산책을 하며 마음을 이성적으로 가다듬었다. 출판사와 편집자는 자기 역할에 충실한 사람들이며, 유명한 저자와 협업한 경험도 있는 업계 최고의 전문가들이다. 필자가 스스로를 믿지 못하더라도 그들이 필자를 믿고 있다. 따라서 필자와 뜻을 함께하여 유익하고 재미있는 책을 만들고자 힘쓰는 이들의 노력에 부응하기 위해서라도 최고의 책을 써 내야 했다. 이대로 자책만이 이어진다면 필자를 믿어 주는 사람에게도 큰 실례를 하는 셈이다.

필자는 예전부터 주어진 상황을 즐기기로 결심한 바 있다. 한 번뿐인 인생, 이왕이면 즐겁게 살아야 한다. 이제는 출판사 및 편집자와 연락 중이라고 말에 동료들이 깜짝 놀라는 반응을 오히려 즐긴다. 그리고 필자의 반려견도 머지않아 유명해질 것이라는 편집자의 말에, 이 책이 성공한다면 미래에는 '우플러 Woofler '라는 이름의 반려동물도 많아질 것만 같은 생각이 들었다. 그런데 고양이 이름을 그렇게 지을 사람은 없을 테니, 주로 개 이름이 되지 않을까 싶다. 생각해 보니 '우플러'도 반려견 이름치고는 성의가 없는 편이기는 하다.[101]

반려견 이름을 '우플러'라고 짓는 필자가 너무 단순한 것이 아니냐는 생각을 하겠지만, 사실 필자란 존재는 굉장히 복잡하다. 최소한 필자를 살아 있게 하는 화학 작용이 그렇기 때문이다.

이 책의 출판 이야기를 마무리하기에 앞서 우리의 존재가 얼마나 복잡한지 생각하면, 생명체가 최초의 자가 조립 매뉴얼을 자체적으로 만든 데에 경외감이 들 것이다. 아직은 그 원리를 정확하게 알지는 못하지만, 개념이 어느 정도 잡히면서 증거가 점점 늘어나고 있다. 이에 과학자들이 실험실에서 더 간단한 구조의 분자들을 혼합하여 단순한 생명체를 만들어 낼 날이 머지않았다고 본다. 핵심적으로는 젊은 지구에서 그 분자의 정체와 함께 이들의 결합으로 최초의 생

---

101 '우플러'는 개가 짖는 소리를 나타내는 영어 의성어 'woof'에서 온 말이므로 우리말로는 '멍멍이'에 해당하는 이름이다. 옮긴이.

물이 탄생하는 데 필요한 조건을 파악해야 한다.

먼저 우주가 아닌 지구에서 생명체가 생겨났다고 가정하겠다. 만에 하나 그렇지 않았다면, 일반적으로 우주보다는 다른 행성이나 유성체에서 생명이 탄생했다고 추정된다. 소수의 과학자는 생명체가 지구에 자리 잡기 전, 다른 행성에서 먼저 시작되었다는 가설인 범종설 panspermia 을 주장해 왔다.

범종설은 생명체가 어떻게 시작했는지를 설명할 수는 없지만, 초기 지구 외에도 다양한 환경에서 생명이 탄생할 가능성이 있음을 고려한다. 이러한 범종설은 생명이 시작된 장소에 대한 이해가 필요하며, 다른 행성으로 어떻게 이동했는지도 설명해야 한다는 면에서 연구가 쉽지 않다. 이처럼 연구 난도가 높을 뿐 아니라 다른 행성에 존재하는 화학 물질에 관한 지식도 미약한 탓에 범종설을 활발하게 연구하는 과학자는 극소수에 불과하다. 따라서 범종설 이야기는 여기까지만 하고, 생명체가 지구에서 시작되었다는 가정하에 설명을 진행하겠다.

위의 가정과 별개로 수많은 유기물이 성운을 비롯한 은하계의 다른 장소에서 생성되었다. 해당 유기물은 유성체와 운석에서 검출되었으며, 고성능 망원경으로 관측한 결과 다른 행성과 항성계에서도 그 흔적이 발견되었다. 하지만 유기물은 유기물일 뿐, 자가 복제를 하는 생명체는 아니다. 생명체는 지구에서 시작되었을 가능성이 크지만, 최초의 세포가 탄생하는 과정에서 우주에서 넘어온 물질의 도움을 받았을 가능성이 크다.

지구의 탄생 이후 공전 궤도가 태양에서 1억 5,000만 km 떨어진 생명 가능 지대를 지나면서 생명체 등장에 필요한 조건들이 갖추어졌다. 살아가는 데 필수적인 것이 무엇인가를 생각해 보면, 아마도 산소가 가장 먼저 생각날 것이다. 그러나 산소는 오히려 초기 생명체에게 치명적인 물질이었다고 여겨진다. 최초의 생명체가 등장한 초기 지구의 대기는 현재 우리가 들이마시는 공기와 매우 달랐기 때문이다.

이에 과학자들은 테이아가 지구와 충돌한 이후 처음으로 생성된 두터운 대기의 주성분이 질소와 이산화탄소, 수증기, 황산이었으며, 산소는 사실상 없었다고 추정한다. 당시 지구는 표면 온도는 물론, 대기 중 온실가스 농도도 높았다. 따라서 지구의 표면이 식으면서 생명체에게 가장 중요한 물질인 물이 액체 상태로 변하기까지 오랜 시간이 걸렸다.

39억 년 전에 이르러서야 지구는 물이 액체가 될 정도로 충분히 식었다. 액체 상태의 물이 확보되면서 최초의 생명체는 비교적 빠르게 진화한 것으로 추정된다. 그리고 생명체가 탄생했을 당시 초기 지구의 온도는 지금보다 더 높았을 것이다. 오늘날 지구의 평균 온도는 비교적 서늘한 $13.9℃$였지만, 당시에는 평균 온도가 끓는 점에 가까웠을 것으로 추정된다.

생명체의 등장에 두 번째로 중요한 조건은 탄소를 기반으로 한 유기물이다. 지구를 형성했던 우주진의 입자에는 생명체에 쓰일 유기화합물도 일부 존재했을 것이다. 하지만 이 물질들은 테이아와 지구의 충돌로 달이 만들어지는 과정에서 발생한 거대한 에너지에 휩쓸려 파괴되었을 것으로 본다. 이 충돌로 지구의 표면은 용융된 암석이 바다처럼 뒤덮였고, 아무리 튼튼한 유기물이라도 그 여파에 산산

존재의 역사

이 분해되었을 것이다. 달이 만들어진 이후 생명체 탄생에 필요한 분자들은 지구에서 합성되었을 것이다. 아니면 우주에서 생성된 분자들이 유성체, 소행성, 우주진의 입자를 타고 대기를 통과해 지구에 도달했을 듯하다.

복잡한 유기화합물이 우주에서 만들어졌다는 증거는 운석, 특히 1969년 9월 말 지구에 충돌한 운석을 연구하는 과정에서 대부분 발견되었다. 해당 운석의 충돌은 호주 빅토리아주 머치슨 근처에서 관측되었으며, 운석이 지구에 있는 분자에 오염되기 전에 재빨리 회수하였다. 현재까지 아미노산 70종을 포함한 1만 4천 가지 분자가 머치슨 운석에서 확인되었다.[102] 미국 머리호 lake Murray 와 캐나다 타기시호 lake Tagish 에 떨어진 운석을 대상으로 한 연구도 진행되었지만, 아직 별다른 진전은 없는 상태다.

그러나 핵염기는 세 운석에서 모두 발견되었다. 심지어 과학자들은 2019년 운석에서 리보스를 비롯한 당을 추가로 발견했다.[103] 우주 암석에는 풍부한 유기화합물이 함유되어 있을 것이며, 일부 과학자는 머치슨 운석에 유기화합물이 수백만 가지나 있을 것으로 내다보았다. 참고로 머치슨 운석의 나이는 지구보다 훨씬 오래되었다.

머치슨 운석에 포함된 탄화규소의 연대 측정 결과, 이 운석이 약 70억 년 전에 생성되었을 가능성이 제기되고 있다. 다시 말하면 이는 생명체가 DNA, RNA, 단백질 등을 만드는 데 사용하는 복잡한 유기화합물이 우주에서 생성되어 우주진의 입자나 운석을 타고 지구에

---

102   그중 생명체가 사용하는 아미노산은 20종이다.

103   리보스는 RNA를 구성하는 당이다. 옮긴이.

떨어질 수 있다는 의미이다.

인 또한 DNA와 RNA를 이루는 성분이라는 점에서 생명체의 핵심 원소에 속한다. 인은 흔한 원소이지만 바위와 광물에 결합된 형태가 다수였으므로, 초기 생명체가 이용하기는 쉽지 않았을 것이다. 따라서 생명체는 인을 함유한 분자를 쉽게 얻을 방법이 필요했다.

인의 출처로 물과 유기화합물을 지구에 가져다준 운석을 고려할 수도 있겠지만, 벼락이 관여했을 가능성도 있다. 생명체가 등장할 당시 지구의 대기에는 벼락이 자주 치고 있었다. 실험에 따르면 이러한 환경에서 접근성이 떨어졌던 인이 방출되는 데 도움을 주었을 가능성이 있다. 이 인은 인화물, 아인산염, 수산화아인산염 분자의 형태로 존재했으며, 생명체가 이용할 수 있는 형태로 변환되었다. 개인적으로는 벼락과 운석이 최초의 생명에게 필요한 인을 제공했다기보다 초기 지구에 생명체가 사용할 수 있는 형태의 인이 존재했으리라 생각된다.

당신의 세포는 높은 농도의 복합 유기물로, 인, 탄소, 산소, 질소 등으로 구성되었다. 우리에서 지렁이, 그리고 세균까지 현대를 살아가는 생물의 체내에서 일어나는 유기 물질의 화학 반응은 오늘날 지구의 외부 환경에서 일어나는 것과 판이하다. 개개의 세포 내부에서는 단백질처럼 크고 복잡한 분자들이 만들어지고 있다. 이와는 다르게 우리의 몸 밖이나 바다, 책상의 경우는 또 다르다. 체외에서 일어나는 화학 작용은 세포에서 일어나는 반응보다 훨씬 단순하며, 큰 유기물이 관여하는 경우는 거의 없다.

과학자들은 무기질로 이루어진 체외 환경에서는 '평형 equilibrium'을 이루고 있다는 표현을 쓴다. 이와 달리 살아 있는 세포

존재의 역사

는 '안정된 상태'를 유지한다고 말한다. 하지만 두 상태의 의미는 전혀 다르다. 이들 환경의 차이를 거리에 비유해 보도록 하자.

체외 환경과 세포 내 화학 반응 간 차이가 클수록 거리는 더욱 멀어진다. 현대에 들어 세포와 그 외부 환경의 차이는 최초의 생명체가 존재할 당시보다 훨씬 큰 격차를 보인다. 무기물인 외부 환경과 그토록 큰 차이가 나는 세포를 단숨에 만들기란 물리학적, 화학적으로 불가능한 일이다.

따라서 초기 생명체는 무생물인 환경이라도 필요한 화합물이 풍부한 곳에서 진화가 이루어졌을 것이다. 또한 시간이 지남에 따라 생명체가 화합물을 점차 효율적으로 활용하면서 초기 세포의 내부와 외부 간 화학 반응 수준의 차이가 더욱 커졌으리라 여겨진다. 그렇게 세월이 지나고 생명체의 세포 내부와 외부 환경의 차이는 점점 더 멀어졌을 것이다.

최초의 생명체가 등장한 과정을 이해하는 다음 열쇠는 단순한 구조의 세포가 만들어질 수 있도록 유기물과 물, 인 분자가 어떠한 과정으로 한곳에 넉넉히 농축되었는가를 아는 것이다. 이 과정을 두고 몇 가지 가설이 대립하고 있지만, 이중 가장 유력한 두 가지 가설에는 공통적으로 화산이 등장한다. 생명체는 바닷속 화도 volcanic vent [104] 나 오늘날 옐로스톤 국립공원, 아이슬란드, 일본에 있는 담수 열수 분출공에서 진화한 것으로 추정된다.

가설에 따르면 바닷속 유기물은 화도의 화산암에 난 작은 구멍

---

104 마그마의 이동 통로. 옮긴이.

에 모여들었다고 본다. 한편 육지에서는 열수 분출공에서 나온 유기 화합물이 풍부한 물이 흩뿌려지고 마르기를 반복하다가, 수분 증발이나 달이 일으킨 큰 조수로 생명체가 탄생하기 좋은 작은 물웅덩이가 형성되었다고 추정한다. 현재로서는 화학자들이 두 가설 중 어느 한쪽이라도 완전히 배제할 수 없으므로, 둘 모두 생명체가 진화할 가능성이 있다고 보고 있다. 물론 생명체의 등장을 연구하는 과학자라면 복잡한 유기화학에 대한 지식이 쌓여 갈수록 두 가설 중 하나로 결론지을 수도 있겠다. 이처럼 어느 환경이든 생명체가 탄생했다면, 그다음 단계로 '자가 촉매 반응 autocatalytic reaction '이라는 복잡한 화학 반응이 기다리고 있다.

자가 촉매 반응

　자가 촉매 반응은 일종의 복제라고 할 수 있는데, 이에 관한 간단한 예시가 있다. 물질 A와 B를 동일한 양만큼 비커에 넣어 반응하도록 한 뒤 결과를 관찰했을 때, B만 남았다고 가정해 보자. 이 경우 B 분자 하나가 A 분자를 B 분자로 바꾸었으므로 B가 자가 촉매 물질이다.

　한편 A는 촉매제로 반응을 일으키는 화합물이다. 그리고 B의 명칭 가운데 '자가'라는 말은 적당한 물질, 여기에서는 A 분자가 주어진다면 이를 활용해 자신과 동일한 물질을 만든다는 의미이다. 따라서 A와 B 분자가 하나씩 있다면, 결과적으로 B 분자만 2개 남게 된다. 이 과정에서 부산물이 생길 수 있으며, 물질 A와 B의 화학적 특성에 따라 발열 반응 또는 흡열 반응이 일어나기도 한다.

이러한 점에서 생명체는 매우 복잡한 형태의 자가 촉매 반응이다. 비유적으로 A 분자가 먹잇감, B 분자는 포식자라고 생각해 보자. 사자는 먹잇감인 얼룩말의 살과 뼈를 먹고, 그 에너지로 새끼 사자를 낳는다. 이에 사자는 얼룩말 또는 다른 먹잇감이 씨가 마를 때까지 계속 잡아먹을 것이다. 이 사실을 필자가 처음으로 발견하지는 않았지만, 화학에서 특정한 자가 촉매 반응을 표현하는 방정식은 생태학에서 포식자와 먹잇감의 상호작용을 설명하는 것과 동일하다.

생명체가 태동하는 데 어느 자가 촉매 반응이 핵심적인 역할을 했는지는 아직 알지 못한다. 어쩌면 그 당시의 자가 촉매 반응은 오늘날 DNA와 RNA에서 일어나는 반응보다 더 간단한 과정을 통해 염기와 아미노산을 자체적으로 복제했을지도 모른다. 일부 과학자는 DNA보다 RNA가 먼저 진화했으며, 이것이 초기 자가 촉매 반응에도 관여했다고 주장한다. 이를 'RNA 우선 가설'이라고 하며, 이 가설은 RNA도 DNA만큼 정보를 암호화한다는 점에서 솔깃하다. 하지만 RNA는 DNA보다 반응성이 크며, DNA가 반응하지 않는 상황에서도 촉매제처럼 반응할 수 있다. 이는 DNA 분자가 안정적이면서 비반응성을 지니기 때문이다.

해당 가설의 반론으로, 개별 RNA 분자가 안정적이지 않으므로 오랜 시간 자가 촉매 반응에 개입 시 복제 오류가 너무 많이 발생했을 것이라는 의견이 있다. 최초의 자가 촉매 반응은 세부적으로 차이는 있을지언정 다음의 세 가지 특징을 지녔을 것이다.

첫째, 반응에 관여하는 화학 물질 가운데 일부가 해당 지역에 풍부해졌을 것이다.

둘째, 반응에 관여하는 화학 물질 가운데 최소 한 가지 이상의 물질이 여러 가지 형태로 존재하는 바람에 돌연변이가 일어나 복제가 늘 완벽할 수 없었을 것이다.

셋째, 여러 형태로 존재하는 화학 물질 간 경쟁이 일어나면서 가장 우월한 물질이 최종적으로 승리했을 것이다.

자체적인 복제가 가능한 화합물이라면 확산도 빠르기 마련이다. 자가 촉매 반응을 통해 복제되는 분자 수는 조건만 충족한다면 분자의 수는 1개에서 2개, 2개에서 4개로 2배씩 계속해서 증가한다. 기하급수적인 성장이 얼마나 대단한 힘을 시니는지 언뜻 와닿지는 않겠지만, 숫자가 계속 2배씩 늘어났을 때 벌어지는 상황을 잘 보여 주는 인도의 옛날 이야기가 있다.

늙었지만 부유한 한 왕이 있었다. 그는 체스를 좋아하면서 실력도 출중하여 자신의 왕국을 지나는 여행자와의 체스를 즐겼다. 어느 날 왕은 평생 체스를 둔 현자를 만났다. 왕은 현자에게 체스를 권하며, 흥을 돋우기 위해 상을 내리겠다고 말했다.

현자는 자신이 승리한다면 체스판 첫 번째 칸에 쌀 1톨, 다음 칸에 2톨, 그다음 칸에 4톨과 같이 빈칸으로 넘어갈 때마다 직전 칸보다 두 배의 쌀알을 놓으며 64칸을 모두 채워 달라고 말했다. 왕은 이 조건에 동의했고 게임에서 패배했다.

그런데 현자에게 상을 내리려던 왕은 곧 자신의 어리석음을 깨달았다. 21번째 칸에 이르자 쌀은 1백만 톨이 넘었고, 64번째 칸에 이르자 2천억 t에 달했다. 이는 인도 전체를 쌀 1m 높이로 덮을 수 있는 양이었다.

현자가 왜 그렇게 많은 쌀을 원했는가에는 별다른 언급이 없지만, 위의 이야기는 기하급수적인 증가가 얼마나 강력한가를 보여 준다. 자가 촉매 반응이 10회 반복되면 하나의 분자는 512개로 늘어나고, 20회에는 100만 개 이상이 복제된다. 하지만 이와 같은 증가세가 영원히 계속되지는 않는다. 복제에 필요한 원료가 없다면 반응도 끝나 버리기 때문이다. 이렇듯 자가 촉매 반응에 필요한 화학 물질은 언젠가 바닥날 수밖에 없다.

지구상에서 일어난 최초의 자가 촉매 반응은 생명체의 전구체 역할을 했지만, 그 자체를 생명으로 볼 수는 없다. 전구체를 생명으로 간주하려면 더 복잡한 구조와 막을 지니고 있어야 하며, 다른 화합물의 관여도 필수적이다. 그런데 이러한 과정을 거치려면 복제가 불완전해야 했다.

자가 촉매 반응이라도 항상 복제 대상 분자와 동일한 생산물이 생성되라는 법은 없다. 가끔은 새로운 분자가 생겨나는 불완전한 복제도 일어났다. 그 분자 중 일부는 반응에 필요한 화학 물질을 보다 효과적으로 확보하거나, 새로운 화학 물질이나 에너지원을 활용하거나, 에너지 효율이 더 뛰어난 물질이 되는 등 조상 격인 분자보다 자가 촉매 성능이 더 좋았을 것이다.

위의 과정 속에서 새로운 자가 촉매제는 기존보다 높은 경쟁력을 갖추어 빠르게 확산하면서 종국에는 조상 격인 분자를 멸종시킬 것이다. 이렇게 불완전한 복제로 새롭게 탄생한 변종 세대는 자원을 두고 경쟁하며 진화의 토대를 이룬다. 진화는 자가 촉매제인 화학 물질과 살아 있는 생명뿐 아니라 바이러스에서도 예외 없이 적용된다. 과학자는 대부분 바이러스를 생명체로 보지는 않지만, 바이러스는 살아 있는 세포에 침투하여 자신을 복제한다.

사실 우리는 기하급수적인 증가와 경쟁의 힘을 이미 코로나19 대유행으로 겪었기에 불완전한 복제가 완전히 생소하지는 않다. 물론 미국 정부와 음모론자들이 일부 정치적인 발언을 하기도 했지만, 코로나19의 원인체인 SARS-CoV-2 바이러스는 야생 동물, 특히 박쥐에서 주로 유래했다.

중국에서 처음 등장한 변이주는 L 그룹이며, 이후 돌연변이를 일으켜 S, V, G 집단이 만들어졌다. 돌연변이는 바이러스성 입자, 즉 비리온 virion 유전체의 유전 암호가 제대로 복제되지 않았을 때 일어난다. 그리고 이는 원래 바이러스와 이에서 복제된 것 사이에 차이를 유발한다.

당시 사람들은 대부분 돌연변이에 크게 신경을 쓰지 않았다. 하지만 2020년 9월, 과학자들이 영국에서 알파 변이가 등장했다고 발표했을 때, 알파 변이는 순식간에 전 세계로 퍼져 나갔다. 베타와 감마 변이 또한 남아프리카 공화국과 브라질에서 차례로 발견되었지만, 그 파장은 미미했다. 2021년 인도에서 발생한 델타 변이는 전 세계를 휩쓸며 다른 변이의 자리를 대신했다. 그리고 델타 변이의 자리는 다시 오미크론 변이가 차지했다.

바이러스는 단백질 외피가 유전 암호를 둘러싼 형상을 하고 있다. SARS-CoV-2 바이러스의 유전 암호는 RNA에 들어 있으며, 단백질 외피에 돌출된 스파이크 단백질이 세포 감염에 핵심적인 역할을 한다. 구체적으로 비리온이 숙주의 세포막을 뚫고 침입한 뒤, 숙주의 세포 내 장치를 이용해 바이러스의 RNA를 복제한다. 그리고 숙주 세포는 바이러스가 자신을 복제하는 과정에서 병들거나 사망하기도 한다.

SARS-CoV-2의 숙주이자 복제 도구는 인간이었으며, 그 새로운 변이주 모두 기존 바이러스의 불완전 복제로 탄생하였다. 또한 돌연변이는 때때로 숙주 세포에서 바이러스 유전 암호를 완벽하게 복제하는 데 실패하면서 일어나기도 한다. 이러한 과정에서 새로운 스파이크 단백질이 탄생하기도 한다. 여기에서 스파이크 단백질은 바이러스가 숙주 세포 침입을 돕는 장치이다.

모든 돌연변이에 해당되는 바는 아니겠지만, 새로운 스파이크 단백질을 탑재한 바이러스의 일부는 다른 세포로의 감염 능력이 향상되었다. 이와는 달리 돌연변이 과정을 거친 바이러스가 감염 능력을 상실하여 무용지물이 된다면 순식간에 도태되므로, 이들에 대한 정보는 남지 않는다.

반면 성공적인 변이로 전염성이 더욱 높아진다면 기존 변이주를 몰아내면서 바이러스가 전 세계로 퍼져 나간다. 변이주들은 복제 도구인 인간을 놓고 서로 경쟁하는데, 이중 오미크론 변이주가 전염성 및 자가 복제 능력이 가장 뛰어났다. 오미크론 외에도 델타, 베타, 알파 변이 모두 기하급수적으로 증식하는 것은 마찬가지이지만, 전염성이 높은 오미크론 변이의 속도가 가장 빨랐다. 이에 따라 오미크론은 앞서 탄생한 변이주보다 높은 경쟁력으로 복제 도구를 더 빨리 차지한 것이다.

지구의 경우도 마찬가지로 최초의 자가 촉매 화합물 또한 자체적으로 복제하려는 화합물을 바이러스와 같은 방식으로 만들어 냈을

존재의 역사

것이다. 그리고 사용 가능한 화학 물질을 가장 빠르게 활용하는 분자가 다른 분자를 경쟁에서 밀어냈을 것이다. 이처럼 정확하지만 때로는 불완전 복제가 일어나는 경쟁에서는 가장 효율적인 유형이 승리하는 법이다.

한편 자가 촉매 반응에 대한 연구는 상대적으로 간단한 경우에 치우쳐 있다. 여기에는 순환 구조의 연쇄 반응에 관여하는 일부 화학 물질이 포함된다. 그러나 생명체가 등장했던 환경에서는 이보다 한층 더 복잡한 반응이 일어났다고 봐야 한다.

담수나 해수 환경에서 다양하고 복합적인 유기물이 잔뜩 응축된 혼합물이 있었으며, 그곳에서 그물처럼 복잡한 반응이 일어났을 것이다. 구체적으로 말하자면 일부 화학 물질이 자가 촉매 반응을 일으켰다고 보는 것이다. 이 반응은 현대 생명체의 생식 세포 복제와 유사하다고 할 수 있다.

하지만 그 핵심 반응으로 생성된 일부 물질은 일회용 체세포와 비슷한 역할을 하는 자가 촉매 반응을 일으킬 것이다. 이 추측이 옳다면 초기 생명체의 전구체는 생식 세포와 일회용 체세포가 분리되었다는 특성을 지녔을지도 모른다. 그러나 자가 촉매 반응을 중심으로 그물처럼 복잡한 반응을 거쳐 생명체로 거듭나려면 막으로 둘러싸여 있어야 한다. 그렇다면 막은 어떻게 형성되었을까?

생명체가 사용하는 막은 지질 lipid 로 이루어졌으며, 지질은 지방산 fatty acid 이라는 더 작은 단위로 구성된다. 머치슨 인근에 떨어진 운석을 비롯한 여러 운석에서 지방산이 발견된 적이 있더라도 이제는 딱히 놀라울 만한 일은 아니다. 생명체를 구성하는 다른 핵심 물질과 마찬가지로, 필수 분자는 지구에만 국한되지 않고 태양계 다른 곳에서도 생성되기 때문이다.

지방산은 탄소와 수소, 산소 원자가 결합해 긴 사슬을 이룬 분자이다. 세포막에서는 지방산 2개가 글리세롤 ^{glycerol} 이라는 화합물과 결합하고, 글리세롤은 인산염 분자와 결합한 구조를 취하고 있다. 이렇게 만들어진 분자를 인지질 ^{phospholipid} 이라고 하며, 구조는 꼬리가 2개 달린 올챙이 모양이다. 여기에서 인산염 분자는 머리 부분, 지방산은 꼬리 부분에 해당한다.

인지질은 물속에서 저절로 한데 모여 머리 부분이 바깥쪽을 향하고, 꼬리 부분인 지방산이 안쪽에서 서로 마주 보는 지질 이중막 ^{lipid bilayer} 구조를 형성한다. 그 이유는 인지질이 물에 녹지 않고, 인지질을 구성하는 다양한 분자가 여러 전하를 띠며 물과 함께 다른 인지질 분자와 상호작용한 결과물이기 때문이다.

머리 부분의 인 이온은 음전하를 띤 물 분자 부위에 끌린다. 이와 반대로 꼬리 쪽 지방산은 소수성[105]을 지니며, 이 특성은 전자기력에 기인한다. 이에 인지질 분자는 물속에서 머리 쪽이 물 분자를 끌어당기고, 꼬리 부분이 물 분자를 밀어내면서 곧바로 이중막 구조를 형성한다. 인지질 자체는 구조적으로 생성이 쉬운 편이므로 인지질은 물속에서 저절로 막을 형성하며, 이렇게 형성된 지질 이중막 구조는 세포를 둘러싸는 막의 기반이 된다.

지질 이중막은 이온과 단백질, 기타 분자들을 지키는 보호막 역할을 한다. 지질 이중막은 들판에서 양을 가두고 야생 동물을 막는 울타리 기능을 하므로, 상기 분자들도 해당 막을 드나들 수 없다. 초

---

105   물 분자와 쉽게 결합하지 못하는 특성.

기 생명체는 분자들을 막 너머로 옮기는 문제를 해결해야 했을 테고, 이에 과학자 다수가 막에 투과성이 있었다고 주장한다. 현대 생명체는 앞서 소개한 미토콘드리아와 같이 세포막에 단백질을 삽입하여 문제를 해결했다. 이와 같이 막을 관통하는 단백질은 양을 지키는 울타리에 달린 출입문과 비슷한 역할을 한다.

최초의 세포가 자가 촉매 반응을 탑재한 방법과 함께 세포 분열의 원리 또한 아직 밝혀지지 않았다. 하지만 초기 지구에서 생명체에게 필요한 분자들은 충분했으니, 일단 자가 촉매 반응이 일어나면 그 분자들이 퍼져 나가는 것은 당연지사였다. 또한 막 자체는 쉽게 형성되므로 세포 복제에 필요한 핵심 요소는 다 갖춰진 셈이다.

그러나 빠진 것이 하나 있다. 이는 에너지로, 반응을 일으키는 데 필요한 에너지의 출처는 어디에서 왔을까? 그리고 생명체는 그 에너지를 어떻게 활용했을까? 이에 과학자들은 화산 활동이 초기 생명체의 물질대사를 주도한 원동력일 가능성에 주목했다.

오늘날 존재하는 생명체는 황화수소 등 반응성이 매우 높은 분자나 빛에서 에너지를 얻는다. 동물의 경우 다른 생명체를 섭취하여 에너지를 얻는다. 물질대사 과정에서 일어나는 화학 반응은 에너지원에 따라 차이는 있지만, 결과물은 언제나 동일하다. 이는 바로 ATP 분자의 생산 덕분이다.

ATP는 생명체의 연료이다. 또한 충분히 안정적인 분자이지만, 필요 시 에너지를 쉽게 방출하면서 폭발하지 않는다. 아지도아자이드 아자이드에 비하면 ATP는 생식 세포와 일회용 체세포의 에너지 공급책으로서 훨씬 유리한 조건을 지닌다. 생명체가 움직이려면 에너지가 필요하지만, 이 과정에서 에너지를 방출하기도 한다. 이에 해당하는 사례로는 우리 몸에서 발산하는 체온이 있다.

또한 생명 유지를 위해서는 에너지 연소도 필수적이다. 지구가 그렇듯, 항성이 근처에 있다면 빛은 차고 넘친다. 최초의 스트로마톨라이트를 생성한 남세균도 빛을 이용해 물질대사를 했다. 하지만 과학자들은 최초의 생명체가 화학 합성 chemosynthesis [106]으로 자가 복제에 필요한 에너지를 얻었으리라 추정한다.

최초의 생명체가 활용한 반응성 있는 화학 물질은 바다나 육지에 있던 화도에서 쉽게 공급받을 수 있다. 화산에서는 다른 물질과 쉽게 전자를 공유 및 공여하거나, 다른 물질에게서 전자를 빼앗아 오는 화합물이 대량 생성된다. 가령 옐로스톤 국립공원의 황이 풍부한 온천에 서식하는 세균들은 수소, 황화수소, 이산화탄소를 물질대사에 이용한다. 이들 물질은 최초 세포의 에너지원 후보로서 부족함이 없다.

현대의 세균은 다양한 화학 물질을 사용하지만, 결국 이산화탄소나 메테인 가스 등 탄소를 지닌 분자로 당을 생성한다. 세균에 따라서는 수소를 원료로 화학 합성을 하여 당을 만들기도 한다. 다른 세균의 경우 암모니아나 황화수소를 활용하기도 한다.

반면 산소가 있어야 생존하는 생물은 당신이 학교에서 배운 크렙스 회로 Krebs cycle, 일명 시트르산 회로 citric acid cycle [107]를 물질대사 방식으로 채택한다. 당의 생성에서 대부분의 화학 합성 형태보다 더

---

106 생물이 반응성 있는 화학 물질을 물질대사의 에너지원으로 쓰는 일.

107 TCA 회로(Tricarbocylic Acid cycle). 옮긴이.

많은 반응이 관여하더라도, 크렙스 회로는 화학 물질이 제대로 배합되기만 하면 반응에 필요한 핵심 구성 요소가 자연스럽게 드러난다. 세포막이 만들어지는 과정이 그렇듯, 다양한 물질대사 과정은 조건만 갖춰진다면 자연스럽게 일어난다.

다음 장에서는 오늘날 지구상에 있는 모든 생물의 공통 조상인 LUCA라는 고대의 원시 생물을 다룰 것이다. LUCA는 이미 오래전에 사라졌지만, 과학자들은 LUCA의 유전 암호 재건을 시도했다. 그 결과는 황화수소, 또는 이와 유사한 반응성을 지닌 화학 물질 간 화학 합성에 관련된 유전자의 존재를 암시한다.

최초의 세포가 ATP를 사용했는지는 알 수 없지만, LUCA는 충분히 그러했을 가능성이 있다. 이는 곧 오늘날 생명체가 보편적으로 활용하는 연료가 이미 오래전부터 사용되었음을 의미한다. 또한 운석에서 ATP를 아직 발견하지는 못했지만, 해당 분자를 구성하는 아데닌과 3인산염이 개별적으로 검출되었다. 이는 생명체를 구성하는 핵심 분자와 같이 ATP의 구성 물질 또한 태양계 어딘가에서 만들어진 후 지구로 운반되었을 가능성을 보여 준다. 또한 생명체의 등장을 연구하는 화학자들은 생명체가 초기부터 양성자 펌프를 핵심 기능으로 활용하면서 우리의 생각보다 ATP를 훨씬 일찍 활용했을 가능성을 강력하게 주장했다.

생명체가 정확히 어디에서, 어떻게 시작되었는지 자세히 알려진 바는 없다. 그럼에도 과학자들은 연구에 수많은 진전을 이루었다. 이로써 우리는 생명체가 등장한 이유를 비로소 알게 되었다. 여느 화학 반응과 마찬가지로 생명체의 등장은 에너지의 차원에서 가장 발생하기 쉬운 사건이었다. 여러 화학 물질과 에너지를 어떻게 섞느냐에 따라 탄생한 최선의 결과물이 바로 생명체인 것이다.

또한 우리는 생명체의 태동에 필수적이었던 사건을 일부나마 파악하였다. 과학자들에 따르면 황화수소 등 화학 물질을 활용한 물질대사로 생성된 결과물을 에너지로 하는 자가 촉매 반응이 막에 둘러싸는 사건이 일어났다. 이러한 과정은 우주에서 유입되거나 지구에서 생성된 유기화합물이 풍부한 용액에서 일어났음을 알게 해 준다. 초기 생명체는 복제 과정에서 발생한 오류를 원동력으로 발전을 거듭한 결과, 막 외부보다 내부에서 일어나는 화학 반응이 더욱 복잡해졌다.

그리고 초기 생명체가 확산된 원인 중 하나로, 분자의 기하급수적인 증가가 큰 힘을 발휘하였다는 사실을 이해하였다. 경쟁을 거치며 구조가 점점 복잡해진 끝에 최초의 원시세포가 등장했지만, 단계별로 어떤 일이 일어났는지 세부적으로 알지는 못한다. 시간이 지나 오늘날 생명체가 활용하는 DNA와 유전 암호의 체계가 잡힌 이후에도 생명체는 끊임없이 발전해 왔다.

물론 생명체 내부에서 일어나는 가장 간단한 화학 반응이라도 실험실에서 수행하는 것과는 비교할 수 없을 정도로 큰 격차를 보인다. 그러나 우리는 결과적으로 반드시 일어나야 했던 사건과 함께 초기 지구에 핵심 분자가 존재했음을 파악하였다. 다만 이 모든 사건이 어떻게 발생했고, 화학 물질을 어느 비율로 섞어야 하며, 다른 비율은 몇 가지나 가능할지, 얼마나 많은 시간이 걸릴지는 알지 못한다.

위의 연유로 생명체의 등장은 여전히 미지의 영역으로 남아 있다. 그렇지만 다행스럽게도 비밀이 조금씩이나마 드러나고 있다. 앞으로 10~20년 이내라면 지금보다 더 많은 비밀이 풀리고, 이를 실험실에서 재현해 낼 수도 있을 것이다.

생명체가 등장한 원리를 주제로 광범위한 자료를 탐색한 필자의 결론은 다음과 같다.

먼저 열수 분출공이 있는 담수 환경에서 아미노산, 인산염, 지질, 핵염기 등 생명체를 구성하는 주요 물질이 풍부한 웅덩이가 형성되어 있다. 하지만 바다에서 생명제가 탄생했을 가능성 또한 배제할 수는 없다.

다음으로 높은 수온, 그리고 화산 활동으로 생성된 화학 물질이 꾸준히 유입되면서 DNA, RNA, 인지질, 단백질, ATP 등 복잡하고 안정적인 유기화합물이 만들어졌다. 앞선 바와 같이 복잡하고 큰 분자는 에너지의 차원에서 안정된 상태로 변화하는 과정에서 만들어진다. 이러한 과정으로 형성된 분자의 일부는 물질대사 및 복제를 가속하는 구조를 지니고 있었다.

이상과 같이 더욱 단순하면서 기본적인 구성 물질이 지구에서 만들어지거나 운석을 타고 지구로 유입되었다. 그리고 그 물질이 웅덩이에 축적되면서 복잡한 유기물이 자체적으로 탄생하였다. 또한 이 생명체는 복잡한 구조와 자가 촉매 능력을 토대로 스스로를 조립해 냈다. 이 가설을 검증하는 데 걸림돌이 있다면 생명체가 등장했던 환경에 대한 지식이 아직도 부족하다는 점이다.

과학자들이 실험실에서 초기 지구의 환경으로 추정되는 환경에서 생명체가 탄생할 때까지 화학 물질을 무작위로 조합하는 실험을 한다고 생각해 보자. 그렇다면 수백만 년이 걸려야 생명체를 만들어

내는 데 성공할지도 모른다. 이처럼 초기의 지구에서 생명체가 비교적 빠르게 등장했다지만, 이는 어디까지나 지구의 역사인 45억 년의 관점에서 그렇다는 말이다. 실제로 생명체가 탄생하기까지 수백만 년, 어쩌면 수억 년이나 걸렸을지도 모를 일이다.

다행히 화학자들의 역량은 위의 사례보다 훨씬 나은 결과를 보여 주었다. 유성체와 운석 연구를 통해 초기 생명체가 어떤 구성 물질로 이루어졌을 가능성이 높은지에 대한 지식이 쌓이는 중이다. 전자기력의 연구로 확보한 지식을 적용하여 화합물의 특성을 연구하는 컴퓨터 시뮬레이션은 생명체의 등장을 다루는 분야에서 점차 중요한 역할을 수행하고 있다.

또한 인공지능 알고리즘은 생명의 기원을 밝히는 열쇠가 되어 줄 가능성이 있다고 본다. 인공지능은 인간의 힘으로 풀기 힘들었던 아미노산 사슬이 접히면서 단백질을 만드는 원리를 밝히는 데 유용하게 활용된 바 있다. 물론 모두 밝혀내지는 못했지만 말이다. 인공지능의 응용은 복잡한 화학 반응을 이해하는 데도 큰 보탬이 될 수 있다. 무생물인 인공지능이 생명체의 기원을 규명하는 데 도움을 주고 있다는 아이러니함은 개인적으로 꽤나 인상적이다. 이는 아마 전 세계적인 주목을 받지 않을까 싶다.

오늘날 생명체가 활용하는 DNA와 유전 암호가 진화를 거치며 나타난 이래 생명체는 순조롭게 번성해 왔다. 생명체는 40억 년 가까이 지구에서 자리를 지키며 태양 폭발 solar flair 에서 유성 충돌과 혹한의 기온까지 우주에서 날아온 모든 시련을 버텨 냈다. 생명체는 이를 넘어 번성을 이루었고, 해저에서 높은 산맥 위에 펼쳐진 하늘에 이르기까지 사실상 지구상에 있는 거의 모든 공간마다 자리를 잡았다.

다음 장에서는 우리 존재의 역사 가운데 단순한 기원에서 시작한 생명체가 어떻게 확산하고 발전하였는지, 그리고 그 과정에서 마주친 난관을 어떻게 극복했는가를 살펴보도록 하겠다.

제6장

절멸과 번성 사이

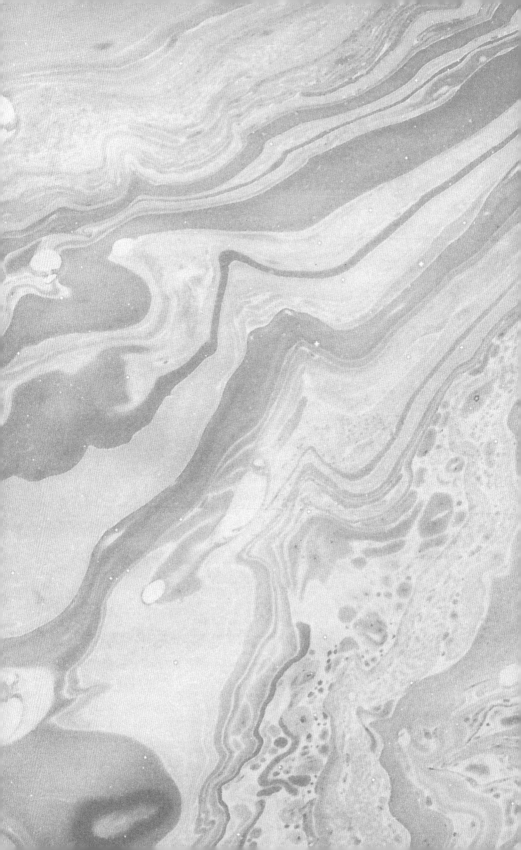

최초의 생명체와 진화

제5장에서는 최초의 생명체가 만들어진 환경에서 자가 촉매 분자 사이에 일어난 경쟁으로 화학 물질 복제 체계가 진화한 원리와 이유를 고찰하였다. 그 설명에 이견이 있는 독자는 그리 많지 않으리라 생각한다. 다만 더 복잡한 형태를 가진 생명체, 특히 인간을 다룰 때 진화가 우리의 존재를 결정짓는 최선의 설명인가에 이의를 제기하는 사람들이 있기는 하다.

그러나 최초의 생물이 만들어지기까지의 진화 과정과 약 40억 년 이후 인간을 탄생시킨 진화 과정은 동일하다. 진화는 중력과 전자기력, 약한 상호작용, 강한 상호작용처럼 실재하는 개념이며, 진화가 없었다면 우린 존재할 수 없다. 물리학자가 강한 상호작용과 약한 상호작용을, 화학자가 전자기력을 이해하듯 생물학자가 이해하는 진화의 깊이도 그와 다르지 않다.

　이제 생물학자들은 진화가 새로운 종을 만드는 원리와 이유를 알게 되었다. 그리고 필자를 포함한 진화생물학자들은 진화의 명확한 정의와 측정 방법을 알게 되었다. 나아가 우리는 유전적 차이가 발생한 원리와 자연 선택이 유전적 차이에 작용하여 새로운 형태의 생명체를 만들어 내는 방식이 어떠한지도 알고 있다. 또한 우리는 진화를 일으키는 원리가 환경 변화임을 이해하며, 자연 선택이 동식물에 어떤 변화를 가져올까를 예측하기도 한다.

　과학은 우주가 작동하는 원리와 이유를 탐구하는 학문이라는 말에 당신도 동의한다면, 물리학의 네 가지 기본 상호작용과 같이 진화 또한 실존하는 개념임을 받아들여야 한다. 그러나 진화는 어려운 주제이다. 그 이유는 다음과 같이 두 가지가 있다.

　첫째, 인간이 단세포 세균 같은 단순한 생명체나 침팬지에서 진화하였다는 사실을 받아들이기 힘들다는 이유로 부정하는 사람들이 있기 때문이다. 그러나 지구상에 존재하는 온갖 종의 유전체를 비교해 보면, 모든 형태의 생명체가 서로 연관되어 있다는 강력한 증거를 찾을 수 있다. 인간은 물론, 병을 옮기는 세균에서 바나나, 멍게, 지렁이, 초파리, 개, 고릴라까지 말이다.

　위와 같이 놀라운 생물학적 다양성이 형성되려면 수십억 년 동안에 걸친 진화가 일어나야 한다. 그리고 이 과정을 거치는 동안 죽음과 성별을 비롯하여 미토콘트리아와 엽록체를 비롯한 세포 소기관이 생겨났다. 이뿐 아니라 탄수화물, 단백질, 지질 외 수천 가지 새로운 분자, 다양한 종류의 세포, 자작나무, 필자의 반려견 우플러, 그리고 당신이 탄생했다.

둘째, 개념이 다소 복잡하기 때문이다. 독자에 따라서는 네 가지 기본 상호작용보다 어렵게 생각될 수도 있다. 진화는 여러 사건이 한 꺼번에 일어난다는 면에서 난해하다. 즉 개별적인 사건의 연속이 아 닌, 여러 개념이 한 덩어리로 뭉쳐져 이해가 어렵고 복잡한 것이다. 그럼에도 필자가 진화의 개념을 간단하게 정리해 보겠다.

모든 생물에게는 물과 음식, 보금자리 등 자원이 필요하다. 또한 인간처럼 유성 생식을 하는 종은 번식을 위해 짝을 찾아야 한다. 하 지만 환경에는 포식자나 질병, 다수의 경쟁 상내 등 여러 변수가 존 재하므로 자원이나 짝을 찾기는 어려워진다.

그러나 자원의 탐색과 획득, 활용에 능하고 환경의 위협을 잘 회 피하는 개체는 천적에게서 잘 벗어나거나 감염에 면역을 지니는 등 특별한 자질을 갖추고 있기 마련이다. 그리고 이들 자질 가운데 일부 는 최소 해당 개체의 유전체, 즉 DNA 암호에 의해 결정된다. 이에 따 라 자원 획득과 위협 회피에 성공한 개체일수록 자손을 많이 남기는 경향이 있다. 결과적으로 그들의 유전자는 그렇지 못한 개체보다 자 손 세대에서 더 많이 발견된다.

생존에 성공했던 부모의 좋은 자질은 해당 유전자를 가진 자손 에게도 나타날 확률이 높다. 진화는 종 전체에서 자원 획득과 위협 회피에 유리한 유전자를 지닌 개체의 수가 증가하는 방식으로 진행 된다. 단기적으로 몇 세대가 지날 동안은 진화 속도가 느려 큰 변화 는 관찰되지 않는다. 수십만에서 수백만 세대가 지난 후에야 비로소 전체 개체에서 유전적으로 확연하게 분화되어 새로운 종이 탄생한 다.

결론적으로 진화는 생존과 번식에 최적화된 개체를 이끌어 내는 과정이다. 몇 세대 동안의 진화는 시간의 경과에 따른 전체 개체 수 변화나 같은 종 내 다른 개체군과의 유전적 특징을 비교함으로써 변화를 측정한다. 한편 그보다 더 오랜 시간에 걸친 경우는 다른 종의 개체와 유전자를 비교한다. 이때 비교 대상이 되는 종은 무궁무진하다.

따라서 이 장에서는 동식물과 진균이 완성되기까지 필요했던 사건을 살펴보도록 하겠다. 현재 지구상에는 약 870만 종의 동식물과 셀 수 없이 많은 진균, 수억 종에 달하는 단세포 미생물이 있다고 추정된다. 그리고 진화에 따라 생명이 살아가는 방식도 천차만별이다. 이처럼 포유류가 처음 탄생한 과정을 돌아보면서 여러 생명이 살아가는 방식도 일부 다루고자 한다.

필자의 자녀들이 어릴 적 가장 좋아하는 동물이 무엇인지를 물어보면 사자나 돌고래, 개라고 대답하곤 했다. 필자는 해저에 서식하는 단세포생물인 칸디다투스 프로메테오알캐움 신트로피움 Candidatus Prometheoarchaeum syntrophicum, 즉 MK-D1 균주[108]를 아이들이 좋아하도록 노력했지만 설득에 실패한 적이 있었다.

MK-D1 세포의 생활사는 방울 모양인 블롭 blob 에서 시작해 촉수처럼 생긴 돌기를 생성한다. 가는 돌기는 수소에서 에너지를 얻는 세균을 찾는 데 사용되며, MK-D1은 그 세균의 노폐물을 원료로 삼아 물질대사를 한다. 우리는 일반적으로 생명체에게 산소가 필수적이라고 생각하지만, MK-D1은 산소를 사용하지 않는 세균의 분변을

---

108 고세균의 일종으로, '아스가르드 고세균(Asgard archaea)'으로도 알려져 있다. 옮긴이.

존재의 역사

섭취하며 살아간다.

또한 MK-D1은 기존 생명체와 다른 형태를 지니고 있다. 생물학자들은 지구상에 있는 모든 생물을 세균 bacteria, 고세균 archaea, 진핵생물 eukarya 이라는 세 가지 역 domain 으로 분류한다. 세균과 고세균은 늘 단세포생물이기에 세포 구조가 비교적 단순하다. 반면 진핵세포는 앞의 두 생물보다 더 복잡하며, 세포 내부가 막으로 구획되어 있다. 진핵생물에는 효모 등 일부 단세포생물도 있지만, 해초류, 진균, 나무, 동물 등 다세포생물도 포함된다.

생명체의 세 가지 역은 더욱 세밀하게 계 kingdom, 문 phylum, 강 class, 목 order, 과 family, 속 genus, 종 species 이라는 계급으로 나뉘어 모든 생물을 분류한다. 개인적으로는 'Do Keep Pigs Clean Or Farm Gets Smelly'라는 문장으로 위 분류 체계별 머리글자의 순서를 기억한다. 인간을 정식으로 분류하면 종명인 호모 사피엔스 Homo sapiens 에서 시작해 사람속 Homo, 사람과, 영장목, 포유강, 척삭동물문, 동물계, 마지막으로 진핵생물역까지 거슬러 올라간다.

한편 인간에게 질병을 일으키는 미생물인 대장균 Escherichia coli 은 대장균속, 장내세균과, 장내세균목, 감마프로테오박테리아강, 프로테오박테리아문, 세균역 순서로 상위 체계가 분류된다. MK-D1의 경우는 당신이 고생물역에서 직접 찾아보기 바란다. 고생물은 단세포생물로 과거 생물학자들이 세균이라고 간주했지만, 최근에는 동물, 식물, 진균과 유연관계가 더 가까움이 밝혀졌다.

같은 속에 있는 종은 서로 유연관계가 가까우며, 일반적으로 최근 수백만 년 내에 공통 조상을 두고 있다. 개인적으로 같은 속으로 보는 것이 타당하다고 생각하지만, 인간과 침팬지는 속이 다르다. 따라서 600만 년에서 1,000만 년 전에 두 종의 공통 조상이 존재했다. 반면 '종→속→과→목→강→문→계→역'으로 분류 체계를 거슬러 올라갈수록 유연관계는 점점 더 멀어진다. MK-D1과 인간은 역부터 다르므로 30억 년 전에 공통 조상이 있었다.

필자가 MK-D1을 좋아하는 이유는 특이한 생활 방식뿐 아니라 생활사도 주기도 매우 느리기 때문이다. 세포 하나가 2개로 분열하는 데 거의 한 달이 걸릴 정도로 말이다. 감이 잘 오지 않겠지만, 단세포생물의 세계에서 한 달이란 영겁에 가까운 시간이다. 참고로 대장균은 20분에 한 번씩 분열한다.

MK-D1 세포 하나가 2개로 늘어나는 동안 대장균에게 먹이가 무제한 제공된다면, 대장균 세포 하나가 2^{2190}개의 집락 colony [109]을 형성할 수 있다. 필자의 컴퓨터에 이 수치를 계산해 달라고 하면 무한이라는 답을 제시한다. 이는 기하급수적인 증가의 또 다른 예시로 볼수 있겠다.

생물학적 차원에서도 MK-D1은 사자나 돌고래, 개보다 흥미로운 요소가 훨씬 많다. 과거 유전자는 진핵생물의 전유물로 간주되었다. 그러나 MK-D1에서 유전자가 발견된 이후, 과학자들은 우리 같은 진핵생물을 구성하는 복잡한 세포가 사실은 고세균처럼 훨씬 더 단순한 세포에서 진화하였다는 가설을 세우기 시작했다.

그 예로 단세포 진핵생물에게는 세균보다 우월한 엔도시토시스 endocytosis 라는 기능이 있다. 엔도시토시스란 바이러스나 작은 세포 같은 소형 입자를 감싸 세포 내부로 들여오는 능력이다. 이 방법을

---

[109] 미생물 세포 하나가 세포 분열을 거듭한 결과 눈으로 확인 가능한 크기로 모인 미생물 무리를 가리킨다.

이용해 영양소를 세포 내로 가져와 사용할 수 있다. 세포는 세포막을 구부려 대상 물질 주위에 방울, 즉 소포 ^{vesicle} 를 형성한다. 이후 소포를 안쪽으로 끌고 들어오면 대상 물질을 막으로 둘러싼 작은 구체가 세포 내부에 있는 형상이 된다. 이는 세포 단위에서 음식 덩어리를 통째로 삼키는 모습에 비유할 수 있다.

그리고 MK-D1은 액틴 ^{actin} 이라는 단백질을 생성한다. 액틴은 엔도시토시스에 필요한 물질이며, 세균을 제외한 모든 진핵생물에서 발견된다. 위와 같이 MK-D1 균주는 생명체가 복잡한 구조로 도약한 과정을 밝히는 실마리를 제공함으로써 고세균과 진핵생물의 공통 조상에 대한 통찰을 제공한다.

이외에도 생물학자들은 엔도시토시스가 진화한 원리를 이해하는 데도 MK-D1이 도움이 될 것으로 보고 있다. 문제는 바닷속 환경이 아닐 때 MK-D1 배양을 지속하기 매우 어려워 관련 지식을 얻기 힘들다는 점이다. 한 일본 연구팀이 실험실에서 MK-D1 배양을 유지하는 데 성공했다지만 그것도 몇 년이 채 되지 않은 실정이다. 오히려 사자와 개, 돌고래의 사육이 훨씬 쉬울 정도이다. 그럼에도 MK-D1 같은 종에서 모든 복잡한 생명체의 핵심이 되는 액틴 생성 유전자가 진화하지 않았다면 사자와 개, 돌고래도 존재하지 않았을 것이다.

MK-D1 균주와 대장균, 당신의 공통점은 모두 동일한 유전 암호 체계를 사용한다는 것이다. 우리 모두 아미노산 20개로 단백질을 생성하며, 아미노산을 암호화하는 3염기의 배열인 '티민-티민-티민' 구조도 동일하다. 그리고 이는 앞서 언급한 생명체 외에 지구상에 있는 모든 생물에서 아미노산인 페닐알라닌 ^{phenylalanine} 을 암호화한다.

위와 같이 유전 암호는 지구에 있는 모든 생명체에게 동일하게 적용된다. 그러나 종마다 염기 서열이 다르므로 생산되는 단백질이 서로 다르다. 이에 두 종 간 유전자 염기 서열의 유사성을 비교한다면 그들 종의 유연관계를 알아낼 수 있다. 인간과 침팬지는 불과 수백만 년 전에 공통 조상을 두었으므로, 인간은 MK-D1보다 침팬지와 유전자 염기 서열이 훨씬 더 유사하다.

지금이야 유전 암호가 보편적이겠지만, 초기 생명체는 이를 사용하지 않았을 것이다. 하지만 생명체가 유전 암호를 받아들이는 데는 그리 오랜 시간이 걸리지 않았다. 물론 40억 년 전의 사건이 정확하게 언제, 어떻게 일어났는지 추론하기는 쉽지 않다. 하지만 오늘날 우리가 사용하는 유전 암호는 지구에 생명체가 등장한 지 겨우 수백만 년, 어쩌면 수천만 년이 지나고 작동한 것으로 추정된다.

유전 암호가 진화한 시기는 정확히 알 수 없지만, 이를 최초로 사용한 생명체는 있다. 1990년대부터 과학자들은 이 생명체를 모든 생물의 공통 조상 Last Universal Common Ancestor, 통칭 'LUCA'라고 불렀다. 필자와 당신, 창밖의 나무, 나무에 앉아 있는 새, 새의 몸속에 있는 장내세균, 기생충, 질병을 일으키는 미세 진균까지 모두 LUCA의 후손이다.

LUCA에서 당신 또는 MK-D1, 심지어 대장균까지 이어져 내려오는 중간에도 직계 후손이 있다. 이에 당신이 LUCA의 직계 후손이라는 사실에 안도감을 느낄지도 모르겠다. 그러나 바퀴벌레, 우플러에서 당신까지 오늘날 지구상에 존재하는 모든 생물이 LUCA의 후손이다. LUCA의 후손은 그만큼 다양하다.

존재의 역사

이제부터는 인간과 같은 복잡한 동물이 진화한 원리와 이유를 악하도록 하자. 우리는 개나 대장균, MK-D1 균주와 왜 이렇게 다를까? 그리고 유전 암호의 진화 이후 자가 조립 매뉴얼이 등장하는 40억 년 동안 어떤 사건이 일어나야 했을까? 이와 관련하여 진화는 지구상의 생명체를 빚어낸 과정으로, 이를 이해하려면 앞으로 설명할 DNA와 표현형, 자연 선택, 성 선택[110]의 원리를 파악할 필요가 있다.

생명의 나무 tree of life [111]는 LUCA를 뿌리 삼아 뻗어 나간다. 이처럼 LUCA는 기존 생명체에서 새로운 종이 진화한 원리를 보여 준다. 하지만 오래전에 살았던 종들은 이미 멸종한 탓에 참고할 만한 화석이 남지 않은 경우가 많다. 따라서 생명의 나무는 완전하지 않으며, 과거로 거슬러 올라갈수록 간극이 커진다.

그러나 불완전한 생명의 나무를 기준으로 보더라도 과거에 절멸했던 종 또한 여러 가지 운명의 갈래가 있었음을 확연하게 알 수 있다. 지금도 현존하는 후손을 여럿 남긴 종이 있는가 하면, 그렇지 못한 종도 있으니 말이다.

그 예로 안키오르니스 훅슬레이 Anchiornis huxleyi 는 최초의 조류형 공룡의 일종으로, 약 1억 6,000만 년 전에 진화했다. 이 공룡은 이미 오래전 멸종되었으나, 현재 1만 종 이상이나 존재하는 조류의 조상으로 추정된다. 이와는 달리 티라노사우루스 렉스는 6,600만 년 전에 백악기의 끝을 장식한 유성 충돌 이후 혈통이 끊겨 후손으로 남은 종이 없다.

110   공작새의 깃털처럼 이성 개체에게 선택받는 데 유리하도록 대상의 형질이 점차 발달하는 현상. 옮긴이.

111   지구에 존재하는 모든 생물종의 진화 계통을 나타낸 수형도.

우리는 LUCA에서 인간에 이르는 거의 모든 직계 후손과 인간 DNA 염기 서열의 대부분을 침팬지, 보노보와 공유한다. 이들 유인원과 인간의 공통 조상은 약 600만 년에서 1,000만 년 전 지구상에 처음으로 발을 디뎠다. LUCA의 탄생 이후 39억 년이 흘렀다고 가정할 때, 세 종은 생명체가 유전 암호를 사용했던 기간 중 99.8%의 시간 동안 동일한 직계 조상을 두었다. 39억 년 중 90%에 해당하는 기간 동안은 인간과 물고기, 약 75%는 바나나, 쌀, 튤립과 직계 조상이 동일했다. 그리고 15~20%의 기간은 대장균 등의 세균과 같은 직계 조상을 두었다.

공통 조상을 찾아 시간을 거슬러 올라갈수록 다른 종과 공유하는 유전자 염기 서열은 점점 적어진다. 같은 원리로 인간 DNA는 식물보다 물고기에 더 가깝다. 이처럼 생명의 나무는 생명체가 아주 오랜 기간에 걸쳐 다양해지고 번성했음을 보여 준다. 우리는 유인원의 후손일 뿐만 아니라 물고기, 해파리를 닮은 괴생명체, MK-D1 등의 고세균 및 세균의 후손이기도 하다.

과학자들이 그려 낸 생명의 나무는 정말이지 놀랍다. 개인적으로는 그동안 몰랐던 종들을 찾아보며 몇 시간이라도 구경할 수 있다. 그러나 그 종의 다수는 연구가 거의 진행되지 않았다. LUCA에서 한 단계 내려오면 세균이 보이고, 가지가 새로 갈라지며 고세균이 등장한다. 이후 고세균에서 다시 갈래가 나뉘어 진핵생물이 나타난다. 이후 효모, 식물, 동물 등 셀 수 없이 많은 분화가 일어나며, 최종적으로 가지 끝자락에서 호모 사피엔스를 찾을 수 있다. 그리고 호모 사피엔스의 이웃 가지의 끄트머리에는 침팬지와 보노보가 자리 잡고 있다.

과학자들이 새로운 역을 발견할 가능성은 낮으므로, 세균과 고세균, 진핵생물이라는 대분류는 변치 않을 것으로 보인다. 하지만 과학자들이 각 역마다 과거에 존재했던 종과 현존하는 종을 계속해서 새롭게 찾아내고 있어 놀라움을 금치 못하는 생명체의 다양성이 점차 늘어나고 있다.

생명의 나무는 아직 미완성이지만 220만 종 이상의 생물을 망라하고 있으며, 이 중 대부분은 단세포생물이다. 아직 지구에서 발견되지 않은 종이 얼마나 더 있을지는 알 수 없다. 그러나 새롭게 발견된 종이 있다면 생명의 나무 어딘가에 자신만의 지리가 있을 것이다.

현존하는 종들은 유전자 염기 서열뿐 아니라 각자가 지니는 역량도 다르다. MK-D1은 수소를 에너지원으로 하는 세균의 노폐물을 먹고 살 수 있지만, 필자는 불가능하다. 그러나 필자는 MK-D1이 못하는 1km 달리기를 할 수 있다. 그리고 필자는 우플러나 창문 밖 자작나무 위에서 노래하는 새와 체형이 다르다.

체형은 각자의 능력을 암시한다. 필자는 사람들과 대화하고, 나무에 오르며, 바나나 껍질을 벗길 수 있다. 우플러는 비둘기와 다람쥐를 쫓는데 능하고, 필자가 흉내 낼 수 없는 방식으로 사냥한 동물을 처리한다. 하지만 필자와 우플러는 갈색벌새와 같은 능력은 없다. 갈색벌새는 체중이 3.5g인데 꽃에서 꿀을 빨고, 수명이 3~5년임에도 해마다 알래스카에서 멕시코까지 5,000km를 이동한 후 다시 고향으로 돌아간다. 이처럼 모든 종은 제각기 다르며, 저마다 자신만의 생활 양식에 적응해 간다.

위와 같이 우플러는 작은 동물을 잘 사냥하고, 필자는 바나나 껍질을 까면서 다른 사람과 대화할 수 있다. 그리고 갈색벌새는 북미 대륙을 종단하며 날아다닌다. 이러한 이유는 각자의 일을 할 수 있는 특성을 지녔기 때문이다.

필자는 손재주가 좋고, 후두와 큰 뇌를 가졌다. 우플러에게는 날카로운 이빨과 예리한 시각, 매우 강한 사냥 본능이 있다. 갈색벌새는 긴 부리로 꽃 속 깊이 있는 고당도의 진액을 빨아먹을 수 있고, 제자리 비행 및 장거리 이동이 가능한 날개도 있다. 이처럼 각 종마다 먹이를 찾고 생존하여 번식을 하는 등 특별한 역할을 수행할 수 있는 특징을 가지고 있다.

생물학자들은 위와 같은 특징을 '표현 형질 phenotypic trait'이라 칭한다. 표현 형질은 한 생물이 가진 측정 가능한 특성으로 정의할 수 있다. 그리고 이는 개체가 만들어 내는 특별한 분자를 비롯하여 체중이나 성격적인 면에 이르기까지 다양하다.

표현 형질은 종마다 차이를 보인다. 개와 사람이 다르게 생긴 이유도 표현 형질이 여러모로 다르기 때문이다. 또한 같은 종이라도 개체에 따라 표현 형질값이 달라지기도 한다. 이와 관련하여 당신은 필자보다 키가 크거나, 아니면 낮을 더 가리거나 눈동자 색깔이 다를 수 있다.

이처럼 종마다, 또는 같은 종이라도 개체마다 표현 형질이 다른 이유는 유전자의 차이에서 비롯된다. 사람마다 혈액형이 서로 다른 이유도 하나 이상의 유전자에서 대립 유전자가 다르기 때문이다. 결과적으로 표현 형질값에 따라 먹이 등 자원을 탐색, 확보 및 활용하는 능력에 차이가 생겨 다른 개체보다 생존율과 번식률이 높아진다면 자연 선택과 성 선택이 일어난다. 그 결과 세대마다 특정 대립 유전자가 발현되는 빈도가 달라진다. 이상과 같이 여러 세대에 걸쳐 일어나는 유전적 변화가 바로 진화라고 한다.

우플러의 분류 체계

역	진핵생물역
계	동물계
문	척삭동물문
강	포유강
목	식육목
과	개과
속	개속
종	개

한 개체의 DNA 염기 서열에는 해당 개체의 성장 및 표현 형질을 결정하는 단백질을 생성하는 암호가 포함되어 있다. 표현 형질은 한 종에 속하는 개체의 능력을 결정한다는 점에서 중요하다. 그러나 어떤 표현 형질이 발달하는가를 결정하는 요인은 다름 아닌 DNA 염기 서열이다.

나는 박사후연구원 경력에서 상당 기간을 표현 형질 연구에 매진했다. 임페리얼 칼리지 런던 대학원 재학 당시 연구 주제는 '동물의 씨앗 및 실생[112]의 섭취 및 확산이 수목 분포에 미치는 영향'이었다. 이를 감안할 때, 나이가 들면서 연구 주제를 형질과 진화로 바꾼 것이 특이해 보일 수 있다. 물론 그 결과에는 만족하지만, 그리 신중

112　씨앗에서 싹이 난 묘목. 옮긴이.

하게 계획된 과정은 아니었다.

박사 과정이 막바지에 이르자 필자는 취업 준비를 해야겠다는 생각에 다음 행보를 고민하기 시작했다. 당시 필자는 과학을 너무나 좋아했고, 스스로 존재의 이유를 알고 싶어 하면서도 정작 어떠한 방법이 최선인지는 모르는 상황이었다.

그때 필자의 머릿속은 두 가지 고민에 휩싸였다. 지엽적인 주제를 탐구하며 관련 자료에 매진하는 학계로 가야 할까? 아니면 필자가 원하는 자료를 찾아 읽을 여유가 있는 다른 직업을 선택해야 할까? 이에 필자는 갈피를 잡지 못했다. 그럼에도 처음으로 지원한 곳은 런던동물원 산하 연구기관인 동물학연구소의 박사후연구원 자리였다.

박사후연구원은 박사 학위 취득 후 학계에서 일하는 단계인데, 일반적으로 1~5년 동안 채용되어 연구 대상이 될 특정 과제를 맡는다. 주로 정부나 기관 또는 재단의 연구지원비 확보에 성공한 대학교수가 채용 공고를 내며, 논문 심사 단계에서 경쟁이 치열하다.

필자는 동물학연구소 외에도 BBC 방송국 기상 캐스터, 그리고 대학원생을 교육하여 정부 부처의 과학 자문 채용으로 이어지는 고위 공무원 신속과정 civil service fast track 에도 지원하려고 했었다. 그러나 기상 캐스터의 세부 지원 사항을 확인해 보니, 필자가 날씨에 별 관심이 없음을 깨달았다. 고위공무원 신속과정은 지원 과정과 채용 일정이 지나치게 길어서 지원서를 작성할 엄두조차 나지 않았다. 결국 지원한 곳은 동물학연구소 박사후연구원 한 곳뿐이었다. 사실 면접을 망쳤는데도 합격하게 되어 놀라웠다.

필자가 면접을 본다는 소식을 듣고 함께 자취하던 친구 애나와 제인이 새 정장을 선물할 테니 함께 외출하자고 했다. 그렇지 않아도 맞는 옷이 없었기에 두 친구의 제안이 고맙게 느껴졌다. 당시만 해도 필자는 집안일에 다소 무지했다. 세탁기도 처음 작동할 때의 설정 그대로 사용했는데, 나중에 알고 보니 삶음 기능이 켜져 있었다. 필자가 실수를 했다는 사실도 애나가 삶음 기능을 켜 놓고 세탁을 한 사람이 누구냐고 물었을 때야 알았다. 그제야 옷이 몸에 맞지 않게 된 이유를 깨달았다.

애나와 제인 더분에 필자는 세련된 징징과 함께 옷깃이 달린 셔츠와 타이를 샀다. 그리고 다음 날 아침이 되어 면접 장소로 향했다. 때마침 출퇴근 시간이라 버크셔 서닝데일에서 런던 북부로 가는 기차 내내 서서 가야 했다. 기차가 트위커넘에 정차하던 중 필자 옆에서 있던 한 남자가 커피를 셔츠와 넥타이에 그대로 다 쏟아 버렸다. 시작부터 썩 좋지 않았다.

커피 세례를 받은 직후 필자는 이동 계획을 빠듯하게 세웠음을 깨달았다. 설상가상으로 열차까지 지연되는 바람에 연중 가장 무더운 날 아침 캠던타운 지하철역에서 동물학연구소까지 뛰어가야 했다. 그 덕에 나는 땀과 커피로 범벅이 된 채 스타벅스와 헬스장에서 맡을 법한 냄새를 풍기며 면접장에 도착했다.

면접관이었던 스티브 앨번 Steve Albon 과 조지핀 펨버턴 Josephine Pemberton 교수는 면접을 시작하기에 앞서 잠시 숨을 고를 시간을 주었다. 당황한 면접관은 땀투성이인 필자에게 수건을 건네며 이마에 흐르는 땀을 닦을 여유를 주었고, 잠시 후 첫 질문이 이어지면서 본격적인 면접이 시작되었다. 좋지 않은 상황이었지만, 바로 다음 날 합격 통보를 받으니, 필자가 면접관에게 좋은 인상을 주었던 듯하다.

동물학연구소와의 계약 기간은 3년이었다. 필자의 역할은 이너 헤브리디스 제도의 럼섬 ^Rum 에 서식하는 붉은사슴과 영국에서 손꼽히는 외딴섬인 세인트 킬다 군도의 허타섬 ^Hirta 에 서식하는 야생양 한 종의 유전자 및 생태를 연구하는 것이었다. 일을 시작할 당시만 해도 이후 18년 동안 형질과 진화라는 연구 주제에 계속 매달릴 줄은 꿈에도 몰랐다.

그동안 필자는 스티브와 조지핀을 비롯하여 연구 과제에서 공동으로 작업한 많은 이들과 친분을 쌓았다. 학술적 견해 차이로 우정이 흔들릴 때는 연구에서 한 발 뒤로 물러나기도 했다. 다행히 필자는 그 사람들과 우정을 유지할 수 있었다. 이후에도 필자는 옐로스톤 국립공원에 서식하는 늑대, 트리니다드섬 담수 하천에 서식하는 구피, 호주 연안의 섬에 서식하는 작은 녹색 새인 동박새 등 여러 연구 주제를 맡았다. 그중 동박새는 아내가 25년 동안 연구한 주제였으니, 결과적으로 잘한 결정이었다.

럼섬의 붉은사슴과 허타섬의 야생 소이양 ^Soay sheep [113]을 여러 해 동안 연구하며 표지 재포획 ^mark-recapture 데이터를 다루는 데 능숙해졌고, 지금도 이 기법을 활용해 연구한다. 표지 재포획 데이터를 생성하려면 야생 개체 가운데 주로 갓 태어난 새끼를 인도적인 방법으로 포획한 다음 특별한 표식을 붙인다. 양은 식별번호가 있는 귀표를, 붉은사슴은 무늬가 있으며 둘레 조절이 되는 목걸이를, 늑대는 특정 전파를 보내어 개체의 위치를 알려 주는 목걸이형 송신기를, 구

---

113 세인트 킬다 군도에 서식하는 양의 품종으로, 소이섬(Soay)의 고유종에 속한다.

피는 작은 문신을 새긴다.

표지가 끝난 동물은 처음 포획한 장소에서 야생으로 돌려보낸다. 이후 다시 눈에 띄거나 재포획 시 해당 개체의 위치를 기록한다. 그리고 최초 포획 시 혈액 샘플 등 해당 개체의 가계도를 파악할 데이터를 확보하고, 신체 크기, 집단 내 서열, 기생충 감염 증거, 치아 상태 등 여러 표현 형질을 측정한다. 이러한 과정 속에서 수집된 각종 데이터와 포획 당시의 정황을 종합하면, 기후 변화가 야생 동물의 개체 수에 미치는 영향과 함께 특정 표현 형질이 진화한 이유와 원리 등 다양한 주제를 연구하는 기반이 된다.

필자는 구피와 늑대, 동박새를 연구하면서 크나큰 행복에 살았다. 그 이유는 그동안 필자가 알던 자연 세계의 지식이 양과 사슴의 생태에 매우 치우쳐 있었음을 깨달았기 때문이다. 다른 종의 개체 단위를 대상으로 몰입하는 귀중한 연구에 평생을 바친 전문가들과 함께 작업하면서 인지한 점이 하나 있다. 바로 모든 종은 개체마다 유전 암호뿐 아니라 살아가는 방식에서도 개성 있는 종이라는 것이다.

필자의 인생이 양과 사슴 전문가에 그쳤다면, 자연이 이토록 세밀하게 작동하는가를 절대로 이해하지 못했을 것이다. 물론 양과 사슴을 연구한 시간도 필자가 성장할 수 있었던 소중한 경험임은 부정할 수 없다. 그리고 이러한 연구 환경에서 오랫동안 일할 기회를 얻은 것에 늘 감사하게 생각한다. 하지만 필자가 더욱 성장할 수 있었던 것은 구피와 늑대, 동박새 덕분이다. 옐로스톤 국립공원에서 함께 연구하던 이들과 몇 시간을 이야기하며, 아내와 우플러와 함께 옥스퍼드를 산책하고 호주에 다녀왔던 시간이 있었기에 초식동물 중심의 편협한 시각에서 벗어날 수 있었다.

이상과 같이 매우 다양한 종을 대상으로 연구하며 알게 된 사실은 각 집단에 속한 개체마다 사망 원인이 너무나도 다양했다는 것이다. 그리고 그 원인에는 중요한 의미가 담겨 있었다. 늑대는 서로 싸우거나 질병에 걸려 죽는 것이 주된 사망 원인이다. 구피는 생활 환경에 포식자가 있다면 십중팔구 망둥이 등 천적 물고기의 턱에서 최후를 맞을 것이다. 반대로 천적에게서 멀리 곳에 서식하는 경우라면 먹이가 부족해져서 죽게 될 것이다. 한편 아내가 연구하던 동박새는 겨울에 혹독한 눈보라가 치거나 질병이 퍼져서, 때로는 다른 새와 싸우거나 아니면 나이가 들어 알 수 없는 이유로 죽음을 맞을 것이다.

일부 개체에서 번식이 실패하는 원인 또한 사망 원인만큼이나 중요하다. 그 대표적인 예는 다음과 같다. 첫째로 자손을 낳을 수 있을 정도로 충분한 양의 지방을 축적하지 못했을 것이다. 둘째는 짝짓기 상대나 영역 확보에 실패했거나, 셋째로는 늑대의 사례처럼 서열이 높은 개체가 서열이 낮은 개체의 새끼를 죽이기도 하는 경우 등이 있다.

그렇게 개체군마다 사망과 번식 실패의 주요 원인을 피해 가는 표현 형질을 지닌 개체가 더욱 선호되기 시작했다. 필자는 이를 이해함으로써 위험 요소가 변화한 양상을 파악하였다. 결과적으로 전혀 다른 대상에서도 필자는 이들의 생태와 진화를 연계하여 일반화를 도출할 수 있었다. 자연 선택에서는 서로 다른 표현 형질이 개체의 죽음을 모면하도록 돕는 방식에 대한 파악이 중요한 반면, 성 선택은 번식에 실패할 가능성을 최소화하는 표현 형질에 초점을 맞춘다.

사망 및 번식 실패 확률을 낮추는 표현 형질의 발달을 암호화하는 DNA 염기 서열, 즉 유전자를 지닌 개체는 더 많은 자손을 남긴다. 자손이 많아지면 이로운 표현 형질의 발현을 암호화하는 유전자의 사본 또한 늘어난다는 의미이다. 그리고 해당 개체군에서는 세대를 거듭할수록 이로운 유전자가 나타날 빈도가 점점 높아진다. 이러한 과정이야말로 최초의 생명체가 탄생한 이래 진화가 계속될 수 있었던 원동력이다.

LUCA에서 우리까지 이어져 온 39억 년이라는 시간 동안 우리 조상은 죽음과 번식 중단으로 유전자가 다음 세내로 선날되지 않아 세대가 끊어질 위기와 무수히 맞닥뜨렸다. 그럼에도 우리 조상은 오래도록 살아남아 후손을 만들어 냈고, 최종적으로 진화를 거쳐 우리가 탄생했다. 이는 현존하는 모든 종의 개체마다 겪어 온 과정과 동일하다.

현재에 이르는 대업을 달성하기 위해 우리 조상은 수많은 난관을 극복했다. 그리고 자신이 맞닥뜨린 수많은 위험 요소를 최소화할 기발한 해결책을 만들어 내는 방향으로 진화했다. 그리고 생명의 나무가 커지면서 생명체의 종류도 다양해졌다. 그동안 진화는 새로운 표현 형질을 무수히 빚어내며 종마다 지니는 사망과 번식 실패의 원인을 해결하는 데 도움을 주었다.

그리고 DNA는 표현 형질을 암호화한 것으로, 생명체에게 가장 중요한 산에 해당한다. 과학자들은 이러한 DNA를 연구해 오면서 생명의 나무가 지닌 비밀을 풀고, 생명체의 역사를 밝혀내는 데까지 이른다.

개체군에 속하는 모든 개체는 두 대립 유전자가 대부분 항상 동일하지만, 그렇지 않은 경우도 있다. 가령 사지 발달을 조절하는 대립 유전자는 늘 동일하더라도, 머리 색을 결정하는 것은 서로 다를 수 있다. 이처럼 유전자는 대립 유전자를 한 가지 이상은 지닌다. 따라서 우리도 저마다 차이를 보인다. 당신이 누군가와 유연관계가 가까울수록 유전체도 비슷해진다.

생명의 나무에서 두 종과의 거리가 멀수록 유전체의 차이도 커진다. 해당 종 모두 공통의 조상이 있고, 그로부터 시간의 흐름에 따라 분화되었다. 하지만 LUCA까지 거슬러 올라가 보면 모든 DNA가 같은 속도로 갈라져 나오지는 않았음을 알 수 있다.

유전자에 따라서는 시간이 흘러도 변화가 미미한 경우가 있다. 가령 유전 암호를 단백질로 해독하는 과정에 관여하는 유전자는 지난 40억 년 동안 거의 변하지 않아 매우 잘 보존되었다고 알려져 있다. 반면 유연관계가 매우 가까운 종이라도 유전자가 크게 다를 수 있다. 예컨대 이질염색질 heterochromatin 은 다른 유전자의 비활성화에 관여하는 중요한 유전자로, 초파리 가운데 유연관계가 매우 가까운 종끼리도 차이를 보인다.

진화의 숨은 조력자

　새로운 대립 유전자, 그리고 새로운 단백질을 만드는 새로운 유전자는 유전 암호의 돌연변이로 발생한다. 돌연변이는 세포 분열 시 DNA 가닥의 복제 과정에서 발생하는 오류이다. SARS-CoV-2 바이러스의 새로운 변이주 생성도 복제 오류로 인한 돌연변이가 원인이다.

　돌연변이는 무작위로 발생하는 것으로 추정되며, 생물의 발달에 많은 영향을 끼친다. 돌연변이가 미치는 가벼운 영향의 사례로 내 망막이 제대로 발달하지 못해 시력이 낮은 사람이 있다. 돌연변이에 따라 실명이나 난청, 조로증[114], 요절, 만성 통증, 다운증후군, 성격장애

114　빨리 늙는 병. 옮긴이.

등 더욱 해로운 결과를 낳기도 한다. 이러한 돌연변이가 발생하면 발달이 저해된다.

그러나 작은 부분에 발생한 돌연변이가 이로울 때도 있다. 이는 개체가 사망이나 번식 실패를 더 잘 회피하도록 하는 표현 형질을 나타나게 한다. 이러한 돌연변이 덕분에 생명체가 번성하고, 생명의 나무에서 뻗어 나온 가지를 더 복잡하게 장식하면서 세상을 정복할 수 있었다.

이로운 돌연변이가 없었다면 우리는 LUCA에서 한 발짝도 진화하지 못했을 것이다. 하지만 이러한 성공의 이면에는 해로운 돌연변이가 있다. 우리가 존재하는 대가로 무수히 많은 개체들이 자가 조립 매뉴얼에 결함을 가진 채 태어나 이른 죽음이나 고통 또는 번식 실패를 겪으며 자손을 남기지 못했다. 돌연변이와 자연 선택은 진화의 원동력이지만, 유전체 어느 부위에서든 발생할 수 있다. 복권에 비유하자면 누군가는 꽝이 나와 발달 장애를 겪는가 하면, 소수는 당첨되어 유리한 특성을 획득한다.

가장 단순한 유형의 돌연변이는 시토신이나 티민, 아데닌, 구아닌이 제대로 복제되지 않는 것이다. 추후 자세히 이야기하겠지만, 필자의 시력이 좋지 않은 것도 조상 중 한 명에게 그러한 돌연변이가 일어났기 때문이다. 가령 점돌연변이 point mutation 가 일어나면 14번 염색체에서 한 지점의 염기가 우연히 시토신 대신 아데닌으로 복제된다. 이렇게 생성된 새로운 대립 유전자는 암호화를 담당하는 아미노산 사슬에 변화가 생기면서 최종 조립된 단백질의 모양도 달라진다.

단백질의 구조가 바뀌면 돌연변이가 없는 대립 유전자에 비해

존재의 역사

화학 반응이 느려져 표현 형질이 나타나는 방식이 조금 달라진다. 만약 새로운 표현 형질이 해당 개체의 생존이나 번식을 유리하게 해 준다면 새롭게 돌연변이가 일어난 대립 유전자가 개체군 내에서 확산된다. 그러나 일반적으로 해로운 돌연변이가 대부분이므로 개체군 내에서 빠르게 도태된다.

염기 하나만 뒤바뀌는 점돌연변이는 돌연변이의 다양한 유형 중 하나에 불과하다. 다른 돌연변이는 더 큰 변화를 가져온다. 가장 흥미로운 돌연변이를 꼽자면 단백질을 생성하지 않는 정크 DNA junk DNA 에서 발생하는 경우이다. DNA가 아미노산 사슬을 만들기 시작하려면 DNA 염기 서열을 읽고 유전 암호를 단백질로 번역하는 세포 내 분자들이 개시 코돈 start codon 과 만나야 한다.

개시 코돈은 아미노산 사슬이 만들어지기 시작하는 지점으로, 아미노산 사슬 생산을 개시하는 3염기의 종류는 여러가지이다. 가장 흔한 개시 코돈은 ATG이며, 분자에 생산 중단 신호를 보내는 것도 있다.

가끔 점돌연변이로 단백질을 생산하지 않는 정크 DNA 내부에 개시 코돈이 새롭게 형성되기도 한다. 그 결과 완전히 새로운 단백질이 만들어진다. 이 단백질은 기능 면에서 대부분 무용지물이지만, 매우 드물게 자체적인 기능을 지니기도 한다. 이러한 돌연변이는 흔치 않지만, 그동안 생명체에 존재하지 않던 완전히 새로운 표현 형질을 만들어 낼 수도 있다.

한편 바이러스는 언제나 골칫거리라는 이미지가 있지만, 가끔은 유용한 유전자를 새롭게 만들어 내는 도구가 되기도 한다. 코로나19의 원인체인 코로나 바이러스나 홍역 바이러스, 광견병 바이러스 등

바이러스는 스스로 복제가 불가능하다. 바이러스는 세포 내 장치를 이용하며, 이 과정에서 당신을 감염시킨다.

바이러스가 일단 세포 내부로 들어오면 그 안의 장치를 탈취하여 유전 암호를 복제하고, 자신을 감쌀 외피 단백질을 만들어 새로운 바이러스를 자가 조립한다. 바이러스에 감염된 세포는 대부분 죽지만, 항상 그렇지만은 않다. 일부 바이러스의 유전 암호는 조각조각 나뉘어 감염된 세포의 DNA에 영구적으로 삽입된다.

정자와 난자를 만드는 줄기세포인 생식 세포가 위의 과정을 거친다면, 새로운 유전자가 자손에게 전달되어 단백질과 새로운 표현 형질의 탄생에 활용된다. 이렇게 만들어진 단백질은 대부분 제대로 된 역할을 하지 못한다. 그러나 예외도 있기 마련인데, 숙주에 삽입된 바이러스 유전자가 초기 포유류에서 태반 placenta 의 발달에 관여하였다고 알려진 사실이 바로 그것이다.

유전자 돌연변이의 유형은 삭제 deletion , 삽입 insertion , 역전 inversion 등 다양하다. 이처럼 DNA 가닥이 유전체의 한쪽에서 복제되어 다른 쪽으로 삽입되는가 하면, 염기 서열이 뒤집혀 역순이 되기도 한다. 때로는 2개의 염색체가 하나의 큰 염색체로 합쳐지기도 하며, 유전체 전체가 복제되면서 유전자의 수가 2배로 늘어나기도 한다. 최근 연구에 따르면 기생충의 DNA가 숙주로 넘어간 사례도 있는데, 그만큼 DNA는 역동적이고 가변적이다.

직계 후손에서 돌연변이가 발생한 결과 서로 다른 종이 다른 유전자를 지닌다. 그리고 동일한 유전자에서도 대립 유전자에서 차이를 보이며, 유전체의 크기도 다르다. 일본에 서식하는 고산 식물인 의립초 Paris japonica 의 유전체는 1,490억 개의 염기로 이루어져 있다.

인간의 경우는 기껏해야 30억 개 언저리로, 의립초의 약 2% 수준이다.

하지만 곤충의 체내에서 생활하는 세균인 '나수이아 델토케팔리니콜라 Nasuia deltocephalinicola'에 비하면 아무것도 아니다. 이 세균의 염기 수는 11만 2,000개에 불과하여 의립초의 약 0.001%에 불과하다. 종에 따라서는 DNA가 더 많아야 살 수 있을 것 같은 느낌을 주지만, 의외로 유전체 크기와 유전자 숫자가 서로 일치하지는 않는다. 애기장대 Arabidopsis thaliana 라는 식물의 유전체 염기 수는 1억 3,500만 개, 유전자는 2만 7,416개다. 반면 독일가문비나무 Norway spruce 는 또한 유전자 수가 애기장대와 비슷하지만, 유전체 염기 수는 190억 개로 큰 차이를 보인다.

DNA가 배열되는 방식도 종마다 제각각이다. 세상에서 가장 많은 염색체 수를 지닌 동물은 아틀라스 푸른나비로, 총 450개(225쌍)이다. 반면 암컷 잭 점퍼 개미는 단 1쌍의 염색체만 지니고 있다. 모든 개미 종과 마찬가지로, 수컷 잭 점퍼 개미 또한 상동 염색체 2개가 짝을 이룬 형태가 아닌 1가염색체를 가진다. 생물학자들은 1가염색체를 반수체 haploid 라고 부르며, 염색체끼리 쌍을 이룬 이배체 diploid 와 구분한다.

놀랍게도 식물 중 일부 종은 3가염색체 혹은 그 이상을 지니기도 한다. 양치식물의 일종인 나도고사리삼은 최대 10가염색체를 지닌다. 바나나도 나름대로 3가염색체 식물이지만, 나도고사리삼에 비하면 한없이 초라해 보인다. 이상의 유전체 크기와 총 염색체 수, 각 염색체가 짝을 이룬 상동 염색체 수는 표현 형질이므로, 다른 요소와 마찬가지로 진화를 거친다.

생물학자들은 종 간 유사성을 비교함으로써 한 종과 다른 종의 유연관계를 파악할 수 있다. 하지만 생물이 죽으면 매우 이례적인 환경이 아니고서는 빠른 속도로 DNA가 분해되어 버린다. 이와 관련하여 영화 〈쥐라기 공원 Jurassic Park 〉에서는 호박 속에 보존된 곤충 혈액에서 공룡 DNA를 추출하는 장면이 있다. 그런데 아무리 단단한 나무 수액 속에 갇힌 DNA라도 6,600만 년의 세월을 버틸 수는 없다. 따라서 공룡의 유전자 염기 서열을 알아내려면 백악기에 종말을 불러온 유성 충돌 이후부터 지금까지 DNA가 멀쩡해야 한다. 현재까지 발견한 것 중 가장 오래된 DNA는 그린란드 만년설 아래에서 발견된 200만 년 전의 것이었다.

또한 생물의 사망 후 DNA는 대부분 빠르게 분해된다. 따라서 티라노사우루스 렉스는 물론 최초의 포유류, 수십억 년 전 존재했던 MK-D1과 인간의 공통 조상의 크기, 형태, 유전체의 구성은 추측만 가능할 뿐이다. 멸종된 종과 공통 조상을 가졌던 종들이 오늘날에도 살아 있고, 하나같이 특정 유전자를 가지고 있다면 그 종도 해당 유전자가 있었다는 강한 확신을 가지고 주장할 수는 있다. 하지만 그 이상의 해석은 한계가 있다.

생물학자들은 DNA 연구로 생명의 나무의 퍼즐 조각을 놀라울 정도로 세밀하게 맞출 수 있게 되었다. 그럼에도 멸종된 생물의 외형을 파악하는 데는 별로 도움이 되지 않았다. 이는 멸종된 종이 특정 유전자를 가졌다고 추정하더라도, 해당 유전자가 종의 발달이나 표현 형질에 미치는 영향까지 안다고 보장할 수는 없기 때문이다.

물론 같은 유전자가 여러 용도로 활용되는 경우는 흔하다. 예컨대 여러 세균에서 발견되는 GroEL 단백질은 아미노산 사슬이 정확한 단백질 모양으로 접히도록 하는 데 중요한 역할을 한다. 하지만 개미귀신은 동일한 유전자에서 생성된 그 단백질을 곤충 사냥용 독소로 사용한다.

개미귀신은 풀잠자리목 명주잠자리과 유충이다. 개미귀신 유충은 모래에 깔때기 모양으로 구덩이를 파고 아래쪽에서 모래로 몸을 덮어 숨는다. 개미귀신의 함정에는 딱정벌레도 빠지지만, 주된 피해자는 개미이다.

그렇게 아무 생각 없이 지나다니는 곤충들이 개미지옥이 파 놓은 모래 구덩이 모서리에서 발을 헛디뎌 아래로 미끄러진다. 이때 개미지옥은 먹잇감을 마비시키는 독소를 주입해 체액을 빨아먹는다. 이후 먹을 수 없는 나머지 부분은 버린다. 개미지옥의 독소는 침샘에 서식하는 세균이 만들어 내며, 세균이 단백질을 생성하는 데 사용하는 물질과 동일하다.

유전자 다수, 어쩌면 대부분이 만들어 내는 단백질은 하나 이상의 기능을 지닌다. 그렇기에 멸종된 종이 어떤 유전자를 활용하였으며, 발현된 표현 형질은 무엇인가를 파악하기란 쉽지 않다.

발달 과정에서 유전자가 활성화되는 시간 또한 종마다 다르다. 그 예로 지느러미가 큰 어류는 작은 어류보다 성장 과정에서 일부 유전자를 더 오랫동안 활성화한다. 한편 쥐나 원숭이, 인간 등 포유류의 체형과 기관의 크기가 제각각인 이유도 사용하는 유전자가 달라서라기보다는 발달 과정마다 유전자의 활성화/비활성화 시점이 다르기 때문이다. 따라서 뇌의 발달에 관여하는 유전자를 근거로 멸종된 생물의 뇌 크기를 유추하기란 거의 불가능하다. 생명체의 과거를 재구성하려면 화석에 의존할 수밖에 없다.

인간은 최소 2,500년 전부터 화석의 존재를 알고 있었다. 고대 그리스인은 화석화된 조개껍데기가 과거 이곳에 살았던 조개임을 알고 있었다. 고대 그리스의 철학자이자 시인인 콜로폰의 크세노파네스 Xenophanes 는 조개 화석을 발견했을 때 화석이 있던 장소가 과거에 바닷속이었을 거라고 정확하게 추측했다.

중국과 중동 지역 등 여러 문화권에서도 화석의 존재를 알고 있었으며, 오래전 생물이 죽은 흔적이라는 사실 또한 인지했었다. 그후 1840년대에 런던 자연사박물관을 설립한 리처드 오언 Richard Owen 이 '디노사우르 dinosaur '라는 명칭을 공룡에 최초로 사용한 뒤에야 화석이 세간의 주목을 받기 시작했다. 생각해 보면 인간은 수천 년 동안 화석을 밟고 다녔으면서도 공룡을 마치 거인과 같은 전설 속 괴물로만 취급해 왔다.

리처드 오언의 성과는 세 가지 종의 공룡 뼈를 분석함으로써 그뼈의 주인이 모두 엄청난 크기로 자라는, 과거 멸종된 파충류의 일원이라고 분석한 데 의의가 있다. 디노사우르는 '무서운 도마뱀'라는 의미로, 사람들은 괴수로 간주하던 공룡이 오래전부터 실제로 지구상을 누비고 다녔다는 사실을 받아들인 후부터 공룡에 매료되기 시작했다.

절대다수의 공룡 사체는 부패되어 흔적도 없이 사라졌지만, 공룡 화석은 꽤 흔하다. 이러한 이유는 공룡이 1억 6,500만 년 동안 지구상을 누비고 다닐 정도로 매우 번성했기 때문이며, 일부 종은 개체수도 매우 많았을 것이다. 특히 대형 공룡은 뼈와 이빨도 크다. 이는 동식물을 막론하고 단단한 부위가 가장 화석으로 남기 쉽다는 사실과 연관된다.

반면 단세포생물이나 근육, 뇌 등의 연부조직과 꽃이 화석이 되는 경우는 드물다. 그럼에도 연부조직이 화석으로 보존된 경우가 일부 존재하기는 한다. 그러나 우리는 40억 년이 넘는 세월 동안 지구상에 존재했던 수많은 생명체에 대해 아는 바가 거의 없다. 고생물학자에 의해 특정 지질 연대에서 화석의 위치를 예측하는 기술이 많이 발전했음에도 불구하고 말이다.

특히 몸집이 작은 동물의 성체와 몸집이 큰 동물의 어린 개체를 가려내는 문제 또한 쉽지 않다. 동물은 성징 과정에서 체형이 급격히 변한다. 따라서 뼈와 이빨 같은 신체 일부만 화석으로 남아 있다면 원래 모습을 해석하기 어렵다. 같은 종이라도 어린 개체와 성체의 형태 및 크기는 천차만별이다.

그 예로 알에서 깬 새끼 에뮤의 키는 12cm이다. 이는 세계에서 가장 작으며 날 수 없는 새와 크기가 비슷하고, 솜털로 뒤덮인 모습이 엄청나게 귀엽다. 하지만 성체는 키가 무려 170cm까지 자라고, 생긴 것도 무시무시해져서 어릴 때의 모습이 거의 남아 있지 않다.

몇 년 전 퀸즐랜드에 있는 장인어른의 농장을 방문했을 때의 일이었다. 당시 우리는 알에서 깬 지 하루 만에 아빠와 떨어진 새끼 에뮤를 데리고 왔다. 에뮤나 타조 같은 평흉류는 다른 조류와 달리 수컷이 전적으로 새끼를 돌본다는 특징이 있다. 그리고 조류는 대부분 태어난 직후 깃털이 없어 성체처럼 매력적인 모습은 아니다. 하지만 에뮤와 닭, 오리는 깃털을 가진 채 알에서 부화하는데, 우리가 돌보던 새끼 에뮤도 귀여웠다. 무엇보다 우리가 돌보지 않는다면 새끼 에뮤는 죽을 것이었다.

처음에는 새끼 에뮤의 이름을 '에마'라고 지어 주었으나, 수컷일 가능성도 고려해서 중성적인 느낌을 주는 이름인 '에마스티브'로 바꾸었다. 에마스티브는 장인어른을 부모로 각인하며 농장에서 자랐다. 처음 몇 달 동안은 귀여운 반려 조류가 따로 없었다. 그러나 에마스티브는 곧 트랙터 열쇠를 비롯해 아무거나 닥치는 대로 먹어 대기 시작했다.

하지만 그 일은 스테이크에 비하면 약과였다. 장인어른의 농장에는 소를 키우고 있어 스테이크가 풍족한 편이었으나, 에뮤는 일반적으로 단백질 함량이 낮은 먹이를 섭취한다. 하지만 에마스티브는 달랐다. 에마스티브는 1년 만에 반항기 넘치는 10대로 자랐고, 귀여웠던 새끼 에뮤는 어디 가고 난생처음 보는 180cm의 거대 에뮤가 있었다. 만약 새끼 에뮤가 원래부터 그 정도로 자라는지 몰랐다면 우리는 경악을 했을지도 모른다.

나중에 알고 보니 에마스티브는 수컷이었고, 이에 따라 너무나도 귀여운 새끼에서 가장 높은 서열을 차지하려는 난폭한 짐승으로 탈바꿈했다. 에마스티브는 딸 소피를 쫓아 집 안까지 들어왔고, 장인어른을 공격했으며, 방문객조차 농장에 들이지 못하도록 방해했다. 따라서 우리는 조치를 취해야만 했다.

우리는 생물학자들이 연방사 soft-release 를 하듯 농장 문을 열어 둔 채 기다리다가 에마스티브가 나가자 문을 닫아 버렸다. 이후에도 에마스티브는 농장 주변에 정기적으로 보이곤 했다. 에마스티브는 덩치가 컸지만 몸에 다른 이상은 없었고, 하루는 어린 새끼 8마리와 함께 있는 모습이 목격되어 우리를 흥분시켰다.

장인어른은 왈라비에서 어린 유기견에 이르기까지 부모 잃은 온갖 동물을 농장에서 키우신 분이다. 그런 장인어른도 다시는 에뮤를 키우지 않겠다고 다짐했다. 우리는 에마스티브의 귀여운 첫인상에 속아 넘어갔고, 시간이 지나면 괴물 같은 크기로 자랄 것을 알면서도 새끼를 구해야겠다는 의욕이 앞서 현실을 망각해 버린 것이다. 에뮤의 사례와 같이 한 종에서도 어린 개체와 성체는 그만큼 차이가 있다.

생물의 발달 단계를 해석하는 어려움이 있음에도 고생물학자들의 화석 연구는 면밀하게 이어져 왔다. 이로써 이루어 낸 연구 성과는 유전학자들이 DNA에서 얻은 지식과 함께 지구 생명체의 역사를 이해하는 데 큰 힘이 되었다.

LUCA는 인간과 동일한 유전 암호를 사용했던 단순한 형태의 세균이지만, 이러한 특징 외에 우리와 다른 점이 많다. LUCA의 유전체 연구 결과, 동식물이나 진균을 섭취하지 않고 화산활동으로 생성된 황화수소를 물질대사에 이용했을 것으로 추정된다. 또한 인간은 산소가 없으면 죽지만, LUCA는 오히려 그 반대였을 것이다.

그리고 LUCA의 유전체는 인간에 비해 더 작다. 이뿐 아니라 유성생식을 하는 인간과 달리 성별과는 거리가 멀었을 것이다. 그러나 LUCA에게 발생한 다양한 돌연변이 중 일부는 새로운 표현 형질의 탄생을 불러와 우리 조상의 생존과 번식을 도왔다. 이러한 돌연변이가 거의 40억 년이 넘는 시간 동안 반복되며 LUCA에서 우리까지 진화할 수 있었다.

그동안 인류는 DNA와 화석 외에도 격렬한 유성 충돌과 화산 활동이 일어났던 시기 등 지구의 역사가 흘러가면서 발생한 중요한 사건들을 연구하며 생명의 나무를 만들어 나갔다. 이에 생물학자들은

LUCA가 인간으로 진화하기까지 필수적으로 일어나야 했던 사건이 무엇인지를 파악할 수 있었다. 아직 갈 길이 멀지만, 우리의 지식은 눈에 띄게 확장되었다.

돌연변이가 발달 과정에 영향을 미쳐 등장한 표현 형질이 자연 선택과 성 선택을 거쳐 우리가 탄생했다. 이 과정에 관여하는 분자의 작동 원리는 대개 이 책에서 다루는 범위를 벗어날 정도로 복잡하다. 그러니 LUCA에서 우리에게 이르는 여정 중 가장 중요하고 혁신적인 진화를 몇 가지 간단하게 짚어 보도록 하겠다.

생명체는 지구상에 견고하게 자리를 잡는 과정에서 황화수소 외에도 다양한 에너지원을 능숙하게 활용하기 시작했다. 최소 27억 년, 어쩌면 그보다 오래된 37억 년 전에 생명체는 빛을 물질대사에 활용하는 방법을 발견했다. 최초로 빛을 활용한 물질대사에 성공한 주역은 세균의 일종인 남세균으로, 웨스턴오스트레일리아 샤크만과 바하마에서 발견되는 스트로마톨라이트를 만든 주인공이기도 하다. 이렇게 남세균에서 시작된 광합성은 오늘날 모든 식물과 조류(藻類, algae), 여러 세균의 물질대사 방법이 되었다.

광합성은 광자의 에너지로 이산화탄소와 물 분자를 분해해서 얻은 탄소와 수소 원자를 활용하여 단백질 합성에 필요한 아미노산을 만들어 낸다. 이 과정에서 부산물로 산소가 생성된다. 그러나 남세균 하나가 만들어 내는 산소의 양은 보잘것없다. 그러나 수십억 마리라면 얘기는 달라진다.

수십 억의 남세균이 수백만 년 동안 배출한 산소가 환경에 축적되고, 지각과 대기 중에 있는 산소와 반응할 수 있는 모든 원소가 산화되었다. 그 뒤 어느 시점부터 대기 중 산소 농도가 증가하기 시작

존재의 역사

했다. 지구의 대기에 반응하지 않은 상태의 산소가 처음 등장한 것은 23억 3,300만 년 전의 일이었다. 이후 산소는 수백만 년에 걸쳐 농도가 서서히 증가하여 대기 중에서 3~4%의 비중을 차지하게 되었다. 하지만 오늘날 대기 중 산소 농도가 21%임을 고려하면 그조차도 매우 적은 수치이다.

위와 같은 이유로 남세균은 최초의 세계적인 오염원이기도 했다. 남세균이 생성한 산소를 의미 있게 사용하는 생명체도 있었지만, 산소는 대부분의 초기 생명체에게 독이었나. 이에 따라 세균 수십억 종이 몰살당했다. 하지만 이러한 산소도 누군가에게는 자원이었기에, 생명체는 산소를 활용할 방안을 찾아냈다.

수십억 년 전, 셀 수 없을 정도의 남세균이 끝없이 뿜어낸 산소는 우리 존재의 기틀이 되었다. 대기 중 산소 농도가 3~4%로 증가한 '대산소 발생사건 great oxygenation event '은 우리의 진화에 필수적인 사건이었다. 그러나 그보다 결정적인 사건이 더 남아 있었다. 바로 대기 중 산소의 증가로 여러 생물이 산소의 반응성을 이용해 포도당에서 에너지를 얻는 방향으로 적응하는 새로운 유형의 물질대사가 진화를 통해 등장한 것이다.

포도당은 당의 일종으로 매우 다양한 생명체에서 에너지원으로 사용된다. 새로운 자원이 풍부해지면 생명체는 그 자원을 활용할 방안을 찾고, 이는 진화를 통해 다시금 증명된다. 이처럼 생명체가 산소를 이용해 포도당을 분해하는 물질대사 방식의 완성은 새로운 생존법을 낳았다. 이후 생물이 단세포 이상으로 진화할 수 있는 길이 열리며 완전히 새로운 세상이 펼쳐지게 되었다.

현존하는 동물은 모두 탄수화물이라는 큰 분자를 분해하여 얻은 포도당을 물질대사의 에너지원으로 사용한다. 생명체는 탄수화물을 저장해 두었다가 나중에 꺼내 쓰거나, 다른 대형 분자를 구성하는 기본 단위로 사용한다. 모든 세포에는 탄수화물이 있다. 따라서 포도당으로 물질대사 및 DNA 복제를 하는 능력이 있다면 다른 생물이나 죽은 지 얼마 되지 않은 사체를 섭취하여 번성할 수 있는 기회가 열린 셈이다.

그 결과 단세포생물이 다른 생물을 잡아먹는 엔도시토시스에서 시작하여 최종적으로 초식을 비롯한 다른 동물의 포식 또는 기생이나 부패한 동물을 섭취하는 생활 양식으로 발전했다. 그러나 산소는 양날의 검이었다. 산소는 다수의 세균에게 독으로 작용할 뿐만 아니라, 한 생물이 다른 생물에 잡아먹혀 죽을 수 있는 더 위험한 세상의 도래를 알리는 매개체였다.

농도가 높아진 산소는 세포 깊숙한 곳까지 확산이 가능해졌기에 세포는 더 크게 진화했다. 몸집이 커진 세포는 효율적인 작동을 위해 세균이나 고세균보다 더 체계적인 구조를 갖출 필요가 있었다. 그 결과 세포 내부에서 막이 진화함으로써 화학 물질을 보내거나 운반할 수 있었다. 이렇게 탄생한 초기 진핵생물 세포는 세균보다 수천 배나 더 커질 수 있었다.

진핵생물의 진화는 연구가 매우 활발한 분야로, 세포 내 구조물이 어떻게 진화하였는가를 둘러싼 수많이 가설이 존재한다. 아직 고세균에서 진핵생물로의 진화 경로는 아직 확실히 밝혀지지 않았지만, 이와 관련하여 매우 중요한 사건 하나를 소개하도록 하겠다.

약 10~15억 년 전 진핵생물이 등장하고 얼마 지나지 않은 시점의 일로, 초기 진핵생물 세포가 세균 포식에 실패한 일이 있었다. 해당 세균은 생존하여 자신을 잡아먹으려 했던 세포의 내부에 자리를 잡고, 그곳에서 분열하여 자손을 만들었다. 시간이 흘러 초기 진핵생물은 안전을 보장하며 포도당을 제공하고, 세균은 그 보답으로 세포의 물질대사를 담당하면서 고도로 효율적인 공생 관계로 진화하였다. 이 세균이 만든 아데노신3인산, 즉 ATP는 물질대사의 최종 생산물이자 모든 세포에서 화학 반응을 일으키는 연료이다.

해당 세균의 후손은 모든 진핵생물의 세포에서 찾을 수 있으며, 이를 '미토콘드리아'라고 부른다. 미토콘드리아는 자체적으로 막과 DNA를 가진 세포 소기관이다. 미토콘드리아는 진핵생물 세포 밖에서 생존이 불가능하며, 진핵생물 세포도 미토콘드리아가 없으면 죽는다. 따라서 미토콘드리아가 제 기능을 하지 못하면 우리도 죽는다.

우리가 죽는 데는 다양한 이유가 있지만, 노화가 일어나는 핵심 원인은 우리의 세포 내 미토콘드리아의 성능이 떨어져 가기 때문이다. 때로는 미토콘드리아 DNA에 돌연변이가 일어나 제 기능을 하지 못하는 경우도 있기는 하다. 그렇다면 미토콘드리아는 일찍 죽는다.

식물과 진균을 아우르는 진핵생물에는 모두 미토콘드리아가 있다. 그리고 식물 세포 내부에는 또 다른 공생 관계를 형성했던 원핵 세포의 후손이 있다. 이 소기관이 바로 광합성을 담당하는 엽록체로, 빛을 이용해 포도당을 만들어 식물의 물질대사에 활용한다. 따라서 오늘날 지구상에 존재하는 모든 복잡한 생명체는 MK-D1와 유연관계가 가까운 초기 진핵생물과 세균의 상리 공생 mutualism [115]이 빚어낸 결과물이다.

115 서로 이익을 주고받는 공생의 방식으로, 한쪽만 일방적으로 이익을 취하는 편리공생(commensalism)과 반대되는 개념이다.

한편 인간을 비롯한 일부 진핵생물은 성별이 번식에 관여한다. 성별은 진핵생물이 탄생하는 과정에서 효모와 유사한 단세포생물에서 비교적 빠르게 진화했다. 하지만 모든 진핵생물이 유성생식을 하지는 않는다. 일부 종은 암컷이 스스로 유전자를 복제하므로, 수컷이 필요 없는 역설적인 상황이 연출되기도 한다. 해당 종에 속하는 생물은 복제 시 매번 자신과 동일한 유전자만 복사한다. 그리고 이러한 방식으로 만들어진 딸 개체도 자체적인 유전자 복제가 가능하다.

반면 유성생식을 하는 암컷은 번식할 때마다 자손은 평균적으로 절반만 암컷으로 태어나 자손을 남길 것이다. 나머지는 수컷으로 자손을 낳을 수 없다. 또한 유성생식으로 태어난 자손은 염색체 한 쌍 중 암컷 유전자는 절반인 50%만 지닌다. 이외의 조건이 모두 동일하다면 무성생식을 통한 복제 전략을 채택한 유전자가 유성생식보다 개체군 내에서 2배 더 빠르게 확산된다. 그렇다면 유성생식은 경쟁에서 밀려나면서 입지를 잃을 것이다. 즉 성별이 있다면 진화의 측면에서 대가를 치러야 하므로, 유성생식이 진화하려면 무성생식과 구별되는 이점이 있어야 한다.

생물학자들이 밝혀낸 성별의 몇 가지 이점은 다음과 같다. 가령 유성생식은 진화를 통해 유전체를 더욱 빠르게 재배열하여 바이러스나 세균의 진화에 빠르게 대처할 수 있다. 또한 개체군에서 해로운 돌연변이를 걸러내는 데 도움을 준다. 진핵생물이 진화하던 초기에는 성별에 따른 대가보다 앞의 이점이 훨씬 더 컸으리라 추정된다. 그 결과 보편적이라고는 할 수 없지만, 대부분의 동식물이 유성생식을 채택하게 되었다. 이처럼 성별은 단세포 진핵생물에서 진화한 것이었지만, 이후 더욱 복잡한 다세포생물의 선택을 받기에 이른다.

다세포생물은 6억 년에서 16억 년 전 사이에 등장하였다. 세균 및 고세균을 비롯한 대부분의 생명체는 단세포 형태였으며, 다른 세포에 의존하지 않고도 생존과 번식이 가능했다. 동식물과 진균 같은 다세포생물은 협동 관계에 있는 수많은 세포로 이루어져 있으며, 단 하나의 세포도 단독으로 살아갈 수 없다. 다세포생물을 구성하는 세포는 모두 동일한 유전체를 지니지만, 형태가 다양화되면서 각각 다른 기능을 수행한다. 가령 피부 세포는 신경 세포, 근육 세포와 다르지만 모두 동일한 DNA 염기 서열을 지니며, DNA는 세포핵이라는 막 구조물 내에 싸여 있다.

위와 관련하여 다세포생물로 진화하려면 두 가지 걸림돌을 해결해야 한다. 다세포생물도 처음에는 하나의 세포에서 발달해야 하므로, 성숙했을 때 새로운 개체로 자라날 단세포를 만들어 내야 한다. 유성생식에서 이에 해당하는 단세포는 바로 수정란이다.

동물은 대부분 정자와 난자를 생성하며, 이들 세포는 염색체의 한쪽만 가진 반수체 세포이다. 정자와 난자가 수정하면 이배체 세포가 되며, 이배체가 분열하면 2세포, 여기에서 4세포로 거듭 분열한다. 그렇게 수정란은 공 모양을 한 64세포, 일명 포배 blastula 를 형성할 때까지 분열한다. 포배는 여러 유형의 세포로 분화하기 시작하며, 그 첫 번째 과정으로 태반과 배아가 될 세포가 나타난다.

포배에서 어느 세포가 태반이나 배아로 발달할지는 인접 세포가 생성한 화학 물질의 농도에 따라 결정된다. 바깥쪽에 위치한 세포는 인접한 세포의 수가 적으므로 자신에게 영향을 주는 화학 물질의 농도가 낮다. 구체적으로 이러한 농도에 따라 특정 유전자의 활성화 여부가 결정된다. 반면 발생[116] 중인 포배의 깊은 곳에 위치한 세포는 화학 물질의 농도가 높으므로 앞에서 언급한 유전자도 달라지면서 다른 형태로 발달하기 시작한다.

첫 분화가 일어나면 두 가지 세포에서 고유의 화학 물질을 생산한다. 화학 물질의 농도는 분비한 세포와 가까울수록 높고, 멀어질수록 낮아지는 화학적 기울기 chemical gradient 를 형성한다. 포배 전반에서 나타나는 여러 화학적 기울기는 세포마다 어떤 유전자를 활성화/비활성화하겠다는 지시를 내림으로써 최종적으로 분화될 세포를 결정한다. 이 과정에서 더 많은 종류의 세포가 만들어진다.

발생이 진행되는 동안 동일한 유전체를 토대로 화학적 신호에 따라 근육과 신장, 눈, 귀, 심장, 손톱을 비롯한 모든 신체 부위가 만들어진다. 이에 관하여 화학 물질 농도의 차이가 발생에 얼마나 중요한가를 입증하는 놀라운 실험이 하나 있다. 이 실험에서 과학자들은 초파리 등 실험 동물의 화학적 기울기를 조절해 나이에 따라 특정 유전자를 활성화 또는 비활성화하여 거대 파리를 만들어 내기도 했다.

당신의 몸을 구성하는 세포의 수는 약 30조 개이며, 그 종류는 대략 220가지로 나눌 수 있다. 세포는 종류마다 세부적인 차이가 있으며, 과학자에 따라서는 그 종류를 훨씬 세분화해야 한다고 주장하기도 한다. 세포들은 각자 발생 과정에서 각종 장기와 조직의 형태를 취한다. 이처럼 다양한 종류의 세포는 모두 동일한 유전체에서 만들어진다. 그리고 발생 과정에서 세포마다 서로 다른 유전자를 활성화/비활성화한다. 그중 세포에 따라 일부 유전자가 더 오래 기능하도록

116 생물학에서 수정란이 세포 분열을 비롯한 여러 과정을 거쳐 개체로 거듭나는 것을 말한다.

활성화하는 방식을 거친다.

그 예로 특정 단백질을 생성하는 유전자 세트를 활성화하면 빛을 인지하는 원추 세포가, 다른 유전자 세트의 경우 에너지를 저장하는 지방 세포가 만들어지는 방식이다. 유전체는 발생 과정 동안 자가 조립 매뉴얼로서 특정 유전자를 언제 활성화/비활성화할까를 결정하는 역할을 한다. 그리고 다른 세포에 있는 유전자의 활성화 여부를 지시하는 분자 농도의 기울기를 형성한다.

따라서 세포 분화에서는 동물을 이길 존재가 없다. 식물과 진균, 해초 등 일부 조류(藻類)도 세포가 분화되지만, 동물에 비하면 그 종류와 기관의 수가 훨씬 적다. 이에 생명의 나무의 구조는 진핵생물에서 다세포생물로 거듭나기까지 최소 10번 이상의 독립적인 진화 과정을 거쳤음을 보여 준다. 그렇다면 다세포생물은 어떻게 탄생했을까?

새로운 종의 출현

생명체가 수십억 년이 넘도록 단세포생물에 머물러 있는 동안, 돌연변이와 자연 선택으로 유용한 유전자가 계속해서 늘어났다. 세균을 시작으로 DNA를 상호 공유하는 기발한 방법이 여러 가지로 진화를 이루면서 일부 단세포 종의 생활 방식도 다양해졌다. 즉 세포가 처한 환경이 바뀌면 다른 유전자가 활성화되는 것이다.

가령 물질대사를 일으킬 산소가 있는 환경이라면, 포도당을 에너지원으로 선택했을 것이다. 이와 반대되는 환경이라면 탄소를 얻기 위해 다른 물질을 선택했을 것이다. 이처럼 환경이 바뀌면 사용하는 유전자도 달라지는 유연성은 틀림없이 다세포생물로 진화하는 기본 소양에 해당하지만, 이는 수많은 필요조건의 하나에 불과하다.

최초의 다세포생물이 만들어지는 중요한 난관 중 하나는 바로

존재의 역사

세포가 한데 뭉쳐야 한다는 것이다. 먼저 이에 가장 가능성 있는 방식은 분열된 세포가 완전히 분리되지 않아서 유전적으로 동일한 세포끼리 공 모양의 덩어리로 뭉치는 것이다. 하지만 방법은 이뿐만이 아니다.

다음으로 기전은 아직 확인되지 않았지만, 유전 계통이 다른 세포끼리 서로 협력하는 과정에서 DNA가 단일 유전체로 합쳐졌다는 가설이 존재한다. 단순한 구조를 가진 일부 종에 한하여 그러한 사례가 오늘날에도 관찰되는바, 해당 기설에 근거가 없지는 않다. 그러나 유전체가 합체한다는 근거가 논문으로 나오기 전까지는 검증되지 않은 방식으로 남을 것이다.

그다음은 단일한 세포에서 동일한 유전체를 지닌 핵을 여러 개 생성한 후, 핵과 주변 세포 소기관들을 분리하는 막을 형성하여 세포군을 만들었다는 견해가 있다. 이러한 양상은 오늘날 일부 종에도 관찰되기는 하지만, 비교적 드문 편이다. 또한 다세포생물로 진화하는 과정이 남아 있는 화석조차 없으니, 다세포생물이 어떻게 등장했는지는 영원히 알 수 없을지도 모른다. 다만 다세포생물로 거듭나기까지 10번 이상의 독립적인 진화 과정 속에서 위의 세 가지 방법을 활용했을 가능성은 존재한다.

최초의 다세포생물은 공 모양의 세포 덩어리로 분화가 거의 이루어지지 않았을 것이다. 하지만 그러한 단순한 형태 또한 자연 선택의 결과이다. 최초의 다세포생물은 경쟁 상대인 단세포생물을 섭취하는 것이 가능했을 듯하다. 또한 대형 단세포 포식자에게서 몸을 지키고, 이동하는 데도 이점이 있었을 것이다. 이 가운데 광합성을 하는 종은 다세포생물이 단세포생물보다 높은 곳에서 자라 빛을 확보하는 데 압도적인 우위를 점했을 것이다. 단점이라면 당이나 산소 같은 자원을 생물의 안쪽 세포까지 운반해야 하는 것이 있었다. 하지만 장점이 단점을 능가했기에 다세포생물은 지금까지 존재한다.

다세포생물의 단점은 그뿐만이 아니다. 예컨대 빠른 속도로 자체적인 복제가 가능한 단세포생물과 다르게, 다세포생물은 발달이 진행되는 동안 번식이 늦추어진다. 모든 조건이 동일하다면 단세포생물의 번식 속도가 훨씬 빠르니 경쟁에서 다세포생물을 압도하는 것이 정상이다.

또한 다세포생물은 죽음을 피할 수 없다. 진화의 측면에서 딱히 단점은 아니지만, 복잡한 생물의 몸에서 생식 세포와 체세포로 나뉘는 특징이 딱히 도움이 되지도 않는다. 생식 세포가 제 역할을 제대로 한다면 자손 또한 부모와 같은 특성을 물려받을 것이다. 당신의 뇌에서 발끝까지 신체의 모든 부위가 일회용 체세포로 구성되었으며, 체세포는 당신 유전자의 절반이 담긴 자손을 만들어 낼 가능성을 극대화하기 위해 존재한다.

한편 동식물과 진균에서는 다세포화의 장점이 단점을 능가했을 것이다. 하지만 효모나 아메바 등 다른 진핵생물은 다세포화를 선호하지 않았다. 여전히 지구상의 생명체는 대부분이 단세포생물이다. 단세포생물은 다세포생물이 등장하기 수십억 년 전부터 오랫동안 존재했으며, 형태적으로도 매우 효과적인 생명체이다.

흔히 진화의 관점에서 다세포생물이 더 우월하다고 여기지만, 이는 틀린 생각이다. 다세포화는 생명체가 자신의 유전자를 다음 세대로 전달하기 위해 찾아낸 방법 중 일부에 지나지 않는다. 하지만

존재의 역사

공 모양의 세포 단순한 덩어리가 어떻게 우리처럼 복잡한 존재로 진화했을까?

화석에 따르면 공 모양의 단순한 세포 덩어리였던 다세포생물 가운데 한 계통이 작은 그릇 형태의 동물로 진화했음을 보여준다. 그릇의 형태는 단세포생물을 잡는 원시적인 올가미처럼 사용되었을 것이며, 이 동물은 화학 물질을 생성해 단세포생물을 분해했을 것이다. 식물의 조상에서는 다른 형태로 진화가 일어나 광합성에 활용할 빛을 확보하기 위해 가지를 치며 표면적을 극대화했나. 나세포생불은 단세포생물과 마찬가지로 가능한 모든 자원을 활용하여 분화하기 시작했다. LUCA에서 인간으로 한 발짝씩 나아가기 시작한 것이다.

이후 5억 년 동안에는 훨씬 더 복잡한 종으로 진화했다. 지금으로부터 약 5억 년 전, 1,300만 년에서 2,500만 년에 걸쳐 복잡한 구조의 동물이 폭발적으로 진화한 사건인 '캄브리아기 대폭발 Cambrian explosion'이 일어났다. 이 명칭은 5억 3,900만 년 전부터 5,300만 년 동안 지속된 캄브리아기에서 유래하였다.

캄브리아기는 인간을 비롯한 모든 척추동물의 조상이 처음 화석 기록으로 나타난 시기이다. 이 시기에 살았던 피카이아 그라실렌스 Pikaia gracilens 의 화석 16개를 첨단 영상장치로 분석한 결과, 수백만 년에 걸쳐 모든 척추동물의 척추로 발달한 신경 다발 nerve chord 을 발견했다. 피카이아 그라실렌스는 먼 친척뻘인 다른 동물과 마찬가지로 외형이 썩 매력적이지는 않지만, 개성은 있었을 것이다. 이 종은 길이 약 5cm에 원시 장어처럼 생겼고 머리에는 촉수가 여럿 달려 있었다.

오늘날에는 그 종과 관련된 동물 집단인 창고기류 lancelets 가 현존하며, 생김새는 피카이아 그라실렌스와 유사하다. 창고기류는 얕은 바다에 서식하며, 열대지방에서 스칸디나비아 지역까지 발견된다. 주식으로는 바닷물에서 걸러낸 세균과 조류(藻類), 작은 동물을 섭취한다. 피카이아 그라실렌스는 이러한 생활 방식을 처음으로 개척하였고, 이 방식은 5억 년 동안 이어졌다.

캄브리아기 대폭발 시기에 처음으로 화석 기록을 남긴 생물은 우리의 조상뿐만이 아니다. 당시 진화했던 생물 형태 가운데 일부는 홍합, 해면동물, 문어, 바닷가재로 진화했다. 다세포화, 세포 분화, 화학적 기울기가 진화를 통해 완성되었고, 이 시기는 현존하는 모든 동물의 조상이 만들어진 것 외에도 진화에서 살아남지 못한 형태의 생물을 시험하는 기간이었다.

개인적으로 생존하기를 바랐던 종은 타미시오카리스 보레알리스 Tamisiocaris borealis 로, 몸길이는 약 1m이다. 이 동물은 현대의 새우와 게의 조상인 아노말로카리스 Anomalocaris 라는 최상위 포식자와 유연관계가 가까웠지만, 딱히 위협적인 존재는 아니었다. 외형상으로는 제임스 캐머런 James Cameron 이 제작한 〈아바타: 물의 길 Avatar: The Way of Water 〉의 무대인 판도라 행성의 바다에 살아도 전혀 위화감이 없을 정도다. 타미시오카리스 보레알리스는 앞발 혹은 다리라고 할 수 있는 부위에 달린 부드러운 수염으로 세균과 조류를 거른 후 섭취한다. 이 동물이 지금까지 살아 있었다면 웬만한 대형 수족관 정도는 멋지게 장식할 수 있었을 것이다.

또한 캄브리아기 대폭발은 현대의 동물이 진화한 지질 시대이기도 하다. 진화를 통해 세포가 만들어졌고, 이는 최종적으로 빛, 전기장, 촉각, 음파 그리고 미각과 후각을 감지하는 기관의 탄생으로 이어졌을 가능성이 크다. 초기 감각 기관과 함께 원시적인 뇌도 진화했으며, 캄브리아기 대폭발 동안 눈과 귀, 코가 생물에서 머리가 되어 뇌가 생기는 부위로 이동했다. 이 시기에는 타미시오카리스 보레알리스처럼 특이하게 생긴 괴생물도 있었지만, 현대 동물이 지니는 여러 특징이 처음으로 나타났다. 따라서 당시 진화했던 수많은 동물이 현재 바닷속에 있다고 하더라도 그리 어색하지 않다. 하지만 후손인 인간이 피카이아 그라실렌스 화석을 경이로운 시선으로 바라보기까지 5억 년이라는 세월이 더 길렸다.

캄브리아기 대폭발의 막바지에는 바닷속 동물들이 급격히 분화하며 척추동물의 씨앗을 뿌리고 있었다. 그동안 육지는 식물로 뒤덮이기 시작했다. 세균은 약 5억 년 전부터 최초로 담수호와 얕은 바다에서 수억 년 동안 번성해 왔고, 단세포 조류(藻類)도 진화하면서 세균과 같은 서식지에 정착하였다. 하지만 최초의 다세포 육상 식물은 그 이후에 탄생하였다.

가장 초기의 식물 형태는 호수 아래 침전물에 뿌리를 내렸겠지만, 빛을 두고 경쟁하는 과정에서 오늘날 맹그로브 mangrove [117]처럼 수면 위에서 자라는 구조로 진화하기 시작했다. 이러한 초기 식물은 이후 계절에 따라 형성되었다가 사라지는 호수에 적응했고, 범람이 적은 지역에도 옮겨가 자리를 잡았다. 이렇게 식물이 확산되면서 유기질 토양도 늘어났고, 약 4억 년 전에는 흙과 진흙도 흔해지기 시작했다.

117   아열대나 열대 해변이나 하구 습지에서 자라는 나무의 총칭.

곤충은 최초의 육상 식물이 정착한 직후인 약 5억 년 전이 조금 안 되는 시기에 진화했으며, 최초의 육상동물이기도 했다. 가장 초기의 곤충은 오늘날 좀 silverfish 과 약간 유사하게 생겼으며, 아직 날지는 못했다. 한편 날아다니는 곤충은 약 4억 년 전 화석을 최초로 간주하고 있다. 비행 능력은 곤충이 새로운 지역으로 확산하는 수단이자, 4억 5천만 년 전 바다를 떠나 이미 육지에 정착한 척추동물의 포식을 피하기 위해 발달했다. 이에 육상 식물과 곤충은 서로 거부할 수 없는 자원이 되어 주었다.

이외에도 산소가 부족한 물에서 서식하던 일부 어류에 한하여 이미 공기를 들이마셔 산소를 보충하는 원시적인 폐가 진화하였다. 이들 어류는 육지를 포식자로부터 도망치는 피난처로 활용하고, 호수나 바닷물 웅덩이 사이와 육지라는 짧은 거리를 잠깐이나마 이동하기까지 했다. 오늘날 어류에서도 그러한 특성을 가진 종이 있다.

예컨대 하츠킬리피시 Hart's killifish 는 물 밖으로 뛰어올라 포식자에게서 도망치며, 남아메리카 열대지방의 숲바닥을 지나 개울 사이를 이동한다. 이 어종의 표현 형질은 원시 어류였던 우리 조상이 육지에 자리를 잡을 때 유리하게 작용했을 것이다. 그리고 시간이 지나 지느러미는 팔다리로 진화하고, 아가미는 사라졌다.

육지에서 번성해 빛을 두고 경쟁하기 시작한 식물은 높게 뻗어 있을수록 유리했다. 육상 식물이 위로 똑바로 자라기 위해 리그닌 lignin 이라는 단단한 단백질이 진화했다. 리그닌 덕분에 식물은 중력을 거슬러 지상에서 위를 향해 자랄 수 있었다.

리그닌은 꽤 단단한 분자이다. 오늘날 식물이 죽고 숲에서 나무가 쓰러지면 식물의 다양한 부위가 세균과 진균에 의해 분해되지만,

리그닌은 분해에 시간이 걸린다. 이에 3억 년 전부터 식물은 리그닌 덕을 톡톡히 보며 지상에 광활한 숲을 형성했다.

당시에는 기후가 덥고 습하며, 산소 농도도 지금보다 높았다. 그리고 길이만 1m가 넘는 잠자리 등 여러 곤충이 나무 사이를 날아다니고 있었다. 나무가 서 있던 곳은 땅보다 늪에 가까워 식물이 죽어도 세균이나 진균에 의해 분해되지 않았다. 이를 두고 과학자에 따라서는 아직 식물을 분해하는 효소가 진화하지 않아서라고 주장하기도 하지만, 논란의 여지가 있는 가설이다. 하지만 숲의 바닥이 축축한 환경에서는 죽은 식물이 분해되지 않고 쌓이기만 했으므로, 분해 효소가 발달하더라도 제 역할을 하기 힘들었을 것이다.

시간이 흘러 더 많은 식물이 죽어 모래, 흙과 함께 탄탄하게 쌓였고, 수백만 년이 지나자 죽은 유기물은 석탄으로 변했다. 우리는 과거 생명체가 활용하지 못했던 고대 식물의 유해를 태워 발전소, 자동차, 비행기를 가동한다. 동물은 리그닌을 소화할 방법이 아직 진화하지 않았지만, 인간은 석탄과 석유[118]를 이용할 방법을 찾으면서 지구에 변화를 가져오고 있다. 대기 중 이산화탄소 농도는 지난 수백 년 동안 지구에서 전례가 없는 수준으로 증가했으며, 오래전 죽은 나무에서 얻은 에너지로 살아 있는 나무를 베는 기계를 작동시킨다.

인간이 석탄과 석유에 중독되면서 세상에 변화를 부르고, 지난 300년 동안 수많은 종의 멸종에 기여해 왔다. 그러나 석탄기에 형성된 석탄과 석유가 없다면 현대 문명이 존재할 수 없다. 또한 대학에서 배우는 무한한 지식, 컴퓨터나 자동차, 전기 오븐의 발명도 불가

---

118 석유는 고대 조류(藻類)와 세균이 얕은 바다에 형성한 자원이다.

능했다. 이처럼 석탄과 석유는 축복인 동시에 저주인 셈이다.

위와 같이 인류가 일으키는 대규모 멸종을 지구상에서 일어난 6번째 대량 절멸이라고 부르지만, 사실은 더 많은 멸종이 일어났을 가능성이 있다. 가장 유명한 대량 절멸은 6,600만 년 전 유성이 공룡을 쓸어버린 사건이지만, 그 외에도 4억 4,000만 년 전, 3억 6,000만 년 전, 2억 5,000만 년 전, 2억 1,000만 년 전의 시기에 발생한 것으로 알려져 있다. 이에 과학자들은 대량 절멸의 가공할 파괴력을 화석 기록에서 읽어 낼 수 있다.

생명체의 황금기

    멸종이 일어날 때마다 지구상에 존재하는 생명체의 상당 부분이 사라졌다. 가장 큰 규모의 대량 절멸은 2억 5,000만 년 전 발생했으며, 이는 페름기의 마지막을 장식한 사건이었다. 일반적으로 '대멸종'이라고 한다면 해당 사건을 지칭하는 말이다. 이 사건으로 바다에 서식하는 80% 이상의 종과 육상 척추동물의 70%가 사라졌다. 이 사건은 시베리아 트랩의 형성에 따른 이산화탄소의 다량 배출로 일어났다.

    대량 절멸이 일어나면 대부분 우점종이 완전히 힘을 잃고 새로운 종들이 번성하는 무대가 마련된다. 대멸종도 예외는 아니었다. 페름기 말기에는 지구상에서 우리 조상 중 단궁류 synapsid 가 우점종으로 득세하고 있었다. 공룡의 조상인 석형류 sauropsid 는 단궁류보다 더 드물었으며, 덩치도 작았다.

물론 대멸종으로 수많은 종이 죽었지만, 당시 체중만 2t으로 가장 큰 동물이었던 초식동물인 타피노케팔루스 Tapinocephalus 을 비롯해 일부 단궁류가 살아남았다. 이때 석형류도 사정은 마찬가지였지만, 살아남은 종들이 새로운 세상에서 우위를 점한 이후 공룡이 되어 1억 8,500만 년 동안 지구를 주름잡았다. 이와 달리 우리의 조상인 단궁류는 비주류로 밀려나 버린다.[119]

단궁류는 1억 년 이상 지구를 주름잡았으며, 여느 생명체와 마찬가지로 한 조상에게서 분화되었다. 대멸종에 앞서 발생했던 대량 절멸은 1억 1,000만 년 전에 일어났으며, 양막류 amniote 라는 척추동물이 우세한 동물상 fauna [120]이 될 기회를 잡았다. 양막류는 3억 3,000만 년 전에 처음으로 등장했으며, 어류와 양서류를 조상으로 두고 있다. 또한 양막류는 조상에 비해 물 의존도가 낮다는 이점을 살려 따뜻하고 건조한 기후에서 번성할 수 있었다.

양막류라는 명칭은 배아를 둘러싸는 양막 amnion 또는 양막낭 amniotic sack 을 만들 수 있는 종이라는 데서 유래했다. 양막은 발생 과정에서 태아가 건조해지는 것을 방지하는 막 형태의 구조물로, 양서류, 조류, 포유류 모두 양막류에 해당된다. 이중 일부는 알을 낳지만, 새끼를 낳는 종도 있다. 최초의 양막류가 진화하고 수백만 년이 지난 뒤, 생명의 나무는 훗날 포유류로 진화하는 단궁류, 멸종한 일부 비포유류 단궁류, 그리고 공룡, 양서류, 조류의 조상을 포함하는

---

119 양막류는 육상에 완전히 적응한 척추동물로, 단궁류와 석형류로 나뉜다. 단궁류는 포유류를, 석형류는 파충류 및 조류를 포함한다. 옮긴이.

120 특정 지역을 차지한 동물의 모든 종류. 옮긴이.

석형류로 가지가 갈라졌다.

멸종된 일부 단궁류는 오늘날의 육식동물과 일부 외형적으로 닮았다. 또한 온혈 동물이었으며, 알을 낳기는 했지만 새끼에게 줄 젖을 만드는 원시적인 유선 mammary gland 이 있었다. 그리고 턱에는 어금니, 송곳니, 앞니가 있었으며, 일부 종은 털이 있었던 것으로 추정되는 등 현대 포유류의 특징을 다수 공유한다. 타피노케팔루스를 비롯한 대형 단궁류는 대멸종 이후 자취를 감췄지만, 일부 작은 종들은 살아남아 1억 6,000만 년 전에 포유류로 진화했나. 이늘 포유류는 현재 포유류인 코뿔소, 하마, 인간으로 바로 진화하지 못했다. 알 수 없는 이유로 대멸종 이후 살아남은 석형류가 함께 살아남은 단궁류를 제치고 우위를 점했기 때문이다.

공룡은 대멸종에서 살아남은 석형류에서 진화했으며, 약 2억 4,000만 년 전 지구 위를 활보했다. 이중 티라노사우루스 렉스는 인간처럼 뒷다리로 직립보행한 최초의 공룡이다. 이렇게 공룡은 순식간에 경쟁에서 우위를 점한 이래 6,600만 년 전까지 정상을 유지했다. 이에 수많은 공룡이 덩치를 키우는 데 성공하는 바람에 포유류는 오늘날처럼 큰 몸집으로 진화하지 못했다.

포유류는 티라노사우루스, 용각류 sauropod [121], 트리케라톱스를 비롯한 대형 종과 제대로 경쟁할 수 없었다. 이에 따라 몸집이 작은 공룡은 없었다는 점이 흥미롭다. 이러한 현상 생존한 작은 포유류 때문에 작은 공룡이, 큰 포유류는 큰 공룡 탓에 진화하지 못했을 가능성도 있다.

---

[121] 브라키오사우루스 등 몸집이 크고 목이 긴 초식 공룡. 옮긴이.

당신이 척추동물이라면 먹고 살 방법은 비교적 적다. 채소, 씨앗, 과실, 사냥했거나 죽은 동물 등 다른 생명체를 섭취하며 살아야 한다. 흡혈박쥐나 갈라파고스 제도에 서식하는 흡혈되새라면 다른 동물의 피를 빨아먹어야 살 수 있다.

또한 포유류 중에는 부패하는 식물을 먹고 살아가는 잔사식 detritivory 생물이 없으며, 대부분 여러 먹이를 섭취하는 잡식성이다. 가령 회색곰은 과일과 채소, 곤충, 물고기, 고기를 먹는다. 이처럼 종마다 선호하는 먹이는 각자 다르지만, 진화를 거치면서 셀 수 없이 많은 방법으로 먹이를 탐색, 획득 및 활용한다.

먼저 음식을 찾으려면 일단 탐색해야 한다. 이를 위해 동물은 인간처럼 시각, 후각, 촉각 등 여러 감각을 이용한다. 다만 박쥐 중 일부는 반향정위 echolocation 를 이용한다. 그리고 시각은 눈, 청각은 귀, 후각은 코 등 감각마다 특별한 기관이 필요하다. 또한 뇌에도 앞의 감각을 관장하는 부위가 있기에 감각 기관이 수집한 정보를 인지한다.

딱따구리가 나무껍질에 숨은 벌레를 찾는 것보다 들소가 풀을 찾기가 더 쉽듯, 먹이에 따라 탐색 난이도에 차이가 있다. 자원이 찾기 어려울수록 진화를 거치며 감각 기관과 이를 관장하는 뇌 부위가 더욱 예민하게 발달한다. 코끼리는 20km 밖에 있는 물의 냄새를 맡을 수 있고, 치타는 5km 떨어진 사냥감을 볼 수 있다.

한편 반향정위는 단순한 청각과는 다르다. 박쥐는 반향정위를 사용해 자신이 발사한 음파가 대상에게 닿은 후 반사된 신호를 감지한다. 박쥐의 뇌는 반사된 소리를 토대로 머릿속에 일종의 지도를 그려 먹잇감인 곤충의 위치를 알아챈다. 소리를 내어 먹이를 찾는 방식은 동물 중에서도 비교적 흔치 않지만, 박쥐만 가능한 것은 아니다.

아이아이원숭이는 마다가스카르섬에만 서식하는 영장류의 일종으로, 나무 밑동에서 곤충의 유충을 찾아 먹는 습성이 있다. 이 원숭이는 독특하게 진화한 손가락으로 밑동을 두드릴 때 나는 소리를 큰 귀로 듣는다. 그리고 나무껍질 아래에 맛있는 먹이가 숨어 있을 법한 빈 공간을 찾아낸다.

다음으로 먹이를 탐색했다면 획득해야 한다. 들소가 풀을 뜯을 때 머리만 숙이면 되듯이 일부 초식동물은 먹이 획득이 쉽다. 반면 늑대는 먹잇감을 추적해서 사냥해야 한다. 그리고 오랑우탄은 과일이 열린 나무를 찾은 뒤 과일을 따고 껍질을 벗겨야 먹을 수 있다. 그런데 들소와 기린이 가끔 사자를 죽이기도 하며, 들소가 늑대에게 치명상을 입힐 수도 있다. 따라서 사냥감을 사냥하는 과정은 매우 위험하기도 하다.

모든 동물은 먹이를 획득할 수 있도록 적응했다. 나무에서 빈 공간을 발견한 아이아이원숭이는 앞으로 돌출된 앞니로 밑동에 구멍을 뚫고, 손가락 중 유난히 긴 중지를 넣어 내부에 숨은 벌레를 꺼내 먹는다. 이처럼 치아의 각도와 양손에서 한 손가락만 길게 뻗어나온 모습은 다른 동물에서 찾아볼 수 없는 아이아이원숭이만의 특징이다.

아이아이원숭이는 위와 같은 표현 형질의 진화로 번성할 수 있었다. 또한 이 형질을 지닌 아이아이원숭이의 조상이 먹이를 탐색, 획득, 활용하며 죽음을 회피하고 번식에 성공할 수 있었다. 따라서 해당 표현 형질과 이를 결정하는 유전자가 아이아이원숭이 개체군 내에 확산되었다.

아무리 먹이 획득이 쉬워도 이 과정에서 다른 동물의 먹이가 된다면 의미가 없다. 아프리카 평원에 서식하는 영양은 치타나 사자, 들개를 경계해야 한다. 그리고 씨앗이나 과일, 풀 속에 숨은 곤충을 찾는 쥐라면 뱀을 조심해야 한다. 최대 100km/h에 달하는 가지뿔영양의 달리기 속도, 카멜레온의 보호색, 고슴도치의 뱀독 내성은 모두 먹이 탐색 과정에서 사망할 확률을 줄이기 위해 적응한 결과물이다. 포식자의 공격 수단은 경쟁적으로 발전하고, 먹잇감은 이에 맞서기 위해 놀라운 보호색이나 굉장히 빠른 최대 속도, 미세한 냄새마저 감지하는 예리한 후각 등 독창적인 방식으로 진화가 이루어졌다.

마지막으로 먹이를 획득했다면 활용할 차례이다. 들소와 같은 초식동물은 반추를 하므로 먹이 활용 과정이 더욱 복잡하다. 우선 들소가 풀을 삼킨 후, 이를 게워 내고 다시 씹는다. 그동안 염기성 타액이 분비되어 제1위인 반추위의 위산을 중화한다.[122] 되새김질한 먹이를 다시 삼키면, 장 내 화학 물질과 세균에 의해 소화가 더 용이해진다.

그러나 풀에서 에너지를 얻는 과정은 쉽지 않다. 그중 압권은 단연 코알라이다. 코알라는 유칼립투스 잎을 먹고 산다. 하지만 유칼립투스 잎에는 곤충을 쫓는 화학 물질이 다량 함유되어 소화가 매우 어렵다. 하지만 코알라의 장은 소화를 위해 길이가 다른 동물보다 더 길다. 섭취한 잎이 장에 들어와 반대쪽으로 이동하는 시간이 길수록 더 오래 소화하여 영양소를 잘 흡수할 수 있다. 하지만 이렇게 적응한 탓인지 코알라는 하루 최대 20시간이나 잠을 자며 그동안 먹은 것을 소화시킨다.

---

122 반추동물은 대부분 4개의 위가 있다. 옮긴이.

이제 먹이가 소화되면 동물이 필수적으로 수행하는 활동에 에너지를 공급한다. 에너지는 번식, 질병 저항, 다음 식량의 탐색 및 획득, 물질대사 기능 유지 등 여러 용도에 맞추어 분배된다. 이에 에너지를 아껴서 오랜 기간 사용하는 종이 있는가 하면, 빠르게 소비하여 짧고 굵게 사는 종도 있다.

필자의 연구 대상이었던 구피는 트리니다드섬 노던산맥 아래의 개울과 강에서 포식자와 함께 서식하고 있다. 이곳에 사는 구피는 언젠가 잡아먹힐 운명이다. 개체의 수명은 그리 길지 않으며, 포식자가 있기에 구피 개체군은 적은 수를 유지했다. 이는 바꾸어 말하면 구피에게 양질의 먹이인 영양가 높은 무척추동물이 풍부하다는 의미였다. 당시 구피는 이러한 환경에서 살아가도록 잘 적응한 상태였다.

구피는 어린 나이에 성 성숙에 이르고, 번식할 때 많은 수의 작은 새끼를 낳는다. 또한 대사율이 매우 높고, 빠르게 헤엄치며, 항상 포식자를 부지런히 경계한다. 주둥이는 물에서 먹잇감을 잘 빨아들이도록 적응했으며, 장이 짧아 먹이를 효과적으로 소화한다.

그 개울을 따라 산을 타고 올라가면 폭포가 하나 있다. 폭포 너머에는 포식자가 한 마리도 없지만, 그곳에 서식하는 구피는 폭포 아래의 구피와 다르다. 폭포 쪽에는 포식자가 없으므로 구피 무리는 먹이가 부족해질 때까지 커진다. 따라서 이곳에 사는 구피는 포식자에 잡아먹혀 죽지 않고 굶어 죽는다. 서로 밀집되어 양질의 먹이가 부족해진 구피는 조류(藻類)와 세균을 먹기 시작한다. 이처럼 포식자가 없고 먹이가 부족한 환경에서는 그 반대의 환경에서 자연 선택을 받는 표현 형질과 차이가 있다.

첫째, 폭포 위쪽에 사는 구피는 바위에서 조류와 세균을 뜯어 먹기 좋은 새로운 턱 모양을 지닌다.

둘째, 대사율 감소로 에너지 효율성이 증가한다.

셋째, 영양소가 적은 먹이에서 에너지를 최대한 흡수할 수 있도록 장이 길어진다.

넷째, 포식자를 피해 전력으로 헤엄칠 필요가 없으므로 최대 속도가 느려진다.

다섯째, 잡아먹히기 일쑤인 이웃 구피보다 성장이 느리며, 몸집은 더 커지고, 어느 정도 자라야 성 성숙에 이른다.

여섯째, 새끼의 수가 더 적은 대신 크기가 크며, 최대 수명도 증가한다.

일곱째, 포식자가 없으니 수컷은 암컷을 쟁취하기 위해 더욱 밝은 색을 띤다.

위와 같이 폭포 위쪽과 아래쪽에 서식하는 구피 모두 동일한 구피이다. 그러나 여러 표현 형질의 변화 및 서식지의 포식자 유무에 따라 상당한 차이를 보인다. 그중 변화의 원인은 발생 과정에서 서로 다른 유전자가 활성화/비활성화된 시간이 달랐기 때문이다.

자연 선택과 성 선택은 죽음과 번식 실패의 원인이 상이한 환경에서도 구피가 번성하도록 이끌었다. 이는 상반된 환경에서도 빠른 죽음과 번식 실패를 회피하도록 도와준 특정 표현 형질 덕분이다. 그리고 해당 형질이 진화 과정에서 각기 다른 염색체 안에서 차이를 보이는 대립 유전자가 선택을 받았다. 따라서 개체군이 많은 구피와 적은 구피가 유전적으로 갈라지기 시작한 것이다. 어쩌면 시간이 흘러 생명의 나무에서 새로운 가지로 분화할지도 모를 일이다. 이상의 내용은 지난 40억 년 동안 진화가 생명체를 빚어 나간 원리를 압축적으로 보여 주는 사례라 할 수 있다.

지금까지 이 장에서 자원 경쟁이 진화의 원동력이 되는 원리와 유성생식을 하는 복잡한 다세포생물이 생명의 나무에서 갈라져 나온 과정을 살펴보았다. 그리고 동물의 출연 이후 포유류로 진화하여 지구를 지배하기까지의 과정 전반을 요약적으로 소개하였다. 이 과정에서 MK-D1 균주, 대장균, 아이아이원숭이, 구피, 늑대, 그리고 필자와 당신을 만들어 낸 진화가 얼마나 강력한 과정인지도 설명하였다.

죽음과 번식 실패가 먼 이야기가 아닌 이 세상에서 살아남은 종은 저마다의 성공 신화를 간직하고 있다. 현존하는 생물의 조상들은 모두 먹이가 부족하거나 포식자가 즐비한 환경 또는 더위와 추위를 견디고 생존에 성공한 종들이다. 이뿐 아니라 물속과 육지에서 살며, 화산 폭발과 유성 충돌에도 살아남았다.

그들은 경이로운 단세포생물로, 또는 수조 개의 세포로 구성된 복잡한 동물로 사는 등 각자 다양한 방식으로 번성하는 방법을 찾았다. 우리와 같은 복잡한 동물은 다양한 먹이를 탐색 및 획득하고, 효율적으로 활용하는 예리한 감각과 유성생식을 가능케 하는 표현 형질이 진화했다.

포유류가 존재하기 위해서는 다세포화, 성별 외에도 책에서 언급되지 않은 다양한 특성의 진화가 이루어져야 했다. 이들 특성 모두 생명의 나무에서 우리 선조였던 종들이 환경에 반응하여 진화한 결과이다. 현대 포유류는 수십억 년 동안 차갑거나 더운 환경, 습하거나 건조한 환경에서 자원을 얻기 위한 경쟁이 때로는 격렬하게, 때로는 다소 잠잠하게 벌어지면서 일어난 진화의 산물이다.

그런가 하면 이따금 화산이나 지진, 소행성 및 유성 충돌 외에도 포식자나 질병, 한정된 양의 먹이로 경쟁에 내몰리기도 했다. 그럼에도 포유류는 6,600만 년 전 지상에서 지배적인 종이 되었다. 이제 우리의 다음 여정은 포유류의 확산 및 분화로 인간이 되는 과정을 살펴보는 것이다. 하지만 이를 본격적으로 논하기에 앞서 아직 언급하지 않은 중요한 표현 형질을 다루고자 한다. 이는 바로 의식으로, 다음 장은 의식을 주제로 설명을 이어가도록 하겠다.

제7장

'나'로 존재하는 느낌

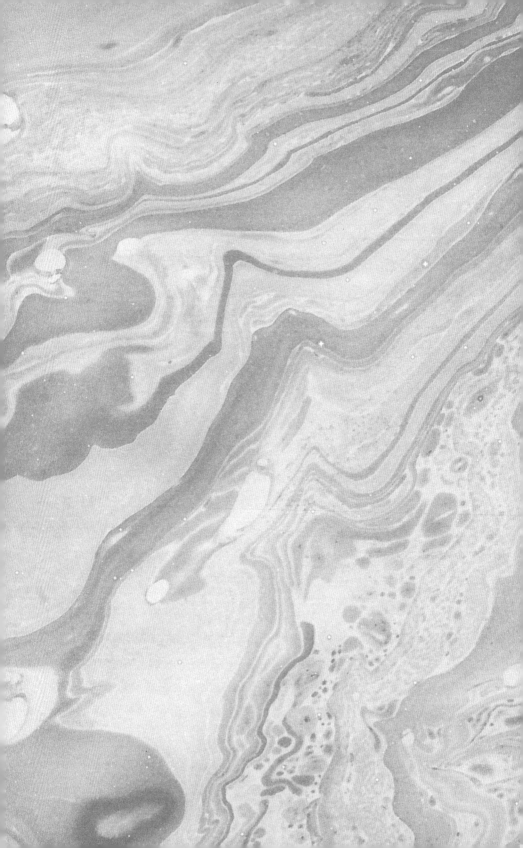

의식은 인간의 전유물인가?

지능이 있는 외계인을 만났다고 생각해 보자. 그 외계인은 당신에게 인간으로 살아가는 느낌은 어떻냐는 질문을 할 수도 있겠다. 개인적으로는 키가 작은 녹색 인간에게 납치되어 인체 조사를 받았다고 주장하는 사람들처럼 외계인에게 험한 꼴을 당할 확률보다 그 질문을 받을 가능성이 더 커 보인다. 당신이라면 다른 행성에서 다른 지적 생명체를 만났을 때, 상대방의 콧구멍에 손가락부터 냅다 넣고 보겠는가? 필자는 아니라고 본다.

그렇다면 당신은 인간이란 어떤 존재냐고 묻는 외계인에게 어떤 대답을 내놓겠는가? 아마 "육체에 정신이 깃들고, 정신은 존재의 일부분으로 이성과 사유를 담당하며, 정신은 나를 나답게 만드는 요소입니다."라고 대답할지도 모르겠다. 정신을 특별하고 고유한 것이라 여기는 관점에서라면 합리적이라 하겠다. 정신이란 일시적이지 않고 사후에도 영원하리라 믿는 사람이 있으니 말이다. 기능이 정지하여 육신이 부패한다는 사실도 타인의 죽음을 목도하는 과정에서 겨우 받아들이는데, 정신도 함께 죽는다니! 도저히 받아들이기 힘든 일이 아닐 수 없다.

우리는 건강식을 먹으며 매일 운동하고 의사가 경고하는 달콤한 유혹들을 뿌리친다. 이렇게 우리는 필연적으로 다가오는 노화와 맞서 싸우지만, 정신이 쇠약해져 죽는다는 사실은 믿지 못하는 듯하다. 안타깝게도 우리의 정신 역시 다른 일회용 체세포처럼 무너져 내릴 수 있다는 사실은 알츠하이머병과 치매에서 알 수 있다. 그러나 사람들은 죽음에도 정신은 불멸한다는 믿음을 버리지 않는다. 그리고 정신은 육체와 달리 왠지 특별한 듯한 느낌이 든다.

정신을 특별히 여기는 이유는 심장이나 비장처럼 위치를 특정할 수 없기 때문이다. 신장이나 간, 폐처럼 기관이 별도로 존재하여 해부하거나 연구할 수도 없다. 정신을 USB에 다운로드한 뒤, 컴퓨터에 업로드하는 미래가 공상 과학 소설에서 등장한다. 그러나 정신 이식 수술은 애초부터 존재하지 않았고, 언제 탄생할지도 요원하다.

인체에서 정신의 위치를 특정할 수 없다면, 어떻게 죽은 후 뇌와 피부, 근육이 부패하는 시점과 함께 사라질 수 있을까? 시신을 아무리 신중하게 부검해도 정신은 나오지 않았으니, 사후 어디론가 날아가 버렸을 가능성도 있겠다. 그러나 개인적으로는 이 견해에 동의하지 않는다. 필자의 정신은 두개골 내부의 뇌라는 기관, 더 정확히 말하자면 뇌를 구성하는 여러 기관에 존재할 것이다. 그리고 이들의 숨이 끊어지면 정신도 더 이상 존재하지 않을 것이다. 즉 뇌와 정신도 사후에 생명이 깃들지 않는 일회용 체세포로 보아야 한다. 결국 죽으면 그대로 끝나 버리는 셈이다.

슬프지만 여기서 다른 질문이 떠오른다. 그렇다면 우리에게는 마음이 왜 존재할까? 그리고 우리가 사고와 존재를 자각하는 이유는 무엇일까? 이는 그저 우주가 스스로 장엄함에 경의를 표하는 방법의 일종일까, 아니면 자연에 의한 우연의 산물일까? 또한 표현 형질의 진화와 마찬가지로 마음의 진화도 연구하는 것이 가능할까?

1995년 데이비드 차머스 David Chalmers 가 처음 제안한 용어인 '의식의 어려운 문제 the hard problem of consciousness '는 지난 수십 년간 의식 연구 분야의 핵심 주제로, 인간이 무언가를 경험하는 이유를 다룬다. 뇌 또는 의식 연구에서 무엇 하나 쉬운 영역이 없었음에도 해당 용어를 생각해 보면 뭔가 새삼스러운 표현이다.

그러나 의식의 어려운 문제는 특별히 더 어려웠다. 의식의 어려운 문제는 이를테면 다음과 같은 질문으로 바꾸어 생각할 수 있다. 의식이 없는 좀비가 인간처럼 모든 행동을 할 수 있다고 해서 경험을 한다고는 말할 수 없지 않을까? 우리가 인간 뇌의 작동 원리를 모두 이해한 이후, 이를 토대로 정밀한 컴퓨터 모델을 만드는 수준까지 도달했음에도 '우리가 인생을 경험하는 이유는 무엇인가?'라는 의문은 여전히 남을 것이다. 이것이 의식의 어려운 문제가 어려운 이유이다.

이처럼 인간으로 사는 느낌은 중요하며, 어쩌면 우리 존재에서 가장 중요한 부분을 차지할 것이다. 그렇다면 인간으로 사는 느낌을 이해하는 데 과학자들이 이토록 집착하는 것도 딱히 놀랍지는 않다. 물론 인간과 더불어 '박쥐나 고양이, 쥐로 사는 느낌은 어떨까?'라는 의문도 필연적으로 함께 따라오겠다.

하지만 우리는 뇌의 구조가 그 질문의 열쇠임을 안다. 또한 의식의 존재는 곧 우리에게 자아라는 감각을 느끼게 하는 과정임을 알고 있다. 이에 과학자들은 우리 뇌의 작동 원리와 다른 동물과의 차이를 연구해 얻은 지식으로 의식의 본질과 우리에게 마음이 있는 이유를 이해하기 시작했다.

철학자 토머스 네이글 ^{Thomas Nagel} 이 쓴 〈박쥐로 사는 느낌은 어떨까? ^{What Is It Like to Be a Bat?} 〉라는 범상치 않은 제목의 과학 논문은 의식 분야에 지대한 영향을 미쳤다. 이 논문에서는 동물 대부분이 의식을 어느 정도 지닌다는 가정으로 시작한다. 그리고 뇌에서 일어나는 세포 간 상호작용이나 유전자의 작용 등 물리적인 과정에 천착하는 방법으로는 의식을 이해할 수 없다는 입장을 취한다. 그리고 우리가 박쥐로 사는 느낌을 이해하기란 불가능하지만, 박쥐 또한 의식이 있으므로 분명 어떠한 느낌은 있을 것이라고 끝맺는다.

1974년 그 논문이 발표된 이후 많은 발전이 있었다. 이제 심리학자들은 박쥐가 어느 정도 의식이 있음을 확신하며, 박쥐의 뇌가 작동하는 원리 또한 충분히 이해하고 있다. 하지만 우리는 아직 박쥐로 살아가는 느낌은 알지 못한다. 아마 박쥐도 기쁨과 고통을 느끼며, 감정 변화도 겪으면서 기분이 좋을 때와 나쁠 때가 있을 것이다.

그러나 개인적으로는 박쥐가 자신이 잡아먹을 곤충의 운명을 염려하면서 채식의 장단점을 고민할 것 같지는 않다. 물론 그 박쥐가 과일박쥐나 흡혈박쥐가 아닌 한은 말이다. 여기에서 곤충은 그저 자신의 눈앞에 죽음이 닥쳤다고 느껴서가 아니라 포식자를 피하려고 움직였을 것이다. 의사소통의 경우 박쥐들끼리 어느 정도의 수준으로 이루어졌겠지만, 과거 박쥐들이 이룬 훌륭한 업적을 주제로 서로

존재의 역사

강의를 할 정도는 아닐 것이다.

　의식의 이해는 과학에서 손꼽히는 난제이다. 의식을 주제로 한 실험은 진행이 어려우며, 지금까지 이루어진 실험은 대부분 의식의 어려운 문제에 이렇다 할 통찰을 제공하지 않는다. 그럼에도 의식이 존재 이유를 둘러싼 다양한 견해가 존재한다. 그런데 의식을 주제로 한 실험은 과학자보다 철학자들이 논의하는 경우가 더 많다. 정신이 존재하는 이유를 이해하기 위해 지료를 검도하는 과정에 필자의 생각이 관여하지 않을 수 없으므로, 근거와 추측 사이에서 가급적 균형을 지키려 노력했다.

　그 결과 필자는 동물이 대부분 어느 정도의 의식이 있다는 결론을 내렸다. 파리나 새우가 세상에 살며 우리처럼 복잡한 경험을 하지는 않겠지만, 뭔가를 경험한다는 사실만큼은 변함이 없다. 여기에서 경험은 의식의 한 형태로, 파리나 새우가 지닌 의식의 형태는 우리와 매우 다를 수 있다.

　가령 문어는 피부를 통해 세상을 바라보며, 여러 종류의 문어가 빛이나 주변 환경의 색상 및 질감 변화에 반응하여 자신의 색상과 패턴을 바꿀 수 있다. 이처럼 다른 종의 의식을 파악하기란 불가능에 가까울 정도로 어려우며, 이에 유전학은 연구에 딱히 도움이 되지 않는다. 또한 문어나 새우, 파리, 인간 등 의식의 활성화 및 비활성화에 관여하는 유전자의 증거도 없다.

　아무 생각 없이 사람을 죽이는 좀비는 공포영화 업계의 단골 소재이다. 그러나 현실에서는 우리처럼 현생을 살면서 경험만 하지 않는 돌연변이가 관찰된 사례는 없다. 이처럼 의식의 원인을 한마디로 단순하게 정의할 수는 없지만, 의식을 약으로 활성화/비활성화하는 일은 가능하다.

개인적으로는 의식의 어려운 문제가 쟁점이라고 생각하지는 않지만, 일부 과학자들에게는 논쟁거리로 보일 만하다. 의식은 뇌의 활동에 따라 필연적으로 생겨난다. 우리가 경험한 바가 없다면 뇌에서 눈, 귀, 코, 피부에서 보낸 신호를 처리한 후, 해당 정보와 기억을 종합하여 어떻게 행동할까를 결정하는 과정이 이루어지지 않는다고 본다.

우리에게 의식이 있고 그 이유를 지금까지 찾을 수 없었다면, 의식은 뇌가 작동하는 방식에서 비롯되었다고 보는 것이 논리적으로 타당할 것이다. 물론 우리는 무의식적인 행동을 하기도 하지만, 이는 생각 없이도 모든 행동이 가능하다는 의미로 해석할 수는 없다. 따라서 의식의 어려운 문제가 무의식적으로도 가능하다는 전제 자체는 옳지 않다.

의식이 있는 인간과 동일하게 행동하는 좀비가 없는 이유는 이것이 애초부터 불가능했기 때문이다. 이에 점점 더 많은 수의 심리학자가 '의식적 마음 conscious mind'이 구조가 복잡한 뇌에서 필연적으로 만들어 낸 결과물이라는 결론에 동조하고 있다. 따라서 뇌가 작동하는 원리를 이해할 수 있다면 우리에게 의식이 존재하는 이유를 밝혀낼 수 있을 것이다.

과학은 우리의 정신을 이해하는 데 큰 진보를 이루고 있으며, 뇌의 작동 원리를 설명하는 수많은 지식을 확보하였다. 어쩌면 생물이 사건에 반응하여 행동하는 이유도 결국은 외부 세계를 경험하였기 때문이다. 그리고 그 증거가 나타나 의식의 본질을 뒷받침할 것이다.

하지만 과학은 아직 거기까지 발전하지는 못했다.

필자는 우리가 좀비를 찾지 못하리라 생각한다. 좀비 닭, 좀비 새우, 좀비 개도 마찬가지이다. 좀비 곤충에 관한 논문은 많이 나와 있지만, 이는 곤충의 뇌가 '오피오코르디셉스 우니라테랄리스 Ophiocordyceps unilateralis'라는 진균에 감염된 경우이다. 이는 TV 드라마〈더 라스트 오브 어스 The Last of Us〉에서 인간 좀비를 만드는 병원체로 등장한 바 있다. 현실에서 이 곰팡이는 개미와 파리, 거미를 감염시키고, 숙주가 죽기 전 뇌를 조작하여 다른 곤충에게 옮겨갈 확률을 극대화하는 최후의 안식처를 찾아 헤매도록 한다. 만약 곤충에게도 의식이 있다면, 이 감염이 곤충의 의식을 바꾸어 놓을지는 미지수이다.

의식은 인간을 포함한 일부 동물의 뇌가 지니는 특징이다. 이는 뇌가 작동하는 방식에서 비롯된다. 생물마다 어느 정도의 의식이 있는지는 뇌의 복잡도에 따라 다를 것으로 추정된다. 따라서 생명의 나무에 있는 동물 전체의 의식을 연구하려면 아직 갈 길이 멀다.

필자는 네이글의 의문을 보며, '나'로 산다는 것이 어떤 느낌일지 생각해 보았다. 이 질문은 어린 시절의 필자 외에 다른 주체로 사는 느낌을 비교할 대상이 없기에 대답하기가 참으로 어렵기는 하지만, 전반적으로 괜찮은 편이다. 시각, 청각, 촉각, 미각, 후각 등 세상을 경험하는 필자의 감각은 모두 정상이다.

시력은 원래 썩 좋지 않았으며 나이가 들면서 독서용 안경을 사야 했지만, 놀라움을 선사하는 다양한 실험을 하지 못할 정도로 나쁘지는 않았다. 마찬가지로 청력도 예전 같지는 않아도 세상을 경험하기에는 부족함이 없다. 이외에도 눈으로 자연을 보고, 음악을 감상하며, 사람을 만나고, 맛있는 음식과 음료를 맛보며 즐겁게 살고 있다. 이처럼 세상을 경험하는 데 필요한 기관들은 모두 잘 작동하고 있다.

필자의 기억은 의식에서 매우 중요한 부분을 차지하며, 아직은 기능적으로 문제가 없다. 나는 사실을 잘 기억한다. 특히 생물학적 지식에 강하며, 친구들이나 가족과 함께 옛날이야기를 할 때면 과거 있었던 일들을 남들만큼 기억한다. 심지어 필자가 잊고 싶었던 어리석은 행동조차 기억에 남아 있다.

그러나 얼굴을 기억하는 능력은 예전부터 조금 떨어졌다. 어느 날 거리에서 지인을 만나 인사를 하고 몇 분 동안 이야기를 나눈 적이 있다. 아내는 상대방을 왜 자신에게 소개해 주지 않았냐고 물었지만, 필자는 대화했던 상대가 누군지 도저히 모르겠다는 대답밖에 할 말이 없었다. 그때 필자가 상대방을 기억하려고 애쓰는 모습을 보면 아내는 더 보채지 않는다.

상대방의 얼굴을 기억하지 못하는 필자의 특징은 상대가 유명인이라도 예외는 없었다. 과거에 참석했던 행사에서 가수 케이티 페리 Katy Perry 도 왔다는 사실을 누군가에게 듣고서야 알았다는 사실에 아이들이 경악을 했을 정도이다. 다행인 점은 케이티 페리도 필자가 왔다는 사실을 알지 못한다는 것이다.

어떠한 상황에서 어떻게 행동할지 결정하는 것 또한 의식의 일부이다. 필자로 사는 느낌이 어떨지 고민하던 중 결정을 내리는 과정이 생각났다. 필자는 결과가 좋지 않더라도 결정을 잘 내리는 편이다. 가급적 주어진 모든 정보를 참고하여 결정을 내리려 하고, 일단 결정을 내리면 아쉬워하지 않는다. 나중에라도 필자의 결정이 최선이었는지 의문이 든다면, 어디서 착오가 있었는지 돌아본다. 그리고 실패를 통해 교훈을 배우려고 하되, 불안해하지는 않는다.

또한 필자는 허둥대지 않는 편이며, 주변 환경 때문에 스트레스를 받는 일도 거의 없다. 어린 시절 말라리아를 경험한 직후 수명이 줄어들까 크게 걱정했지만, 곧 그럴 필요가 없음을 깨달았다. 필자는 상황을 선택으로 제어할 수 있는 상황과 직접 영향을 미칠 가능성이 있는 상황, 그리고 그럴 수 없는 상황으로 구분하는 전략을 만들었다.

그중 두 번째와 세 번째 상황은 의미가 없다고 보고 스트레스를 받지 않는다. 따라서 첫 번째 상황을 제어하는 데 전념한다. 첫 번째 상황이라면 누군가 그 상황에서 원하는 것이 무엇이고, 필자와의 이해관계가 어떠한지, 그리고 필자는 어떤 점에 유리하고, 상대방의 마음을 사로잡을 요소는 무엇인지를 파악한다. 이에 타인의 결정에 필자가 어떤 영향을 미칠 수 있을지를 신중하게 고민한다. 이는 인간의 특성이기도 하며, 누구나 이와 같이 사고한다.

그밖에도 필자는 우플러로 사는 느낌은 어떨지도 고민해 보았다. 물론 필자로 사는 느낌과는 확연히 다를 것이다. 우플러는 시각, 청각, 후각이 매우 뛰어나니 세상을 경험할 능력은 충분하다. 또한 단기 기억력도 좋아 다람쥐와 토끼 사냥에 성공했던 장소를 특히 잘 기억한다. 이뿐 아니라 다른 개나 사람 등 장기 기억력을 요하는 대상도 잘 기억한다.

물론 우플러의 의사 결정에 필자가 동의하지 않는 경우가 많지만, 녀석의 모든 행동이 본능에 충실하지만은 않으리라 믿는다. 우플러는 누군가 방 안에 있을 때 접시에 놓인 음식을 가져가지 않지만,

사람이 나가면 곧바로 음식을 가지고 나갈 것이다. 우플러에게는 음식이 사라지면 우리가 만체고 치즈 Manchego [123]를 가져간 범인을 찾아낼 수 있다는 점을 이해하는 능력이 없다.

또한 우플러는 침대 위에 올라오는 것이 금지되어 있으므로, 우리가 집에 있을 때는 절대 침대로 뛰어들지 않는다. 그러나 집에 아무도 없다면 베개 사이에 몸을 누인다. 그러다 우리가 집에 돌아올 때쯤 우플러가 침대에서 뛰어내리는 소리가 난다.

또한 우플러는 눈치를 살피듯 필자를 자주 쳐다본다. 녀석은 어떤 행동을 하기 전부터 자신이 야단맞으리라는 사실을 미리 아는 것 같다. 그 행동은 특히 싸워서 질 수도 있는 큰 개에게 덤비거나, 여우 똥 위에 구를 때 자주 보인다. 가끔 참을 때도 있기는 하지만, 혼나더라도 기어코 하겠다는 의지가 느껴질 때가 많다. 지금까지 우플러의 행동을 의인화하여 설명하기는 했지만, 만약 의식을 측정할 수 있다면, 우플러에게도 어느 정도의 의식이 있을 것이라 확신한다.

이제는 의식도 측정 가능한 시대로 바뀌어 가고 있다. 의사들은 뇌를 스캔하는 기기를 사용하여 뇌의 전기적 활성 패턴을 감지해 의식을 측정한다. 뇌를 스캔하면 뇌의 여러 부위에 큰 무리를 이루며 분포하는 뇌세포가 생성하는 전기장을 감지할 수 있다. 과학자들은 이 전기 신호를 불규칙한 패턴과, 복잡하지만 완전히 예측 가능한 패턴을 구분하여 설명할 수 있게 되었다.

위에서 소개한 패턴의 차이는 당신이 걸을 때의 전기 활동과 일상 생활에서 문제 해결을 위해 의식적으로 뇌를 활용할 때의 전기적

---

123 스페인의 라만차(La Mancha) 지역에서 만체가(Manchega) 품종의 양젖으로 만든 치즈

활성만 비교해도 알 수 있다. 현재 이 문단을 쓰고 있는 필자의 뇌를 스캔한다면, 뇌의 한쪽 부위에서 발생한 전기파가 다른 부위로 이동해 사라지는 모습이 보일 것이다. 필자의 뇌세포는 예측할 수 없는 방식으로 세포가 활성화되었다가 비활성화되는 무작위 전기 활동을 일으키지 않는다. 그렇다고 완전히 예측 가능한 형태도 아니다.

또한 근처에 활성화된 세포가 있어도 다음에 활성화될 세포를 확실하게 예측하기란 불가능하다. 신호가 파동 형태로 전파되기 전에는 특정 위치를 거치지만, 전달 방식을 늘 정확하게 예측할 수 있는 것은 아니다. 정상적인 사람이 깨어 있을 때의 뇌파를 스캔하면 질서가 잡혀 있지만, 완전히 정형화된 형태는 아니다.

뇌의 전기적 활성은 우리의 행동에 따라 달라진다. 당신이 잠들면 의식 수준이 변하고, 뇌파가 더욱 예측 가능해지며, 발생 범위도 좁아진다. 깊은 잠에 들수록 뇌파는 더욱 느려지고, 급성 안구 운동 rapid eye movement, REM 수면, 일명 렘 수면이 시작되면 속도가 다시 빨라진다.

LSD 등의 향정신성 약물 또한 의식 수준을 바꾸면서 뇌의 전기 패턴이 더 불규칙해진다. 마취된 사람의 뇌를 스캔하면 향정신성 약물을 복용한 사람보다 불규칙성이 더욱 심해지며, 의식이 완전히 없어진다. 수면 상태는 깨어나면서 시간의 경과를 자각한다는 점에서 마취 상태와는 전혀 다르다. 마취가 진행될 때 도입과 각성 경험이 순간적으로 일어나며, 마취 중 대부분의 시간 동안 뇌의 전기적 활성은 질서 없이 불규칙적이다. 외상에 의한 혼수상태도 이와 비슷하다.

필자의 딸이 20세일 때 그와 같은 경험을 한 적이 있다. 딸은 세균성폐렴에 걸린 뒤 패혈증에 걸렸다. 그 결과 2주 반 동안 약물을 주입하여 인위적 혼수상태로 지냈고, 국민건강서비스 ^{NHS} 직원들이 계속 간호해 주었다. 우리는 딸이 정신을 차리더라도 얼마나 오랫동안 의식을 잃었는지 모를 것이라는 안내를 받았다.

의사의 말대로 딸은 그토록 오랫동안 혼수상태에 빠졌음을 믿지 못했고, 그 모든 상황을 당혹스러워했다. 하지만 딸은 다행히도 병에서 완전히 회복되었다. 당시 딸의 나이는 필자가 말라리아를 앓았던 나이와 비슷했지만, 17일 동안 기억을 잃은 경험에 비하면 몇 분 동안 정신을 잃은 필자가 운이 좋았다고 볼 수 있다. 이때 혼수상태인 딸의 뇌파를 확인했다면 불규칙적이었을 것이다.

위와 같이 의식 수준은 온갖 요인에 따라 달라지며, 행동에 따라 각 단계별 뇌파 패턴도 달라진다. 의식적인 생각은 특정 패턴을 보이지만, 무의식일 때는 또 다르다. 이와 관련하여 서로 다른 뇌파 패턴은 현재 활발한 연구가 이루어지는 분야이기도 하다.

심리학자들은 동물의 일부 종에 의식이 있다고 여긴다. 이러한 이유 가운데 하나로 뇌파 패턴이 완전히 불규칙적이지는 않지만, 그렇다고 고도로 균일하지는 않은 양상을 보이기 때문이다. 일례로 2023년, 한 다국적 연구팀에서는 초소형 전극을 활용해 자유롭게 생활하는 문어 3마리의 뇌파를 추적 관찰한 결과를 공개했다. 새로운 것을 학습할 때 문어의 뇌파는 인간을 포함한 여타 포유류에서 보이는 패턴과 매우 흡사했지만, 다른 행동을 할 때는 다른 동물에게서 관찰된 적이 없는 뇌파 패턴을 만들어 냈다. 문어 외에도 다양한 동물을 대상으로 연구를 진행한 결과, 뇌파 유형 중 일부는 유연관계가

존재의 역사

먼 종에서도 꽤 비슷한 양상을 보였다.

　신경과학자에 따라서는 의식이란 뇌의 전기적 활성이라고 주장하기도 하지만, 대부분은 이 견해에 동의하지 않는다. 전기적 활성은 분명 누군가 또는 어느 동물에게 얼마나 의식이 있는지 측정하는 최선의 방법이기는 하지만, 그렇다고 의식의 본질까지 설명해 주지는 않는다. 전기 패턴은 바로 뇌의 작동 원리로 발생하는 것이며, 생물학자, 신경화학자, 심리학자들은 숨겨져 있던 그 원리를 밝히는 데 큰 진전을 이루었다. 일부 신경과학자들은 집파리, 새우 능에서 보이는 뇌파 패턴으로 보아 동물 전체적으로 의식이 어느 정도는 있음을 보여 준다고 주장한다. 그럼에도 우리는 집파리나 우플러, 또는 박쥐로 사는 느낌을 여전히 알지 못한다.

뇌가 바라보는 세상

당신의 뇌에서 의식이 자리 잡은 부위는 두개골 안의 어딘가에 숨어 있다. 의식은 빛이나 냄새, 소리, 촉감, 맛을 느끼지 못하지만, 이들 감각을 감지하고 경험하는 기관의 세포에서 생성한 전기 신호를 경험으로 바꾼다. 뇌는 두개골 속에서 눈과 귀, 코, 입, 피부, 근육, 기타 장기에서 화학 또는 전기 신호를 받아 인지한다. 이후 근육이나 다른 기관에 다음 행동을 취하도록 해당 신호로 지시한다.

일반적으로는 어떤 행동을 할지 결정한 후 지시를 내리지만, 일부의 경우 무의식적으로 이루어지기도 한다. 이 모든 과정은 상황에 따라 순식간에 일어나지만, 오랜 시간이 걸리기도 한다. 아내는 퀼리

티 스트리트 초콜릿[124] 상자를 고를 때 헤이즐넛 누아제트와 오렌지 크런치를 두고 몇 분이나 고민한다. 하지만 어떤 선택을 하든 후회하는 경우가 태반이기에 아내는 보통 반쯤 먹다 남은 초콜릿을 필자에게 건네곤 한다. 그러나 자신의 판단이 잘못되었음을 인정하고 다른 맛의 초콜릿을 먹어야겠다는 판단은 굉장히 빨리 이루어지는 편이다.

또한 감각 기관에는 외부 환경을 감지할 수 있는 세포가 있다. 안구 뒤편에 위치한 망막에는 빛의 나양한 색상과 강도를 감지하는 세포가 약 9,700만 개나 있다. 이들 세포에 있는 특정 단백질이 광자에 충돌할 때마다 전하가 형성되며, 이 신호는 뇌로 전송된다.

마찬가지로 코에는 다양한 분자와 결합하는 세포로 냄새를 감지한다. 빵을 구우면 반죽 속 효모의 작용으로 에틸에스테르라는 화학 물질이 생성된다. 코에는 세포 내에 해당 물질의 분자와 결합하는 단백질이 있다. 그리고 단백질과 결합 시 후각 신경에서 뇌로 전기 신호를 전달한다. 필자가 빵 냄새를 맡으면 냉장고에서 버터를 찾듯, 뇌에서는 다음 행동을 결정한다.

다른 감각 기관도 위와 비슷한 방식으로 작동한다. 차이가 있다면 뇌에 전기 신호를 보내는 데 빛이나 냄새 분자가 아닌 소리, 촉감, 질감 등의 감각을 감지하는 것뿐이다.

감각 기관에서 온 신호를 받은 뇌는 두개골 안에서 외부 세계의 시뮬레이션을 구축한다. 당신이 갓 구운 롤빵 냄새를 맡으면 부엌을 둘러보며 냄새가 나는 곳을 찾고, 빵을 손으로 만지면서 아직 따뜻한

---

124   네슬레사(Nestle)의 초콜릿 상품명

지를 판단할 것이다. 이때 당신의 뇌는 갓 구운 롤빵을 찾는 경험을 시뮬레이션으로 재구성한 후, 이에 기반한 정보로 어떤 행동을 할 것 인가를 결정한다.

뇌에서 시뮬레이션으로 구축한 세상은 정확할 수도, 그렇지 않 을 수도 있다. 그렇더라도 어느 정도 생존하고 번성하기에는 충분하 다. 이처럼 뇌에서 구축하는 시뮬레이션에는 사람에 따라 차이가 있 기 마련이다. 가령 필자가 생각하는 초록색이나 노란색, 빨간색은 당 신이 생각하는 것과 다를 수밖에 없으며, 이 또한 의식의 어려운 문 제에 속한다. 물론 사물의 색을 서로 합의하였다면 문제 될 것이 거 의 없겠지만 말이다.

다만 중요한 것은 우리가 경험할 외부 세계의 시뮬레이션이 포 함하는 정보의 양이 합리적인 행동을 취하는 데 지장이 없을 정도로 충분하기만 하면 된다. 대부분의 동물에게 합리적인 행동이란 사망 의 위험을 피해 먹이, 물, 영역, 짝 등의 자원을 탐색, 획득 및 활용하 는 것과 관련이 있다. 이와 다르게 인간은 십자말풀이나 반려견 산 책, 안방에 칠할 페인트 색상 선택하기 등 더욱 고차원적인 행동으로 이어진다.

외부 세계의 시뮬레이션을 구축하고, 이에 어떻게 반응할지 판 단하는 과정은 꽤 복잡하다. 인간의 뇌는 우주 내에 현존한다고 알려 진 것 중 가장 복잡하다. 지금부터는 놀라운 내용이 펼쳐질 테니 잘 따라오기 바란다.

뇌는 우리 몸의 지휘 본부로, 신체의 생존을 최우선 순위로 삼는 다. 따라서 관련 지식이 없어도 뇌가 알아서 작동하는 경우가 있다.

뇌는 체온과 심박수 등 본능적인 행동을 조절한다. 이 모든 작용이 무의식적으로 일어나지만, 심박수 등 일부 기능은 집중을 통해 의식적인 조절이 일부 가능하다는 여지가 있다. 이외에도 뇌는 기억을 저장한다. 앞에서 설명한 뇌의 역할은 특정 상황에서의 행동 및 반응을 결정하는 데 중요한 역할을 한다.

인간의 뇌는 여러 부위로 나뉘는데, 크게 뇌간 ^{brianstem}, 소뇌 ^{cerebellum}, 대뇌 ^{cerebrum} 로 분류할 수 있다. 첫째로 뇌간은 진화의 관점에 따르면 뇌에서 가장 오래된 부분으로, 생존과 관련된 대부분의 무의식적인 작용을 조절한다. 예컨대 심장 박동과 폐의 호흡 외에도 신체의 여러 기관이 제 기능을 하도록 한다. 또한 뇌간은 두개골의 바닥면에서 척수의 윗부분까지 이어져 있다.

둘째는 두개골 뒤편의 소뇌이다. 소뇌는 운동의 지휘 본부와 같은 곳으로 우리가 근육을 자발적으로 조종할 수 있도록 한다. 이 문단을 쓰는 중에도 필자의 소뇌에서는 손가락에게 키보드의 어느 부분을 언제 눌러야 할까를 지시하고 있다. 이처럼 소뇌의 핵심 역할은 운동의 섬세한 조절이므로, 소뇌가 손상되면 필자가 키보드를 치는 동작도 불안정해진다. 이외에도 대뇌 안쪽의 편도체와 함께 두려움과 기쁨을 느낄 때의 반응을 조절하는 역할도 한다.

셋째는 대뇌이다. 대뇌는 뇌 가운데 가장 큰 비중을 차지하며, 냄새 감지, 말하기, 사고, 감정, 학습을 담당한다. 이중 신피질 ^{neocortex}은 인간의 대뇌에서 가장 큰 부위로, 뇌 전체에서 절반이 넘는 크기이다. 신피질이 있기에 우리가 지능을 가지며, 의식이라는 감각이 발달한 것으로 추정된다.

뇌의 각 부위는 주로 담당하는 기능에 따라 더욱 세분화되며, 이에 따라 별도의 명칭이 존재한다. 부위별로 뇌의 이름과 역할, 감각 기관과의 연결 방식을 비롯하여 뇌의 기타 부위까지 모두 공부하려면 기억해야 할 내용이 많다. 여러 신호를 처리하고 종합하여 외부 세계의 시뮬레이션을 만드는 과정은 복잡하고도 매력적이다. 그렇지만 세부적인 내용은 이 책에서 다루는 범위를 벗어난다.

뇌에서 가장 중요한 부분은 뇌세포가 구성한 연결망, 즉 '뉴런 neuron'이다. 연결망의 작동 방식은 부위별로 조금씩 차이가 있지만, 전체적으로 본다면 신경망은 유사한 방식으로 작동한다. 뇌는 800~1,000억 개의 뉴런으로 이루어져 있으며, 이와 비슷하거나 더 많은 숫자의 교세포가 뉴런을 보완하는 기능을 한다.

19세기에 과학자들은 교세포 glial cell 가 없다면 신경계가 서로 분리될 것이라고 생각하였다. 따라서 그리스어로 풀을 뜻하는 '글리아 glia'를 따서 명명하였지만, 실제 역할은 엄연히 다르다. 뉴런에게 교세포란 경주용 자동차가 잘 작동하도록 보장하는 정비팀 같은 존재다. 교세포와 뉴런의 비율은 뇌의 부위마다 다르며 추정치에서도 큰 차이를 보인다.

인간의 뇌세포를 일일이 세는 일은 고되고, 썩 유쾌하지는 않은 작업이다. 따라서 뇌세포 수는 뇌 조직의 일부에서 계산한 수치를 토대로 대략적인 추정치를 산출하는 편이다. 교세포는 비율과 무관하게 뇌 기능에 중요한 역할을 한다. 다만 현재까지 알려진 바에 따르면 교세포는 의식을 이해하는 데 핵심적인 역할을 하지는 않으므로 여기까지만 설명하겠다.

뉴런에는 여러 종류가 있지만, 모든 뉴런에서 공통적으로 발견되는 중요한 요소가 있다. 이는 바로 뉴런이 세포가 서로 연결된 거대한 신경망을 형성하도록 진화한 것이다. 하나의 뉴런 세포는 본체인 신경 세포체 soma 로 이루어졌으며, 세포핵과 기타 세포소기관에 있다. 생물학자들은 이 용어를 접하면서 가끔 혼란스러워하기도 한다.

신경 세포체의 영어 명칭인 'soma'는 '몸통'이라는 뜻으로, 그리스어 단어 '소마 sōma '를 어원으로 한다. 일회용 체세포, 즉 'disposable soma'의 경우, 우리 몸을 이루는 세포를 뜻한다. 이와는 달리 뉴런의 신경 세포체는 신경 세포의 몸통을 일컫는다.

뉴런의 신경 세포체에는 '축삭돌기 axon '라는 가늘고 긴 돌기가 한쪽으로 뻗어 나와 있다. 이 돌기를 덮고 있는 특별한 단백질인 '미엘린수초 myelin sheath '는 전기 신호의 빠른 전달을 돕는다. 뉴런에서 신경 세포체와 멀지 않은 곳에는 가지처럼 뻗어 형성된 복잡한 연결망인 '가지돌기 dendrite '가 있다. 가지돌기는 나뭇가지 모양으로, 신경 세포체에서보다 끝자락이 더 많이 뻗어 나온다.

가지돌기는 시냅스 synapse 로 뒤덮여 있다. 시냅스는 뉴런 사이에 신호를 주고받는 연결부로, 하나의 뉴런에 수천 개의 시냅스가 있기도 한다. 시냅스는 뉴런끼리 서로 연결되는 것이 일반적이지만, 망막에서 빛을 감지하는 세포 등 다른 세포와 연결되기도 한다. 또한 축삭돌기도 가지돌기처럼 분지하며, 각 가지 끝에는 축삭말단 axon terminal 이라는 부위가 있다.

축삭말단은 시냅스를 통해 다른 뉴런의 가지돌기와 이어진다. 그리고 각 뉴런은 가지돌기가 다른 뉴런의 축삭말단과 결합하는 방식으로 수천 개의 다른 뉴런과 연결된다. 이에 당신의 뇌에는 약 600조 개의 시냅스가 존재하며, 각 뉴런이 지닌 수많은 시냅스가 서로

연결되어 거대한 신경망을 형성한다. 이 신경망은 신체가 기능하고
의식을 지니는 기본적인 구조이다.

신경세포의 구조

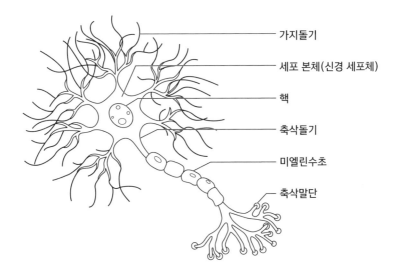

가지돌기

세포 본체(신경 세포체)

핵

축삭돌기

미엘린수초

축삭말단

  근래 우리는 페이스북과 X 같은 온라인 플랫폼 덕분에 네트워크
라는 개념에 다들 익숙해졌다. 소셜 네트워크 플랫폼 이용자들은 각
자 자신의 친구, 지인, 그 외 관심이 가는 인물과 연결고리를 형성하
고, 이는 상대방 역시 마찬가지이다. 이를 과학 용어로 표현하자면
유저 개개인을 '노드 node', 각 연결고리를 '에지 edge'라고 한다. 이처
럼 뇌를 구성하는 신경망에서는 개별 뉴런이 노드, 시냅스는 에지이
다.

존재의 역사

소셜 네트워크가 온 세상을 뒤덮으면서 누구든지 6단계를 거치면 서로 연결될 수 있다고 한다. 달리 말하면 지인의 지인을 통하는 방식으로 5명만 거치면 당신과 필자가 연결된다. 필자의 지인 한 명과 당신의 지인 한 명, 그리고 나머지 3명만 더 있으면 연결고리는 완성되는 셈이다. 예외적으로 안다만 제도 등 세상과 단절된 곳에서 사는 부족을 제외하면, 이 책을 읽는 독자들에게도 '6단계 분리 이론'이 성립한다.

그러나 뇌를 구성하는 신경망은 그보다 연결성이 훨씬 좋다. 우리 뇌는 뉴런과 뉴런 사이가 3~4단계로 분리되었다고 추정하므로, 그만큼 고도의 연결성을 지닌 네트워크임을 의미한다. 또한 뉴런의 수가 지구의 인구수보다 약 15배나 많으므로, 신경망의 규모도 굉장히 크다.

위와 같이 소셜 네트워크와 비유한 바를 잘 활용하면 뇌의 작동 원리를 조금이나마 이해할 수 있다. 필자가 입는 옷과 근황 위주로 게시물을 올리는 인스타그램 계정이 6개 있다고 가정해 보자, 첫 번째 계정은 필자가 매일 신는 신발, 두 번째는 바지, 세 번째는 셔츠, 네 번째는 필자가 있는 장소, 다섯 번째는 행동, 마지막으로 여섯 번째 계정은 필자가 하는 말만 게시물로 올린다.

물론 맨정신으로는 보기 힘들 정도로 재미가 없는 계정이니 아무도 팔로우를 하지 않겠지만, 세 자녀가 각자 두 계정씩 팔로우를 한다고 가정해 보자. 루크는 필자가 착용한 신발과 바지, 조지아는 필자의 셔츠와 필자가 있는 장소, 소피는 필자의 말과 행동을 계속 관찰한다. 아내에게는 필자의 상태를 따로 알리지 않으므로, 아내는 세 자녀를 모두 팔로우한다고 가정하자. 가끔 필자가 새로 산 셔츠에 세련된 카우보이 부츠를 신고 웃긴 행동을 하거나 중요한 내용을 게시물로 올리면 이를 세 자녀가 공유하고, 소냐도 그 게시물을 보게 된다. 결과적으로 소냐는 간단한 네트워크를 거쳐 유용한 정보를 얻고, 셔츠와 부츠가 어울리지 않는다고 조언하는 등 어떤 행동을 할지 결정할 수 있다.

뇌의 거대한 신경망에서 정보가 흐르는 방식도 위와 비슷하다. 뉴런의 작동 원리를 알면 이 과정을 이해하는 데 도움이 된다. 각 뉴런은 시냅스에서 전달받은 신호를 전기 신호로 바꾸어 가지돌기에서 신경 세포체로 보내어 작동한다. 신경 세포체는 발화[125]한 시냅스 수와 가지돌기에서 받은 신호의 수에 따라 전기 신호를 축삭돌기로 보낼지 결정한다. 신경과학자들은 이 전기 신호를 활동전위 action potential 라고 한다.

활동전위가 축삭말단에 도달하면 대부분의 뉴런에서는 신경전달물질 neurotransmitter 이라는 화학 물질을 분비한다. 신경전달물질은 시냅스 맞은 편에 있는 가지돌기 수용체와 결합한다. 시냅스와 맞은 편에 있는 세포가 뉴런이라면, 가지돌기에서 전기 신호가 발생하여 신경 세포체로 전달된다. 또는 근육 세포라면 수축이나 이완 작용이 일어난다. 경우에 따라서는 신경전달물질 대신 전하를 띤 이온이 축삭돌기에서 가지돌기로 전달되기도 하지만, 한쪽 세포가 다음 세포로 신호를 보낸다는 점에서는 동일하다.

125 발화는 뉴런 간의 신호 전달이 아닌, 개별 뉴런의 신경 세포체에서 전기 신호를 보내는 과정을 주로 지칭한다. 옮긴이.

전하를 띤 이온은 신경전달물질 분자보다 이동 속도가 빠르므로, 해당 이온을 사용하는 시냅스는 신경전달물질을 단독으로 사용하는 경우보다 신호 전달 속도가 빠르다. 하지만 전하를 띤 이온이 보낼 수 있는 신호는 '예', '아니오'로 한정된 반면, 신경전달물질이 전달 가능한 신호 폭은 더 넓다.

한편 눈에서 빛을 감지하는 세포인 시세포는 망막신경절세포라는 다수의 뉴런에 연결되어 있다. 이때는 하나의 뉴런에 약 100개의 시세포와 연결되어 있지만, 배열은 제각각이다. 여기에서 망막 전체에 흩어져 있는 시세포와 연결된 뉴런이 있는가 하면, 일부 부위에만 존재하는 시세포와 그러한 경우도 있다. 또한 뉴런에 따라서는 가로나 세로로 배열된 시세포와 연결되기도 한다.

망막신경절세포는 수많은 뉴런과 시냅스를 형성하며, 빛의 세기와 색상, 그리고 사물의 윤곽 및 형태 패턴에 관한 정보를 전달한다. 해당 뉴런은 다시 다른 뉴런과 시냅스를 형성하며, 각 연접부를 지날 때마다 현재 보고 있는 대상의 모습이 점점 더 구체적으로 생성된다. 이에 따라 더 안쪽에 있는 뉴런은 당신이 보고 있는 대상이 사람인지, 또는 동물이나 나무, 호수 등인지를 알리는 신호 전달의 역할을 맡게 된다.

한 실험에서는 과학자들이 실험 대상자에게 미국 배우 제니퍼 애니스턴 Jennifer Aniston 사진을 보여줄 때마다 특정 뉴런이 발화되었다. 만약 당신이 아는 배우라면 당신의 뉴런 역시 비슷한 반응을 보일 것이다. 사실 제니퍼 애니스턴 외에도 몇몇 뉴런은 이렇게 반응한다. 이처럼 당신에게 친숙한 대상을 바라볼 때 발화되는 뉴런이 몇 가지 있을 것이다.

뇌내 신경망은 최종적으로 당신이 경험 중인 상황에 대하여 더욱 자세한 정보를 한 겹씩 쌓아 올리며 정보를 취합한다. 그리고 시각, 청각, 후각, 촉각을 담당하는 신경망도 함께 연결되어 있으므로, 여러 감각의 정보를 형성할 수도 있다. 이와 함께 뇌에서는 불필요한 정보를 걸러 내기도 한다. 뉴런은 충분한 수의 시냅스가 활성화되어야 발화가 일어나 축삭돌기로 전류를 전달함으로써 다른 세포에 신호를 보낸다. 다시 말해 당신이 제니퍼 애니스턴 사진을 보고 있다는 것을 자각하기 힘들 만큼 정보가 너무 적다면, 제니퍼 애니스턴에 관한 뉴런은 발화하지 않을 것이다.

신경망

뇌에서는 수행하는 역할이 상당히 비슷한 뉴런도 존재한다. 당신이 제니퍼 애니스턴 사진을 볼 때 뇌에서 해마 hippocampus 라는 부위가 활성화되기도 한다. 마찬가지로 다른 뉴런도 제니퍼 애니스턴과 연계하여 그러할 수 있다. 그 예로 제니퍼 애니스턴과 함께 〈프렌즈〉에 출연했던 코트니 콕스 Courtney Cox 관련 뉴런도 함께 활성화되는 것이다. 이는 일부 뉴런이 특정 배우가 아닌 드라마 〈프렌즈〉라는 추상적인 개념에 반응했을 가능성을 보여준다.

이처럼 다른 정보와 관련된 뉴런이 함께 발화하는 원리는 무엇일까? 위의 반응은 뇌의 신피질이라는 부위를 통해 자세한 연구가 이루어졌다. 패턴 파악과 같이 어려운 작업은 대부분 뇌의 신피질에서 이루어진다.

신피질의 두께는 대개 2~3mm이며 복잡한 형태로 접혀 있다. 신피질을 분리해서 반듯하게 폈을 때는 가로와 세로가 45cm인 정사각형을 덮을 정도이다. 신피질을 첨단 고성능 현미경으로 자세히 관찰했을 때, 쌀 한 톨 크기의 조직에 10만 개에 달하는 뉴런이 5억 개의 시냅스로 연결되어 있었다. 뉴런은 피질 기둥이라는 구조를 이루며 배열되어 있는데, 인간에게는 100~200만 개의 피질 기둥이 있다. 각 피질 기둥마다 100개가 조금 넘는 뉴런이 6개 층을 이루고 있다.[126]

신피질의 뉴런 대부분은 바깥쪽에서 뇌의 중앙을 향하는 방향으로 층을 이루며, 일부는 그 사이에 걸친 형태로 배열되어 있다. 이들 뉴런은 신피질의 서로 다른 부위에서 온 정보를 전달하는 역할을 한다. 이중 수직으로 배열된 뉴런은 당신이 경험하는 것에 대한 일종의 합의를 이루는 능력을 갖춘 것으로 추정된다. 가령 당신이 제니퍼 애니스턴 사진을 보는 동안 제니퍼 애니스턴 뉴런 20개, 코트니 콕스 뉴런은 3개만 활성화된다면, 당신이 보는 사진은 제니퍼 애니스턴이라는 합의에 이른다. 이처럼 뉴런 사이에서 합의에 이르는 자세한 과

---

126 피질 기둥은 학자에 따라서 많게는 200~400만 개, 적게는 15만 개라고 주장하기도 한다. 옮긴이.

정은 아직 밝혀지지 않았지만, 신경과학의 빠른 발전에 힘입어 조만간 더 깊은 이해가 가능해질 것이다.

의식과 관련하여 연구가 활발한 또 하나의 분야는 바로 기억이 저장되는 방식이다. 어떠한 사진을 보았을 때, 그 사진을 이해한다면 과거에 사진 속 대상을 본 적이 있다는 의미이다. 따라서 우리가 대상의 외형과 냄새, 맛을 알려면 본능이 아니라 선행 학습이 필요하다. 그리고 우리는 경험을 통해 학습한다.

예컨대 우리 중 대다수는 제니퍼 애니스턴을 만난 적이 없지만, 블록버스터 영화나 TV 드라마에서 연기하는 모습을 보고 제니퍼 애니스턴이 어떤 사람인지 학습한다. 또한 우리는 친구, 지인, 직장 동료의 얼굴을 회의나 대화를 통해 익히고, 이들을 알아보는 시냅스가 형성된다. 이렇게 새로운 기억을 형성 및 저장하고, 옛 기억을 잊어버리는 자세한 원리는 아직 많은 연구가 필요하지만, 이 과정에서 잠이 큰 비중을 차지한다는 점은 분명하다. 그렇기에 밤에 푹 자는 것은 기억력 향상에 매우 좋다.

지금까지 뇌가 사진이나 냄새를 식별하는 방법을 살펴보았지만, 영화나 점점 심해지는 악취 등 연속성이 있는 역동적인 사건이라면 이야기가 다르다. 앞서 뇌가 제니퍼 애니스턴의 사진을 알아보는 원리를 설명했지만, 그녀가 영화 〈말리와 나 Marley and Me 〉에서 연기하는 모습을 알아보는 것은 또 다른 문제이다. 뇌는 정지화면을 식별하는 데 매우 능하지만, 실제로는 그 이상의 능력을 발휘할 수 있다. 정지화면을 여러 장 기억하는 능력만으로는 현실 세계에서 살아남기 어렵기 때문이다.

존재의 역사

대신 뇌에서 역동적인 시뮬레이션을 생성해야 한다. 즉 사진 엽서가 아닌 비디오 게임에 가까운 예측을 해야 한다. 세상을 역동적인 시뮬레이션처럼 만들어 내어 미래의 상황을 예측하려면, 우리 뇌는 움직이거나 변화하는 대상을 시각, 청각, 촉각, 후각을 동원하여 추적 관찰해야 한다. 이 과정에서 뇌는 카메라의 자동 초점 기능과 유사한 원리로 하나의 대상뿐 아니라 시야에 들어오는 여러 대상에 초점을 유지하도록 작동한다. 이렇게 뇌는 여러 대상을 동시에 추적 관찰하고, 대상 간의 거리를 파악함으로써 다음 순간에는 대상이 어디 있을지 입체적으로 예측할 수 있다.

신피질이 머릿속에서 세상의 역동적인 시뮬레이션을 만들어내는 원리는 기준틀 frames of reference 이론으로 설명할 수 있다. 기준틀이란 좌표를 이용해 사물의 위치와 운동을 설명하는 방법이다. 이는 시각을 기준으로 할 때 가장 직관적인 이해가 가능하지만, 청각과 촉각, 심지어 언어와 복잡한 사고를 대상으로도 확장할 수 있다. 기준틀은 원점, 사물의 방향 및 서로 간의 거리, 시간의 경과에 따라 변화하는 속도를 설명하는 데 활용된다.

원점이란 중심이 되는 지점으로, 뇌의 관점에서는 관찰자인 당신을 말한다. 방향은 한 사물이 다른 사물을 기준으로 어떻게 회전하는가를 설명하는 개념이다. 그 예로 당신이 시계 앞에 똑바로 서서 시침을 바라본다면, 정오에는 시침이 수직으로 위를 가리키고 6시일 때는 아래를 가리킨다. 또한 3시와 9시에는 각각 우측과 좌측을 수평으로 가리킨다. 그런데 시계를 아무 방향으로든 돌린다면, 시침이 가리키는 방향도 덩달아 바뀐다. 이처럼 우리 뇌는 사물의 방향이 바뀌어도 탁월한 능력을 발휘해 그 위치를 추적 관찰한다.

두 사물이 서로 떨어져 있다면, 뇌에서는 둘 사이의 거리가 얼마인지 파악하려고 한다. 일반적으로는 관찰자와 사물 사이의 거리로 인식되겠지만, 기준틀을 적용한다면 한쪽이 원점이 아니더라도 두 물체 사이의 거리를 파악할 수 있다. 이에 차 두 대가 서로 충돌하려고 하는 장면을 본다고 생각해 보자. 그러면 우리는 이들 차량과 우리와의 거리, 각 차량 사이의 거리, 그리고 충돌 경로에 있는 두 차량을 반복적으로 추적 관찰한다. 이를 통하여 우리는 두 차가 언제쯤 충돌할지 예상하는 것과 같은 이치이다.

그리고 기준틀은 한 사물이 다른 사물 또는 우리를 기준으로 어떻게 움직이는지를 설명한다. 우리의 뇌는 사물 간의 방향과 거리가 시간에 따라 어떻게 변하는지 추적 관찰한다. 이에 신피질은 우리의 감각이 인지한 영역에서 여러 물체의 기준틀을 동시에 분석할 수 있다는 점에서 매우 놀랍다. 신피질은 특정 패턴에 자극을 받는 수많은 시냅스의 발화를 통해 이 과정을 수행하지만, 격자세포 grid cell 와 장소세포 place cell 를 활용해 우리 주변 세계의 지도를 구축하기도 한다. 뇌는 이 모든 정보를 받아들여 세상의 시뮬레이션을 구성함으로써 다음 장면을 예측하는 놀라운 능력을 지니고 있다.

뇌는 위의 과정으로 만들어진 세상의 시뮬레이션을 활용하여 다음에 일어날 상황, 다시 말해 각 물체의 기준틀이 어떻게 이동할지 예측한다. 감각 기관에서 보낸 새로운 정보가 시뮬레이션으로 예측한 상황과 일치한다면, 그 신호는 신경망에서 더 파급되지 않고 소멸된다. 결과적으로 우리는 해당 신호를 경험하지 않는다. 그 반대의 상황이라면 시뮬레이션 업데이트가 필요하다. 업데이트는 주로 최근 시뮬레이션을 구성할 때 영향을 미치지 않았던 뉴런과 피질 기둥의 정보를 참고하는 방식으로 이루어진다.

이처럼 뇌는 기발한 방식으로 예측과 관찰을 비교한다. 뉴런이 발화하여 축삭돌기 및 신경망 내에 있는 다른 부위로 신호를 보내려면 복수의 시냅스 발화가 필요하고, 그 주변에 있는 피질 기둥의 뉴런도 수신이 가능한 상태여야 한다. 또한 축삭돌기로 전기 신호를 보내려는 경우 신경 세포체가 다수의 시냅스에게서 역치 이상의 전기 신호를 받아야 한다.

신호가 역치에 미치지 못한다면 해당 뉴런은 잠시 다른 신호를 받아도 발화할 수 없는 상태가 된다. 인접한 세포에서도 그러한 흥분 상태를 감지하고 발화를 멈추는데, 신경과학자들은 이 현상을 '측면억제 lateral inhibition'라고 한다. 측면억제가 일어나면 피질 기둥에서는 많은 뉴런의 시냅스에서 동시에 발화가 일어나야만 뇌 전체로 신호가 전달된다. 시뮬레이션과 새로운 관찰 내용이 다를 때, 즉 시뮬레이션이 틀렸을 때도 마찬가지의 현상이 일어나기도 한다.

뇌는 세상의 시뮬레이션을 분석한 뒤, 우리에게 위험한 상황을 피하거나 자원을 얻기 위해 특정 사건에 반응하도록 명령을 내린다. 항상 특정 행동을 유발하는 시뮬레이션이라면 몸이 거의 본능적으로 반응한다. 어떠한 상황에서 특정한 냄새를 맡았을 때 몸을 피하는 반응이 여기에 포함될 수 있다. 또는 과거의 경험을 활용하여 특정 상황에서 어떻게 반응할지 결정하기도 한다.

해마는 뇌에서 만들어 낸 세상의 시뮬레이션과 과거의 경험이 합쳐지는 부위이다. 수많은 과학 용어가 그렇듯, 해마의 어원도 그리스어이다. 뇌를 살펴보면 바다에 사는 동물과 형체가 비슷한 부위가 있고, 실제로 이 동물의 이름을 따서 해마라고 부른다.

기억을 담당하는 뉴런 또한 뇌에서 시뮬레이션을 분석하며, 후속 행동을 결정하는 신경망과 연결되어 있다. 해마의 작동 원리는 다른 신경과학 분야와 마찬가지로 아직 완전히 밝혀지지 않았지만, 기억 뉴런과 시뮬레이션 뉴런이 얽힌 신경망을 통해 우리가 어떤 결정을 내릴지 돕는 역할을 한다. 이렇게 내린 결정은 어떻게 움직이거나 말할까에 따라 그 행동과 관련된 근육에 신호를 보내어 실행한다.

의식을 연구하는 과학자들은 우리가 감각으로 외부 세계에서 무언가를 인지한 후 반응하기까지의 과정을 지각, 주의, 평가, 통합, 의사 결정, 행동과 같이 단계적으로 구분한다. 그런데 공이 날아오는 것을 인지하고 손을 움직여 공을 잡는 과정은 순식간에 일어난다. 이처럼 인간의 뇌는 상당히 복잡하지만, 놀라울 정도로 효율적이기도 하다. 그러나 우리 뇌는 올바른 결정을 내리고 있을까? 그리고 그 결정이 올바른지는 어떻게 알 수 있을까?

의사 결정과 행복

결정을 내리는 과정은 현재 별도의 연구 분야로 존재한다. 이 분야의 과학자들은 인간뿐 아니라 동물, 심지어 인공지능도 연구 대상으로 삼는다. 지금까지 이 분야의 연구 성과들은 우리에게 흥미를 유발하기도 한다. 결혼할 짝을 선택하기 위해 최선의 전략을 발휘해야 하는 결혼 문제를 예로 들어보자. 과학자들은 컴퓨터 시뮬레이션으로 이 문제를 처리하려고 하였으나, 늘 그렇듯 컴퓨터로 문제를 해결하려면 가정을 단순하게 바꾸어야 한다. 결혼 문제는 다음과 같은 가정을 적용한다.

첫째, 평생의 동반자를 찾는 사람은 임의의 배우자 후보와 순차적으로 데이트를 하되, 동시에 2명을 만날 수 없다.

둘째, 데이트를 한 상대는 순위가 매겨지며, 공동 순위는 없다.

이는 다시 말하면 두 후보가 공동 2위를 할 수는 없다는 뜻이다. 그러나 배우자를 찾는 사람은 그 순위를 미리 알 수 없다.

셋째, 상대와 결혼을 할지 다음 후보를 만날지는 한 번 결정하면 되돌릴 수 없다. 이는 한 번 거절당하면 그대로 끝이라는 점에서 누군가에게는 상처가 되는 규칙이기도 하다.

넷째, 프러포즈는 어떤 형태로든 성공한다.

위와 같은 규칙이 주어졌을 때, 후보자 고르기는 언제 멈추고 마음에 드는 사람을 골라야 할까? 첫 상대가 마음에 들면 결혼해야 할까, 아니면 더 나은 짝을 찾을 가능성을 위해 다음 상대로 넘어가야 할까? 그렇다면 최고의 후보자와 결혼할 수 있는 최선의 전략은 무엇일까?

정답은 생각보다 간단하지 않다. 최선의 전략은 상대와의 잠재적 데이트 횟수에 따라 달라지지만, 현실에서는 이를 예측할 수 없다. 문제의 해답은 확률론적으로 설명할 수는 있다. 이는 단순히 몇 번째 후보를 고르는 것이 좋을까에 관한 문제가 아니다. 오히려 전체 데이트 횟수 중 몇 번을 거절했을 때 남은 사람 중 최고의 후보를 만날 확률을 구하는 것에 가깝다.

예를 들어 데이트 상대가 총 6명이고, 세 번째 만난 사람과 결혼한다면 최선의 선택을 했을 가능성은 42.8%이다. 의사 결정을 연구하는 과학자가 이와 같은 알고리즘으로 배우자를 선택했다는 이야기도 전해지지만 사실 여부는 불투명하다. 참고로 필자가 아내에게 청혼할 때나, 아내가 필자의 청혼을 받아들일 때는 앞의 사고 과정을 거치지 않았다. 우리가 결혼한 이유는 그저 함께 있을 때 행복하기 때문이었다.

의사 결정 이론을 동물에게 적용할 때, '한 개체는 언제 다른 장소로 이동해야 하는가?' 같은 의문을 다룬다. 동물의 경우 특정 장소에서 자신이 섭취할 수 있는 먹이의 양 등 실질적인 기댓값을 극대화한다는 가정이 전제되어 있다. 현재 위치에 남았을 때의 기댓값이 다른 위치로 이동하는 에너지보다 적다면, 이 동물은 거처를 옮기는 편이 유리하다. 그러나 무리를 이루는 동물, 다른 위치에서 얻을 가능성이 있는 먹이에 대한 정보의 차이, 해당 위치를 선점할 확률 등 여러 요소를 고려하면 문제는 훨씬 더 복잡해진다.

위와 같이 의사 결정 이론을 동물 행동에 적용한 결과, 동물의 행동 양식에 얽힌 흥미로운 지식을 알게 되었다. 전반적으로는 동물이 최선의 전략대로 움직이는 듯 보인다. 그러나 동물이 이동하는 원인을 알아내는 과정이 늘 쉽지는 않다. 동물이라고 먹이 찾기에만 모든 시간을 쏟지는 않기 때문이다.

동물은 짝과 물, 보금자리, 온기, 그리고 안전한 곳을 찾아다니며, 심지어 경쟁자의 유무 등 주변 상황을 확인하려고 이동하기도 한다. 또한 이들 요인은 연령, 계절, 날씨에 따라 변한다. 다소 복잡한 측면이 있기는 하지만, 결과적으로 동물은 여러 상황에서 최선의 결정을 내리는 것으로 추정된다. 동물은 좋은 결정을 많이 내린다.

이에 사람도 동물이라는 점에서 의사 결정 이론이 우리의 행동을 예측하고 이해하는데 두루 적용된다는 사실이 딱히 놀랍지는 않다. 다만 인간이 대다수 동물과 다른 점이 하나 있다면, 바로 장기적인 관점에서 생각하는 능력이다. 인간은 앞일을 계획할 때 미래에 가장 행복해질 수 있는 결정을 내리려고 한다.

그렇다면 인간의 뇌는 행복을 극대화하려고 하는 걸까? 그러자니 행복은 막연한 목표가 되기 쉽다. 집단 내에서도 행복의 정도가 각자 다르고, 이 가운데 1/3가량은 유전적으로 설명할 수 있다. 천성적으로 행복한 사람은 분명 존재한다. 하지만 나머지는 우리가 처한 환경과 인생을 살아가는 방식에 달렸을 것이다.

금전적으로 든든하면 행복에 보탬이 되기는 한다. 빈곤하게 사는 사람들은 그렇지 않은 사람에 비해 덜 행복한 경향이 있지만, 엄청난 부자라고 꼭 행복하라는 법은 없다. 행복을 주제로 한 설문에서 부자를 대상으로 잘 지낸다고 생각하는지 조사한 결과, 그렇다고 대답한 사람은 부자가 아닌 사람보다 아주 조금 많을 뿐이었다.

그 이유로 돈은 많이 벌수록 그만큼 쓴다는 문제가 있다. 급여가 올라도 잠시만 행복한 이유는 여윳돈을 더 멋진 옷, 더 맛있는 음식, 더 이국적인 여행지에 써 버린 후, 더 많은 돈이 들어가는 생활 양식을 영위할 수 없겠다는 근심이 싹트기 때문이다. 복권 당첨, 급여 인상, 먼 친척에게서 받은 뜻밖의 상속으로 행복도가 상승하지만, 이는 생각보다 오래 가지는 않는다.

행복은 돈 이상의 가치를 지닌다. 사람들은 저마다 원래 행복도로 되돌아가는 경향이 있는 것으로 보인다. 우울증을 제외하고 일반적으로는 행복도가 증가하거나 감소할 수는 있지만, 지속시간은 짧다. 심리학자에 따르면 이러한 현상을 '쾌락의 쳇바퀴 hedonic treadmill' 라는 멋진 말로 표현했다.

사람들은 자신을 친구나 직장 동료와 비교하는 경향이 있다. 때로는 비교가 강박에 가까워지며, 이때 일반적으로 행복도는 감소한다. 이는 SNS가 누군가에게는 독인 이유에 해당되는바, 페이스북이나 인스타그램, X에서 누군가 성공한 듯 보이는 게시물에 지속적으

존재의 역사

로 노출되면 열등감을 불러일으키기 때문이다.

필자는 몇 년 전 페이스북과 트위터 계정을 삭제했고, 이후에 금단현상을 며칠 겪긴 했지만, 다시 손을 대고 싶지는 않았다. 이 책을 홍보하기 위해 높은 확률로 SNS에 재가입하겠지만, 별로 내키지는 않는다. 그렇게 늘어난 수입으로 몇 주간 더 행복해진들 지금의 생각은 변하지 않을 것이다.

자신을 친구나 동료 그룹과 비교하면 행복도가 떨어질 수 있지만, 끈끈한 우정을 유지하는 관계는 오히려 긴깅에 좋다. 인산은 사회적인 종이며, 강한 사회적 유대감은 행복의 중요한 요소이다. 가장 기본적인 것은 가정생활이며, 배우자와 친구처럼 지내는 사람들의 행복도가 가장 높은 경향이 있다.

필자도 마찬가지다. 아내는 최고의 친구이자 필자가 행복한 이유이다. 아내가 여행을 가면 보고 싶고, 혼자 있으면 옥스퍼드에 함께 있던 시절만큼 행복하지는 않다. 하지만 다른 친구를 만나는 일도 중요하다. 친구의 수보다는 몇몇 친구와의 끈끈한 유대감이 중요하다. 한두 명의 막역한 친구가 수십 명의 지인보다 더 큰 행복을 가져다준다.

행복에서 친구의 역할도 중요하지만, 친구와의 비교는 금물이다. 이는 감사의 일기 쓰기 전략이 행복도 증진에 도움이 된다는 점과도 일맥상통한다. 고마움을 느꼈던 일들을 적어 내려가면 자신이 친구나 직장 동료보다 못하다는 부정적인 감정을 가라앉히기 좋다. 긍정적인 생각은 행복도를 높인다. 감사의 일기를 꾸준히 쓰되 너무 자주 기록할 필요는 없다. 1주일에 2~3번 이상 일기장을 펼치면 감사할 거리가 부족해져 스트레스를 받을 수 있기 때문이다.

행복도에 효과가 있는 또 다른 요소로 직장에서의 성취감을 들고 싶다. 당신이 하는 일이 기계적이고 따분하지 않다면 더 행복해질 수 있다. 이와 관련하여 2013년 옥스퍼드로 자리를 옮긴 후, 필자에게 일어난 뜻밖의 일로 행복해진 경험을 당신에게 들려주려고 한다.

필자가 옥스퍼드대학교에 임용되었을 때, 계약 조건 가운데 대학 측에서 요청 시 학과장을 맡아야 한다는 조항이 있었다. 계약을 조율하는 과정에서 필자는 당분간 그럴 일은 없겠다고 확신했다. 그러자 2016년이 되고, 필자는 차기 동물학과 학과장 후보로 물망에 올랐다. 필자의 친한 친구이자 동료인 벤 셸던 Ben Sheldon 교수도 마찬가지였다.

그러나 필자와 벤 모두 학과장 자리를 원치 않았다. 하지만 누군가는 그 자리를 맡아야 했고, 결정은 교수진의 손에 달렸다. 이에 벤은 아무것도 하지 않는다는 선거 전략을 세웠고, 필자는 벤을 적극 추천하고 다녔다. 필자의 바람대로 벤이 학과장에 선출되었고, 필자는 부학과장을 맡게 되었다. 그다음 차례가 어차피 필자라는 사실을 알고는 있었지만, 그래도 책 쓸 시간을 5년 번 셈 쳤다. 적어도 그때는 그렇게 생각했다.

그로부터 5개월이 지나고, 필자가 소속된 동물학과와 실험심리학과가 있던 건물의 공기 중 석면 농도가 산업안전보건청 기준을 초과한 일이 있었다. 이에 공지 24시간 만에 평소 이용자가 1,650명에 달하는 옥스퍼드대학교에서 가장 큰 연구동이자 강의동인 틴베르헌 빌딩이 폐쇄된 적이 있었다. 건물을 이용하는 사람이라면 위험성이 매우 낮은 편이었지만, 건물을 이용하던 학과와 대학 입장에서는 그야말로 대란이 일어났다.

벤과 필자는 몇 년까지는 아니라도 몇 달 동안은 건물 폐쇄에 따라 발생할 문제를 처리해야 할 것이 뻔했다. 대학에서는 긴급 대책회의를 빈번하게 열어 일을 처리해 나갔다. 회의는 대학 행정팀장이 열었고, 참석자 20명 중 대부분은 고위관리자였다. 그리고 필자는 대학 측이 거처를 잃은 두 학과의 문제를 최대한 원만하게 해결하되, 가급적 돈이 들지 않는 방법을 원한다는 사실을 눈치챘다. 필자의 생각에 따르면 건물에서 나온 사람들을 대학 측에서 단기적으로 수용할 대책은 마련하고 있었지만, 따로 비어있는 건물이 없어 장기적인 해결은 어려워 보였다. 큰 위기이자 큰 기회가 될 수도 있는 상황에서 벤은 필자에게 이 상황을 타개하고 기회를 살릴 수 있도록 이끌어 달라는 부탁을 했다.

연구가 잠시 중단되는 것이 마음에 걸렸지만, 필자는 그 도전이 마음에 들었다. 전략을 잘 실행하면 보람찰 것 같았다. 이에 필자는 주변 사람의 도움을 받아 옥스퍼드대학교 생물학과의 비전과 재정 계획을 짰다. 이 계획에는 이번에 새롭게 개편한 학부 과정은 물론, 동물학과와 식물과학과를 통합한 생물학과 신설로 학부의 규모를 25%가량 늘리는 안건이 포함되어 있었다. 또한 대학 본부를 설득하여 생물학과와 실험심리학과가 들어갈 건물을 새로 짓는 안건도 망라하고 있었다.

우리 두 사람은 그런 일을 처리하는 방법을 따로 배운 적도 없었다. 그렇게 준비를 하면서 계획을 구체적으로 키워 나갔다. 이 과정에서 몇몇 핵심 인물이 우리의 비전에 공감하며 계속 응원해 주었다. 이에 필자는 비전을 실현하려면 대학의 의사 결정 위원회를 설득해야 한다는 점을 깨닫고, 교내 이사직에 출마했다. 비밀투표를 거친 끝에 필자는 교내 이사회와 비슷한 위치인 대학평의회의 일원이 되었다.

그렇게 학교 측에서도 우리의 비전을 받아들이고 건물을 신축하는 데 동의했다. 우리는 새로운 과정을 개설해 2022년 8월 1일을 학과 통합일로 정했고, 생물학과는 성장해 나갔다. 하지만 필자는 대학평의회 활동으로 생각지도 못한 대가를 치러야 했다. 바로 평의회에 참석하고 회의를 이끌게 되자, 연구 시간이 사라져 버린 것이다. 그러나 바쁜 와중에도 필자는 평의회 일에 사명감을 느끼며 크나큰 행복감 속에 살았다. 아내 또한 필자의 일에 지원을 아끼지 않았으니 말이다.

한편 벤도 생물학과에 관한 비전 목표를 실현하느라 어마어마한 양의 행정업무로 바쁘게 지내고 있었다. 벤과 필자는 장점이 서로 달랐다. 건물을 신축하는 구체적인 계획을 승인받은 뒤, 벤이 나서서 학과에 필요한 일들을 챙기기 시작했다. 필자도 건축 자금 조달 활동에서 물러나 벤과 공동으로 학과를 이끌며 일을 분배했다.

그렇게 벤은 학과장에서 물러나고 필자가 벤의 자리를 잇게 되었다. 필자는 팬데믹 기간에 날마다 몇 시간씩 화상 회의를 하며 학과를 이끌었고, 2021년 초 차기 학과장을 뽑는 시간이 다시 돌아왔다. 황송하게도, 그리고 황당하게도 교수진은 새로운 건물에 들어갈 때까지 계속 일을 해달라면서 필자에게 표를 던졌다. 그러나 이 무렵에 그 일이 더 이상 즐겁지 않았다.

벤과 필자가 함께 비전을 구현하는 당시에는 필자에게 목적이 있었기에 성취감을 느낄 수 있었다. 그러나 매일 학과를 돌보는 업무

는 보람이 없었다. 누군가는 해야 할 일이기는 했지만 필자에게 성취
감을 주지는 못했다. 그럼에도 호주에서 안식년을 보내게 해 주는 조
건으로 학과장직을 다시 수락했다. 필자에게는 다시 연구를 시작하
고 책을 쓸 기회가 필요했기 때문이었다.

뇌와 의식의 진화

　행복은 참으로 묘하다. 우리는 행복을 극대화하기 위해 여러 선택을 하지만, 때로는 손에 잡히지 않기도 한다. 우리에게 의식이 있다는 사실에 한 가지 단점이 있다면, '의식적으로' 행복해지려고 한다는 점이다. 그런가 하면 때로는 잘못된 목표에 집중하기도 한다. 남부럽지 않은 생활을 하고, 큰돈을 모은다고 행복해진다는 보장은 없지만, 다들 그렇게 살게 마련이다. 의식이란 어쩌면 생각처럼 멋진 것은 아닐지도 모른다.

　하물며 식물과 진균에는 의식이 없다. 이들 생물은 뇌는 고사하고 주변 세상을 경험하고 느끼는 기관도 없으며, 기본적인 뇌파도 측정되지 않는다. 물론 지각이 없어도 빛을 향해 자라고 아래쪽으로 뿌리를 내리는 등 환경의 신호에 반응할 수는 있지만, 이 과정에서 결정을 내리지는 않는다. 다만 식물이나 버섯은 빛이나 중력, 물처럼 기본적인 세포도 감지할 수 있는 신호에 다가가기 위해 특정 부위가 발달한다. 이러한 형태의 감지 세포는 신호를 해석하기 위해 뇌의 신경 세포에 연결될 필요도 없다.

단세포생물도 의식은 없지만 환경이 보내는 신호에 반응한다. 해당 생물은 '섬모 cilia'라는 특수한 세포 소기관으로 자신에게 이로운 화학적 자극이 있는 쪽으로 다가가거나, 해로운 화학적 자극에서 멀어지는 움직임을 보인다. 이처럼 단세포생물은 사신이 속한 환경에서 화학적 자극을 감지할 수 있다. 그리고 신호를 전달하는 분자가 세포 표면의 단백질과 결합하면 이에 반응해 신호가 있는 방향 또는 그 반대 방향으로 움직인다.

뇌는 동물의 전유물이지만, 모든 동물에게 뇌가 있는 것은 아니다. 성체 해면 sponge의 경우 뇌 또는 이에 상응하는 신경 기관이 없다. 다만 해면 중 일부 종은 유생 시절 단순한 구조의 뇌를 지니기도 한다. 이때 유생은 뇌를 활용하여 자신이 정착할 장소를 찾아 이동한다. 그 뒤 유생이 적절한 장소를 찾으면 해당 장소에 정착해 성체로 발달하기 시작한다. 이 과정에서 자기 역할을 다한 뇌는 소화되어 사라진다.

해면과 마찬가지로 홍합과 굴 등 일부 착생동물 또한 뇌가 없다. 이처럼 움직이지 않는 동물 중 뇌가 있는 종은 소수에 불과하며, 그나마도 매우 단순한 구조를 지닌다. 따라서 이동 능력은 진화에서 뇌의 발달을 자극하는 원동력으로 추정된다.

그렇다면 다세포생물에서 이동 능력이 뇌의 발달을 자극하는 이유는 무엇일까? 근육이 진화하면 이동 능력이 생기고, 중력과 전자기력을 일시적으로나마 극복할 수 있다. 돌멩이나 해면은 중력과 전자기력을 극복할 수 없지만, 우리는 발을 옮겨 새로운 곳으로 디딜 때마다 에너지를 소비하여 중력을 극복한다. 그런가 하면 전자기력이 생성한 항력을 극복하며 허공을 가르고 이동하기도 한다.

이동 능력이 있으면 이곳에 그대로 머물거나, 다른 곳으로 움직이기를 고민하는 새로운 선택지가 생겨난다. 이에 따라 결정을 내리는 능력도 함께 등장한다. 이처럼 이동 능력의 진화로 자유 의지가 탄생한다. 물론 반드시 그렇다고 할 수는 없겠지만 여기에서 의식이 탄생할 가능성이 있다.

또한 이동 능력을 지닌 복잡한 동물에게는 선택지가 여러 가지이다. 그리고 그중에서 최선의 선택을 할 수 있도록 진화를 통해 복잡한 구조의 뇌가 만들어지면서 의식도 더해졌을 것이다. 수중 생활을 하는 세균과 고세균도 이동 능력이 있으니 자유 의지가 있다는 주장이 나올 수 있겠지만, 세포 내에 뇌처럼 의사 결정을 담당하는 소기관이 진화한 사례는 없다.

그리고 이동 능력은 동물이 해로운 환경에서 벗어날 수 있도록 하지만, 그 전에 해로운 것을 감지하는 능력이 먼저 갖추어져야 한다. 그런데 구조가 매우 단순한 동물도 기쁨과 고통을 표현하는 것으로 추정되는 사례도 있다. 부상을 입은 집파리는 행동 양식이 변화하지만, 인간과 비슷한 방식으로 고통을 느끼는지는 확실하지 않다.

그럼에도 감각 기관에서 뇌로 전달된 신호가 근육으로 돌아와 행동으로 반응하는 신경 기관을 지닌 동물을 생각해 보자. 그렇다면 고통의 감지는 생명의 나무에서 이동 능력을 지닌 동물이 최초로 등장했을 시기쯤에 진화한 특성으로 추정된다. 이때 최초의 자유 의지

존재의 역사

도 원하는 방향으로 움직이는 능력과 함께 진화했을 것이다. 고통은 동물이 단순히 움직이는 것을 넘어 신속하게 몸을 놀리도록 하는 효과적인 방법이다.

매우 희귀한 사례이지만, 인간에게는 선천성 무통각증이라는 끔찍한 질환이 있다. 이 질환이 있는 사람은 고통을 느끼지 못한다. 선천성 무통각증의 원인은 유전자 돌연변이로, 시냅스가 위치한 세포막 사이를 오가는 이온의 흐름에 영향을 미쳐 특정 뉴런에서 신호 전달이 제대로 일어나지 않는 것이다. 그 결과 신제의 신경망에서 신호가 정상적으로 전달되지 않는다. 이 질환은 환자가 해로운 자극에 반응하지 않으므로 자주 다치고, 어린 나이에 사고로 죽는 경우가 많아 위험하다. 이처럼 고통은 동물에게 중요한 특성이며, 초파리나 새우, 물고기, 뱀은 우리와 통증을 느끼는 방법이 다를 뿐 모두 고통을 느낀다.

과학이 의식을 연구하면서 봉착한 중요 난제는 서로 다른 동물마다 정확히 어떠한 경험을 하는지 밝혀내는 일이다. 그리고 의식이 있는 동물은 얼마나 존재하며, 동물에 따라 의식의 정도에 얼마나 차이가 있을까?

지난 수십 년 동안 새우나 바닷가재, 문어 등의 무척추동물을 비롯하여 구조가 매우 단순한 동물도 고통이나 기쁨을 비롯한 여러 감정을 경험할 수 있다고 결론짓는 과학자들이 점점 늘어나고 있다. 그렇다고 모든 동물이 동일한 방식으로 고통과 기쁨을 경험한다고 볼 수는 없으며, 게나 칠성장어에게 고통이 정확히 어떠한 의미를 지니는지도 아직 밝혀지지 않았다.

우리는 박쥐나 쥐, 고양이로 사는 느낌을 아직도 알지 못한다. 하지만 고통을 경험하는 능력은 오래전부터 내려온 특성으로, 동물이라면 경험할 수 있는 첫 번째 감정일 것이다. 그리고 고통을 경험하는 능력을 지닌 초기 동물에서 더 높은 수준의 의식, 더 나아가 복잡한 사고력까지 진화했을 것이다. 그러나 종을 불문하고 고통을 경험한다면 반길 개체는 없으므로, 우리가 민물가재나 바닷가재, 문어, 닭, 돼지, 소를 대하는 자세를 다시 돌아볼 필요는 있다.

그동안 과학자들은 생명의 나무에 기재된 동물의 뇌 구조를 비교함으로써 뇌와 낮은 수준의 의식이 진화한 과정을 파악할 수 있었다. 가장 간단한 형태의 뇌는 동일한 뉴런이 소수 모여 있는 구조를 보인다. 한편 인간의 뇌와 같이 더욱 복잡한 구조의 뇌에서는 온갖 종류의 뉴런이 다양한 형태로 배치되어 있다. 물론 뇌의 부위마다 뉴런의 종류나 모양, 형성된 시냅스 숫자도 다르다. 그러나 기본적으로 뉴런마다 축삭돌기와 가지돌기를 지니는 등 동일한 구조를 이루고 있다.

뇌는 뉴런의 수가 늘어나 모양이 다양해지며, 다양한 연결 방식으로 작동하면서 진화를 거듭함으로써 더욱 복잡해졌다. 생명의 나무에 최초의 동물이 출현한 이후, 우리가 등장하는 과정에서 뇌의 기존 부위는 새로운 부위로 덮이며 구조가 더욱 복잡해졌다. 구체적으로 진화를 거치며 뇌에 새로운 구획이 생겨나면서 더 복잡한 뇌가 만들어지는 방향으로 흘러간 것이다.

진화는 마치 건축가처럼 신체에 유용한 기능을 부여하는 새로운 구조물을 설치했다. 포유류는 다른 동물에 존재하지 않는 신피질이 발달했으며, 인간은 신피질의 크기를 극한으로 확장했다. 인간은 발생 과정에서 다른 포유류보다 신피질에 훨씬 더 많은 뉴런이 생성된다. 반면 우플러는 기다란 코와 냄새를 감지하는 세포가 고도로 발달했고, 뇌에서 냄새를 감지하는 부위도 인간에 비해 훨씬 크다. 조금 전 땅 한 귀퉁이를 무엇이 스쳐 지나갔는지 냄새로 읽어 내는 능력은 인간이 흉내 낼 수 없고, 이 덕분에 우플러는 사냥감의 위치를 쉽게 파악한다.

위와 대조적으로 진화가 뇌의 특정 부위를 줄어들게 하기도 한다. 우리 조상 중 일부는 시각과 청각, 후각이 우리보다 뛰어나다. 그러나 그들은 십자말풀이나 스도쿠를 풀 수 없고, 불도 다루지 못한다.

이상과 같이 지난 수억 년 동안 생명의 나무에서 인류가 갈라져 나오면서 뇌의 전체적인 크기는 커졌지만, 각 부위의 발달은 각기 다른 비율로 이루어지거나, 도리어 축소되는 경우도 있었다. 현재 우리는 신피질이 커야 유리한 시점에 있지만, 인공지능이 인간에 가깝게 발전한다면 신피질의 필요성은 줄어들 것이다. 어쩌면 우리 후손들은 다시 숲속에서 말하는 능력을 상실한 채 생활하면서 인공지능이 온갖 힘든 일을 도맡아 할지도 모를 일이다.

물론 미래 예측은 이 책의 주제를 벗어나지만, 우리의 과거를 이해하는 일만큼은 그렇지 않다. 지금까지 우리는 포유류가 진화하고 동물이 의식을 지니게 된 역사의 한 지점까지 왔음에도 인간이 지구를 정복한 과정은 아직 논의하지 않았다. 이 내용은 다음 장의 주제이기도 하다. 그렇다면 그 주체가 왜 하필 인간일까?

제8장

기술적 유인원의 부상

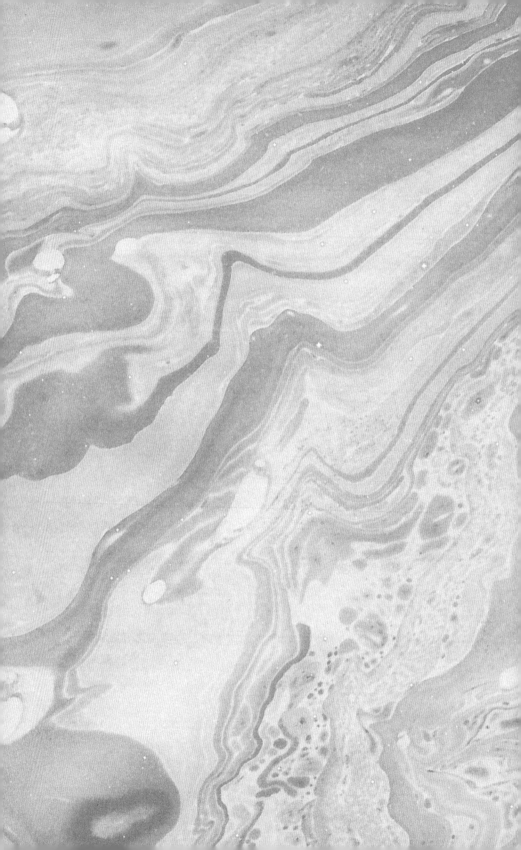

사회적 존재로의 진화

우리는 지금까지 포유류가 진화함으로써 어느 정도의 지각이 가능한 뇌를 지니게 되었음을 살펴보았다. 뇌에서는 뉴런이 서로 연결되어 신경망을 형성한다. 따라서 최소 한 종 이상의 포유류가 세상을 이해하는 힘과 기억력을 갖게 되었다. 이제 그다음 단계에서는 인간의 출현 및 인간이 지구를 정복한 과정을 보여 주고자 한다. 인간은 지구에 사는 수억 종의 하나에 지나지 않지만, 중요한 종이다.

이따금 진화를 통해 지구를 바꾸는 종이 하나쯤은 등장한다. 어쩌면 여럿일 수도 있겠지만 말이다. 인간도 그러한 종에 속한다. 그러나 인간은 지구를 바꾼 최초의 종도, 최후의 종도 아니다.

수십억 년 전, 남세균은 대기에 산소를 공급하며 지구를 바꾸었다. 그리고 복잡한 구조를 가진 생물의 시대가 도래했음을 알린 존재는 최초의 진핵생물이었다. 최초의 포식자는 생명체가 살아가는 방식을 송두리째 바꾸어 놓았고, 최초의 육상 식물은 생명체가 대륙을 점령할 가능성을 열었다. 이러한 점에서 인간은 지구를 바꾼 수많은 종 가운데 하나일 뿐이다.

물론 인간은 지구를 바꾼 속도가 유난히 매우 빨랐던 종이긴 하지만, 결국 인간도 자연의 결과물일 뿐이다. 진화생물학자 올리비아 저드슨 ^{Olivia Judson} 은 생명체가 살았던 시대를 에너지 획득 방식에 따라 '지구화학 에너지, 햇빛, 산소, 고기와 불'이라고 멋지게 설명한다. 인간은 에너지의 형태로 불을 사용한 최초의 생명체에 속하기는 하지만, 가장 먼저는 아닐 것이다.

이 책의 주제는 우리가 존재하는 이유이므로, 이번 장에서는 인간에 집중하려고 한다. 인간은 남다른 특성을 가졌다는 면에서 특별하지만, 어떤 형태로든 자연과 분리되거나 자연보다 우월하다는 의미로 해석해서는 안 된다. 인간은 그런 존재가 아니다.

빅뱅에서 우리의 존재에 이르는 여정의 다음 단계로, 이 장에서는 현대 인류가 등장하고 세상을 바꾼 방식을 이해한다. 진화가 일어나는 원리는 이미 설명했으니, 그다음으로 현대 인류가 진화로 어떻게 빚어졌는지 알아보도록 하자.

포유류는 단독 생활을 하는 작은 짐승에서 영장류와 인간으로 진화했다. 이 장에서는 그 과정에서 진화가 이루어져야 했던 몇 가지 특징과 점점 더 복잡한 기술을 개발한 능력에 초점을 맞추고자 한다. 하지만 이야기를 시작하기에 앞서 진화의 종점인 현대 인류에 대해 먼저 알아보도록 하자.

인간의 특별한 점 중 하나는 일상 생활에서 복잡한 행정 시스템을 답답할 정도로 꼬박꼬박 지키며 힘들게 살아간다는 것이다. 대학에는 똑똑한 사람들만 모였으니 일이 잘 돌아간다고 생각하는 사람이 있을지도 모르겠다. 하지만 틀렸다. 필자가 소속된 옥스퍼드대학교는 행정 절차가 참 복잡하다. 사실 어느 기관이든지 설립된 지 800년이나 지나면 불필요한 요식 행위가 쌓일 대로 쌓여 있으므로 공무원이 와도 한 수 접을 정도라 확신한다.

작년 10월에 사무실 이사를 진행하던 중 동료의 컴퓨터가 사라진 적이 있었는데, 그 컴퓨터는 다시 찾을 수 없었다. 이에 동료는 당연하게도 하루빨리 새 컴퓨터를 받고 싶어 했다. 그러나 학교 측에서는 컴퓨터를 지급할 수는 있지만 지정된 업체를 통해 주문해야 한다고 안내했다.

하지만 업체 측에서는 현재 재고가 없다면서 언제 재입고될지 알 수 없다고 했으나, 두세 달은 걸릴 것이라고 말했다. 지역 업체를 통하면 24시간 내에 원하는 모델을 동일한 가격으로 받을 수 있지만, 공식 판매처가 아니라는 이유로 구매 승인이 나지 않았다. 하물며 신규 판매처를 선정하는 절차는 몇 달이나 걸릴 수 있는데다 그나마 된다는 보장도 없으며, 어느 업체가 될지도 모를 일이었다.

황당한 사실은 여기에서 끝나지 않는다. 구매 비용을 청구하면 6명의 담당자에게 결재를 받아야 한다. 왜 이렇게까지 검토하는지는 도저히 이해할 수가 없다. 다만 1231년 메이트스톤의 랠프 Ralph of Maidstone 가 총장을 역임했던 시절에는 딱히 놀랄 일이 아니었다.

옥스퍼드대학교의 수장은 총장이지만, 근래에는 사실상 명예직으로 의례를 맡은 자리에 가깝다. 그다음 직책은 부총장으로, 일상적인 대학교 운영을 담당한다. 부총장은 일부 투표로 선출되는 이사회의 의장을 맡고 있으며, 이사회는 학위과정 개정안을 검토 또는 승인한다. 한편 처장은 각각 연구, 강의, 인사, 건물, 재정을 관리하며 부총장에게 보고한다. 또한 연구와 강의는 학과별로 진행하며, 역사학, 생물학, 경제학 등으로 나뉜다.

학과 내에서는 다양한 직급의 교수가 연구 및 강의를 진행한다. 그중 필자는 학과장으로 교수를 관리할 뿐만 아니라 예산 운용, 성공적인 커리큘럼 운영, 보건 및 안전, 기타 행정업무의 최종 책임자이다. 학과는 크게 인문학, 사회 과학, 의생명 과학·수리 및 물리·생명 과학이라는 4개 분과로 나뉘며, 분과별로 예산 설정과 전략을 책임진다.

그리고 그 아래에는 39개의 독립적인 칼리지 college [127]가 있으며, 이중 몇몇은 유구한 역사를 자랑하면서 재정도 풍족하다. 그리고 칼리지는 학생에게 강의도 제공하는데, 수많은 교수들이 칼리지와 계약하여 학부생은 원래 학부 강의 외에 튜토리얼 tutorial [128]을 받을 수 있다.

또한 교직원들은 대학교의 독립기구인 콩그리게이션 Congregation [129]에 동참할 수 있다. 콩그리게이션은 이사회, 부총장, 처장이 승인한 결정을 뒤집을 수 있다. 그러나 이러한 일이 흔히 일어나지는 않는다. 이처럼 옥스퍼드대학은 8세기 이상 세계의 석학들을 품었던 대학교로, 그만큼 조직이 체계적인 곳도 없다. 그러나 필자는 이 대학의 운영 구조를 옹호할 사람은 단 한 명도 없었을 것이라고

---

127 단과대학과는 별개로 존재하는 대학기관.

128 일반적으로 지도교수에 준하는 튜터(tutor) 교수와의 1:1 또는 2:1 집중 교습. 옮긴이.

129 옥스퍼드대학 내 전체 칼리지에서 선출된 대표들이 모인 의결 기구.

확신한다.

이상과 관련하여 오랫동안 개인적으로 너무나 궁금했던 점이 있다. 작은 뇌를 가지고 홀로 생활하던 포유류가 어떻게 복잡한 조직에서 일하고, 어떻게 돌아가는지 제대로 이해하기 힘들 정도로 복잡하고 다양한 사회에 사는 지성과 고도의 지각을 지닌 존재로 진화하게 되었을까?

인간은 국가를 세우고, 옥스퍼드대학교처럼 복삽한 조직을 만든 유일한 종이다. 이 업적은 인간이 사고와 추상적인 관념을 언어로 소통하는 능력뿐 아니라, 자신이 소속된 국가의 법을 준수하기로 대다수가 포괄적으로 합의했기에 가능했다. 물론 때로는 말도 안 되는 법도 있기는 하지만 말이다. 따라서 이 장에서는 이토록 복잡한 사회와 조직이 탄생한 과정을 살펴보도록 하겠다.

최초의 호미닌, 즉 진화 과정에서 인간과 동일한 과였던 종은 약 650만 년 전 지구상에 처음으로 발을 디뎠다. 그리고 9,500년 전에는 최초의 도시가 세워졌다. 여기에서는 이들 사건 사이의 기간에 집중한다. 인간이 도시와 예술, 그리고 문자를 만들어 낸 이후 역사가 기록되기 시작했고, 이러한 주제를 다룬 훌륭한 책은 많다. 따라서 이 책에서는 지난 9,000년 동안 이어진 인류의 역사를 굳이 소개하지 않고, 최초의 호미닌 등장 이후 최초의 도시가 탄생하기까지의 여정을 중심으로 설명하겠다.

최초의 호미닌과 최초의 도시 사이에 일어났던 사건의 퍼즐 조각을 맞추는 데는 오래된 뼈, 치아, 유물의 과학적 분석이 핵심적인 역할을 한다. 이에 고생물학자와 고고학자들은 뼈와 유물, 유전학을 통해 당시의 역사적인 퍼즐 조각을 맞추었다. 물론 새로운 발견으로 그 역사가 수정될 수는 있겠지만, 앞선 바를 통해 우리는 과일이나 따 먹던 영장류가 우주 시대를 사는 유인원이 되기까지의 여정을 합리적으로 설명할 수 있게 되었다.

인간이 복잡한 조직과 도시, 국가를 구성하려면 몇 가지 핵심 표현 형질이 진화를 이루어야 한다. 그중 하나가 언어로 소통하는 능력이다. 복잡한 생각 또는 특정 행동의 이유를 상대방에게 설명하지 못하거나, 타인의 의도를 이해하거나 언어적으로 표현할 수 없었다면 복잡한 사회는 등장할 수 없었을 것이다. 우플러는 사이가 좋지 않은 옆집 개 빌보에게 뭘 하고 사는지 물어볼 수 없지만, 필자는 빌보의 주인과 대화를 하면서 파악할 수 있다.

사회가 만들어지려면 타인을 수용하고, 핏줄이 아닌 이웃과 더불어 살아가는 능력도 필요하다. 또한 계층을 구성하고 이를 인정하는 것도 요구된다. 모든 사람이 선두에 서거나 대장 노릇을 하려 든다면 안정적인 사회 구조는 형성될 수도, 유지될 수도 없기 때문이다.

그리고 인간은 무리의 구성원에게 전문 분야를 맡길 수 있다. 동물의 왕국에서 이러한 일은 흔치 않다. 모든 사람이 나서서 큰 사냥감을 잡고, 집을 지으며, 채집과 요리를 할 필요는 없다. 사회나 조직에서는 개개인이 모든 역할을 소화할 필요 없이 각자의 전문성을 살려 효율적으로 일할 수 있다. 다만 특정 분야에 전문성을 지닌 인원이 다소 많아진다면 오히려 좋을 수도 있다. 무리를 지어 요리나 사냥을 하면 누군가 아프거나 다쳤을 때 예비 인력으로 투입할 수 있기 때문이다.

그다음으로 현재가 아닌 어느 정도 시간이 지난 미래에 받을 보

존재의 역사

상을 고려해 행동하거나 결단하는 능력이 필요하다. 우리가 주식에 투자하는 이유도 훗날 수익으로 보상받기를 기대하기 때문이다.

이상으로 나열한 특징은 인간의 중요한 성공 요인이지만, 언제나 동일한 사회 구조나 조직 또는 문명이 등장하지는 않는다. 인간은 매우 유연한 존재이다. 비교적 작은 무리를 이루어 함께 협력할 때도 무리마다 사회 구조가 달라진다.

과거 양과 사슴을 연구할 때 뭉쳤던 연구팀에서는 위계질서가 존재하는 양상을 보였다. 그리고 구성원들은 수행할 과제를 두고 자기주장이 매우 강했으며, 융통성이 없었다. 반면에 구피를 공동으로 연구했던 팀에서는 앞의 연구팀보다 위계질서가 훨씬 덜했고, 융통성이 있었다. 또한 새로운 아이디어에 열린 마음도 가지고 있었다. 한편 늑대를 연구하던 사람들은 훨씬 더 정치적이었다. 몬태나주, 아이다호주, 와이오밍주에서 늑대 보호가 논쟁의 대상인 탓도 있었다. 팀원들은 새로운 아이디어에 마음은 열려 있었지만, 정치적으로 후폭풍을 맞을까 늘 걱정했다.

그러나 세 공동연구팀은 모두 성공적이었고, 연구 협력 방식에서의 옳고 그름은 결코 없었다. 어쩌면 단순히 연구 대상 동물을 닮아 서로 다른 분위기가 형성되었을지도 모르는 일이다. 양과 염소는 사회적으로 위계질서를 형성하고 때로는 고집이 세며, 구피는 사회성은 약하지만 적응력이 뛰어나다. 그리고 늑대는 무리 내적으로 사회적인 균형이 잘 잡혀 있다. 이처럼 여러 연구팀의 시스템을 경험하면서 필자의 성향도 분명히 바뀌었을 것이다.

문화적 차이는 공동연구뿐 아니라 국가에서도 나타난다. 국가마다 사회, 정치, 경제 구조가 다르고, 개방적인 국가가 있는가 하면 폐쇄적인 국가도 있다. 또는 종교 교리가 지배하는 사회도 있고, 다양한 종교가 존재하는 사회도 있다. 사람마다 자신을 추스르는 방법이 다양하듯, 사회와 조직이 성공적으로 자리 잡은 방식도 그와 마찬가지이다. 이처럼 유연함을 취할 수 있었던 것은 모두 인간의 지능과 사회성, 추상적인 사고 능력에서 기인하였다.

인간의 진화 과정에서 위의 특징이 언제 등장했는지 확인하기란 결코 쉽지 않다. 가령 의사 결정 능력은 화석으로 남은 것이 없으며, 심지어 해부학적 증거도 해석하기가 매우 어렵다. 그러나 특정 소리의 발성을 가능케 하는 해부학적 구조의 진화가 언어의 증거가 될 수는 없다. 예를 들어 필자가 키우는 새들은 단어나 문장을 정확한 발음으로 흉내 낼 수 있지만, 인간처럼 소통하는 능력과는 거리가 멀다.

이에 고생물학자들은 최소 2,500만 년 전 인간의 조상이자 해부학적으로 다양한 소리를 낼 수 있는 능력을 지닌 종의 화석을 발견했다. 그러나 가설에 따르면 복잡한 언어가 진화한 시기는 지금에서 200만 년이 채 되지 않는다. 이처럼 복잡한 사회를 구성하려면 언어의 복잡성 또한 어느 정도여야 하는가도 고려해야 한다.

그렇다면 언어에 현재, 과거, 미래 시제와 가정법은 필수적일까? 현대 언어 가운데 시제가 없는 것도 있으니 꼭 그렇지만은 않다. 이 책을 그러한 언어로 번역할 수 있을지 호기심이 들기는 한다.

한편으로 당시 한 사람에게 필요한 어휘는 몇 개였을까? 10개? 100개? 1,000개? 아니면 1만 개일까? 짐작건대 현재 우리가 쓰는 평균 단어 수보다는 적을 것이다. 평균적인 영어 화자는 약 4만 단어를 알지만, 실제로 왕성하게 사용하는 단어의 수는 그 절반 정도이다. 그렇다면 9,500년 전 최초의 도시에 살았던 사람들도 그만큼 많은 단어를 알고 있었을까?

복잡한 사회에서 생활하는 데 핵심적으로 필요한 특징이 우리 조상에게 처음 나타난 시기를 밝혀내기 매우 어려운 가운데서도 고생물학자와 고고학자들은 몇 가지 중요한 사건을 밝혀내는 쾌거를 이루었고, 그 지식의 일부는 합의에 도달하였다. 동굴 벽화, 다양한 도구, 각종 장신구의 첫 등장, 인위적인 매장 풍습의 증거, 불의 사용은 모두 우리 조상이 지닌 능력이 어떠한가에 대한 실마리를 제공한다.

반면 해석이 힘든 증거도 있다. 인류의 조상인 호모 에렉투스는 매우 성공적으로 번성한 결과, 아프리카를 벗어나 유럽과 아시아까지 퍼져나갔다. 이 집단은 인도네시아의 플로레스섬과 자바섬 등의 섬에 자리를 잡았는데, 이들 지역은 바다를 건너지 않으면 정착할 수 없는 곳이었다. 일부 과학자는 그 사실을 두고 어떤 형태로든 언어적 소통을 요구하는 항해 능력이 있었다는 증거라고 주장하기도 한다. 이와 달리 고대에 발생한 지진 해일에 의해 초목 더미에 탄 사람들이 바다로 떠밀려 나간 뒤 바람에 밀려 우연히 섬에 도착했을 가능성이 크다는 주장도 제기된다.

후자의 견해는 호모 에렉투스의 신체 구조가 인간과 비슷하지만, 인간성은 부족함을 나타낸다. 이 쟁점은 추가적인 증거가 제시된다면 확실하게 정리될 것이다. 이에 대한 개인적인 의견은 추후에 밝히겠지만, 현재까지는 플로레스섬에서 대량으로 출토된 유골이 난쟁이 만한 종이었다는 데 의견이 모이고 있다.

물론 코끼리, 사슴, 코뿔소, 하마 등 여러 대형 포유류가 섬에서는 작은 덩치로 진화했으므로 호모 에렉투스도 비슷한 양상을 보였을 가능성이 있다. 그러나 고생물학자들은 이 주장에 동의하지 않는다. 일부 학자는 해당 화석이 근친 교배의 결과물일 수 있으며, 덩치가 작은 이유는 진화가 아닌 발달장애 때문이라고 주장한다. 진화생물학자 또한 해당 주장에 동의하지 않으며, 오히려 포식자나 경쟁자가 적은 환경과 섬 특유의 온화한 기후가 원인일 가능성을 제시한다.

인간의 진화는 변화가 빠른 분야이다. 따라서 인간에게서 복잡한 사회를 만들 수 있었던 특징이 어떻게 진화했고, 이 특징을 어떻게 활용했는가에 대한 내러티브 narrative [130]를 전달하기 어렵다. 이렇게 새로운 화석을 발견할 때마다 주요 사건을 설명하는 기존의 해석은 재평가되기 일쑤이다. 최근 데이비드 그레이버 David Graeber 와 데이비드 웬그로 David Wengrow 가 공동 저술한 역작《만물의 여명: 인류의 새로운 역사 The Dawn of Everything: A New History of Humanity, 국내 미출간 》가 출간되었다. 이 책에서는 인류의 기원에 대한 기존의 지식과 다른 해석을 대대적으로 제시한다. 그러나 이러한 내용은 대중 매체나 고고학 및 인류학 분야에서 전반적으로 공감을 얻지 못했다. 기존의 역사를 뜯어고치려는 시도는 원래부터 환영받지 못하기 때문이다.

그러나 개인적으로는 그 책에서 주장하는 바가 설득력 있게 다가왔다. 물론《만물의 여명》의 출간이 논쟁거리가 된 이유는 따로 있었다. 이는 고대의 데이터가 거의 남아 있지 않은 상황에서 이를 해석하는 것은 마치 퍼즐 조각 중 일부만 손에 쥔 채 그림 전체를 설명하겠다고 나서는 것과 마찬가지이기 때문이다.

---

130 본문에서 말하는 '내러티브'란 일련의 사건이 지니는 흐름이나 인과관계를 포함하는 이야기로, 저자는 내러티브와 이야기(story)를 구분하여 사용한다. 옮긴이.

문명을 향한 발걸음

지금부터 소개할 이야기는 현재까지 제시된 증거에 필자 나름의 해석을 더한 것이다. 호모 에렉투스는 인간의 멀지 않은 조상에 속하지만, 지능이 인간만큼 높지 않았다. 이와 다르게 네안데르탈인과 최초의 호모 사피엔스는 우리와 매우 비슷한 인지 능력을 지니고 있었다.

네안데르탈인과 호모 사피엔스는 일부 유명 도서나 다큐멘터리에서 단골처럼 묘사되는 동물에 사는 멍청한 원시인이 아니었다. 문명이 탄생하려면 특정 기술의 발명이 선행되어야 한다. 하지만 해당 기술의 필요성과 활용도는 우리 역사에서 특정한 시점에 다다랐을 때만 나타났기에 문명이 탄생하는 데는 시간이 걸렸다. 다시 말하면 그 기술은 미리 발달할 필요가 없었다.

기술이 발달하는 시점은 가용 식량과 기후, 여러 수렵 및 채집 무리 사이의 경쟁으로 결정된다. 이처럼 복잡한 사회가 등장한 과정은 우리 조상이 기술을 개발하면서 행동 변화가 일어난 과정과 궤를 같이한다. 우리는 지금까지 개발해 온 기술의 산물이며, 미래도 그렇게 찾아올 것이다.

현생 인류는 영장류에 속한다. 영장류는 마다가스카르 여우원숭이와 원숭이류, 유인원류까지 많은 계통을 포함하는 포유류이다. 이들 종은 모두 눈이 정면을 향해 있고, 대부분 날렵하며, 나무 위에서 생활한다. 또한 영장류의 손은 해부학적으로 발과 유사하며, 손재주가 매우 좋다. 손과 발은 나무를 타고, 나무 위에서 과일과 잎을 능숙하게 따거나 곤충을 잡도록 진화했지만, 손재주가 좋아 이후에 설명할 도구를 개발하기에 이른다.

화석으로 남은 증거에 따르면 초기 영장류는 5,500만 년 전 숲에서 생활했다. 일부 고생물학자는 영장류의 역사가 백악기까지 거슬러 올라간다고 주장하지만, 근거는 빈약하다. 백악기는 1억 4,500만 년 전부터 시작한 지질 시대로, 6,600만 년 전 공룡을 멸종시킨 칙술루브 충돌 Chicxulub impact 로 막을 내렸다.[131]

---

131 이 사건을 일명 'K-Pg 멸종'이라 부른다. 여기에서 'K'와 'Pg'는 각각 백악기와 팔레오기를 뜻하는 독일어 단어 'Kriedezeit'와 'Paleogene'가 줄어든 것이다. 옮긴이.

인류 역사의 연표

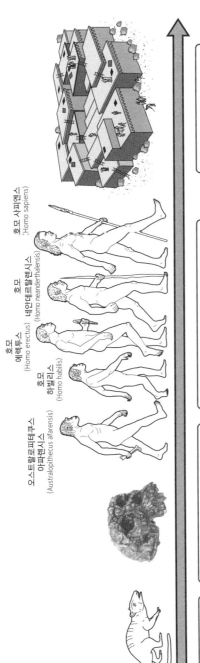

오스트랄로피테쿠스 아파렌시스
(Australopithecus afarensis)

호모 하빌리스
(Homo habilis)

호모 에렉투스
(Homo erectus)

호모 네안데르탈렌시스
(Homo neanderthalensis)

호모 사피엔스
(Homo sapiens)

5500만 년 전
- 최초의 영장류

800만 년 전
- 호미니드와 침팬지의 분화

390~290만 년 전
- 오스트랄로피테쿠스 아파렌시스

230~165만 년 전
- 호모 하빌리스

200~11만 년 전
- 호모 에렉투스

43~4만 년 전
- 호모 네안데르탈렌시스

30만 년 전 ~ 현재
- 호모 사피엔스

최초의 도시
약 9500년 전

현존하는 동물 가운데 우리 조상에 가장 근접한 것은 침팬지와 가까운 친척뻘인 보노보이다. 인간과 침팬지의 가장 가까운 공통 조상은 500~1,000만 년 전에 존재했으며, 420만 년 전까지 생존했을 가능성이 있다. 공통 조상의 화석 증거는 아직 학자마다 의견이 일치하지 않는다. 다만 고생물학자에 따라서는 유럽에 살았던 그레코피테쿠스속 Graecopithecus 의 하위 종이나 아프리카에서 살았던 종인 사헬란트로푸스 차덴시스 Sahelanthropus tchadensis 가 가장 유력한 후보라고 주장한다. 이에 우리 선조의 사촌뻘인 화석이 새로 발견되기 전까지 의견 차이는 좁혀지지 않을 예정이다.

그럼에도 한 가지 확실한 것은 우리 조상이 나무보다 지상에서 보내는 시간이 늘어나면서 현대의 개코원숭이와 유사한 생활 양식을 영위했다는 점이다. 이러한 이유는 기후 변화로 아프리카 대륙 일부가 사바나 savana [132]로 바뀜에 따라 숲이 점차 사라지면서 숲과 숲 사이를 이동해야 했기 때문일 것이다. 이에 따라 우리 조상의 식량도 더욱 다양해졌다. 이때 우리 조상은 직립 보행을 선호했고, 그 결과 쓰임새가 많은 손이 자유로워지며 다른 작업을 할 수 있게 되었다. 이처럼 진화는 변화를 서서히 불러온다. 즉 모든 것이 한 번에 뒤바뀌지 않는다는 얘기이다.

근래 생명의 나무에서 오스트랄로피테쿠스 아나멘시스 Australopithecus anamensis 가 침팬지 계통이 아닌 최초의 인류에 속한다는 쪽으로 학자들의 의견이 모이는 중이다. 이 종은 420~380만 년 전 현재의 케냐와 에티오피아 지역에 살았으며, 이 시기는 인간과 침

---

[132] 열대기후 가운데 건기와 우기가 뚜렷한 지역에서 나타나는 열대 초원으로, 긴 건기로 나무가 잘 자라지 못한다.

팬지가 분화한 때이기도 하다. 남성의 신장은 약 1.5m였고, 여성은 그보다 20cm 더 작았다. 그동안 발견된 수많은 화석을 관찰한 결과, 이 종은 인간과 유사하게 직립 보행을 했음에도 팔이 길어 나무에도 잘 올라갔을 것으로 추정된다.

오스트랄로피테쿠스 아나멘시스는 삼림지대에 서식하면서 과일과 채소를 주식으로 삼았지만, 곤충이나 작은 포유류, 새를 잡아서 먹잇감을 보충했을 가능성도 있다. 이들은 작은 가족을 이루며 살았지만, 제법 사회적인 모습을 갖추었음에도 도구를 사용했다거나 문화가 존재했다는 증거가 없다. 하지만 일부 과학자는 이들이 현대의 침팬지처럼 작은 가지나 막대기를 이용해 먹이를 찾았을 가능성을 점치고 있다.

해당 종을 비롯한 오스트랄로피테쿠스속의 하위 종들은 두개골 크기로 미루어 볼 때 후손에 비해 그다지 똑똑하지 않았다고 추정된다. 하지만 이들 종은 보르네오오랑우탄, 수마트라오랑우탄, 동부고릴라, 서부고릴라, 침팬지, 고릴라 등 현존하는 비인간 유인원만큼 똑똑했을 것이다.

오스트랄로피테쿠스 아나멘시스를 비롯한 오스트랄로피테쿠스속의 하위 종들이 발견되었음에도 화석이 단 하나만 존재하는 종도 있다. 화석에 따르면 해당 속의 생활 양식은 성공적이었고, 후손의 화석이 중앙아프리카, 동아프리카, 서아프리카에서 발견된 바 있다. 이 가운데 가장 유명한 것은 '루시 Lucy '라 명명된 오스트랄로피테쿠스 아파렌시스 Australopithecus afarensis 종의 화석으로, 에티오피아에서 거의 온전한 형태로 발견되었다. 오래전에 사망한 단일 개체에게 루시라는 현대적인 이름을 붙인 이유는 발굴 작업 중 비틀즈의 노래인

'Lucy in the Sky with Diamonds'를 계속해서 틀어 놓았기 때문이라는 속설이 있다.

　루시는 320만 년 전 오스트랄로피테쿠스속이 가장 번성했던 시절에 살았다. 이는 해당 속이 진화한지 약 100만 년이 지나고, 멸종을 180만 년 앞둔 시기였다. 오스트랄로피테쿠스속이 멸종한 이유는 정확히 알려져 있지 않지만, 고생물학자들은 기후변화 또는 해당 속의 조상에서 분화한 새로운 종과의 경쟁이 원인이라고 추측했다.

　진화를 통해 새로운 생활 양식과 체형, 행동 양식이 성공을 거두면 해당 특성을 지닌 개체의 수가 늘어난다. 또한 자손들이 새로운 환경을 찾아 부모 곁을 떠나게 되므로, 해당 종의 서식 범위도 넓어진다. 하지만 온 세상의 환경이 동일하지 않으므로, 누군가는 조상이 살던 환경과 다른 곳에 정착하게 된다. 이에 시간이 지나면서 다른 환경에 사는 혈통은 분화가 일어나기도 한다. 특히 서로 다른 환경에서 생활하는 개체 간에 교배가 일어나지 않거나 드물수록 분화는 더 잘 일어난다. 이처럼 진화는 서로 다른 지역에 사는 집단이 서로 다른 방식으로 적응할 때 일어난다.

　오스트랄로피테쿠스속은 아프리카 전역으로 확산되면서 숲이 더 많은 곳 또는 사바나에 가까운 지역에 적응해 나갔다. 집단별로 체형, 식량, 행동 양식이 서로 다른 모습으로 진화했고, 시간이 흘러 별개의 종이 되었다. 오스트랄로피테쿠스속의 다양한 하위 종은 온갖 환경으로 흩어져 생활하면서 진화를 이루었다. 그리고 이들 가운데 다른 혈통보다 더 건조하고 시원하며, 숲이 적은 환경에도 잘 적응하는 종이 탄생했다. 당시 이러한 종은 다른 가족과 생김새가 달라 조금 이상한 사촌 취급을 받으며, 기존의 오스트랄로피테쿠스속이

기피했던 변두리 땅으로 들어가 살았을 가능성이 있다.

제4장에서 살펴본 바와 같이 지구 공전 궤도의 이심률, 지각판의 점진적인 이동, 화산 활동은 기후 변화를 초래했다. 수백 년에서 수천 년을 기준으로 삼을 때는 지구가 매우 안정적으로 보일지 모르나, 더 긴 시간의 경우 기후가 더워지거나 서늘해지면서 자연이 이에 적응하는 등 필연적인 변화가 일어난다. 이에 아프리카의 기온이 내려가면서 오스트랄로피테쿠스속의 주요 서식지가 사라지기 시작했고, 이 과정에서 몇몇 종은 멸종되기 시작했다.

그러나 누군가의 고통이 다른 이에게 이득일 수 있듯, 서늘해진 기온과 사바나의 확산으로 이상한 사촌 취급을 받던 종은 생존에 더 유리해졌다. 이와 관련하여 화석 기록에서는 오스트랄로피테쿠스속의 종말과 우리가 속한 사람속 Homo 에서 최초의 종이 등장하였음을 관찰할 수 있다. 화석 기록이 좀 더 온전했다면 최초의 사람속과 오스트랄로피테쿠스속에서 이상한 사촌 취급을 받던 종과의 연관성을 발견할 가능성도 있겠지만, 현재로서는 별다른 성과가 없는 실정이다.

하지만 화석 기록상 230만 년 전 새로운 종인 호모 하빌리스 Homo habilis 가 등장하였다는 점만큼은 확실하다. 호모 하빌리스는 라틴어로 '손재주 있는 사람'이라는 뜻을 지닌다. 90만 년 후 오스트랄로피테쿠스속은 화석 기록에서 자취를 감추고, 사람속의 하위 종들이 새롭게 진화하여 유인원에서 우위를 차지하고 지구를 점령하였다.

진화는 긴 세월에 걸쳐 일어나므로 일부 저자는 호모 하빌리스를 오스트랄라피테쿠스속으로 분류하기도 하였다. 하지만 현재 호모 하빌리스는 사람속에서 등장한 최초의 종으로 간주한다.[133] 호모 하빌리스는 조상인 오스트랄로피테쿠스속보다 더 많은 고기를 섭취하고, 사바나 환경에서 번성하기 위해 나무보다 지상에서 더 많은 시간을 보내며, 석기를 사용하도록 진화했다. 이때의 석기는 단순히 돌끼리 부딪혀 만든 뗀석기로, 더 작고 날카롭게 쪼개어 동물을 사냥하는 데 사용했다.

인간 사회에 최초로 널리 사용된 기술이 바로 뗀석기로 만든 도끼였다. 이 도구를 시작으로 인간과 유사한 종에서 기술 개발의 서막이 올랐다. 이 시점에서 230만 년 후에는 사물을 기본적으로 구성하는 물질의 역학을 탐색 가능케 한 기계인 대형 강입자 가속기가 탄생하기에 이른다.

호모 하빌리스는 무리에 따라서 많게는 80명가량 뭉치는 등 조상들보다 더 큰 무리를 이루고 살았던 것으로 추정되며, 이는 지능이 상승하는 요인으로 작용한다. 이를 통해 과학자들은 신피질의 크기와 사회적 무리의 규모에 깊은 연관성이 있음을 밝혀냈다. 바로 상호교류하는 상대가 많을수록 복잡한 사회적 상호작용을 지속적으로 수행하기 위해 더 높은 지적 능력이 필요하다는 것이다.

인간의 신피질은 사회적 무리 150명을 상대할 수 있을 정도의 크기로 추산되며, 이 수치는 실제로 인간이 소셜 네트워크로 관계를 맺는 평균적인 인원과 비슷하다. 이 인원은 해당 숫자를 처음으로 추산한 영국 인류학자 로빈 던바 Robin Dunbar 의 이름을 따서 '던바의 수 Dunbar's number '라고 한다.

---

133 참고로 호모 사피엔스도 사람속이다.

호모 하빌리스가 실제로 80명이라는 큰 무리를 이루고 살았다면, 이미 초창기 사람속은 제법 똑똑한 단계로 접어드는 중이었을 것이다. 다만 호모 하빌리스는 오스트랄로피테쿠스속보다 더 인간에 가까웠음에도 불구하고 여러 면에서 우리와 차이가 있다. 남성이 여성보다 두드러지게 컸고, 포식자로부터 협동하여 무리를 지키며, 죽은 동물의 고기를 먹이로 삼았다. 또한 오스트랄로피테쿠스속보다 먹이에서 육식의 비중이 높았지만, 치아 화석을 검토한 결과 대부분의 식사에서 과일과 채소가 주요한 비중을 차지했다.

위와 같은 특징으로 호모 하빌리스의 생활 양식을 현대의 개코원숭이 또는 사바나에 사는 침팬지와 비교하기도 한다. 세 종 모두 수컷이 암컷보다 상당히 크며, 하나 또는 소수의 수컷이 교배 상대를 독차지한다. 소수의 수컷이 교배 상대 대부분을 차지하는 종을 일부다처제라고 하는데, 이때 수컷은 대개 새끼 양육에 참여하지 않는다.

일반적으로 호모 하빌리스는 일부다처제로 추정되지만, 개체 간의 번식 양상은 화석으로 확인할 방법이 없으므로 어디까지나 강력한 추측에 불과하다. 어쩌면 암컷들이 힘을 합쳐 새끼를 키웠겠지만, 호모 하빌리스의 새끼는 어린 시절이 길지 않다는 증거가 일부 존재한다. 따라서 어미에게 덜 의지하고 일찌감치 자립했을 것으로 보인다.

교배 양식과 무관하게 호모 하빌리스는 성공적으로 번성했다. 오스트랄로피테쿠스속 또는 다른 유사한 종과 마찬가지로 호모 하빌리스는 아프리카 여러 지역으로 퍼져 나가며, 숲이 사라지면서 사바나에 자리 잡은 것으로 추정된다. 그리고 자신의 조상과 마찬가지로 각자 살아가는 환경에 적응했다. 현재까지 발견된 두개골 중 일부는 언어 능력에 필수적인 운동언어 영역, 즉 브로카 영역 Broca's area 의 해부학적 흔적이 남아 있다. 일부 과학자는 그 두개골이 호모 하빌리스의 무리 중 일부에서 기본적인 언어 능력이 발달했을 가능성을 나타내는 증거라고 해석했지만, 확실하게 증명하기란 쉽지 않아 보인다.

호모 하빌리스가 국가와 복잡한 조직이 발달하는 데 필요한 모든 특성을 가졌다고 보기는 어렵지만, 몇 가지 특성은 확실하게 관찰된다. 호모 하빌리스는 사회적으로 큰 무리를 이루었고, 조상보다 더 발전된 방식에 따라 서로 협동하였다. 그리고 원시적인 형태의 말하기가 가능했을 것이며, 간단한 도구도 만들 수 있었다.

위의 행동 양식으로 미루어 볼 때, 호모 하빌리스는 추상적인 생각을 최초로 웅얼거리며 표현했을 가능성도 있다. 그러나 도구의 사용은 기초적인 수준에 그쳤으므로 예술을 창조했다거나, 불을 사용하거나, 죽은 이를 매장했다는 증거는 없다. 이들 행위는 호모 하빌리스의 후손에서 시작된 것들이다.

이제부터 인류의 조상 가운데 매우 성공적으로 번성한 호모 에렉투스, 다른 말로 '곧선 사람'에 대해 알아보도록 하자.[134] 만약 당신이 먼발치에서 호모 에렉투스가 걷는 모습을 본다면 인간과 마찬가지라고 생각할 것이다. 그만큼 호모 에렉투스는 해부학적으로 우리

---

134 사실 인류의 조상은 오스트랄로피테쿠스 이전 단계부터 이미 두 발로 직립 보행을 할 수 있었다. 호모 에렉투스가 그러한 학명을 가지게 된 이유는 단순하게도 해당 종이 다른 원시적인 종보다 먼저 발견되었기 때문이다. 옮긴이.

와 비슷했다. 신장은 호모 하빌리스보다 큰 145~185cm였으며, 체중은 70kg까지 나갔다.

호모 에렉투스는 조상에 비하면 덩치와 함께 뇌도 큰 편이었지만, 우리보다는 작았다. 인간의 평균 뇌 용적이 1,350cm²인 반면, 호모 에렉투스는 1,000cm²가 채 되지 않았다. 또한 호모 에렉투스는 화석 기록상으로는 200만 년 전 등장했다. 이는 마지막 호모 하빌리스가 사라지기 40만 년 전이었다.

호모 에렉투스는 최상위 포식자, 즉 우리처럼 먹이 사슬의 정상을 차지했다는 점에서 호모 하빌리스와 달랐다. 사람속의 생활양식은 다른 육식동물이 사냥한 동물의 고기를 구하는 방식에서 스스로 동물을 잡는 것으로 바뀌었다. 이에 호모 에렉투스는 무리를 지어 들소나 코끼리 같은 대형 동물은 물론 작은 먹잇감도 사냥했지만, 식생활은 아직 육식에 과일과 채소를 보충하는 수준이었다.

오스트랄로피테쿠스속과 호모 하빌리스는 현재의 사하라 이남 아프리카 지역[135]의 여러 환경에서 성공적으로 자리를 잡았지만, 아프리카 이외 지역에서 화석이 발견된 기록이 없다. 반면 호모 에렉투스 화석은 아시아와 유럽 전역에서 발견된다.

호모 에렉투스가 정확히 얼마나 인간에 가까웠는지는 파악하기 어렵다. 개체군 간 신체 구조의 차이도 있고, 호모 에렉투스에서 진화한 하위 종도 한둘이 아니기 때문이다. 호모 에렉투스는 앞서 존재했던 오스트랄로피테쿠스속처럼 무리에 따라 각자 다른 환경을 발견하여 그곳에서 적응해 나갔다.

---

135 사하라 사막은 1만 1,000년 전에야 형성되었다.

흥미로운 논쟁 중 하나로 호모 에렉투스가 플로레스섬에 자리를 잡은 후 덩치가 왜소한 호모 플로레시엔시스, 일명 '호빗족'으로 진화했다는 주장이 있다. 플로레스섬은 과거에도 섬이었으므로 이곳에 자리를 잡으려면 호모 에렉투스가 바다를 건너야 한다. 소수의 무리가 통나무나 풀숲 더미에 매달려 우연히 섬에 도달했는가, 아니면 쪽배[136]나 다른 형태의 배를 특별히 설계했는가의 여부는 논란의 대상이다.

이에 대한 답은 중요한 의미를 지닌다. 호모 에렉투스가 항해가 가능한 종이었다면 복합적인 아이디어를 전달하고, 정해진 항로를 유지하기 위해 노를 젓는 방법을 지시할 능력이 있었음을 암시하기 때문이다. 그러나 안타깝게도 바다를 건너는 데 사용한 배가 플로레스섬 주변 바다에 수십만 년 동안 남아 있을 리는 없다. 따라서 호모 에렉투스가 섬에 우연히 들어갔는지, 아니면 계획적으로 이동했는지는 영원히 비밀로 남아 있다.

한편 도구의 사용은 호모 에렉투스 무리의 보편적인 특징이었다. 이들이 사용한 도구는 호모 하빌리스가 만든 것보다 더 복잡했는데, 모서리의 여러 면을 날카롭게 갈아내거나 석기 제작기법 stone knapping 으로 뾰족한 촉을 만들었다. 게다가 고기나 나무, 초목을 자르는 데 다양한 크기의 손도끼를 흔하게 활용했다. 이러한 도구의 제작은 최초의 영장류가 인간으로 발전하는 여정에서 중요한 기술적 진보였다.

호모 에렉투스는 약 200만 년 동안 지구를 활보하였으며, 그들의

---

136 통나무 속을 파서 만든 작은 배. 옮긴이.

마지막 흔적은 약 11만 년 전 자바섬에서 발견된 화석에서 확인할 수 있다. 호모 에렉투스는 그 시기 속에서 진화를 이루었다. 또한 호모 에렉투스부터 일부 무리에서 조개껍데기에 무늬를 새기는 등 초기 형태의 예술이 발달했고, 불을 다루거나 보금자리를 짓기도 했다.

위의 능력을 고려하면 일부 호모 에렉투스 무리에서 누군가 항해용 배를 만들었다는 주장이 완전히 불가능한 이야기는 아니다. 호모 에렉투스가 200만 년 가까이 존재하는 동안 뇌의 진화로 신피질이 커지면서 선조보다 더욱 인간에 가까운 인지 능력이 생겨났을 것이다. 이외에도 호모 에렉투스에서는 일부일처제 등 인간이 지닌 다른 특성도 진화했다.

생물학자들은 멸종된 포유류의 성체 수컷과 암컷의 크기 비교로 육아가 어떻게 이루어졌는가를 가늠할 수 있다. 서열이 높은 수컷이 다른 수컷을 경쟁에서 밀어내고, 여러 암컷과 교배를 하며 육아에 참여하지 않는 붉은사슴 등의 일부다처제인 종은 수컷이 암컷보다 훨씬 큰 경향이 있다. 반면 암컷과 수컷이 장기간 유대감을 형성하고, 공동 육아를 하는 일부일처제인 종일수록 암컷과 수컷의 크기가 비슷한 경우가 많다.

호모 에렉투스는 남성과 여성의 신장이 비슷했으므로 일부일처제에 암수 개체 모두 자녀를 돌보았을 것으로 추정된다. 이 추측이 사실이라면 호모 에렉투스는 호모 하빌리스와는 다른 육아 양식으로 진화한 셈이다. 하지만 일부 개체군에서 호모 에렉투스 유아의 뇌가 출생 이후 그다지 발달하지 않은 것처럼 보인다. 이러한 관계로 호모 에렉투스의 자녀는 호모 하빌리스와 마찬가지로 현생 인류보다 자녀를 돌보는 기간이 짧았을 가능성이 있다. 하지만 호모 에렉투스가 일부일처제라면, 유년기가 상대적으로 짧더라도 현존하는 대부분의 일부일처제 포유류에서 관찰되는 양상과 같이 암수가 모두 육아에 참여했을 것이다.

그리고 호모 에렉투스는 무리를 지어 생활했지만, 그 규모는 알려진 바가 거의 없다. 케냐에서 발견된 100개에 가까운 발자국 화석을 분석한 결과, 150만 년 전 20명으로 구성된 무리가 그곳을 걸었던 것으로 나타났다. 그들의 발자국이 남아 있는 장소는 총 네 곳이며, 이 가운데 한 곳은 성인 남성 무리가 만들어 낸 것이다.

그들은 단체로 사냥하러 가는 길이었을까? 일부 과학자는 실제로 앞의 질문과 같이 해석하며, 다양한 나이대로 이루어진 무리에서 서로 다른 역할을 수행했을 가능성이 있다는 증거로 본다. 이처럼 호모 에렉투스는 포식자로부터 무리를 지키는 데 그치지 않고, 개인 또는 무리가 주기적으로 특별한 역할을 수행한 최초의 호미닌일 가능성이 있다.

앞서 살펴본 오스트랄로피테쿠스속과 호모 하빌리스가 번성 이후 다양성이 확장되었듯, 이는 호모 에렉투스도 마찬가지였다. 호모 에렉투스는 호모 플로레시엔시스 외에도 네안데르탈인, 데니소바인, 호모 사피엔스 등 여러 형태의 후손을 만들어 냈다. 호모 에렉투스는 아프리카와 유럽에서 아시아까지 점령했으며, 각 개체군이 처한 환경에 맞게 진화하였다.

네안데르탈인은 유럽의 숲과 추운 기후에서 생활하도록 진화를 이루었다. 그리고 데니소바인은 아시아에서 서식했으며, 현생 인류는 아프리카에서 탄생하였다. 데니소바인은 화석이 드물어 이들의 생활 양식에 대해 알려진 바가 거의 없지만, 네안데르탈인과 현생 인류는 유사한 점이 많았다. 양쪽 모두 예술과 언어, 복잡한 사회 체계가 발전했고, 시체를 매장하는 풍습이 있었다. 또한 호모 에렉투스의 인지 능력을 한 차원 더 끌어올렸다.

지금까지의 설명은 인류의 계보를 단순화한 것이다. 오스트랄로피테쿠스 아나멘시스에서부터 호모 하빌리스, 호모 에렉투스, 호모 사피엔스에 이르는 계통이 있지만, 다른 종으로 분화한 경우도 많았다. 이렇게 집단 내에서 분화가 일어났지만, 후손들끼리 다시 만나 번식이 성공적으로 이루어지기도 했다. 우리는 현생 인류와 네안데르탈인 사이에서 이러한 일이 일어났음을 알고 있다. 이 시기는 호모 사피엔스가 아프리카를 벗어났을 때로, 이후에도 많은 사례가 발견된다.

진화는 생명의 나무의 생김새처럼 단순하게 갈라지는 경우가 드물다. 집단에서 분화가 일어나기도 하지만 원래 집단과 다시 만나 교잡종을 만들기도 하고, 다른 집단의 개체와 교배를 할 수도 있다. 만약 이렇게 만들어진 자손끼리 우선적으로 교배를 한다면 새로운 종이 진화할 수 있다. 오스트랄로피테쿠스속과 호모 에렉투스 모두 이러한 과정을 거쳤을 것이며, 이에 우리의 유전체는 여러 환경에서 진화한 유전자들이 뒤섞인 상태라고 볼 수 있다. 그 증거로 화석 기록을 살펴보면 온갖 형태의 호미닌이 전 세계에서 발견되고 있다.

이에 고생물학자들은 호모 루돌펜시스 H. rudolfensis 와 호모 에르가스테르 H. ergaster , 호모 게오르기쿠스 H. georgicus , 호모 안테세소르 H. antecessor , 호모 세프라넨시스 H. cepranensis , 호모 로데시엔시스 H.

rhodesiensis , 호모 네안데르탈렌시스 H. neanderthalensis [137], 호모 플로레
시엔시스 H. floresiensis , 호모 하이델베르겐시스 H. heidelbergensis 등 여
러 종과 아종을 분석했다. 그럼에도 고생물학자들은 상기 호미닌을
종이나 아종, 분화된 개체군 중 어느 범주로 분류하느냐에 대하여 아
직 의견을 좁히지 못하고 있다. 개인적으로는 모두 아종에 가깝다는
생각이 들지만, 어쨌든 위와 같이 수많은 형태가 존재한다는 사실은
호모 에렉투스가 새로운 환경에 얼마나 성공적으로 적응했는지를 잘
보여주는 사례이다.

호모 에렉투스 가운데 흥미로운 형태로, 33만 5,000년 전에서
23만 5,000년 전 사이에 남아프리카에 살았던 호모 날레디 Homo
naledi 가 있다. 화석 15개를 연대 측정한 결과, 호모 날레디의 신체 구
조에도 불구하고 비교적 최근의 개체로 밝혀진 사실이 놀라울 따름
이다. 개별 화석에서는 평균 신장이 140cm, 체중이 40kg일 정도로
작았기 때문이었다.

호모 날레디는 덩치에 비해 뇌는 비교적 작았지만, 두개골의 형
태로 뇌의 구조는 현대적이었음을 알 수 있다. 그리고 출토된 유골은
남아프리카 공화국 하우텡주 라이징스타 동굴의 한 곳에서만 발견되
었다. 놀라운 점이라면 호모 날레디가 발견된 공간에서 다른 동물의
뼈가 전혀 발견되지 않았으며, 수십만 년 전이라고 해도 동굴로 드나
들기가 쉽지 않아 보였다. 따라서 유골은 동굴 속으로 떠내려온 것이
아니라, 해당 장소에 안치했을 가능성이 있어 인위적인 매장으로 추
정된다.

137   네안데르탈인의 학명. 옮긴이.

호모 날레디는 오스트랄로피테쿠스속과 호모에렉투스의 특징이 함께 나타나지만, 현생 인류와 동시대에 생존했었다. 이 특이한 종이 다른 호미닌과 정확히 어떤 관계였는지는 아직 연구가 필요하다. 다만 확실한 점은 아프리카에 다양한 형태의 호미닌이 살았다는 것이다. 이와 관련하여 생물학자들은 유연관계가 가까운 여러 아종의 서식지가 서로 가까운 현상을 '적응 방산 adaptive radiation '이라고 부른다.

호미뉴들은 아프리카를 비롯하여 이후에 이동한 지역의 다양한 환경에 비교적 쉽게 적응한 것으로 보인다. 이중 특히 호모 하빌리스와 호모 에렉투스 등의 종이 적응력이 좋았다. 이렇게 우리 조상은 400만 년 이상의 적응을 거친 결과, 인간으로 거듭나 복잡한 사회에서 생존하는 여러 중요한 특성이 진화했다.

위의 내러티브는 초기 호미닌의 발전상을 요약적으로 제시하고는 있지만, 인간으로 발전하는 특징이 진화한 이유는 설명하지 않는다. 이는 시간이 지나도 확실하게 알기는 쉽지 않을 것이다. 다만 앞서 언급한 바와 같이 기후가 점점 건조해지면서 삶의 터전인 숲이 줄어들자 일부 오스트랄로피테쿠스속이 나무보다 지상에서 보내는 시간이 늘어나기 시작했기 때문이었을 것이다. 포식자를 피할 때는 나무에서 지냈겠지만, 그들 중 일부는 탁 트인 사바나 환경에서 더 많은 시간을 보내기 시작했다.

그중에서 더욱 성공적으로 번성한 계통은 자신들과 서식지를 공유하는 고양잇과 맹수와 곰, 늑대에게서 무리를 지키는 전략과 행동 양식을 발전시켰다. 아마 돌을 던지거나, 막대를 휘두르고, 함께 뭉쳐 포식자를 위협하거나 사살하는 전략을 취했을 것이다. 이러한 점에서 덩치가 큰 개체일수록 힘이 세고 민첩해 무리의 생존 확률을 올려주므로 구성원에게 우대받았을 것으로 생각된다.

그렇게 그들은 포식자에 대항하는 행동 양식이 진화하면서 다른 포식자가 사냥한 먹이를 빼앗거나, 역으로 포식자를 사냥하는 뜻밖의 능력도 얻게 되었다. 또한 더욱 복잡한 도구의 발전과 단체 사냥을 통한 사회적인 협동이 이루어지면서 포식자를 상대하기 더욱 쉬워졌다. 협동 능력과 유용한 도구를 만드는 기술이 가장 뛰어난 무리는 장비가 좋지 않거나 조직력이 약한 다른 무리를 경쟁에서 압도했다. 그리고 불의 사용과 주거지를 짓는 적응력은 무리의 생존력을 한층 더 끌어올렸다.

위와 같은 적응력을 선보이기 위해서는 큰 뇌가 필수적이었기에 호미닌은 진화를 거치며 뇌의 크기를 점차 키워 갔다. 이례적으로 호모 날레디 같은 종은 비교적 작은 뇌를 가졌음에도 잠깐이나마 번성한 적이 있었다. 뇌가 크면 의사소통과 문제 해결 능력, 추상적 사고가 향상된다는 면에서 유리하지만, 달리기가 느려지고 출산이 힘들다는 단점이 있다. 평균적인 신체를 가진 인간이라면 체중의 2%를 차지하는 뇌가 전체 에너지의 20%를 소모한다. 그러나 앞선 단점에도 불구하고 큰 뇌는 우리 조상에게 명백히 이득이었다.

뇌의 진화를 이룬 종은 최소 네안데르탈인과 현생 인류라는 두 호미닌 계통이었다. 양쪽 모두 불을 능숙하게 다루어 요리를 하고 옷을 입으며, 언어가 발달하였고 예술품과 장신구, 악기를 만들며, 약용 식물을 사용하여 병자와 부상자를 돌봤던 것으로 추정된다. 네안데르탈인은 43만 년 전에서 40만 년 전 사이 유라시아에서 숲이 우

존재의 역사

거진 지역에 살면서 그곳의 추운 기후에 적응했다. 이들은 현생 인류보다 다부진 체격의 소유자였으므로, 겨울에 체온을 더 잘 유지하고 사냥 시 빠르게 내달릴 수 있었을 것이다.

당시 네안데르탈인은 먹이사슬의 정점에 있었으므로 매머드와 들소, 기타 초식동물을 성공적으로 사냥할 수 있었다. 그렇지만 그들은 작은 동물, 식물, 과일, 견과류를 먹기도 했다. 일부 개체는 현생 인류보다 더 큰 뇌를 지녔겠지만, 우리 역시 최초의 인류보다 뇌의 크기가 작을 가능성도 있다. 어쩌면 우리는 과거의 조상보다 똑똑하지 않을 수도 있지만, 뇌의 효율성이 더욱 증가했을 가능성도 있다.

일반적인 인식으로 네안데르탈인은 우리 조상보다 수준이 한 수 아래이며, 동굴에 사는 야만스러운 원시인을 떠올릴 것이다. 하지만 네안데르탈인 유적지를 면밀히 조사하면 실상은 전혀 다름을 알 수 있다. 고생물학자들은 네안데르탈인이 사용했던 도구와 조개껍질로 만든 장신구, 플루트, 동굴 내부에 있던 난로의 재와 신체적 특징 등을 분석한 결과, 최소 한 번 이상 지성을 지닌 유인원에서 진화했음이 명백해졌다.

네안데르탈인은 서로 떨어진 채 생활했으며, 전체 인구는 수만 명을 넘지 않았을 가능성이 있다. 그러나 이러한 양상은 최상위 육식동물치고 드문 편은 아니었다. 네안데르탈인에게 고기는 중요한 식량이었지만, 사냥할 수 있는 먹잇감의 한계로 전체 인구가 늘어나지 못했을 것이다.

육식동물은 초식 위주의 동물보다 개체군 밀도가 낮은 편이다. 이러한 와중에도 네안데르탈인은 이따금 다른 무리와 접촉하며 물품이나 식량을 비롯한 혁신적인 발상과 아이디어를 교환했을 것이다.

예술품과 장신구, 음악의 창작은 그들에게 단어와 그림으로 현실에 없는 대상이나 사건을 표현할 수 있는 능력을 나타낸다. 심리학 용어를 빌리자면 상징적 사고가 가능했던 것이다. 네안데르탈인은 바보가 아니었다.

네안데르탈인은 추상적으로 생각하는 능력 외에도 자신들이 사는 환경을 바꾸고, 정원을 가꾸었을 가능성이 있다. 고고학자들은 독일 라이프치히 인근 유적지에서 네안데르탈인이 인위적으로 20만 m^2가 넘는 땅을 개활지 상태로 유지했음을 발견했다. 그것도 약 12만 5,000년 전부터 2,000년 이상이나 말이다.

해당 지역이 자연적으로 정리되었는지, 네안데르탈인이 인위적으로 개간했는지의 여부는 아직 명확하지 않다. 하지만 해당 유적지에서 개활지에서만 자라는 식물이 발견되고, 2,000년 동안 네안데르탈인이 활동했던 흔적이 곳곳에 산재해 있어 고고학적인 가치가 크다. 주변 지역은 사방이 숲이라 지속적인 관리가 없었다면 수십 년 내에 다시 숲이 되었을 것이다. 물론 네안데르탈인이 개활지 상태를 계속 유지한 이유는 여전히 알 수 없지만, 2,000년 동안 의도적으로 지속한 행동이었으니 그들에게 나름 중요한 이유가 있었을 것이다.

또한 네안데르탈인은 현생 인류가 출현하기 2만 년 전, 최초로 동굴 벽화를 그렸다. 6만 5,000년이 된 동굴 벽화 유적지는 스페인 북부 산탄데르 인근에 위치해 있다. 벽화는 검은색과 빨간색을 사용해 손 모양을 찍거나 스텐실 기법으로 그린 그림, 동물 그림 외에 형태를 알기 어려운 선과 도형이 그려져 있다. 참고로 호모 사피엔스가 그린 가장 오래된 그림은 4만 5,000년 된 실물 크기의 돼지 벽화로, 인도네시아에서 발견되었다.

인류의 역사 전반에 걸쳐 우리는 스스로를 만물의 중심으로 여기고, 다른 생명체보다 더 발전했다고 생각해 왔다. 과거 인간은 지구가 우주의 중심이며, 모든 것이 지구를 중심으로 도는 줄 알았다. 하지만 이 관념이 틀렸다고 판명 나자, 지구가 태양을 공전하면서 태양이 우주의 중심에 있다고 생각했다. 그런데 알고 보니 그마저도 틀렸다.

이제 우리는 많고 많은 별 중 하나의 주변을 도는 행성 위에 살고 있다. 그리고 그 별은 수많은 은하의 가장자리에 있으며, 그 은하에는 자그마치 수조 개의 행성이 존재함을 알게 되었다. 이런 상황에서도 우리는 인간이 진화의 정점이며, 지구상, 어쩌면 우주 어느 곳에서도 언어나 지식이 진화한 종은 없다고 여기는 경향이 있다. 그러나 이를 통해 인간은 특별하다는 최후의 보루까지 무너졌다. 호모 에렉투스라는 공통 조상을 두고 지성을 가진 유인원이 지구에서만 두 종이나 진화했기 때문이다.

그런데 네안데르탈인이 그 정도로 똑똑했다면 도대체 왜 멸종했을까? 네안데르탈인은 호모 사피엔스가 유럽에 자리 잡은 직후 멸종했으니, 우리에게도 일말의 책임이 있다. 하지만 매사가 그렇듯 실제 사정은 더 복잡하다.

호모 사피엔스는 17만 7,000년 전에서 21만 년 전 사이에 처음으로 아프리카를 벗어났고, 당시의 화석이 그리스와 이스라엘에서 발견된다. 하지만 호모 사피엔스는 유럽에서 번성하지 못하고 그대로 사라졌다. 그들은 아마 기존에 해당 지역을 차지했던 네안데르탈인과의 경쟁에서 밀렸을 것이다.

6~7만 년 전, 두 번째로 아프리카를 벗어난 호모 사피엔스는 더

욱 성공적으로 번성하여 현재의 중동 지역으로 건너갔고, 아시아 해안과 오세아니아까지 이동했다. 최초의 현대 인류인 호모 사피엔스는 최소 4만 년 전, 더 빠르면 6만 년 전 오스트레일리아로 건너가며 빠르게 분포하였다. 그러나 4만 년 전, 유럽에서 성공적으로 퍼져 나가지 못했다. 호모 사피엔스는 유럽의 존재를 몰랐던 것일까? 단순히 유럽 땅이 마음이 들지 않았던 것은 아닐까? 아니면 4~6만 년 전 유럽으로 이주를 시도했지만 실패한 것일까?

고생물학자가 발견한 화석 기록으로는 위 질문의 답을 구할 수 없다. 추측건대 무엇인가 인류의 초반 유럽 진출을 가로막았고, 그 덕분에 네안데르탈인이 호모 사피엔스보다 유럽 생활에 더 잘 적응했을 가능성이 있다. 이주를 시도했던 초기 인류는 원래 그곳에 거주하던 네안데르탈인과의 경쟁 때문에 번성할 수 없었다. 이는 호모 사피엔스가 아프리카를 처음 떠났을 때 고전했던 상황과 유사하다. 하지만 결과적으로 모종의 변화가 찾아오면서 호모 사피엔스는 유럽에 진출할 수 있었다. 이 변화는 바로 기후이다.

호모 사피엔스는 아프리카처럼 덥고 건조한 환경에 잘 적응하였다. 한편 유럽에 살던 네안데르탈인은 숲에서의 생활에 특화되어 있었다. 여기에서 호모 사피엔스는 열대 지방에 사는 지성을 가진 유인원, 네안데르탈인은 온대 지방에서 사는 똑똑한 사촌뻘이라고 생각하면 된다.

4만 5,000년에서 4만 년 전 사이에 진행된 기후 변화로 유럽 날씨가 건조해졌다. 이러한 환경의 변화로 네안데르탈인보다 인간이 유리해졌다. 이렇게 인간이 유럽으로 확산되면서 네안데르탈인은 자취를 감추었다. 질병, 호모 사피엔스와의 경쟁, 네안데르탈인의 생존

수단이었던 대형 사냥감의 감소, 심지어 근친 교배까지 다양한 원인을 두고 논쟁이 일어났으나, 정확한 원인은 불명이다.

마지막 네안데르탈인은 4만 년 전에 사라졌지만, 이들의 유전자는 지금도 살아 있다. 우리 조상이 유럽으로 퍼져 나가는 과정에서 네안데르탈인과 교배한 적이 있었고, 현재 인류에게도 그들의 유전자가 남아 있는 것을 보면 네안데르탈인 유전자에도 장점이 있을 것이다.

네안데르탈인과 현대 인류가 서로 교배했다는 사실은 상대 무리의 구성원을 잠재적인 짝으로 간주했음을 보여준다. 교배가 합의하였는가 혹은 강제적이었는가, 그리고 둘 사이에 부부 관계를 형성했는지는 알 수 없다. 다만 수천 년 동안 진화가 각자 일어났으므로, 같은 언어를 쓰지는 않았을 것이다. 하지만 두 개체 모두 언어를 배울 능력이 있었던 만큼, 육아에 함께 참여했다고 해도 완전히 불가능한 얘기는 아니다.

혼혈 가족의 유골이라도 발견하지 않는 한 진상은 알 수 없지만, 확실한 것은 네안데르탈인과 호모 사피엔스 사이에서 태어난 아이들이 성장해서 다시 자녀를 낳았다는 점이다. 그렇지 않다면 현대 인류의 유전체에 네안데르탈인 유전자가 남아 있을 수 없다. 유전체 분석 기업인 '23 & Me'에 검사를 의뢰한 결과, 필자의 유전체에서 네안데르탈인 유전자 보유 비율은 해당 기업에서 분석한 고객의 상위 20%에 속한 것으로 나타났다. 이에 네안데르탈인 유전자가 지금 필자의 모습에 어떤 영향을 미쳤을지 궁금하다.

현대 인류가 기존 지역에 살던 호미닌과 교배를 한 사례는 유럽에 그치지 않는다. 인간은 아시아로 퍼져 나가며 데니소바인과 교배하기도 했다. 수수께끼투성이인 해당 호미닌의 유전자는 아시아와 오세아니아에 사는 인구 중 일부에 남아 있지만, 두 종의 자손이 화석으로 남은 사례는 매우 드물다.

책 전반부에 소개한 내용을 비롯하여 우리가 아는 지식의 대부분도 유전학 연구를 통해 밝혀졌다. 그동안 발견된 화석을 연구한 결과 데니소바인은 네안데르탈인과 유사했다. 다만 치아에 조금 차이가 있었으며, 이에 따라 다른 신체 구조에도 그러할 가능성이 있다.

호모 사피엔스는 아프리카를 성공적으로 벗어나 아시아와 오세아니아에 자리를 잡은 이후, 2만 6,000년 전 현재의 러시아와 알래스카 사이의 육로를 건너 아메리카 대륙 전역에 확산되었다. 인류는 4,000년 전 폴리네시아에 정착하며, 남극 대륙을 제외하고 열대 지역에서 북극 지역까지를 생활 터전으로 삼기에 이르렀다. 하지만 수천 년 전 기후 변화가 반대로 진행되었다면 네안데르탈인이 호모 사피엔스를 밀어내고 아프리카에 퍼져 나갔을까?

진실은 저 너머에 있지만, 어쩌면 평행 우주에서는 인간이 동굴에 사는 우둔한 원시인으로 놀림받으면서 네안데르탈인이 우주선을 쏘아 올릴지도 모를 일이다. 하지만 결과는 달라졌고, 이 책의 주인공은 인간이다. 그렇다면 그다음에는 어떻게 되었을까? 이제 지구에 남은 유일한 호미닌은 인간이며, 문명을 쌓아 올리는 시점까지 이야기가 흘러왔다.

퇴토의 도시와 기술의 혁신

　아프리카를 벗어났을 당시, 호모 사피엔스는 우리와 비슷한 수준의 지능과 사고력을 지니고 있었을 것이다. 제한적인 기술력의 똑똑한 직립 보행 유인원이 현재 우리가 사는 세계에 다다르는 과정은 서서히 이루어졌다. 그렇다면 이 모든 것이 어떻게 가능했을까? 동굴에 사는 똑똑한 원시인은 어떻게 진화를 거쳐 현대 인류로 바뀌었을까?

　약 9,500년 전, 튀르키예 남부 아나톨리아 지역의 차탈회위크 유적지에 첫 건물이 지어졌다. 이곳은 9,000년 전에 최초의 도시가 되었다. 차탈회위크는 1,500년가량 지속되었으며, 전성기 인구는 1만 명에 달했다. 우리 조상이 아프리카를 벗어나 차탈회위크에 정착하기까지 3,000년이 넘는 세월 동안 많은 사건이 있었다.

지금부터 우리의 이야기를 생물학적 진화에서 기술의 발전으로 바꾸어 보도록 하겠다. 4만 년 전만 해도 우리 조상에게 인지 능력은 있었지만, 기술이 없었다. 이제부터 손도끼에서 스마트폰에 이르는 여정에서 우리의 손재주와 큰 뇌가 어떤 활약을 했는지 살펴보겠다.

수렵채집인이었던 우리 조상은 아프리카를 벗어난 이후 다양한 환경으로 활동 범위를 넓혔다. 그들은 살면서 코끼리, 코끼리물범에서 현재는 멸종한 마다가스카르의 코끼리새까지 다양한 동물을 잡아먹으며 살았다. 이렇게 수렵채집인 특유의 문화가 다수 탄생하였다.

현존하는 수렵채집 부족의 특성을 근거로 미루어 보건대 당시에는 무리 내에서 자원과 다른 소유물을 공평하게 공유하며, 남녀가 평등했을 가능성이 있다. 시간이 흐르면서 무리에서 새로운 기술을 개발하거나 받아들임에 따라 환경에서 자원을 더 효율적으로 획득했고, 유용한 기술은 다른 무리에서의 모방을 통해 고대 세계 전역으로 전파되었다. 이웃에 뒤처지기 싫은 마음은 예나 지금이나 변함이 없었던 모양이다.

현대 사회에서 기술이란 대체로 전자공학의 수준과 궤를 같이한다. 최소한 서구 사회에서는 식기 세척기와 스마트 냉장고, 컴퓨터가 발명되어 널리 보급되었다. 이들 기기는 최근 몇십 년 동안 우리 사회에 지대한 영향을 미쳤다. 그런데 새로운 기술이 인간 사회를 바꾼 것은 이번이 처음은 아니다.

수렵채집인 조상의 생활 수준은 나무와 돌, 뼈, 금속으로 만든 도구가 발전하고, 노끈과 줄, 밧줄의 제작, 도자기의 혁신적인 발전, 불을 지피고 다루는 능력, 주거지 건축 및 요리의 등장과 함께 향상되었다. 지금은 당연하게 여기는 것들이지만, 이러한 기술이라도 하나

하나 예리한 관찰력, 수준 높은 추상적 사고와 시행착오가 있었기에 가능했다. 여기에서 당신이 불을 피울 수 있게 된 첫 번째 무리에 속했다고 상상해 보자. 불을 지폈는데 손이 타버리지 않은 당신을 이웃들이 경외하는 눈빛으로 바라볼 것이다.

고기잡이 또한 중요한 기술에 속한다. 4만 년 전 동아시아에 살았던 인간의 뼈를 분석한 결과, 잡은 방법은 알 수 없지만 담수어를 자주 섭취했음이 밝혀졌다. 안다만 니코바르 제도에서 생활하는 수렵채집인 사회는 창과 활 및 화살을 사용한 고기잡이에 조예가 깊다. 창과 활은 아주 오래전부터 존재했던 제작 기술이므로, 우리 선조들이 고기잡이에 적용했을 가능성이 크다.

나무로 만든 창의 역사는 40만 년 전까지 거슬러 올라가며, 나무 창은 초기 네안데르탈인이나 이들의 조상인 호모 에렉투스가 만들었다. 이처럼 창은 나무로 도구를 만든 초기 사례이다. 현재까지 발견된 창은 말 같은 대형 동물을 사냥하는 용도였지만, 물고기를 잡을 때도 부담 없이 사용할 수 있었다.

한편 활과 화살은 창 이후에 등장했으며, 6만 년에서 7만 2,000년 전 사이에 최초로 사용된 증거가 남아프리카공화국 시부두 동굴에서 발견되었다. 활과 화살의 제작 기술은 빠르게 전파되었고, 우리 선조들도 아프리카를 떠날 당시 이들을 소지하고 있었다. 이 사실은 스리랑카 파히엔동굴의 호모 사피엔스 유골 화석 옆에 발견된 화살촉에서 확인할 수 있다.

활과 화살은 창보다 먼 거리에서 동물에게 상처를 입히고 사살할 수 있다는 점에서 매력적이었으며, 위험부담도 적은 기술이었다. 물론 활과 화살로 물고기를 처음 잡은 시기는 알 수 없지만, 창과 마찬가지로 기술의 발명 이후 고기잡이에 빠르게 활용되었다.

그 외에도 고기잡이에 여러 혁신이 연달아 일어났다. 화살촉에 처음으로 독을 발라 사용한 것은 2만 4,000년 전의 일이었다. 이 기술은 호수나 강에서 물고기를 기절시키거나 죽이는 데 사용되었을 가능성이 있지만, 결정적인 증거는 아마 나타나지 않을 것이다.

또한 가장 오래된 어망은 8,300년 전 버드나무로 만든 것이 있다. 이 어망은 1913년 핀란드에서 발견되었지만, 한국에서 석재 어망 그물추가 발견되면서 2만 7,000년 전에도 어망을 사용하였음을 시사한다. 흥미롭게도 가시 돋친 뼈 갈고리를 창에 결합한 형태의 도구인 작살의 발명은 비교적 최근인 6,000년 전으로, 이 사실은 프랑스의 동굴 벽화에서 확인된다. 작살은 고대 사회에 빠르게 전파되어 바다표범과 기타 해양 포유류 및 물고기를 잡는 용도로 사용되었다.

특정한 기술을 분석에 적용할 때마다 새로운 사실이 발견되면서 상기 기술들이 최초로 발명된 정확한 시기는 계속해서 뒤로 밀려난다. 우리는 그 옛날에도 꽤 복잡한 기술이 사용되었다는 사실을 발견하며 깜짝 놀라곤 한다. 하지만 선조들도 우리만큼 영리했고, 어쩌면 우리보다 더 똑똑했음을 고려한다면 그리 놀랄 만한 일은 아니다.

물과 식량을 저장하는 도자기의 발전, 다양한 돌과 나무, 뼈로 제작한 도구의 사용 및 불의 사용이 확인되었고, 이 모두가 지니는 의미는 분명하다. 호모 사피엔스를 비롯하여 네안데르탈인, 그리고 어쩌면 데니소바인 등 호모 에렉투스의 다른 후손들은 지능이 높고 혁신적이었다. 또한 우리 조상의 번뜩이는 재주가 있었기에 북극지방에서 열대지방, 사막에서 숲속, 낮게는 해상에 있는 섬에서 해안과 멀리 떨어져 사람이 살기 힘든 지형이 펼쳐진 티베트고원에 이르기까지 다양한 환경으로 퍼져 나가며 번성할 수 있었다.

우리 조상은 사냥 능력의 발전과 섭취 가능한 자원의 확대로 온갖 다양한 환경에서 자원을 획득하는 기량이 더욱 확대되었다. 선사시대 여러 문화권에서는 먹기 힘든 식품을 분쇄하거나 침지 또는 발효, 끓이기를 통해 소화가 힘든 부위를 제거하는 법을 익혔다. 도토리 가루도 그중 하나이다.

참나무의 열매인 도토리는 영양기가 높고 전분이 풍부하나. 그러나 쓴맛이 나며 타닌 tannin 이라는 화학 물질로 소화가 어렵다. 도토리에서 타닌만 제거하면 영양가는 더욱 높아지고 맛있어지지만, 이는 쉬운 일이 아니었다.

도토리에서 타닌을 제거하려면 분쇄와 침지를 거쳐야 한다. 인터넷으로 수렵채집인이 도토리 가루를 만드는 법을 찾아보면, 도토리를 갈아서 1주일 동안 물을 매일 갈아 주면서 물속에 담가 놓는 것을 볼 수 있다. 그리고 도토리 가루를 잘 건조하려면 겉껍질과 속껍질을 먼저 분리한 후 분쇄하는 것이 좋으며, 물에 끓이면 타닌을 더 빠르게 제거할 수 있다.

위의 과정으로 완성된 도토리 가루는 맛이 좋고 영양가도 높아 참나무가 많은 지역이라면 수렵채집인들이 항상 섭취할 수 있었다. 그렇게 인간은 3만 년 이상 도토리와 다른 견과류 및 씨앗을 재료로 가루를 만들어 왔다. 그러나 현재까지 발견된 최초의 빵은 겨우 1만 년 전에 등장했다.

이상과 같이 견과류나 씨앗을 가루로 만들면 타닌 제거뿐 아니라 치아를 보호하는 효과도 있었다. 인간의 치악력은 그리 강한 편이 아니며, 딱딱한 음식을 씹는 과정에서 치아가 손상될 수 있다. 더군다나 치과 의사도 없는데 충치가 생기거나 치아가 빠지면 섭취할 수 있는 음식의 양과 종류가 줄어드는 등 심각한 문제를 초래할 수 있다. 따라서 씨앗과 견과류, 동물의 뼈를 가루 내어 먹는 방법은 중요한 혁신이었고, 이 기술을 발명하고 활용했던 무리는 그렇지 않은 무리에 비해 생존에 유리했을 것이다. 그 결과 제분 기술은 다른 무리로 퍼져 나갔고, 이 기술을 받아들인 집단은 더 많은 자손을 남겼을 것이다.

그와 관련하여 개체군마다 대체 출산율이라는 개념이 존재한다. 대체 출산율은 해당 집단이 매년 같은 숫자를 유지하기 위해 개체별로 낳아야 하는 자손의 평균치를 의미한다. 당신과 배우자가 자녀 둘을 낳고 자녀들이 모두 성인이 될 때까지 살아남는다면, 당신을 자식으로 대체하는 데 성공한 셈이다. 그리고 두 자녀가 각자 배우자를 만나 당신과 같은 과정을 반복한다면, 자녀 또한 자신을 대체하는 데 성공하면서 손주는 총 4명이 된다.

모든 사람이 위와 같이 산다면 그 집단의 인구는 미래에도 변함없을 것이다. 하지만 누구나 성인까지 살아남는다는 보장이 없으므로 건강 관리가 잘 되는 집단에서의 대체 출산율은 2명보다 조금 높다. 출생과 성 성숙 사이의 기간 동안 사망률이 높다면 대체 출산율도 높아진다. 따라서 수렵채집인 집단의 대체 출산율은 여성 한 명당 자녀를 4~6명 낳는 수준이 되어야 한다. 하지만 수렵채집인 집단이 확산되어 지구를 점령하는 과정에서는 실제로 자녀를 더 많이 낳았고, 이는 대체 출산율보다 출산율이 더 높았음을 의미한다.

한편 인구가 증가세나 감소세에 있지 않다면 규모를 일정 범위 내로 유지하는 과정이 있기 마련이며, 이 과정을 '억제 limiting'라고 한다. 야생 동물 개체 수의 억제 요인은 주로 포식자와 먹이 가용성, 질병, 그리고 번식에 적합한 장소와 함께 짝을 찾는 능력까지 포함된다.

인류가 탄생한 지 얼마 지나지 않았을 무렵, 호모 에렉투스에서 진화한 호모 사피엔스는 오늘날 보츠와나 막가딕가디호에서 약 7만 년이라는 세월 동안 숲이 우거진 작은 녹지에 제한적으로 모여 생활하였을 가능성이 있다. 호모 사피엔스의 인구는 1,000년 가까이 안정세를 유지하다가 기후 변화가 일어난 후에 증가했다. 모든 과학자들이 이 해석에 동의하지는 않지만, 우리 조상의 인구가 과거의 특정 시점에서 포식이나 식량 가용성, 질병으로 억제되었다는 사실은 딱히 놀랍지 않다.

그렇게 우리 조상은 기술 발전에 힘입어 대체 출산율 이상으로 아이를 낳아야 할 의무에서 해방되었다. 자원을 획득하는 능력의 향상과 포식자에 의한 사망률 감소는 기존 지역에 살던 인구의 증가로 이어졌을 것이다. 그 결과 해당 지역의 식량 가용성은 감소했을 것이다. 이에 생활이 힘들어지자 구성원들은 뿔뿔이 흩어지기 시작했고, 인간은 이러한 과정을 거치며 지구 대부분을 점령하게 되었다.

우리 조상은 기술 진보가 일어날 때마다 더 많은 식량을 획득하고, 더 많은 자손을 낳을 수 있었다. 하지만 식구가 많을수록 필요한 식량도 늘어나므로, 정작 사용 가능한 자원은 감소했을 것이다. 만약 새로운 기술이 등장하지 않는다면 일부 인원은 짐을 싸고 새로운 목초지를 찾아 이동했을 것이다.

인간은 종속영양생물로 다른 생명체를 잡아먹어 에너지를 얻어야 한다. 종속영양생물이 성공적으로 번성하려면 어느 한쪽은 대가를 치러야 한다. 그레이저 grazer 는 풀을 뜯고, 브라우저 browser 는 나무와 관목의 잎을 먹으며, 육식동물은 다른 동물을 잡아먹으면서 번성한다. 인간도 이와 다르지 않다. 인간이 지구의 자연 환경에 부정적인 영향을 미치는 근본적인 원인도 여기에 있다. 이를 두고 근래에 혁신을 이루었기 때문이라고 생각할 수 있겠지만, 실제로는 그렇지 않다. 인간은 등장 초기부터 자연에 영향을 미쳤으며, 이는 미래에도 변치 않을 것이다.

또한 인간은 가축을 제외하고 다른 대형 동물과 거주지를 공유하는 재주가 없다. 인간은 전 세계에서 늑대와 사자, 곰을 괴롭히고, 코뿔소와 코끼리는 멸종 위기에 빠져 있다. 고래나 바다표범, 큰 상어처럼 인간에게 거의 위협이 되지 않는 대형 해양 생물도 봐 주는 법이 없다. 때로는 두렵거나 또는 먹기 위해서, 아니면 장신구를 만들거나 특정 동물의 장기가 인간에게도 효과가 있다는 미신을 믿고 해당 동물들을 괴롭히기도 한다.

현대인이 대형 동물을 기피하는 것은 전혀 새로운 현상이 아니다. 인간은 지구에서 새로운 장소에 정착할 때마다 당연한 듯이 대형종을 멸종으로 내몰았다. 일부 대형 동물의 종말에는 기후 변화가 관련된 경우가 많다는 점에서 일부 학자들은 논쟁의 여지를 이유로 우리 조상을 학살의 주체로 지목하기를 회피하기도 한다. 멸종의 책임을 기후 변화로 돌릴 때 아래와 같은 쟁점이 생긴다.

첫째, 인간은 기후 변화로 새로운 땅을 정복할 수 있었다.

둘째, 멸종된 종 가운데 다수는 기후 변화 초기에도 도태되지 않고 살아남았다.

이처럼 인간은 대형 동물과 사이좋게 지낸 적이 단 한 번도 없었다. 아마 앞으로도 없을 것이다.

인간이 자연에 미친 부정적인 영향을 보여 주는 또 다른 근거는 우리 조상이 있을 때와 없을 때, 동물의 체형 분포를 대륙별로 살펴보면 알 수 있다. 12만 5,000년 전 각 대륙에 살았던 동물의 체형을 조사한 결과, 호모 사피엔스가 역사에 등장한 매우 이른 시기부터 대형 동물의 서식지가 사라진 것으로 추정된디.

분포하는 동물의 체형은 땅의 면적과 관련이 있는데, 면적이 넓을수록 동물의 평균 체중이 더 높은 경향이 있다. 아프리카는 세계에서 손꼽힐 정도로 큰 대륙이니 대형 동물이 많을 것으로 생각되지만, 호모 사피엔스가 진화한 12만 5,000년 전에는 상황이 달랐다. 아프리카는 면적에 비해 대형 동물이 적었다. 대형 동물이 일찌감치 자취를 감춰 버렸기 때문이다.

인간이 전 세계로 이주하는 과정에도 살육은 계속되었다. 마다가스카르의 코끼리새나 남아메리카의 거대한 땅늘보[138], 오스트레일리아의 주머니사자, 북부 유라시아에 서식하던 거대한 동굴곰과 털북숭이 매머드 모두 멸종했다. 이들의 멸종은 곧 우리 조상의 성공을 의미했다. 그러나 시간이 지나고 더 이상 퍼져 나갈 곳이 없어지자, 인구 성장을 뒷받침할 새로운 기술이 필요했다.

기존 지역에 있던 수렵채집인 인구가 증가하면 이웃 무리와 마주치는 빈도가 높아지면서 교역 및 전쟁의 기회가 열리게 되었다. 지

---

138 메가테리움(Megatherium). 옮긴이.

역에 따라서는 서로 다른 환경에서 온 다양한 수렵채집인 집단과 계절마다 만나서 상품을 교역하기 시작했고, 어쩌면 배우자를 찾기도 했을 것이다. 그 예로 세르비아의 레펜스키 비르 ^{Lepenski Vir} 같은 곳에서는 수렵채집인이 특정 계절에 서로 만났던 장소인 흙을 쌓은 언덕이나 초기 건물 등의 구조물이 발견되었다.

그다음 발전 단계는 한곳에 정착하여 일 년 내내 같은 집에서 생활하는 것이다. 하지만 이 단계로 나아가려면 또 다른 혁신적인 기술이 선행되어야 한다. 바로 농업이다.

농업의 가장 오래된 증거는 2만 3,000년 전, 오할로 2세 ^{Ohalo II}에 거주하던 사람들이 소규모로 식용 벼과 식물을 재배했던 갈릴리해 연안에서 발견된다. 그 시기에 농사를 지을 능력이 있다는 점은 확실했지만, 농업이 지역 전체로 퍼져나가기까지는 1만 1,500년이 더 걸렸다. 당시에 재배하던 작물은 렌틸콩, 완두콩, 병아리콩 등 콩류와 밀, 호밀, 보리 등 벼과였다. 이는 기후 변화로 동물의 숫자와 함께 사냥 횟수가 감소했을 가능성이 있으며, 그 결과 해당 지역의 견과류 및 과일나무의 분포도 바뀌어 농업이 필요한 시기가 찾아왔을 것이다.

농업 부문의 혁신은 기술과 유사하게 모방을 통해 전파되었으나, 전 세계를 통틀어 최소 11곳에서만 독자적으로 발전했다. 중국에서는 쌀, 아마존 유역에서는 카사바, 안데스산맥에서는 콩류와 호박을 재배했다. 인간은 식물만 기른 것이 아니었다. 1만 1,000년 전에는 돼지, 이로부터 조금 시간이 지난 후에는 소와 양을 가축으로 키웠다. 닭은 동남아시아에서 약 3,500년 전에 가축으로 키웠지만, 과학자에 따라서는 이미 4,500년 전부터 가축화가 일어났을 가능성을 제시한다.

그 외의 동물들은 짐을 옮기거나 큰 물체를 움직이는 등 여러 목적으로 길렀다. 말은 5,500년 전 중앙아시아 스텝 지대 steppe [139]에서 가축으로 키웠다. 개는 어쩌면 최대 3만 5,000년 전에 적어도 2번은 가축화가 이루어졌으나, 이는 과학자 사이 의견 차이가 있다.

이상의 발견은 모두 우리 조상이 동물과 식물을 식량으로 재배할 수 있으며, 야생에서의 채집을 보완하는 좋은 방법임을 이해했다는 증거이다. 하지만 농업은 많은 시간과 노력이 들어가므로 유목 생활을 하던 수렵채집인에게 적합한 방법은 아니었다. 또한 농업은 여분의 씨앗이 필요하지만, 식량이 부족한 시기에는 보관이 아닌 소비 대상이었다.

따라서 초기 농업은 필수적이라기보다는 미래의 식량을 확보하는 대안에 가까웠을 것이다. 그 증거는 홍수로 물이 빠지면 범람원에 토양이 쓸려 내려왔을 때를 틈타 농작물을 심었던 점에서 찾아볼 수 있다. 이렇게 자연 현상에 의존하면 직접 땅을 개간할 필요가 없다. 그리고 심은 농작물은 꾸준히 돌보거나 야생 동물에게서 보호하지 않고 그대로 방치했다가 나중에 다시 보러 오는 방식으로 재배되었다.

기술이 점점 축적되자 인간은 사냥, 고기잡이, 농작물 재배, 식재료에서 먹기 힘든 부위 제거하기, 주거지 건축, 의복 제작, 가축 돌보기, 환자 간호, 도자기와 장신구 등 다양한 도구를 만들기에 더욱 능

---

139 중위도 또는 아열대 사막 주변에 펼쳐진 대초원. 옮긴이.

숙해지면서 구성원도 늘어났다. 반면 한 사람이 모든 필수 기술을 숙달하거나, 도구를 관리, 운반하는 능력은 감소하였다. 이에 특정 기술, 그중에서도 식량을 추가로 생산하는 데 사용되는 것일수록 전문가가 등장했을 것이다.

이후 교역이 시작되고 인간은 한곳에 머물러 생활하는 특성이 더 강해졌다. 특정 기술을 지닌 전문가를 쉽게 찾는 것이 더 유리하다는 점도 인간의 정착 생활에 한몫했다. 그리고 전문 기술의 분업이 늘어나고, 1만 년 전 신석기시대가 시작되면서 최초의 마을이 등장했다.

전문가의 등장과 함께 인구가 꾸준히 증가하면서 우리 조상의 생활 양식은 더욱더 정착에 가까워졌다. 동물의 개체 수 감소와 기후 변화로 식량 안보가 불확실해지면서 우리 조상은 점점 더 농업에 의존하기 시작했다. 그 결과 그들은 특정 장소에 발이 묶이게 되었고, 일부 마을과 번화가의 규모가 커지기 시작했다.

그 이유를 나중에 알게 되겠지만, 고고학자들은 최초의 도시인 차탈회위크의 시민들은 평등하게 지냈다고 믿는다. 이 도시는 도랑을 사이에 두고 반으로 나뉘어 있었으며, 이는 둘 이상의 민족이 이웃처럼 지냈던 증거라 할 수 있다. 또한 고고학자들은 차탈회위크가 전혀 다른 세 가지 생태계가 만나는 경계선에 위치한다고 주장한다. 그리고 각 생태계의 수렵채집인은 서로 다른 자원에 의존하며 살았을 것이다.

결론적으로 차탈회위크 유적지는 원래 여러 무리가 만나던 장소였으며, 교역과 분업의 중요성이 커지자 영구적으로 거주했을 가능성이 있다. 이 도시의 주택에는 3~4개의 방이 갖추어져 있으며, 천장의 구멍을 통해 드나드는 구조였다. 또한 불을 때서 요리할 때 나는 연기가 나갈 별도의 구멍도 있었다. 지붕에는 가공품과 장신구, 신앙심을 드러내는 조각상을 만드는 등 여러 활동을 했던 장소로 추정된다.

차탈회위크에서 공공건물이나 사원은 발견되지 않았다. 그리고 모든 집의 구조가 비슷했으며, 이를 근거로 고고학자들이 이 도시가 평등한 사회였다고 믿는다. 차탈회위크는 엄연히 수렵채집 사회였으므로 주민들이 먹는 식량이 주된 출처는 사냥 및 채집이었기 때문이다. 이 사실은 농업의 보급이 도시와 번화가의 영구적인 발전 원동력은 아니었음을 뒷받침한다.

차탈회위크 같은 일부 초기 도시의 사회 체계는 평등했지만, 이후에 등장한 수많은 도시는 계급사회의 요람이 되었다. 정착지 중 다수는 수비에 유리하도록 고지대 또는 강굽이를 끼고 있거나, 한쪽으로만 진입할 수 있는 곳에 자리 잡고 있었다. 이웃 부족이나 미정착 유목민 부족의 습격은 명백한 위협 요소였고, 우리 조상은 이를 최소화하는 선에서 생활 장소를 결정했다.

계급사회가 만연했다는 증거는 메소포타미아의 여러 초기 도시에서도 나타난다. 도시 중심부에는 화려한 장식으로 눈길을 끄는 거대한 사원이 자리를 잡고 있었다. 이러한 대형 건축물은 조직화된 종교가 도시 생활에서 중요한 부분을 차지했음을 나타낸다.

초기의 신앙은 생명체의 정령에 기반한 애니미즘이었다. 이에 사후세계에 대한 믿음이 팽배했고, 흔히 조상이 동물이나 신령한 정령의 형상으로 다시 돌아온다고 믿었다. 사람이 죽으면 매장을 하고, 망자가 사후세계로 가는 길에 도움이 되기를 바라는 마음에 고인의 소지품을 함께 묻기도 했다.

주술사를 비롯한 종교적인 인물은 영혼과 교감하는 능력이 있다고 믿어 존경의 대상이었지만, 이를 빌미로 막대한 부를 축적하거나 자신의 신성한 능력을 내세워 계급사회를 조장하지는 않았다. 하지만 사원을 건축하면서 더욱 조직적인 예배가 이루어지는 마을과 번화가 및 도시가 탄생하였다. 이에 다음 생의 목적지는 현생에 저지른 업보라는 관념이 널리 퍼지면서 상황은 바뀌기 시작했다.

그렇게 종교에 기반한 특권층이 등장했고, 초기 메소포타미아 도시에서는 지배 주체인 특권층이 신앙심이 깊은 왕을 둘러싸고 있었다. 그중 몇몇 왕은 자신의 위엄을 알리는 내러티브를 만들며 스스로를 신격화하는 조각상을 세웠다. 이렇게 종교 계층이 등장하고 특정 기술을 다루는 전문지식이 더 우대받은 결과 계층 구조와 하향조절 top-down control [140]이 나타나게 되었다. 이에 사회적으로 수용되는 행동 규칙과 처벌 대상인 반사회적인 행동이 확립되었다.

도시에 거주하는 사람들은 사후 구원과 치안 개선이라는 보상을 기대하며 위의 사회적 규범을 따라야 했다. 사람들은 대부분 생활이 너무 힘들지 않다면 그러한 합의를 받아들였지만, 특권층이 도를 넘는 폭정을 일삼거나 신의 진노를 달래지 못해 삶이 괴로워지면 권력을 전복시키기도 했다.

또한 치안을 유지하려면 평화로운 시기에도 병력이 필요했다. 이러한 합의가 마음에 들지 않는다면 떠날 수도 있다. 그러나 특권층에 너무 소리를 높여 반기를 든다면 추방 또는 투옥되거나, 노예가

---

140   상위 단계에 의해 하위 단계가 조절되는 현상. 옮긴이.

되거나 처형당할 수 있었다.

　계급을 유지하려면 항상 자금이 필요했으며, 특권층은 세금을 징수하여 사원을 비롯한 공공 건축물 및 시설을 유지했다. 시설의 효용성에 비해 세금이 너무 과하면 반대와 불복종이 일어났지만, 군주와 부족장은 빠른 속도로 막대한 부를 축적할 수 있었다. 이러한 사회 구조는 이후에도 거의 변하지 않고 유지되어 왔으며, 이는 인간 조직을 안정적으로 유지하는 합의로 보인다.

현대 인류의 위상

    기술의 발전으로 도시의 규모와 인구가 기하급수적으로 증가한 결과, 현재 지구상에는 80억 명이 살고 있다. 그리고 일부 도시는 2,000만 명 이상의 인구를 수용하고 있다. 환경 파괴는 초기 인류가 등장했을 때부터 계속되었으며, 그 결과 지구의 탄소와 질소 순환 및 대기권을 구성하는 성분에 변화를 일으켰다.

    예컨대 1950년대까지는 식물이 사용할 수 있는 화합물 형태의 질소 가용성 문제로 생태계를 막론하고 생산성에 제약이 생겼다. 하지만 프리츠 하버 Fritz Haber 와 카를 보슈 Carl Bosch 가 공업 규모로 질소 비료를 생산하는 공정을 발명하면서 상황은 완전히 뒤바뀌었다. 이후 인류는 비료를 널리 사용하여 작물 생산량을 늘렸는데, 최근 몇 년간 2억 t에 달하는 양이 사용되었다.

농지에 뿌린 비료는 빗물에 의해 일부 씻겨 내려가 강과 호수, 바다에 유입되면서 인류는 육지뿐 아니라 해수와 담수 환경에서도 생태계의 기능을 바꾸어 놓았다. 이와 비슷한 사례로 메소포타미아에 최초의 문명이 들어설 당시 대기 중 이산화탄소 농도가 260ppm이었다면, 현재는 400ppm이 넘는다. 이처럼 화석 연료 없이는 못 사는 인간의 생활 양식이 대기와 기후를 바꾸고 있다.

사람들은 문명이 주는 든든함으로 인간이 환경에 미치는 영향을 애써 외면하기도 한다. 이렇게 생각한 사람은 우리가 처음은 아니다. 피터 프랭코팬 Peter Frankopan 은 유명한 저서 《지구의 변신: 그 숨겨진 이야기 The Earth Transformed: An Untold History, 국내 미출간 》에서 과거에 발생한 기후 변화 및 기타 환경 요소와 옛 문명의 흥망성쇠 사이의 상관관계를 상세하게 제시한다.

안정성이라는 착각은 순식간에 무너져 내릴 수 있다. 공급망의 부재로 많은 인구를 지탱할 수 없는 상황이 오면 개개인은 생존 문제에 직면한다. 그리고 존재의 유지에 핵심적인 체계가 해체되기 시작한다. 이처럼 고대 문명의 몰락은 정말 순식간에 진행되었으며, 이 과정에서 수많은 인명 피해도 종종 발생했다. 이에 수많은 고대 문명과 함께 오래된 문명들 또한 현재 흔적조차 찾을 수 없을 정도로 붕괴했다. 역사가 우리에게 남기는 교훈이 있다면, 인류는 무사히 지낼 수 있는 안정적인 환경이 지속되는 시대에 살고 있음에 감사해야 한다. 우리가 기후와 생태계의 기능을 변화시킬 때, 위험 부담을 지는 것은 바로 우리 자신이다.

최초의 도시에 살았던 사람들의 신체적 특징과 지적 능력은 우리와 다르지 않았다. 과학은 고대 유적지와 유물을 비침습적인 방식으로 스캔하고, 방사성 탄소 연대 측정법 등의 기법으로 물체의 연대를 추정함으로써 인류 문명의 역사라는 흥미진진한 퍼즐을 맞추는 데 핵심적인 역할을 했다. 하지만 이들 문명과 당시 살았던 사람들의 이야기가 아무리 매력적이라 한들 우리의 존재를 이해하는 데는 그리 중요하지 않다.

새로운 기술의 등장으로 여러 문명에서는 시행착오를 거치며 우리 우주에 숨겨진 진실을 파헤쳐 왔다. 그리스와 로마제국에서 스스로 사회를 정비하며 새로운 사회 체계를 선보였다고 해도, 우리가 존재하기 위한 필수적인 사건은 아니었을지도 모른다. 문명이 생겨났다가 사라지는 와중에도 중요한 사실은 인간에게 문명을 건설할 능력이 있다는 점이다.

과학이 탄생하려면 문명이 필요했고, 문명이 없었다면 우리의 존재를 설명할 내러티브의 퍼즐 조각을 이만큼 모으지 못했을 것이다. 인류 문명의 흥망사는 이미 과거에도 자세히 다룬 바 있으며, 이 책의 주제를 벗어나는 내용이므로 간단하게 언급만 하도록 하겠다.

지금까지 몰락한 문명은 미케네, 히타이트, 서로마제국, 마야 문명, 인도의 마우리아와 굽타 왕조, 캄보디아의 앙코르 왕조, 중국의 한나라와 당나라 등 다양하다. 이들 문명은 기후 변화와 자원 부족이 불러온 사회 불안과 전쟁이 몰락을 부추긴 경우가 많으며, 사회 구성원 대부분에게도 충격적으로 다가올 만한 사건이었다.

사회와 이를 구성하는 복잡한 조직은 쉽게 무너진다. 지나치게 권위적인 지도자에 자연적인 대참사가 더해지면 제국의 붕괴로 이어질 수 있다. 그러나 때로는 공감 능력이 뛰어난 지도자가 국민을 단결시켜 어려운 시기를 잘 헤쳐 나가기도 한다.

그렇다면 국민을 이끄는 방식이 지도자마다 다른 이유는 무엇일까? 이와 관련하여 개개인의 차이는 무엇에 의해 결정될까? 우리는 왜 지금의 모습으로 존재하는 것일까? 이 주제는 다음 장에서 집중적으로 다루고자 한다.

제9장

우리의 궤적

지금, 우리의 모습

그동안 이 책을 토대로 필자는 우주와 우리 은하, 태양계, 지구가 존재하게 된 내러티브를 소개했다. 그 과정에서 물리학과 화학, 생물학, 생명체의 등장과 확산, 의식의 진화, 인류의 탄생을 돌아보았다. 137억 7,000만 년에 이르는 과거를 다룬 끝에 우리는 이 여정의 대단원인 현대를 코앞에 두고 있다.

이제 우리는 이 책의 서문에 던진 '우주가 탄생한 시점에서 우리의 존재는 필연적이었을까, 아니면 그저 운이 좋았던 것일까?'라는 질문에 대답할 수 있다. 역사를 한 장씩 펼치는 과정에서 우리의 주제는 온 우주의 역사로 시작하여 지구 한 귀퉁이에서 최초의 문명이 탄생한 이야기로 이어지며, 점차 우리가 사는 곳으로 집중되어 갔다. 마지막 단계에는 더욱 범위를 좁혀 우리가 지금의 모습으로 존재하는 이유를 다룬다. 그러나 이 장을 시작하기에 앞서 두 가지 어려움이 있음을 말하고자 한다.

첫째로 필자는 당신을 모른다. 본문에 필자의 과거 이야기를 일부 곁들인 이유는 당신도 필자가 어떤 사람인지 알아야 하기 때문이다. 필자가 주인공이었던 이유는 당신의 키가 얼마인지, 그리고 당신이 낙관론자인지 비관론자인지, 낯을 가리는지 사교적인지, 스노클링은 무서워하면서도 비행기에서 뛰어내리는 건 좋아하는지, 아직 미혼인지 결혼만 다섯 번 했는지를 모르기 때문이다.

둘째로 한 사람이 특정 성격을 가지게 된 이유를 파악하기가 매우 힘들다는 점이다. 아무리 과학이라도 당신이 불안하거나 여유로운 이유를 개인적인 차원에서 설명하기란 쉽지 않다. 개인을 대상으로 한 의문에 대답하려면 내향적이거나 외향적 또는 낯을 가리거나 입만 산 성향에 그 사람의 유전자와 발달 과정이 어떠한 원리로 영향을 미쳤는가를 자세히 이해하고 있어야 한다. 하지만 현재까지는 우리는 이 원리를 완전히 이해하지 못하고 있다. 다만 과학적으로 진전은 있었다. 과학자들은 우리의 유전자와 경험, 우연이 모두 성격에 영향을 미침을 알게 되었으며, 이 장에서는 앞의 세 가지 과정을 집중적으로 다루도록 하겠다.

당신이 누군지 모르는 상황이므로 필자가 이 책의 본문에 나타났고, 아내 소냐도 간간이 언급되었다. 따라서 이 장의 주제를 본격적으로 다루기 전에 필자의 인생에서 중요한 측면들을 짧게 이야기하도록 하겠다.

어린 시절 필자는 지원을 아끼지 않는 부모님 밑에서 행복하게 자랐지만, 학교생활은 즐겁지 않았다. 그나마 집에서 이런저런 책들을 많이 읽으며 호기심을 충족했지만, 학교에서 배운 건 별로 없었다.

그러나 젊은 시절, 아프리카에 잠시 다녀온 일을 계기로 인생이 바뀌기 시작하면서 필자가 존재하는 이유를 알려는 열망이 솟구쳤다. 무슨 일을 하며 살아야 할지 몰라 박사 과정에 지원 후 학계에서 경력을 쌓으며, 지금도 동물의 생태와 진화를 연구 중이다. 논문을 쓰는 일이 필자의 직업이 되었지만, 2017년부터 2024년까지 옥스퍼드대학교에서 학과장 직책을 맡은 덕에 연구 실적보다는 학교의 현재와 미래의 생물학자에게 물려줄 유산에 집중하고 있다.

소냐와 자녀들, 반려견 우플러는 필자에게 너무나도 소중한 존재이자 행복의 원천이다. 그리고 이 책은 필자의 첫 저서로 초고를 쓸 때만 해도 별다른 계획이 없었지만, 멋진 출판사를 만난 덕에 지금 이렇게 당신이 책을 읽고 있다. 이제야 개인적인 이야기를 늘어놓은 이유가 명확해진다. 경험과 유전자, 우연이 어떻게 우리 모두에게 영향을 미치는가를 보여 주려면 이상과 같은 세부적인 이야기를 알아둘 필요가 있다.

한 사람을 검사하면 성인이 되었을 때의 키, 출생 체중, 외향성, 불안 수준, 20세일 때 전력 질주 속도, 지능 등 여러 항목을 측정할 수 있다. 가령 출생 체중이 2.9kg이고, 20세일 때의 전력 질주 속도가 24.1km/h일 때, 이 수치를 표현 형질값 phenotypic trait value 이라고 한다.

집단 내에서의 표현 형질값에는 개인차가 있다. 당신은 20세일 때 나보다 빨리 달렸겠지만, 키는 더 작았을 것이다. 이렇게 단언할 수 있는 이유는 필자의 달리기 능력이 평균 이하이고, 키는 세계 평균보다 크기 때문이다. 한편 필자의 키는 180cm이지만, 전 세계 남성의 평균 키는 170~175cm 정도이다.

만약 특정 연령에서의 달리기 속도, 감염에 저항하는 면역력, 불안 수준 등 표현 형질값이 집단 안에서 어디쯤 위치하는가를 점으로 찍어 표시하면 전체 데이터는 종 모양의 곡선을 그린다. 이러한 형태의 곡선을 정규 분포 normal distribution 또는 가우스 분포 Gaussian distribution 라고도 한다

가우스 분포라는 명칭의 유래인 카를 프리드리히 가우스 Carl Friedrich Gauss 는 해당 곡선을 처음으로 분석한 수학자였다. 가우스 분포는 그래프에서 측정 대상의 형질값이 매우 크거나 적은 개인은 극소수이며, 대부분의 수치는 분포도의 중앙에 위치한다. 이것이 가우스 분포가 그래프에서 종 모양의 곡선을 형성하는 이유이다.

x축을 달리기 속도로 설정하고, 빠른 사람이 가우스 분포의 왼쪽, 느린 사람이 오른쪽에 위치한다고 가정해 보자. 그러면 속도가 매우 빠른 달리기 선수인 우사인 볼트를 나타내는 점은 종 모양 곡선의 가장 왼쪽 끝에 위치할 것이다. 이와 다르게 필자는 종 모양 곡선에서 가장 높은 지점을 지나 한참 오른쪽에 있을 것이다. 곡선에서 가장 높은 지점은 평균값 average/mean 을 의미한다.

반면 특정 위치에서 측정한 곡선의 너비를 분산 variance 이라고 하며, 집단에서 개인 간 수치의 차이가 얼마나 다른가를 정량화한다. 이러한 과정으로 과학자들은 개인차를 나타내는 요인을 밝혀내며, 이 요인은 표현 형질값에서 다음 세 가지 유형으로 나뉜다.

첫째, 유전체의 차이, 즉 선천적 요소를 말한다.

존재의 역사

둘째, 발달 잡음 developmental noise 으로, 현재로서는 예측 불가능하고 우연히 발생하는 것으로 추정된다.

셋째, 경험하는 환경의 차이로, 달리 말하면 후천적 요소이다.

과학자들은 표현 형질값의 차이를 통계학적으로 접근하여 설명한 끝에 '흡연은 수명을 줄인다'와 같은 명제를 만들었다. 이 명제가 사실인가에 반박할 수 없는 증거가 있다면, 평생 흡연을 한 집단이 금연을 한 집단에 비해 평균적으로 수명이 짧기 때문이다.

그렇다고 그 명제를 날마다 담배를 한 갑씩 피우면 누구나 일찍 죽는다는 의미로 해석해서는 안 된다. 흡연자가 비흡연자보다 평균적으로 일찍 사망하기는 하지만, 흡연 여부와 무관하게 개인이 언제 죽을지는 정확히 예측할 수 없다. 흡연자 중에 다른 흡연자처럼 치명적인 질병에 걸리지 않고 장수한 사람이 있는가 하면, 평생 담배나 시가, 파이프를 입에 댄 적이 없는 비흡연자라도 폐암으로 죽기도 하는 것처럼 말이다.

이처럼 과학자들은 개인이 모인 집단 내에서 평균적으로 어떤 일이 발생한다는 명제를 만들 수는 있지만, 개인에게 그 일이 반드시 생긴다고 단언할 수는 없다. 마찬가지로 우리는 어린 시절 트라우마를 주는 사건을 경험하면 평균적으로 내성적인 사람으로 자란다고 말할 수는 있다. 그러나 트라우마를 주는 사건을 겪은 아이가 반드시 내성적인 성향으로 성장한다고 말할 수는 없다. 그저 그러할 가능성이 높을 뿐이다.

이상과 같이 한 사람이 특정한 표현 형질값을 지니는 이유가 선천적인지, 후천적인지, 아니면 우연 때문인지 완전히 확실하게 규명할 수 없을 때가 많다. 따라서 우리가 지금의 모습으로 존재하는 이유를 명확하게 밝혀내기란 불가능하다. 다만 유전자와 환경이 어떤 영향을 미칠 가능성이 있는가를 알아낼 수는 있다.

제5장에서 유전자를 다루며 그 작동 원리를 설명한 바 있지만, 여기에서 다시 정리를 하는 것이 좋겠다. 유전자는 A(아데닌)와 G(구아닌), C(시토신), T(티민)라는 네 가지 염기가 긴 분자 가닥을 이룬 구조로 되어 있다. 당신의 유전 암호를 읽어도 앞의 네 글자가 반복되기만 하니 금방 지루해질 것이다.

염기가 3개씩 모이면 하나의 묶음을 만든다. 그리고 각 묶음은 세포 내에 장치에 특정 아미노산을 가져오도록 지시한다. 아미노산이란 탄소, 산소, 질소 원자로 이루어진 분자의 한 형태로, 방향에 맞춰 연결되어 사슬 구조를 만든다.

유전자의 처음 세 염기가 CCC라고 가정해 보자. 이 3염기는 세포 내 장치에 프롤린 proline 이라는 아미노산을 가져오도록 지시한다. 그리고 다음 3염기가 GCA라면 알라닌 alanine 이라는 아미노산을 암호화한다. 이에 세포 내 장치에서는 알라닌을 가져와 프롤린 분자와 결합시킨다. 이 과정은 TGA나 TAA, TAG 같은 종결코돈이 나올 때까지 계속된 후, 세포 내 장치에 단백질 생산이 끝났다는 신호를 보낸다. 세포 내 장치에서는 유전 암호를 단백질로 번역하면서 다양한 분자가 관여하는 과정이 포함되지만, 이는 본문에서 더 설명하지 않겠다.

아미노산 사슬은 저절로 접히면서 단백질을 형성한다. 단백질은 물질대사를 수행하여 우리 몸의 구성 성분이 된다. 아미노산 사슬에서 단 하나의 아미노산만 바뀌어도 단백질의 효과가 떨어질 수 있다.

예컨대 한 유전자의 염기 서열 중 극히 일부만 바뀌어도 아미노산 사슬의 순서가 바뀔 수 있어, 최종 생성된 단백질의 성능에 영향을 미친다.

만약 뉴클레오티드 3염기 CCC가 CAC로 바뀐다면, 프롤린이 올 자리에 히스티딘 histidine 이 오면서 아미노산 사슬이 원래대로 접히지 않는다. 이처럼 아미노산 사슬의 순서가 바뀌는 돌연변이가 일어난다면 단백질의 기능이 완전히 멈추거나 느려질 수 있지만, 가끔은 효과가 더 좋아지기도 한다. 다시 말해 염기 서열의 변경으로 아미노산 사슬의 순서가 바뀌면 유전자 돌연변이가 일어난 것이다.

우리는 각자 다른 유전체의 변형, 즉 돌연변이가 일어났다. 그 결과 외향적인 성격이나 출생 체중을 비롯하여 성인이 되었을 때의 키, 20세에 100m 달리기를 했을 때의 속도 등 각자 다른 표현 형질에 영향을 미칠 수 있다.

필자에게도 유전자 돌연변이가 있다. 덕분에 단백질 하나가 제 기능을 하지 않으므로 이 돌연변이의 존재를 알게 되었다. 나는 'G 단백질 연결 수용체 143'이라는 멋진 이름의 단백질을 만들어내는 'GPR143 G-protein coupled receptor 143 ' 유전자에 돌연변이가 있다.

GPR143 단백질은 아미노산 404개로 이루어져 있으며, 필자의 경우는 돌연변이로 원래 아미노산 중 최소 하나 이상이 다른 것으로 바뀌어 있다. 이 돌연변이가 단백질을 만들 때 아미노산 순서를 어떻게 바꾸어 놓는지는 알 수는 없지만, 여튼 단백질이 제 기능을 못하는 것은 확실하다.

인간 유전체 데이터베이스에 따르면 GPR143은 '이형삼량체 G 단백질 heterotrimeric G protein 에 결합하는 단백질'을 암호화하며, 색소세포에 있는 멜라닌소체가 표적이다. 이 단백질은 세포 내 신호 전달 기전과 관련된 것으로 추정된다. GPR143 유전자에 돌연변이가 발생하면 제1형 눈피부백색증, 일명 네틀십폴스형 눈피부백색증 Nettleship-Falls type ocular albinism 이라는 심각한 시각 장애를 일으킨다.

위의 내용을 눈의 발달 과정과 함께 좀 더 쉽게 설명하도록 하겠다. GPR143 단백질이 정상적으로 만들어지면, 안구 뒤에 있는 중심와 fovea 라는 작은 조직에 색소가 생긴다. 그러나 필자는 눈피부백색증이라는 유전질환 때문에 중심와에 색소가 없다. 색소가 결핍된 조직이라니 별것 아닌 얘기처럼 들리겠지만, 이 현상 때문에 눈동자가 떨리면서 시력도 좋지 않다. 일반적으로 사람의 중심와에 색소가 있어 시력을 안정시키는 역할을 하지만, 필자는 그렇지 않으므로 시력이 불안정하다.

따라서 필자의 시력은 정상 시력의 25%에 불과하며, 안경원 시력검사표의 셋째 줄까지만 식별할 수 있다. 필자의 눈동자는 예전부터 늘 떨렸지만, 앞으로도 그럴 것이다. 그러나 안전하게 운전하기 힘들다는 점 외에는 살면서 그렇게 큰 손해를 보고 산 적은 없었다. 필자는 자전거나 도보로 출퇴근이 가능한 곳에 살아야 하며, 아내가 운전하여 함께 모임에 나가면 필자가 술을 대신 마시기도 했다.

지금까지 설명한 바와 같이 돌연변이란 유전 암호의 오류를 의미한다. 유전 암호는 당신을 만드는 방법이 실린 자가 조립 매뉴얼이다. 그리고 유전체는 인간을 만드는 방법이 실린 전체적인 자가 조립 매뉴얼이다.

필자의 경우 눈을 조립하는 매뉴얼에 오류가 있다. 설계도 대부분이 정확하지만, '이쪽 세포에 색소를 넣으시오'라는 짧은 문구가 빠진 셈이다. GPR143 유전자에 생긴 오류로 필자의 눈은 정상적으로 발달하지 않았다. 이 현상을 이해하기 위해 우리가 성장하는 원리와 더불어 심장, 신장, 눈 등의 장기가 형성되는 과정을 설명하는 발생 생물학에 초점을 맞추도록 하겠다.

우리처럼 복잡한 다세포생물은 단 하나의 세포에서부터 시작되었다. 이 세포의 분열은 동일한 세포가 수십 개로 늘어나 작은 공 모양의 덩어리가 될 때까지 계속된다. 이후에는 서로 다른 세포가 다양한 방법으로 발달하기 시작한다. 덩어리의 바깥 세포는 피부로 발달하고, 중심부에 있는 세포는 내부 장기가 될 것이다. 이처럼 세포들이 어떻게 발달할지 '아는' 원리는 화학 신호에 있다. 화학 물질의 농도에 따라 특정 유전자가 활성화/비활성화되고, 그 결과 각 세포는 신경 세포, 근육세포, 뇌의 뉴런, 정맥 내 혈구 등 어떻게 발달할지 결정된다.

발달이 진행됨에 따라 세포는 발달 중인 배아 내에서 특정 부위로 이동하기 시작한다. 이에 대한 예로 뇌에서 뉴런의 끝 부분은 최종 위치로 인도되어 성장 원추 growth cone 를 통해 다른 세포와 연결된다. 성장 원추는 뇌의 발달 과정에서 특정 화학 물질의 농도에 따라 이동하는 분자 트랙터와 유사하다. 이들 화학 물질은 마치 표지판처럼 분자 트랙터가 직진이나 우회전, 좌회전 또는 정지 신호를 보낸다.

성장을 마친 우리 몸은 무려 30조 개 이상의 세포로 구성된다. 그중 다수는 발달 중인 신체에서 화학적 기울기에 따라 최종 위치로 이동한다. 이들 화학 물질은 유전자에 의해, 더 정확히 말하면 해당 유전자가 암호화한 단백질이 반응에 관여한 결과로 생성된다. 그런데 유전체에는 각 세포가 어느 곳에 위치하고 어떻게 연결되어야 하는가를 나타내는 지도가 포함되어 있지는 않다.

대신 유전체에는 특정 세포에서 언제, 어떤 단백질을 생산하고, 해당 단백질의 생산 속도를 어떻게 조절하는가를 지시하는 내용이 담겨 있다. 유전자의 지시를 활성화/비활성화하면 발달 중인 신체에서 화학적 기울기가 발생하고, 화학 물질의 신호에 따라 당신의 몸이 자체적으로 조율된다. 당신의 유전체는 '어떤 화학 물질이 특정 농도 이하가 되면 활성화하고, 그 외에는 비활성화한다'라는 지시 내용을 암호화한다.

발달 과정은 복잡하므로 대부분의 표현 형질은 한 가지 유전자 만으로 결정되지 않는다. 그 예로 성인이 되었을 때의 키는 뼈가 얼마나 길고 빠르게 자라는가에 따라 결정된다. 키가 큰 사람은 작은 사람보다 발달 과정에서 뼈세포가 더 오래, 또는 더 빨리 분열한 결과 뼈가 길게 자랐다.

뼈의 성장은 복잡한 과정을 거치며 발달 속도, 자라는 방향, 발달하는 모양, 자라는 시간을 유전자가 조절한다. 최종적으로 당신의 키는 한 가지 유전자가 아니라 여러 유전자가 뼈 성장의 다양한 측면을 조절하며 결정된다. 키가 커지거나 작아지거나, 살이 찌거나 빠지거나, 유머 감각이 있거나 진중한 사람이 될지는 유전적으로 여러 과정이 관여한다.

과학자들이 유전자를 발견한 당시만 해도 발생 과정을 조절하는 방법에 대한 지식이 없었다. 유전자 혁명 초기에 DNA 염기 서열을 읽을 수 있게 되자, 일부 생물학자들은 우리의 표현 형질 대부분이 단일 유전자가 담당하고 있으며, 이를 밝혀낼 수 있을 것이라 여겼다. 즉 지능, 생명 연장, 크리켓 실력 등을 담당하는 유전자가 각각 존재한다고 생각한 것이다.

이에 과학자에 따라 유전공학으로 사람이 더 똑똑해지고 장수하거나, 크리켓이나 야구에서 더 강한 타자를 만들 수 있으리라 꿈꿨다. 실제로 유전자가 그러한 방식으로 작동했다면, 사실상 모든 질병을 치료할 수 있는 등 장점이 많았을 것이다. 아마 사이코패스 살인자도 유전공학으로 어루만지면 쓸만한 인물로 거듭날 수 있을 깃이다.

그러나 실상은 그렇지 않았다. 유전자의 작동 원리와 신체 발달을 둘러싼 지식이 점점 쌓이면서, 유전체는 수정란이라는 하나의 세포에서 인간을 만드는 방법을 설명하는 자가 조립 매뉴얼이라는 사실을 알게 되었다. 수정 시점부터 유전자를 지닌 호문쿨루스 homunculus 가 당신의 성장 과정을 결정하는 일은 애초부터 없었다.[141]

표현 형질값의 대부분은 다양한 유전자가 조절하며, 필자의 유전질환인 눈피부백색증은 단일 유전자가 시력에 극단적인 영향을 미친다는 점에서 이례적이라고 볼 수 있다. 눈피부백색증을 일으키는 원인 유전자는 단 하나이므로, 유전자 치료의 대상이 될 수 있다. 하지만 그 와중에도 그 돌연변이는 완벽하게 독단적으로 작용하지 않는다. 해당 돌연변이가 있는 남성은 모두 시력이 좋지 않지만, 그 양상까지 동일하지는 않다.

필자의 친척 중에도 GPR143 유전자에 돌연변이가 있는 사람이

---

[141] 중세 유럽에서는 정액에 이미 완전한 형태를 갖춘 작은 사람, 즉 호문쿨루스가 들어 있어, 그것이 성장하여 사람이 된다고 믿었다. 옮긴이.

여럿이고, 이 탓에 몇몇 남자 친척들은 시력이 좋지 않다. 이처럼 돌연변이를 겪은 이들의 시력은 평균 미만이지만, 일부는 웬만한 사람보다 시력이 좋다. 물론 GPR143 유전자의 돌연변이는 중심와에 색소 결핍을 일으켜 시력에 영향을 준다. 그러나 눈의 발달에는 다른 유전자도 관여하므로 돌연변이가 시야에 미치는 영향은 사람마다 다르다.

다른 유전자에는 어떤 형태의 세포가 생성되고, 어디에 배치되어야 하는가에 대한 지시가 담겨 있다. 신체가 만들어지거나 성인이 되었을 때의 키 등 표현 형질이 나타날 때 독립적으로 작용하는 유전자는 없다. 다시 말해 특정 유전자가 특정 형질값에 영향을 미치는 원리를 파악하기란 일반적으로 매우 어렵다는 것이다.

GPR143이 시력에 미치는 영향을 알게 된 것은 생물학자들이 필자와 같은 돌연변이 남성의 시력이 모두 종 모양 곡선의 평균에서 한참 벗어나 있음을 발견하였기 때문이다. 이에 유전학자들이 해당 유전자에서 만들어 내는 단백질의 기능을 파악했다. 또한 생물학자들은 눈이 작동하는 원리와 중심와의 색소가 정상 시력에 얼마나 중요한지도 밝혀냈다.

인간의 자가 조립 매뉴얼은 수많은 절차와 화학적 기울기가 관여하므로 매우 복잡하다. 따라서 동일한 유전 암호를 여러 번 작동시켜서 완전히 같은 결과가 나오지 않더라도 전혀 놀랍지 않다. 특히 발생 과정에서 세포 사이를 오가는 분자로 예측 불가능한 화학 물질의 농도차가 생긴다. 이러한 사실은 같은 유전체에서 여러 신체를 만들더라도 각자가 완전히 동일하지 않으며, 표현 형질값이 달라질 수

존재의 역사

있음을 의미한다.

위와 관련하여 생물학자들은 발달 과정에서 받는 예상치 못한 영향을 발달 잡음이라고 한다. 이에 그들은 표현 형질의 결정에 우연이 미치는 영향을 살펴보는 기발한 방법을 몇 가지 고안했다. 그들은 보통 신장이나 발처럼 쌍을 이루어 형성되는 기관으로 개인차를 비교한다.

일반적으로는 한쪽 눈이 다른 쪽 눈보다 시력이 좋은데, 개인적으로는 왼쪽 눈이 오른쪽 눈보다 조금 더 좋은 편이다. 양 눈은 동일한 유전 암호를 사용하며, 같은 발생 단계를 거치는 등 발달 방식에는 차이가 없다. 그런데도 차이가 있다면 예측할 수 없는 사건이 원인이며, 결과적으로 불규칙하게 나타나는 것처럼 보인다.

또한 생물학자들은 유전적으로 동일한 쌍둥이의 표현 형질 차이를 활용하여 발달 잡음의 역할을 연구한다. 일란성 쌍둥이는 유전체가 동일하며 외모도 매우 비슷하지만, 부모라면 바로 알아차릴 정도의 차이가 존재한다. 이 차이는 각 쌍둥이가 자라는 과정에서 발생한 작은 농도 기울기 차이가 발달 잡음을 일으키면서 나타난 것이다.

위와 같이 발생 과정에서의 차이로 당신이 스스로 100명의 복제인간을 만들어도 그들이 완벽하게 똑같지는 않을 것이다. 각각의 복제인간은 미묘하게 다른 방식으로 발달할 것이므로, 키나 얼굴형, 뇌구조도 미묘하게 다를 것이다. 형질에 따라서는 발달 잡음에 민감하기도 한데, 몇몇 심리학자는 성격의 일부가 발달 잡음의 영향을 더 강하게 받는다고 주장하기도 한다.

또한 당신의 복제인간은 외향성에도 조금씩 차이가 날 것이다. 100명의 외향성에 점수를 매기면 종 모양 곡선을 그리며, 한두 명은 외향적이고, 다른 한두 명은 낯을 가릴 것이다. 그리고 나머지는 가운데에 분포할 것이다.

이상으로 유전적 차이와 우연이라는 두 과정을 통해 우리가 어떤 사람으로 존재하는가에 영향을 미칠 수 있음을 설명하였다. 하지만 '환경'이라는 세 번째 과정도 고려해야 한다. 환경은 많은 요소를 담고 있다. 당신의 출생 국가, 생년월일, 성장 과정에서 경험한 문화와 주변 인물, 어린 시절을 보낸 지역의 지리적 고도, 사회 경제적 계급, 어린 시절에 먹은 음식의 양과 종류, 그리고 그동안 겪은 사건 모두 환경의 범주에 포함된다. 따라서 과학 연구에서는 환경의 어느 측면에 집중하여 측정할지를 결정하기란 쉽지 않다.

과학적 연구에서 환경은 대부분 집안의 계급과 종교, 형제자매의 수, 또는 태어난 순서, 성장 과정에서의 영양 상태, 성격 형성기에 함께한 집단 등의 변수를 활용하여 다소 굵직하게 분류한다. 일반적으로는 앞에 제시한 것과 같은 환경적 측면과 표현 형질값의 상관관계를 조사하는 연구가 많이 이루어진다.

예를 들면 수많은 연구에서 출생 순서는 성격과 상관관계가 있음을 발견했다. 이 경우 불안 수준 등 성격을 측정한 데이터는 표현 형질이며, 출생 순서는 부모가 자식에게 줄 수 있는 관심의 양과 상관관계가 있으므로 환경적인 측면을 반영한다. 가장 먼저 태어난 아이가 성실하고 신중하다면, 막내는 장난기가 넘치고 관심받기를 원하며, 타인을 조종하려는 경향이 있다. 한편 중간에 태어난 자녀는 더 반항적이며 친구가 많다.

위와 같은 차이가 나타나는 이유는 가장 먼저 태어나 나이가 많은 자녀일수록 부모의 애정을 많이 받기 때문으로 추정된다. 그리고 중간에 태어난 자녀는 부모에게 받는 애정이 첫째보다 덜하다. 한편 막내는 아직 부모의 보살핌이 필요하며, 터울이 있는 형제자매와 경쟁해야 하므로 부모의 관심을 끌기 위해 가장 많이 노력해야 한다. 하지만 현실적으로 그러한 성향을 보인다는 사실이 분명하더라도 그 이상의 의미를 부여해서는 안 된다.

장남/장녀이지만 반항적이며 타인을 조종하는 성향일 수 있고, 막내라도 성실하고 신중한 성격일 수 있기 때문이다. 따라서 출생 순서는 어디까지나 특정한 성격 특성이 발현될 가능성이 조금 더 크다는 의미다. 이처럼 출생 순서는 개인차의 일부만 설명할 뿐이며, 과학자들에 따르면 사람들의 성격 차이에서 출생 순서가 차지하는 비중은 극히 일부분이다.

부모가 주는 애정의 수준과 같이 단일한 환경적 측면은 불안 수준을 비롯한 여러 표현 형질값을 이해하는 데 극히 적은 비중을 차지한다. 그렇다고 환경이 중요하지 않은 것은 아니다. 오히려 위의 결과는 출생 순서처럼 환경적 측면을 하나만 고려할 때 개인 간의 다양한 차이를 설명하지 못함을 보여 준다.

만약 과학자들이 출생 순서나 당신이 다녔던 학교, 부모와 함께 해외여행을 간 횟수, 부모의 나이 등 다양한 환경적 요인을 분석하면, 환경이 표현 형질값에 미치는 전체적인 영향력이 증가한다. 환경은 너무나도 복잡하여 정량화하기 어렵지만, 여러 표현 형질값의 발달 과정에 중요한 역할을 한다.

유전 암호는 길고 복잡하다. 발달 과정도 여러 절차를 포함한다는 점에서 복잡하기는 매한가지이다. 특히 환경은 다양한 요소가 그

물처럼 얽혀 다면적이라는 특징을 지닌다. 이처럼 표현 형질에 차이를 불러오는 요소들은 이미 충분히 복잡하지만, 환경적 측면이 표현 형질값에 미치는 영향이 유전자에 따라 달라진다면 상황은 더욱 복잡해진다. 생물학자들은 이러한 효과를 '유전자-환경 상호작용'이라고 한다.

담배는 몸에 해롭고, 폐가 흡연에 노출되는 것도 일종의 환경을 경험하는 상황이다. 흡연자가 비흡연자보다 평균적으로 수명이 짧은 이유는 원인이 확실한 폐암 외에도 방광암 등 다른 암에 걸릴 확률이 높기 때문이기도 하다. 흡연자는 비흡연자보다 방광암 발병 확률이 최소 3배가 높다. 하지만 흡연자가 방광암에 걸릴 확률은 'NAT$_2$ N-acetyltransferase 2'라는 유전자의 대립 형질에 좌우된다. 따라서 흡연자마다 방광암에 걸릴 위험성이 동일하지는 않다.

다만 흡연자 중에서도 NAT$_2$ 유전자에 돌연변이가 있는 경우, 정상 유전자보다 방광암에 걸릴 확률이 약 3배 더 높다. 이처럼 NAT$_2$ 유전자의 유전 암호는 담배의 독성물질이 방광에 돌연변이를 일으켜 암을 유발할 가능성에 영향을 미친다. 당신의 유전암호는 환경적 측면과 상호작용을 일으켜 치명적인 질병에 걸릴 가능성에 영향을 미친다.

지금까지는 시력이나 특정 연령대에서의 달리기 속도 등 신체 특성에 초점을 맞추었지만, 사람에게는 성격 특성도 있다. 우리는 흔히 자신을 소개할 때 '스트레스를 잘 받는다.', '여유롭다.', '거미를 무서워한다.' 등의 표현을 사용한다. 이와 같은 특성도 엄연히 유전자와 환경 및 우연의 영향을 받는 표현 형질이다.

성격의 표현 형질

　사람들은 형제자매 중 한 명은 낯을 가리는 반면 다른 한 명은 외향적이라든가, 본인은 불안에 자주 시달리지만 배우자는 그렇지 않은 모습을 신기해한다. 그 이유는 선천적, 후천적 요인과 우연이 작용하기 때문이며, 이중 후천적 요인에는 무엇을 경험했는가도 포함된다. 성격이 지니는 복잡한 특성에도 불구하고, 심리학자들은 앞의 세 요인이 성격 형성에 미치는 역할을 규명하는 성과를 거두었다.

　성격 특성은 우리 뇌의 구조 및 뇌세포가 다른 세포와 시냅스로 연결되는 방식에서 비롯된다. 시냅스의 특성과 이것이 뇌의 작동 방식에 어떤 식으로 관여하는지는 앞서 의식을 탐구하는 과정에서 소개한 바 있다. 뇌는 800~1,000억 개의 뉴런이 약 600조 개의 시냅스로 연결되어 굉장히 복잡한 구조를 이루고 있다. 시냅스 연결은 우리가 세상을 경험하는 방식, 기억하는 대상, 사고의 흐름, 현재의 성격을 지니게 된 이유를 결정한다.

뇌를 연구하는 심리학자들은 시냅스로 뇌세포가 연결된 신경망이 내향성과 외향성, 거미에 대한 두려움 등을 비롯한 사람의 성격에 작용하는 방식과 원인을 아직 알지 못한다. 하지만 그들은 특정한 성격 특성이 뇌의 어느 부위와 관련이 있는가를 알아냈다. 이에 따라 유전자와 환경, 우연이 신체의 표현 형질을 결정짓듯, 성격에도 총체적인 영향을 미친다는 사실을 밝혀낼 수 있었다.

이쯤에서 필자가 연구 초기에 뇌 구조를 이해하게 된 계기에 대한 얘기를 하고자 한다. 이는 바로 불의의 사고를 당한 환자의 뇌에서 어느 부위가 손상되었는지, 그 결과 환자의 성격이 어떻게 바뀌었는지 연구하는 과정에서의 획기적인 발견이었다. 이를 다룬 연구 논문에서는 대개 신상 보호를 위해 환자를 번호로 지칭한다.

그중 한 사례로 30대 남성인 2410번 환자가 수술 중 뇌 전방에 출혈이 생겼다는 보고가 받았다. 환자의 아내에 따르면 수술 전에는 환자가 예민해서 화를 잘 내고 생기도 없었지만, 수술 후에는 다른 사람이 되었다. 해당 환자는 이후 훨씬 여유로워졌고, 웃으며 농담하는 시간도 늘어났다.

위와 비슷한 또 하나의 사례로 3534번 환자가 있다. 이 환자는 70세에 뇌종양 제거 수술을 받던 중 전두엽 일부가 손상되었다. 수십 년째 부부의 연을 이어 온 환자의 남편은 수술 전 아내가 단호하고 짜증을 잘 내며 성격이 좋지 않았다고 말했다. 그러나 수술 후에는 외향적인 성향으로 바뀌었고, 행복감을 느끼며 수다가 늘었다고 한다.

그러나 아쉽게도 뇌 손상으로 사람이 늘 행복해지지는 않는다. 과거에 행복했던 사람이 더 불안하고 공격적인 성격으로 변하는 경우도 흔하다.

심리학자들은 환자가 가만히 누워있을 때 뇌의 3D 모델을 생성하는 대형 기계 장비를 활용하여 뇌 영상을 연구한다. 이에 특정 주제나 사건을 생각할 때 뇌의 어느 영역이 활성화되는가를 알 수 있다. 이 연구를 통해 뇌의 서로 다른 영역에 위치하는 뉴런 집단이 서로 연결되어 있으며, 긍정적/부정직 감징, 불안, 절망, 행복 능과 연관되어 있음이 밝혀졌다. 또한 뇌 스캔을 통해 세상에 동일한 뇌가 없다고 할 만큼 사람마다 각기 다른 뇌를 지닌다는 사실이 밝혀졌다. 이처럼 우리의 뇌는 조금씩 다르게 연결되었고, 이는 유전자, 경험, 발달 잡음의 차이에서 기인한다.

나이를 먹으면 뇌가 변하면서 성격도 어느 정도 바뀐다. 이는 신경망의 구조 변화에 따라 우리가 작동하는 방식도 달라질 수 있기 때문이다. 모두 내성적이고 말이 없던 아이가 성인이 되자 활달해지는 사례를 한 번쯤은 보았을 것이다. 반면 외향적이던 사람이 트라우마를 경험한 이후 보다 내향적으로 바뀌기도 한다.

위와 같은 변화는 당신의 뇌에서 신경망의 역할이 해마다 조금씩 달라지기 때문에 일어난다. 뉴런에 따라 연결된 시냅스 가운데 경험을 통해 강화되는 것도 있는 한편, 사용이 드문 것은 기능이 떨어지거나 완전히 다른 용도로 바뀌기도 한다. 물론 특정 신경망이 어떠한 원리로 성격 특성을 나타내는가를 예측할 수는 없다. 다만 뇌는 우리가 주변 세상에서 얻은 경험에 유연하게 대응하며, 이에 따라 뇌의 연결 방식도 변하면서 우리가 어떠한 사람인가에 대한 정의도 계속해서 달라진다. 이러한 경험은 우리가 만나는 환경이 작용한 것이다.

앞서 언급한 바와 같이 다른 신체적 표현 형질은 영양소와 사회 경제적 계급 등 환경의 영향을 많이 받는다. 하지만 과거에 우리가 긴장감, 두려움, 행복감, 신나는 기분을 느꼈던 경험도 환경에 포함된다. 또한 인간에게는 학습 능력이 있다. 따라서 우리 뇌에서 뉴런의 연결에 영향을 미치는 다수의 환경은 불규칙하지 않다.

우리는 발달 과정에서 무엇이 우리를 황홀하게 하고 두렵게 하며, 불편하게 하는가를 학습하고, 우리에게 편안한 환경을 선택하려 한다. 만약 당신이 높은 곳을 무서워한다면 등산가가 되려는 생각을 하지 않을 것이다. 그런가 하면 필자는 클럽에서 춤추는 것을 좋아하지 않아서 그 상황을 적극적으로 피한다. 이처럼 필자가 클럽에서 춤추던 경험이 제한적이었으므로, 이 경험은 지금의 필자가 되는 데 거의 영향을 미치지 못했다.

성격 특성도 다른 표현 형질과 같이 유전자와 환경, 우연에 의해 결정되지만, 내향성이나 외향성 같은 특성은 구조적인 원인을 알지 못해 연구가 더욱 어렵다. 과학자들은 필자의 시력이 안타깝게도 유전자에 발생한 오류가 작용한 결과임을 이해하고 있지만, 활발한 성격이나 유머 감각은 뇌의 어느 부분과 결부되는지 제대로 이해하지 못하는 실정이다. 뇌의 구조가 성격으로 발현되는 원리를 체계적으로 이해할 수 없다면, 통계적 상관관계에 의존할 수밖에 없다. 하지만 다음 사례에서 확인할 수 있듯, 통계적 상관관계 또한 그리 간단하지 않다.

아내는 상어를 무서워해서 바다에 들어가기를 불편해한다. 과거

아내는 친구 두 명이 얕은 물에서 수영할 때 큰 상어가 다가오는 광경을 본 이후로 상어에 대한 두려움이 생겼다고 한다. 이에 아내는 소리를 지르고 손을 흔들며 경고했고, 친구들은 무사히 해변으로 헤엄쳐 돌아왔다. 이후 상어는 바다 멀리 사라졌다. 이 경험이 아내에게 두려웠다는 것만큼은 사실이었으며, 당시 그녀는 몇 초 동안 어떤 일이 일어날지 확신하지 못했다.

만일 아내에게 그 사건이 일어나지 않았다면 바다에서 헤엄치는 데 거부감이 없었을까? 아니면 그 일을 겪기 전에도 이미 바다에 늘 어가기를 조금은 꺼리지 않았을까? 그러나 어느 쪽이 맞을지는 아무도 알 수 없다. 당시 상어를 가까이서 보지 않은 또 다른 아내는 존재하지 않으므로 비교 자체가 불가능하기 때문이다. 우리는 모두 고유한 존재이다. 따라서 특정 사건을 경험하거나, 그렇지 않은 상태를 비교하는 실험은 할 수 없다.

설령 아내에게 상어를 가까이서 보지 않았으며 바다 수영을 좋아하는 일란성 쌍둥이 자매가 있더라도, 친구가 해변에서 다치거나 죽을 뻔했던 날의 기억이 아내가 느끼는 두려움의 원인이라 단언할 수도 없다. 일란성 쌍둥이라도 각자가 겪은 경험의 차이, 심지어 어머니의 뱃속이나 어린 시절의 발달 과정에서 경험한 확실한 불규칙성이 바다가 안전한 곳인가에 대한 인식이 달라지는 원인으로 작용할 수 있다.

과학자들은 개인의 성격이 제각각인 이유를 아직 파악하지 못했다. 그러나 성격의 개인차는 집단 간 비교를 통해 이해할 수 있다. 상어가 아내의 친구에게 가까이 다가가는 것을 목격한 사람 1,000명과 그렇지 않은 사람 1,000명을 대상으로 조사한다고 생각해 보자. 그렇다면 이 사람들을 바다에 데려가 수영을 권한 뒤 불안 수준을 측정할 수 있다. 측정 방법으로는 혈중 아드레날린이나 코르티솔 등 스트레스 관련 호르몬 수치의 변화를 확인하는 것이 있다.

두 집단이 다른 면에서 차이가 없다면, 해당 경험은 바다에 들어가기 두려워하는 감정을 유발한다고 결론지을 수 있다. 이러한 결론을 내리려면 상어를 목격한 집단이 그 반대의 집단보다 평균적으로 바다에 들어가기를 꺼려야 한다. 그리고 그 결론이 성립하려면 수영한 친구가 상어를 조우한 사건 외에는 두 집단의 경험과 생물학적 특성, 배경이 모든 면에서 최대한 일치해야 한다.

상어를 목격한 그룹이 모두 여성이고, 그렇지 않은 집단은 전원 남성이라고 생각해 보자. 이 경우 바다를 향한 두려움이 성별 때문인지, 상어를 가까이서 목격한 경험 때문인지를 확실히 구분할 수 없다. 혹시라도 남성이 여성보다 바다를 조금 더 두려워하는 경향이 있다면 두 집단의 차이를 설명할 수 있을 것이다.

심지어 상어를 가까이서 목격한 경험을 제외한 모든 면이 구분할 수 없을 정도로 완전히 일치하더라도 결과는 달라지지 않는다. 누군가 바다를 무서워하는 이유가 그 경험 때문이라고 확신하려면 상어를 목격한 그룹 전원이 바다를 두려워하고, 그 반대의 집단은 모두 바다에 뛰어들기를 좋아해야 한다. 하지만 이와 같은 비교에서는 대개 두 집단 모두 의견이 통일된 경우를 찾기 어렵다.

상어를 목격하지 않은 집단에서도 바다가 무서운 사람이 있기 마련이고, 그 반대의 경우도 마찬가지이다. 이에 필자가 생각하는 최선의 방법은 균형 잡힌 2,000명의 무작위 표본에서 상어를 가까이서 본 적이 있는 사람이 그렇지 않은 사람보다 바다를 무서워할 가능성이 높다고 결론짓는 것뿐이다. 다만 이는 어디까지나 상대적인 가능성이므로 '무서워한다.'나 '무서워하지 않는다.'라는 표현은 적절하지 않다.

아내는 상어를 가까이서 목격한 경험이 있으므로, 이것이 바다를 무서워하는 감정을 일으켰을 가능성이 있다. 하지만 아내가 그 사건이 계기였다고 강력하게 주장한들 정확한 진상은 필자와 아내를 포함한 누구도 알 수 없다.

비록 과학자들은 특정한 경험을 성격 특성과 연관 지을 수 없었지만, 누구나 자신의 경험이 성격을 형성했다고 여긴다. 사람에 따라서는 자신이 낯을 가리거나, 불안하거나, 재미있거나, 말이 많거나, 매사에 겁이 많은 이유를 설명하고자 계기가 된 사건을 이야기하기도 한다.

이에 대한 사례로 웨스트잉글랜드 출신의 한 여성은 냉동 콩이 무서워 슈퍼마켓에서 냉동식품 코너 근처에 얼씬도 하지 못한다. 바로 '냉동 콩이 단체로 날 무섭게 노려봐요.'가 그 이유였다. 그녀는 어린 시절 누군가 자신에게 콩으로 무시무시한 장난을 쳤거나, 콩을 운반하던 트럭과 사고가 난 적도 없다고 말한다. 그러나 어린 시절에 무언가가 콩에 대한 두려움을 촉발했을 것이다. 이유를 불문하고 그 두려움은 엄연한 현실이자 그녀의 성격의 일부이다. 성격이 이처럼 복잡하다면 심리학자들은 우리가 특정 성격을 지니는 이유를 어떻게 파악할까?

우선 문제를 단순화해야 한다. 심리학자들은 사람의 성격을 개방성 openness to experience , 성실성 conscientiousness , 외향성 extroversion ,

우호성 agreeableness , 신경증 neuroticism [142]의 다섯 가지 요인으로 분류하는 기법을 자주 활용한다. 이를 다섯 가지 성격 특성 요소 big 5 personality traits , 통칭 Big 5라고 한다. Big 5는 1990년대에 개발된 검사 체계의 하나로, 대상자가 설문지에 답한 내용을 토대로 분류를 진행한다.

5가지 성격 특성 요소

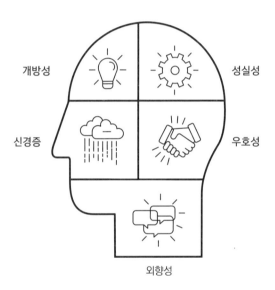

심리학자들은 상기 특성들이 개인차를 잘 담아내고, 몇 달 심지어 몇 년 후에도 재검사 시 한 사람에게 비슷한 결과가 나온다는 점에서 긍정적으로 평가한다. 지인이 대신 검사를 진행할 때도, 검사

142   정서 안정성이라고도 부른다.

대상자의 답변과 지인이 대신한 답변이 비교적 일치하는 경향이 있었다.

심리학자들은 뇌 스캔, 연구 대상자가 살았던 곳의 환경적 요인과 유전자 염기 서열을 분석한 결과, 표현 형질과 마찬가지로 Big 5 성격 특성 요소를 결정짓는 데도 영향을 미친다는 사실을 밝혀냈다. 어린 시절의 영양 상태, 사회 경제적 배경, 출생 국가 등의 환경적 요인은 개인차를 거의 설명하지 못한다. 그렇다고 환경이 성격을 결정하는 데 중요하지 않은 요소로 간주하겠다는 것은 아니다. 부잣집 줄신은 모두 낯을 가리고 가난한 집안에서 태어난 사람은 낯을 가리지 않거나, 프랑스인이 독일인보다 더 걱정이 많다면 그것만큼 이상한 세상도 없다.

과학적 내러티브

　성격을 형성하는 것은 개인의 경험이므로, 환경의 영향도 분명 중요하지만 이를 증명하기란 어렵다. 아동 학대 등 심각한 트라우마를 주는 사건은 개방성에 영향을 준다는 사실이 증명된 바 있다. 다행히 트라우마를 주는 학대는 일반적인 상황이 아니며, 대부분의 경우 이와 같은 극한 상황을 겪지 않는다. 그러나 트라우마를 덜 주는 사건이라도 성격 형성과 무관하다고 말할 수도 없다.

　아내는 바다를 무서워하는 자신의 감정이 1분도 채 되지 않는 짧은 경험에서 비롯되었다고 확신한다. 하지만 그 사건이 있기 전에도 소나는 거북이 연구를 하느라 바다에서 많은 시간을 보냈다. 그 두려움은 아마도 아내의 무의식에 내재된 불안감이 상어를 가까이서 목격한 경험 이후 의식의 수면 위로 드러났을 가능성도 있다. 그러나 이를 과학적으로 증명하기란 불가능하다.

성격 특성은 연구에 여러 어려움이 있다. 그럼에도 표현 형질과 마찬가지로 유전자와 환경, 우연에 의해 그 값이 결정된다는 점만큼은 확실하다. 그러나 환경적 요소를 연구에 적절한 방식으로 분류하기 어렵다는 문제가 있다. 또한 눈의 색이나 키와는 달리 단 한 번의 경험으로 성격이 바뀔 가능성이 존재한다. 이러한 문제를 이유로 성격 특성을 이해하기란 쉽지 않다.

증명은 힘들지만 필자가 지금의 성격으로 살아가는 이유는 유전자와 몇 가지 중요한 사건 때문이라고 믿는다. 이에 관한 사건을 이야기하는 일은 이 세상과 더불어 우리가 어떤 존재인가를 이해하는 역할을 한다. 또한 개인적인 내러티브에 주목한다는 점에서 유용하다.

필자는 인생을 즐기는 성격이며, 어지간해서는 스트레스를 잘 받지 않는다. 필자가 온라인에서 Big 5 성격 검사를 했을 때, 외향성은 평균 이상이며, 신경증 부문은 꽤 안정적이었다. 그리고 우호성은 상위 20%에 성실성은 평균적인 수준이었고, 새로운 경험에 마음이 열려 있다는 결과가 나왔다. 필자는 똑똑하다는 말을 많이 들었지만, 조립식 가구를 만드는 모습을 본다면 그 말을 차마 입 밖으로 내지 못할 것이다.

물론 필자의 성격 특성이 예전부터 그랬던 것은 아니다. 어린 시절에는 늘 자신감이 없었고, 친구들 사이에서 인기가 많지 않았으며, 사회적인 상황에 자주 스트레스를 받았다. 그렇다고 학교 생활에 성실한 것도 아니었다. 차라리 책이나 잡지 또는 TV나 보는 게 더 좋았다. 그러나 이런 필자도 그 시절에는 과학에 푹 빠져 있었다.

그렇다면 게으르고 낯을 가리는 괴짜였던 어린 시절의 필자는 어떻게 지금의 모습이 되었을까? 원인은 바로 유전자와 환경, 그리고 우연 덕분이다. 그리고 비이성적인 판단이기는 하지만, 몇 가지 경험으로 필자의 성격과 세상을 보는 관점을 바꾼 계기가 되었다고 믿는다.

GPR413 유전자 돌연변이가 시력에 영향을 끼치면서 어린 시절부터 삶의 방향이 바뀌었다. 약사로 성공하신 아버지는 60세까지 일하고 은퇴하신 덕에 필자가 성장하는 데 금전적인 어려움은 없었다. 아버지는 케임브리지의 명문 사립학교인 퍼스 스쿨에 다니셨고, 나도 그곳에 다녔으면 좋겠다는 생각을 했다.

열한 번째 생일이 다가올 무렵, 필자는 초등학교에서 중학교로 진학할 때가 되었다. 이에 부모님은 퍼스 스쿨의 교장과 면접 일정을 잡았다. 면접 분위기는 좋았고, 교장도 학교에 자리가 있으니 입학하는 게 어떻겠냐고 제안했다. 그러나 면접이 끝날 때쯤 아버지는 필자의 유전 질환과 시력 문제를 언급하며, 교내 크리켓 팀의 타자를 맡을 수 없다고 말씀하셨다. 그 말을 들은 교장은 바로 필자가 학교에 적합한 인재가 아닌 것 같다는 말을 꺼냈다. 교장은 학생들이 훌륭한 크리켓 선수가 되어야 마땅하다고 생각했기 때문이었다.

결국 필자는 동네에 있는 공립학교인 컴버턴 빌리지 칼리지에 진학했다. 어쩌면 이 학교가 필자에게 더 나은 선택이었고, 퍼스 스쿨 교장의 판단이 맞다고 생각하면서도 불합리함을 지울 수 없었다. 필자의 돌연변이 탓에 교육 환경은 물론, 사귀는 친구에서 필자를 가르치려고 씨름하던 선생님들까지 모든 것이 바뀌었다.

중학교 시절의 필자는 공부가 너무나 지루해서 견딜 수 없어 하던 게으른 학생이었다. 실험을 통해 스스로 사실을 발견하는 과정은 좋아했지만, 줄줄이 나열된 이론적 사실을 배우는 것은 재미가 없었다. 암기식 공부를 싫어했던 필자는 단어를 외우지 않았고, 그 덕에 프랑스어와 독일어, 라틴어 성적은 엉망이었다.

대부분의 교과 과정은 암기가 필수적이었으므로 필자의 관심 밖이었다. 필자가 좋아했던 과목은 수학과 과학이었는데, 특히 과학은 실험을 할 수 있어서 좋아했다. 필자는 교내 프로젝트를 진행하며 흙의 양을 달리하여 다양한 종류의 콩을 키우는 방법을 아버지와 함께 고안한 적이 있었다. 이에 식물마다 같은 양의 빛과 물을 주고 진행 과정을 날마다 관찰하곤 했다. 실험을 통해 스스로 뭔가를 찾아 나가는 과정이 즐거웠고, 세상에 규칙이 존재한다는 사실도 깨닫게 되었다. 그렇게 필자는 영국의 주요 도시와 지역, 주의 명칭을 활자로 구구절절 늘어놓은 것보다 세상의 규칙을 탐구하는 과정이 더 재미있었다.

수학도 필자에게는 과학과 비슷했다. 숫자를 합하거나 공식을 다루는 데에도 일정한 규칙이 있었다. 그 규칙만 이해하면 구구단을 일일이 외우지 않아도 기본적인 원리만으로 답을 얻을 수 있다. 이는 어린 시절부터 세상을 살아가는 데 도움이 되는 지식보다 세상이 돌아가는 원리를 더 궁금해했던 필자의 성향 때문이었다.

그러나 매사가 순조롭지는 않았다. 중학교 수학 과정에서 여러 함수를 미적분하는 방법을 배웠는데, 당시 풀이법을 도저히 이해하지 못해 좌절한 적이 있었다. 그때까지만 해도 필자는 수학을 잘하던 학생이었으며, 2년 과정의 수학 시험 준비반에서 절반의 기간을 이수한 상태였다. 그럼에도 필자는 모의고사에서 반에서 최저점이라

할 수 있는 평균 6점을 맞기도 했다.

그런데 시험 전날에 갑자기 모든 내용이 이해되기 시작했고, 풀이법을 보니 미적분의 숨겨진 원리가 눈에 들어오면서 그 개념이 얼마나 대단한지 알게 되었다. 그렇게 필자는 풀이법을 배우지 않은 상태로 다음날 시험에 임했다. 그럼에도 풀고 있는 문제의 원리를 이해할 수 있었고, 결과적으로 반에서 4등으로 시험에 통과한 몇 안 되는 학생이 되었다. 그 시절을 돌이켜보면 학교에서 단순히 공식을 적용하는 방식보다 수학의 원리를 배웠다면 더 좋지 않았을까 하는 생각이 든다.

시간이 흘러 17세가 되고, 대학 입학시험과 함께 인생의 진로를 정할 시기가 왔다. 당시에는 수학을 공부하면 괜찮은 직장에 안정적으로 들어갈 수 있었기에 수학 전공으로 대학에 지원하였다. 조건부 입학 허가를 받은 뒤에는 입학에 필요한 성적을 확보하기 위해 입학시험에 전념했다.

그리고 비슷한 시기에 갭이어 gap year [143] 중이었던 전 재학생의 설명을 듣고, 그가 다녔던 대학에 지원할 준비를 하고 있었다. 그는 갭이어로 온두라스에 있는 학교에서 외국인 교사로 일하고 있었다. 여행을 좋아했던 필자는 그 말에 솔깃해져 그가 소속된 단체인 프로젝트 트러스트에 지원하기로 결심했다.

스코틀랜드의 한 외딴섬에서 면접과 적성 검사가 끝나자, 필자는 다른 졸업생 3명과 함께 짐바브웨 중부의 시골에 위치한 '케만자'라는 학교에 배치될 예정이라는 연락을 받았다. 아프리카로 떠나기

---

[143] 대학 입학 전 혹은 학업이나 일을 잠시 중단하고 사회 경험이나 여행 등 창의적인 시간을 보내는 일. 옮긴이.

직전 입학 시험 결과도 나왔으므로, 1년 후에는 필자가 지원한 대학에서 수학을 공부할 예정이었다.

필자는 그 시절의 해외 경험이 지금의 모습을 만든 데 지대한 영향을 끼쳤다고 믿어 의심치 않는다. 이에 너무나도 멋진 경험을 만들어 준 프로젝트 트러스트에 죽는 날까지 감사할 것이다. 평생 무언가를 그렇게 열심히 하기는 처음이었고, 잘하고 싶은 마음도 컸다. 필자가 가르친 학생들은 그럭저럭 다른 반만큼의 성적을 올렸다. 그 해는 개인적으로 많은 성장을 이룬 시기였으며, 이에 훨씬 외향석이고 자신감 있는 성격이 되었다. 학생들의 학업에도 필자가 좋은 영향력을 끼쳤기를 바란다.

교사로 일하는 동안에는 짐바브웨와 그곳에서 함께했던 사람들을 사랑하게 되었다. 수학자가 되지 않겠다는 결정을 내리고 요크대학교 생물학과에 다시 지원서를 넣은 것도 이때였다. 영국에 돌아오자마자 다시 아프리카로 돌아가고 싶었지만, 그 기회는 대학교 2학년이 되었을 때 찾아왔다. 2학년 말에 수행할 학부생 연구 과제를 정해야 했는데, 알고 보니 교수의 감독을 전제로 과제를 자체적으로 기획할 수 있었던 것이다. 다행히 한 교수님께서 연구 프로젝트의 감독을 맡기로 하셨다.

사촌의 주선 덕분에 필자는 조지 애덤슨의 숲속 캠프로 갈 수 있었다. 필자의 과제는 야생 새끼 사자와 어미가 총에 맞아 죽고 나서 사람의 손에 양육된 새끼 사자의 생태를 비교하는 것이었다. 그리고 후자에 해당하는 새끼 사자는 조지가 맡아서 키우다가 야생에 방생할 예정이었다. 필자는 그곳에서 한 달가량 지내며 사자의 생태를 연구했다.

이 시기에는 필자의 현재에 영향을 미쳤다고 보이는 여러 중요한 일을 경험했다. 그중 하나는 캠프를 떠난 지 이틀 후 조지 애덤슨과 그의 조수 2명이 소말리아인 노상강도에게 살해당한 사건이었다. 필자의 주변에 있던 사람이 비참하게 죽음을 맞이한 경우는 그때가 처음이었다. 그리고 이 책을 쓰게 된 계기인 말라리아에 걸렸던 시기도 바로 이때였다. 그런데 여행을 끝내고 영국에 돌아왔을 때, 지금의 필자를 만든 경험이 하나 더 있었다.

아프리카에서 즐거운 시간을 보냈지만, 정작 학부생 연구 프로젝트에 쓸 사자의 생태 데이터는 많이 모으지 못했다. 이에 필자는 다음과 같은 문제가 생겼다. 필자의 데이터를 모두 교내에 있는 대형 컴퓨터에 입력 후 분석한 결과, 사자 무리와 함께 자란 야생 새끼 사자와 직접 키운 새끼 사자 3마리의 그래프에 차이가 있었다. 하지만 정식으로 분석을 실시했더니 통계적으로 유의미하지 않다는 결과가 나왔다. 이에 통계적으로 유의미한 결과를 얻으려면 새끼 사자 몇 마리를 대상으로 데이터를 수집해야 하는지 마음속으로 질문을 던졌다.

이에 필자는 컴퓨터로 코드를 짜서 데이터를 시뮬레이션하는 방식으로 그 의문을 해결했다. 구체적으로는 컴퓨터를 활용하여 필자가 수집한 원본 데이터와 같은 통계학적 특성을 지닌 많은 수의 데이터를 생성해 낸 것이다.

생성된 데이터의 세로 열은 원본 데이터와 평균값과 산포도가 동일했다. 그리고 원본 데이터의 세로 열 중 일부는 상관관계가 존재했다. 따라서 생성할 시뮬레이션 데이터도 원본과 마찬가지로 상관관계가 있도록 만들었다. 그리고 데이터를 조합하여 통계적 유의성

존재의 역사

을 확보하려면 얼마나 많은 데이터가 필요한가를 분석했다. 이에 필자는 가로 열에 시뮬레이션 데이터를 추가하면서 통계적으로 유의미한 결과가 나올 때까지 작업을 계속했다.

필자는 훗날 학계에 몸담으면서 위의 문제를 해결하는 더 간단한 방법이 있음을 알게 되었다. 그것은 바로 통계학자들이 사용하는 검정력 분석이었다. 당시 이 방법을 알았다면 시간을 많이 절약할 수 있었겠지만, 시뮬레이션 데이터로 연습하며 나름대로 통계에 대한 지식을 많이 쌓을 수 있었다.

그리고 필자는 데이터 시뮬레이션을 위해 컴퓨터 언어인 포트란 Fortran 을 독학하기도 했다. 또한 데이터의 분포와 통계적 검정에 대해서도 많은 내용을 배운 바 있다. 또한 학창 시절에 시행착오를 통해 새로운 것을 배우는 과정을 즐겼던 것처럼, 이 일을 계기로 과학을 업으로 삼기로 마음먹었다.

지금도 필자는 문제를 해결하거나 새로운 것을 발견할 때 아드레날린이 샘솟는 느낌이다. 필자는 아무리 사소한 분야라도 지금까지 누구도 알지 못했던 '나만의' 아이디어를 찾아내는 일을 좋아한다. 그 기발한 발상은 큰 그림에서는 너무나도 사소하며, 세상에 대단한 영향력을 발휘한 적도 없다. 하지만 그 짜릿함은 이루 말할 수 없을 정도였다.

데이터 시뮬레이션을 통해 필자는 통계학을 다른 강의에서보다 많이 배웠지만, 학부생 연구 과제에 큰 결함이 있음을 깨달았다. 직접 키운 새끼 사자 세 마리와 비슷한 숫자의 야생 새끼 사자를 대상으로 한 연구는 어떤 유의미한 결론도 이끌어 내지 못했다. 단 하나의 사건이 인생의 방향성을 급격하게 바꾸어 놓았다고 증명할 수 없는 것처럼 말이다.

　이 세상에 동일한 사람이 둘이나 존재하지 않듯, 새끼 사자도 마찬가지였다. 필자의 프로젝트가 유효하려면 훨씬 더 많은 수의 직접 키운 새끼 사자와 야생 새끼 사자의 생태를 기록해야 하지만, 이는 애초에 불가능한 일이었다. 하지만 필자는 결과 분석 및 논의 부분에 해당 프로젝트의 한계를 설명한 후 논문을 제출했고, 학사 학위를 받는 데는 문제가 없었다.

　필자는 어린 시절에 일어난 발생한 특정 사건을 성격이나 이후의 삶과 연결하는 것이 과학적으로 한계가 있음을 이성적으로는 잘 알고 있다. 이성적이지 못한 생각일 수 있겠지만, 필자는 지금까지 설명한 내러티브를 여전히 믿고 있다. 물론 그러면 안 된다는 것은 알고 있지만, 감성적으로는 말라리아를 계기로 존재의 이유를 알아가기로 결심했다. 게다가 설계가 잘못되어 실패로 끝나 버린 학부생 연구 과제가 필자를 더 유능한 과학자로 만들어 주었다고 생각한다.

　그렇다면 지금까지의 내러티브가 사실일 수는 없을까? GPR143 유전자에 돌연변이가 일어나지 않고, 컴버턴 빌리지 칼리지 대신 퍼스 스쿨에 갔더라도 필자는 과학자가 되어 책을 썼을까? 아프리카에 가지 않았더라도 수학자 대신 생물학자가 될 수 있었을까? 말라리아에 걸려 죽을 뻔한 일을 겪지 않았다면, 이 책을 쓰기로 결심할 날이 왔을까? 그리고 어설픔 그 자체였던 학부생 연구 과제가 정말로 필자를 학자의 길로 인도한 것일까?

　이상의 내러티브는 실험으로 검증할 방법이 없기에 진실은 저 너머에 있다. 이럴 때는 복제인간이 있었으면 좋겠다. 다만 확실한 것은 필자를 구성하는 모든 측면이 유전자와 환경 및 우연으로 결정되었음을 알고 있다. 따라서 필자가 내러티브를 만든 것도 어쩌면 그 안에 여러 요인들이 조금씩 포함되어 있기 때문일지도 모른다.

필자가 내러티브를 믿기로 마음먹은 이유는 과학에 접근하는 필자의 방식을 정당화하거나, 우리가 존재하는 이유를 과학적으로 설명하는 책을 쓸 구실이 필요해서였다. 인간은 어떤 일이 발생했을 때 그 일의 원인을 찾으려는 경향이 강하며, 이는 우리가 이해할 수 있는 세상에서 살고 싶어 하기 때문이다. 사람들은 내부분 변화나 예상치 못한 상황을 그다지 반기지 않으며, 그러한 일에 질서를 부여하기 좋은 내러티브를 만든다.

내러티브에는 두 가지 기능이 있다. 첫째로 우리의 행위와 경험을 정당화하는 데 사용되며, 이를 토대로 우리는 주변의 세상을 이해한다. 우리의 삶의 궤적을 다룬 내러티브에는 진정한 잠재력을 발휘하지 못하도록 방해한 이들의 악행이 담겨 있기도 하다. 그 예로 프레드 블로그가 필자의 친구 엘머를 더 전문가답게 대했다면, 엘머는 더 좋은 사람이 되어 노벨상도 타고 상상 이상의 부와 권력을 거머쥐었을 것이다.

위의 사례는 개인적인 내러티브가 때로는 타인이 자기 인생에 미친 영향을 과장하거나 왜곡하며 자신의 성공이나 성취를 방해한 사람들이나 외부 요인을 원망할 수도 있음을 잘 보여 준다. 엘머의 이야기는 특정 사건이나 인물이 자신의 잠재력을 최대로 발휘하지 못하게 막은 핵심 원인이라는 이야기를 사람들이 만들어 낼 가능성을 드러낸다. 그리고 그 결과 현실과 거리가 먼 이상적이거나 과장된 결과물이 나올 수 있다.

이는 자신의 부족한 점을 인지할 때 더 복잡한 요인들이 뒤얽힌 결과임을 인정하기보다는 외부 요인을 탓하는 인간의 심리를 잘 나타내기도 한다. 물론 그러한 모욕을 실제로 겪은 경우도 가끔 있기는 하지만, 상상에 기반한 일일 수도 있다. 이는 과학계뿐 아니라 역사적으로도 복수심에 불탄 개인의 행동이 타인의 성공을 방해하거나 인정받지 못하도록 발목을 잡은 사례는 허다하다. 이는 어쩌면 우리가 살면서 겪는 실패를 가끔 남 탓으로 돌리는 이유라고도 볼 수 있겠다.

아이작 뉴턴은 역사상 가장 위대한 과학자임에는 이견이 없지만, 인간적으로 그리 좋은 사람은 아니었다. 뉴턴에게는 편집증이 있었고, 특히 과학적 발견이나 이론을 누군가가 먼저 발표했을 때 원한까지 품을 정도였다. 따라서 뉴턴은 중력과 수학을 연구한 과학자와 사이가 좋지 않았다.

뉴턴과 같은 시대를 살았던 위대한 과학자 로버트 훅 Robert Hooke 도 그중 한 명이었다. 1703년 훅이 사망하기 전, 왕립학회에서는 그의 업적과 과학적 유산을 기리는 의미에서 초상화를 제작했다. 훅이 사망한 해에 뉴턴은 학회장 자리에 올랐고, 몇 년 후 뉴턴의 감독하에 왕립학회가 새로운 장소로 이전하였다. 이 과정에서 물건이 몇 가지 분실되었는데, 사라진 물건이 하필이면 훅의 초상화와 논문이었다. 과학사 연구자들은 이 사건이 우연이 아니라 뉴턴이 사주한 짓이라는 주장을 계속하고 있다. 훅이 살아생전 과학자로 인정을 받자 화가 난 뉴턴은 훅이 자신의 아이디어를 훔쳤다고 비난했고, 그렇게 훅이 역사에서 잊히도록 수를 쓴 것이다.

다행스럽게도 누구나 뉴턴처럼 비열한 행동을 하지는 않는다.

존재의 역사

내러티브에 따라서는 삶의 궤적을 바꾼 따뜻한 선행이 담겨 있기도 하다. 일반적으로 자신의 분수와 있는 그대로의 모습에 만족하는 사람의 내러티브는 선행이나 자신의 힘으로 역경을 극복한 내용일 가능성이 더 크다. 반면 현재보다 더 큰 성과를 내야겠다고 느끼는 사람의 경우, 타인의 악행으로 자신의 잠재력을 발휘하지 못했음을 주된 내용으로 한다.

필자는 이 책에서 소개한 내러티브를 성인이 된 이후에도 계속 유지해 왔으며, 아직까지 내용에 변화는 없다. 하지만 내러티브 중 다른 측면은 경력 전반에 걸쳐 변화해 왔다. 필자는 현재의 상황과 지금의 모습에 대체로 만족한다. 생각해 보면 필자는 커리어에서 생각보다 많은 것을 이루어 냈다. 세계 최고 수준의 명문대에서 고위직으로 일하며, 많은 동료의 존중을 받고 있다. 또한 필자의 모습을 있는 그대로 인정하면서 잘 대해 주는 사랑스러운 아내와 행복한 결혼 생활을 이어 가고 있다. 그리고 자녀들도 모두 행복하게 살고 있다.

인생 초반기에 장학금 신청과 대학교 취직에 실패했을 때와 필자의 호기심을 자극한 과학적 의문을 두고 성과를 내려고 안간힘을 쓸 때, 그리고 끝이 좋지 않았던 첫 결혼 생활 시절, 필자의 내러티브의 양상은 지금과 달랐다. 실패를 마주하고 괴로웠지만 딱히 책임감을 느끼지 않았고, 오히려 필자를 무시한 사람들이 고의로 발전을 방해했다는 이야기를 만들어 냈다. 돌이켜보면 그들은 그럴 이유와 힘도, 영향력도 없었다.

커리어에서 목표를 향해 전진하며 부족함을 느낀 이유는 장학금 신청서와 이력서를 잘 쓰지 못했기 때문이다. 그리고 학술지에 투고한 논문은 필자가 심사위원이었다면 게재 불가 판정을 내릴 정도로 설득력이 떨어져서였다. 과학도 엄연히 경쟁이 있는 분야이다. 결국 필자는 생각보다, 경쟁자보다 훌륭하지 못했을 뿐이었다.

필자가 과거에 말했던 내러티브에 부분적으로 거짓이 섞여 있다면, 여전히 믿고 말하는 것에도 의구심이 든다. 어쩌면 말라리아에 걸리고, 학부생 연구 과제로 데이터 시뮬레이션을 했던 일은 지금 필자의 모습이나 앞으로의 삶의 궤적에 아무런 영향이 없을지도 모를 일이다.

이제 우리는 개인적인 내러티브가 틀릴 수 있음을 알게 되었다. 누군가 곤경에 처해있거나 지금의 처지에 만족하지 못할 때, 그리고 그 상황을 탓할 만한 사람이 없을 때, 사람들은 뻔한 거짓이 들어 있는 내러티브를 만들어 낸다. 이러한 내러티브는 흑막에서 국제 사회를 주무르며, 진실에 깨어 있는 이들을 적극적으로 억압하는 수상한 집단인 일루미나티의 존재를 당연하게 받아들인다.

일루미나티의 음모론은 굉장히 비현실적이다. 먼저 영국 왕실은 사악하고 강력한 외계 파충류 종족과 교미한 인간의 후손이기에 권력을 잡을 수 있었다는 소문이다. 다음으로 해리 왕자와 메건 마클의 결혼은 영국이 다시 미국을 장악하려는 은밀한 계획이라는 주장이다. 더 구체적으로 말하면 이 결혼으로 태어난 자녀는 영국의 왕위 계승자이자 미국의 대통령이 될 존재이므로 영국이 미국을 재식민지화 할 구실이 생긴다.

내러티브는 우리가 인간일 수 있는 중요한 조건이며, 불확실한 세상을 헤쳐 나가는 데 도움을 준다. 과학은 우리가 말하는 이야기의 여러 측면을 검증할 방법을 발전시켜 왔다. 그리고 과학적 연구 방법에서의 검증 방식은 특정 사건과 원인 사이의 연관성에 신뢰도를 부여하면서 이루어진다. 즉 원인과 사건을 연결하는 원리를 잘 이해한다면 신뢰도가 높아질 수 있다.

필자는 유전자 돌연변이로 특정 유전자가 시력을 떨어트린다는 사실을 알고 있으며, 과학자들은 중심와에 색소가 생성되지 않아 눈이 떨린다는 사실을 알고 있다. 해당 유전자의 돌연변이는 다른 사람에게도 반복적으로 같은 효과를 보인다. 그러나 과학이 원인과 효과 사이의 구조적 연관성을 밝히지 못하면 통계적 상관관계에 의존해야 한다. 하지만 통계적 상관관계로는 이 책을 쓰는 이유와 같이 개별 사건이 발생한 원인을 설명할 수 없다.

우리는 아직 경험이 성격에 영향을 미치고, 지금의 모습을 형성한 원리를 구조적으로 잘 이해하지 못한다. 따라서 통계적 상관관계에 의존할 수밖에 없다. 경험은 우리의 성격에 분명한 영향을 미치지만, 과거의 특정한 경험이 우리의 성격에 영향을 미치는 정확한 원리는 현재로서 입증이 불가능하다.

과학에는 견고하게 짜인 내러티브를 해체하는 힘이 있기에 많은 이들이 과학을 경계하기도 한다. 음모론이 허구라는 사실이 쉽게 드러남에도 수많은 사람들이 그 소문을 믿는다. 2019년 설문조사에 따르면 영국인 6명 중 1명은 달착륙이 확실히 일어난 사건임에도 가짜라고 믿는다.

하지만 거짓 내러티브를 만들거나 믿기는 쉽다는 점을 고려할 때, 과학적 지식이 종종 외면당하거나 회의적이라고 치부되는 일이 그리 놀라운 상황은 아니다. 과학이 모든 답을 품고 있지는 않지만, 데이터로 뒷받침되고 실험으로 검증할 수 있는 내러티브를 제공한다.

이 책에서 언급한 과학적 내러티브의 일부는 다른 것보다 더 많은 데이터와 검증 실험으로 뒷받침되며, 일부 과학 분야는 다른 분야에 비해 더욱 발달되었다. 이와 관련하여 자연의 기본적인 힘이 작용하는 원리의 구조적인 이해는 상당한 진보를 이루었다. 달리 말하면 화학자와 물리학자들은 구조적인 이해가 부족하기 일쑤인 생물학과 심리학에서 활용되는 통계학적 상관관계에 덜 의존하는 편이라는 것이다.

그 결과 생물학자들은 자연 세계가 예측 불가능하고 다소 불규칙적이라고 생각하는 경향이 있다. 반면 일부 물리학자는 우주가 결정론적일 가능성이 있으므로, 지식과 컴퓨터 성능만 충분하다면 완벽한 예측이 가능할 것이라 추측하기도 한다. 과연 우리를 포함한 생명체에서 일어나는 복잡한 화학 반응에 대한 구조적인 이해가 가능할지는 미지수이지만, 아직은 갈 길이 멀다. 필자가 이 책을 쓰기로 한 이유 또한 과학적으로 설명할 수는 없지만, 통계학에 따르면 대다수의 사람들이 자신의 존재 이유를 알고 싶어 하기 때문이라는 말로 대신하고자 한다.

우주와 필자에 대한 내러티브도 들었으니, 이제 이 책을 쓰게 된 의문을 다룰 시간이 왔다. 우리는 우주가 탄생한 시점에서 필연적인 존재였을까, 아니면 단순히 운이 좋았던 걸까? 물론 쉽게 대답할 수 있는 질문은 아니다.

책을 쓰기 위해 자료를 조사하면서, 필자는 인간이 이룩한 지식의 폭과 다양성에 놀랐다. 또한 과학적 연구 방법이란 매우 유연하며, 서로 다른 분야의 과학자들이 그 방법을 다양한 측면에서 저마다 다른 방식으로 활용하고 있음을 알게 되었다. 이뿐 아니라 인류의 가장 위대한 성과인 과학적 연구 방법도 완벽하지는 않음을 깨달았다.

과학적으로 당신의 존재에는 유전적 차이와 환경, 발달 잡음이 모두 관여하며, 각 과정에서 표현 형질마다 다른 역할을 수행한다. 그러나 그것만으로는 당신이 외향적이거나, 또는 공감 능력이 뛰어나거나 양심적인 이유를 아직 설명하지 못한다. 다음 장에서는 이 책을 쓰게 한 의문에 답하며, 그동안 과학이 이뤄 온 업적과 앞으로 해결해 나가야 할 점에 대해서도 고민할 예정이다.

제10장

존재의 이유를 찾아서

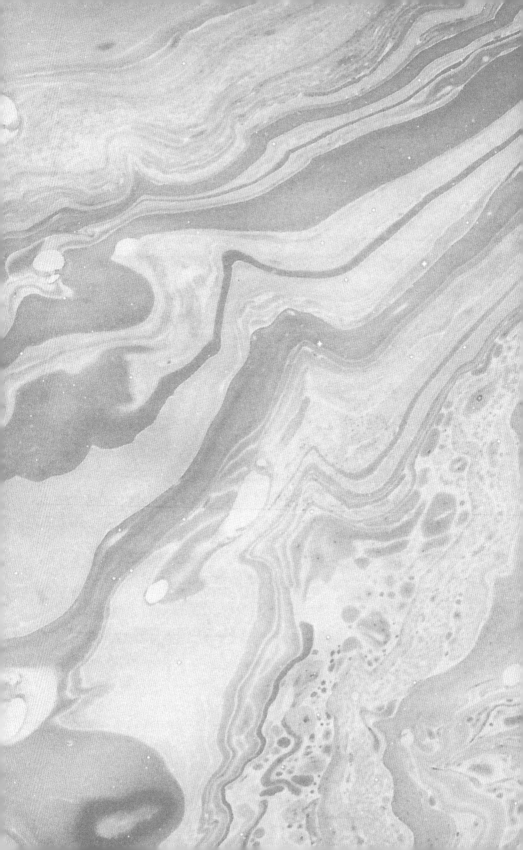

투득과 의문

1989년, 말라리아로 입원 후 회복하던 중의 일이었다. 이 시절에 침대에서 죽음을 맞이하기 전까지 필자가 존재하게 된 이유를 이해하고야 말겠다는 결심을 한 적이 있었다. 참 무모하기 짝이 없지 않은가.

과학 지식은 도서관을 끝없이 채울 정도로 방대하며, 발표되는 논문 숫자만 해도 하루가 다르게 늘어 가고 있다. 2020년에서 2023년까지 영국에서는 해마다 최소 425만 편의 새로운 과학 논문이 발표되었다. 그 논문을 다 읽지 못했음은 물론이다.

말라리아에서 회복한 뒤, 필자는 몇 년 동안 새로운 인생 목표에 전혀 진전이 없던 상황에 처했다. 이에 필자는 시지프스처럼 헛수고만 되풀이하는 일을 풀어 나가고자 계획을 세우기로 했다. 먼저 에너지, 역장, 쿼크와 전자, 중성자와 양성자, 원자, 분자, 별과 행성, 단순한 생명체, 더 복잡한 다세포생물, 지각이 있는 생명체, 그리고 우리라는 핵심적인 요소의 목록을 적어 내려갔다.

그다음으로 각 요소끼리 연결하는 과정을 따로 정리하였다. 예를 들자면 성운에 있는 수소 분자에서 별이 만들어지는 과정을 '별의 형성'이라고 하고, 생명의 나무에서 더 복잡한 생명체의 가지가 갈라져 나가는 과정은 '진화'라 부르는 식이었다.

위의 과정에 집중하니 우리가 존재하게 된 원리를 어느 과학 분야로 설명하고, 이 내용을 어느 장에 배치해야 할지 감이 잡히기 시작했다. 우선 에너지에서 기본 입자가 된 이야기로 시작하여 원자, 별, 분자, 지구, 생명체, 의식, 인간성, 우리의 형성 과정까지를 다룬다. 그리고 각 단계가 어떻게 다음 단계로 이어졌는가를 순차적으로 설명한다. 이를 통해 우리의 존재에서 상호작용이 얼마나 큰 의미를 지니는가를 이해하였다.

쿼크의 상호작용으로 중성자와 양성자가 만들어지고, 이들의 상호작용으로 원자핵이 형성된다. 그리고 원자핵과 전자로 원자가 생성된다. 또한 원자가 모여 분자를 만들고, 분자는 행성과 지구상에 있는 생명체를 만든다. 이러한 상호작용은 역장이 있었기에 가능했다. 나아가 경쟁 관계에 있는 개체 간의 상호작용은 복잡한 형태의 진화를 촉발했고, 그 결과 인간이 탄생했다. 이에 필자는 각 상호작용의 결과물이 본래의 구성 요소보다 다소 복잡함을 깨달았다. 분자는 구성 요소인 원자보다, 양성자는 쿼크보다 더 복잡하다.

존재의 역사

이 책의 구성을 결정한 시기는 자녀가 생겼을 때였다. 다만 책의 구성에 따라 수많은 과학적 지식을 일일이 설명할 수 없었다. 특히 특정 개념에 대한 구조적인 이해는 어쩔 수 없이 생략해야 했다.

이상의 과정에 집중하면서 우주 역사의 단계마다 목록 속의 항목이 다음 항목으로 변화하기 위해 일어나야 했던 사건들을 설명함으로써 '우리는 왜 존재하는가?'라는 질문에 답할 수 있겠다는 생각이 들었다. 이와 다르게 기전은 변화의 이유보다 방식에 집중한다. 전문 용어를 쓰지 않고 기전을 글로 풀어 쓴다면 일은 너무나 복잡해지고 어려워질 수 있다, 따라서 이 책에서 기전에 대한 설명을 많이 생략하기도 했다.

제9장에서 다룬 주제인 발생생물학의 기전을 예로 들어 보겠다. 그렇다면 DNA의 이중결합이 풀리고 아미노산 사슬로 복제 및 번역되는 원리, 단백질이 접히는 원리, 우리 몸이 만들어지는 과정에서 핵심적인 역할을 하는 여러 단백질의 화학 반응까지 다루었어야 한다. 이는 매력적인 주제이기는 하지만 내용이 무척 복잡하다. 또한 하나의 세포에서 사람으로 발달하는 원리를 구조적으로 설명하려면 상당한 분량에 걸쳐 해당 분야의 기술적인 용어로 지면을 가득 채워야 할 것이다. 만약 책을 읽으면서 필자가 요약한 내용 중 호기심을 자극한 분야가 있다면, 이 책에서 생략한 기전에 대해 설명하는 서적을 부록으로 실었으니 참고하기 바란다.

책을 쓰기로 계획하면서 자료 조사와 독서를 하는 과정이 매우 즐거웠고, 개인적인 도전 과제도 점점 구체화되면서 해 볼 만한 일처럼 느껴졌다. 필자는 아주 단순하고도 작은 점에 집중된 초고온의 강력한 에너지가 어떻게 수십억 년의 세월 동안 서로 협동하는 수십조 개의 세포로 복잡하게 구성된 생물인 우리가 될 수 있었는지에 관한 지식을 조금씩 쌓아 나갔다. 다만 그 과정을 어디까지 설명해야 할지는 취사선택이 필요했다.

집필 초반에는 세 가지의 열역학 thermodynamics 법칙을 다룰까를 고민했다. 열역학 제1법칙에서 에너지는 생성되거나 사라지지 않고 다른 에너지 형태로 전환될 뿐이며, 제2법칙에서 고립계는 시간이 지날수록 무질서도가 점점 증한다. 그리고 제3법칙에서는 온도의 최저점인 절대 영도[144]에 가까워질수록 무질서도는 점점 특정 값(자세한 설명은 생략한다)에 수렴한다.

우리가 한 점의 강렬한 에너지에서 137억 7,000만 년에 걸쳐 탄생한 고도의 질서정연한 존재라는 사실이 명백한 가운데 열역학 제2법칙의 명제는 매우 혼란스럽다. 우리는 여러 분자가 우연히 한날한시에 같은 자리에 모여서 생긴 존재가 아니다. 저명한 과학자들이라면 누구나 해당 법칙을 인정하지만, 지구와 우리의 역사를 돌아보면 어딘가 모순처럼 느껴진다.

하지만 열역학 제2법칙과 우리 존재의 역설은 우주 전체로 관점을 확장하면 해결된다. 우주는 평균적으로 무질서도가 증가하는 중이지만, 지구처럼 시간이 지날수록 질서가 더욱 확립되는 곳이 어딘가에는 존재할 것이다.

한편 평균값은 유용한 개념이지만 특정 장소에서 일어난 사건까지 설명해 주지는 않는다. 원자가 모여 우리를 만들어 가고, 지구가 점점 질서정연해지는 동안 우주 한편에서는 평균보다 훨씬 더 무질

---

144   −273.15℃

서한 상태가 되었다. 이처럼 우주의 일부 영역은 더 차갑고, 물질이 거의 존재하지 않아 짜임새가 없으며, 더 단순한 곳으로 변모했다. 우주의 역사를 구석구석 알아볼 수 있다면 평균적으로 더 무질서한 상태가 된 곳을 발견할 것이다. 하지만 사물의 무질서도는 분포에 차이가 있으므로 우주의 각 지점마다 다른 역사를 지니게 된다.

우주 전체의 평균적인 무질서도, 즉 과학 용어로 '엔트로피 entropy'가 증가하고 있으므로 열역학 제2법칙은 유효하다. 그러나 필자는 이 책을 지구의 관점에서 썼다. 만약 태양계 너머 머나먼 우주에서 항성계가 아직 형성되지 않은 지점을 중심으로 글을 썼다면, 우주의 역사는 훨씬 덜 흥미로웠을 테다. 그랬다면 우주의 온도가 냉각되고, 에너지와 물질의 밀도가 낮아지는 과정 외에 별다른 일이 없는 역사를 설명했을 것이다. 이러한 내용이라면 분량도 훨씬 짧아져 책을 쓰기는 쉬웠겠지만, 그만큼 재미도 없어진다.

개인적으로는 우리가 살고 있는 우주의 역사를 이야기하고 싶었으므로, 책 초반에 열역학 법칙을 소개하지 않기로 결정했다. 또한 과학자들이 씨름해 왔거나, 현재진행형인 여러 난제도 굳이 다루고 싶지 않았다. 하지만 책의 막바지에 우리가 존재하는 이유와 그것이 필연적이었는가를 다시금 생각하는 과정에서, 과학자와 철학자들이 해결하고자 하는 의문 중 손꼽히게 어려운 화두를 다루기로 하였다. 그중 하나가 우주의 역사는 탄생한 시점부터 이미 정해져 있었는지, 우연의 산물인지 논하는 것이다. 이는 본 책을 관통하는 주제에 속하는 것이기도 하다.

우주가 결정론적이라면 서문에 언급한 바와 같이 우주를 만드는 실험을 반복했을 때, 시작 조건이 같다면 항상 동일한 우주가 생성되어야 한다. 이에 따라 모든 우주는 같은 역사를 지닐 것이다. 그러나 시작 조건이 조금이라도 달라진다면 결과물인 우주도 제각각일 것이다. 따라서 시작 조건이 동일한 결정론적인 우주에서 우리의 존재는 필연적이었을 것이다. 이론적으로 과학자들은 그러한 우주에서 모든 입자의 탄생과 소멸의 역사를 정확히 예측할 수 있다. 하지만 이는 현재의 컴퓨터 기술로는 불가능하며, 고도화된 선진 문명이라도 역부족이다.

일부 과학자는 행성의 궤도 등 여러 사물의 행동 양식을 정확하게 예측할 수 있으므로, 우주는 결정론적이라고 주장한다. 이에 여러 과학적 성과에 힘입어 그러한 예측이 점점 발전 중이다. 과학은 진보하고, 그 과정에서 우리의 지식도 늘어난다. 따라서 과학의 다음 목적지는 늘 동일하다. 바로 더 정확한 예측이다.

500년 전, 인간은 수많은 천체 현상을 예측하지 못했다. 하지만 오늘날 천문학자들은 아이작 뉴턴과 알베르트 아인슈타인이 발견한 방정식으로 수십 년을 주기로 밤하늘에 찾아오는 혜성과 우주선의 궤적, 태양을 공전하는 행성의 궤도를 매우 정확하게 예측할 수 있다. 마찬가지로 물리학자들은 자기력이 물체를 움직이는 원리를, 화학자들은 비커에 화학 물질을 혼합할 때 어떠한 반응이 일어날지를 예측할 수 있다. 이는 불과 한두 세기 전만 해도 상상조차 할 수 없던 일이었다. 이제 우리는 자연계의 다양한 현상을 예측할 수 있으며, 일부 과학자들은 이에 고무되어 언젠가 우주의 미래를 완벽히 예측할 수 있으리라 기대한다.

그럼에도 세상에는 아직 우리가 예측하지 못하는 것들이 많다. 필자는 10대인 아들이 주말에 언제 잠에서 깰지 도저히 모르겠다. 현재 거주하는 옥스퍼드의 날씨도 마찬가지로 하루나 이틀 정도는 자신 있게 예측할 수 있지만, 화산 폭발이나 지진이 언제 발밑을 뒤흔들지는 알 수 없다.

위와 같이 우리가 예측할 수 없는 것이 이토록 많은데, 우주가 결정론적이라 추측하는 이유는 과연 무엇일까? 일부 과학자의 주장에 따르면 현재 예측지지 못하는 대성을 완벽히 예측할 수 있는 방정식이 존재하지만, 아직 밝혀내지 못했을 뿐이라고 주장한다. 이에 그 방정식을 발견하는 것은 시간문제라고 말한다. 과학자들은 단백질이 접히는 방식에서 힉스 입자라는 새로운 기본 입자에 이르기까지 많은 것을 예측할 수 있었다. 이처럼 과학자들의 예측 능력은 계속해서 발전하겠지만, 그렇다고 우주가 결정론적이라고 할 수는 없다.

과학자들은 날씨처럼 예측에 실패해 정확하게 측정할 수 없는 체계를 확률론적이라고 칭한다. 결정론을 옹호하는 측에서는 예측 대상이 엄밀히 말해 확률적이지 않으며, 체계를 정확하게 설명하는 방정식을 밝혀내지 못했기 때문에 무작위적으로 보일 뿐이라 반박한다. 우리에게는 날씨가 확률론적으로 보이겠지만, 이러한 무작위성은 사실 하루나 이틀이 넘는 시간 동안의 날씨를 제대로 예측하지 못하기 때문에 나타나는 현상이다. 만약 올바른 방정식을 찾아낸다면, 2081년 1월 7일 오전 9~10시에 샹젤리제의 강우량이 4.2mm라고 정확하게 예측할 수 있을 것이다. 그렇다면 최종적으로 날씨를 결정론적인 요소로 분류할 것이다.

모든 것이 이론적으로 완벽하게 예측 가능한 결정론인 우주라면, 우리의 모든 행동이 이미 정해져 있었을 것이다. 결론적으로 우리에게 자유 의지란 존재하지 않았다는 것이다. 이에 따르면 우리의 뇌를 구성하는 원자의 상호작용과 우리의 행동 모두 필연적으로 일어난 일이다. 이처럼 결정론적 우주에서 자유 의지는 허상에 불과하다. 필자가 이 책을 쓴 것도 우주가 탄생했을 때인 137억 7,000만 년 전부터 이미 정해져 있었고, 필자의 결심은 애초에 없었던 셈이 된다. 그렇다면 필자는 책을 쓰고 싶다는 충동을 절대 억누르지 못했을 것이며, 당신도 어차피 이 책을 구입할 운명이었다.

자유 의지가 허상이라는 생각은 누구에게나 받아들이기 어려울 것이다. 마음에 들지 않는 것은 필자도 마찬가지이다. 실제로 필자는 스스로 결정을 내리고 있다고 느끼며, 다들 책임감 있게 행동한다고 믿는다. 따라서 우리의 행동이 완전히 예측 가능할 수도 있다는 생각이 썩 달갑지는 않다. 하지만 이는 개인적인 감정일 뿐 과학은 아니다. 어떤 가설을 좋아하지 않는다고 해서 사실이 아니라는 법은 없기 때문이다.

양자역학은 기본 입자의 특성을 매우 정확하게 설명하며, 전자와 같은 입자의 움직임이 무작위적이라는 증거가 이를 뒷받침한다. 개인적으로 무언가를 설명할 때, 그 내용이 최대한 간단해야 한다는 오컴의 면도날은 확률론적 우주를 가리키는 말이라고 생각한다. 하지만 이 주장 역시 의견일 뿐 과학이 아니다. 물론 감정적 인식도 중요하지만 과학적이지는 않다.

우리는 입자로 이루어졌고, 입자는 물리학 법칙을 따른다. 그렇다면 입자의 움직임을 예측 가능할 때, 우리의 행동도 결정론적이라고 할 수 있을까? 이러한 관점이 틀렸음을 입증하려면 대안을 제시해야 하고, 이 대안으로 무작위성의 근원을 설명할 수 있어야 한다.

현재까지 우주에서 밝혀낸 유일하며, 제대로 된 무작위성은 이중 슬릿 실험에서 소개한 양자역학 이론으로 설명된다. 양자역학은 전자와 양성자, 중성자, 원자의 움직임을 정확하면서도 확률적으로 설명한다. 양자역학은 물리학에서 이루어 낸 가장 위대한 업적 가운데 하나로, 우주의 가장 기이한 측면에 속하는 '입자는 파동이기도 하다'를 설명한다.

양자역학은 입자의 특성을 확률분포로 설명한다. 예를 들어 입자가 존재할 가능성이 가장 큰 위치와 그렇지 않은 곳을 파동 함수로 나타낸다. 입자의 위치를 측정하려고 하면 측정 장치와 입자 사이에 양자 얽힘이 일어나 파동 함수가 붕괴하므로, 입자의 파동 함수를 직접적으로 관찰할 수는 없다. 다만 실제로 어떻게 보일지 상상은 가능하다. 전자와 같은 입자의 양자역학적 성질을 태양계 수준으로 확대한다면 달은 머나먼 안개처럼 보인다. 이는 해와 밤하늘을 비롯한 모든 물체도 마찬가지로, 안개가 더 짙은 곳이 일부 존재한다. 그 위치를 굳이 측정한다면 안개가 짙을수록 달이 있을 가능성이 높은 위치이다.

양자역학은 과학 역사상 가장 성공적인 이론으로, 기본 입자의 특성을 정확하게 설명한다. 그러나 일부 물리학자는 이론을 해석하는 방법에 문제를 제기한다. 그들의 주장에 따르면 예측 불가능한 무작위적인 움직임을 보이는 입자들이 언젠가는 결정론적임이 밝혀질 테고, 그러면 자유 의지도 더 이상 신뢰할 수 없다. 이와 관련하여 입자의 무작위적인 움직임도 예측 가능해진다는 가설의 한 예가 '다세계 해석 Many Worlds hypothesis'이다. 이 가설의 미묘한 부분을 피해 최대한 간단히 설명하자면 우리가 경험하는 상태는 파동 함수가 붕괴한 결과이며, 이와 동시에 일어날 법한 결과가 모두 우리가 경험하지 않는 평행 현실에서 발생한다는 가설이다. 가능한 결과가 모두 실제로 일어난다는 의견은 확률론적인 요소를 결정론적으로 바꾸는 방식이라는 점에서 기발하지만, 우리가 있는 현실에서는 오직 하나의 결과만 경험할 수 있다.

제3장에서 이중 슬릿 실험을 설명하면서 다세계 해석이나 양자역학의 다른 해석을 언급하지 않은 이유는 실험으로 검증할 수 없기 때문이었다. 우리의 현실 너머에 다른 현실이 있다는 근거도 없거니와, 현재로서는 이를 예측하는 가설을 검증할 방법도 없다. 다세계 해석은 우리 우주를 결정론적으로 정의하는 방법을 제시한다는 점에서 흥미롭다. 하지만 세상의 여러 신화가 흥미롭다고 해서 사실이 될 수는 없다.

다세계 이론처럼 검증할 수 없는 사고 실험은 과학계에서 중요한 역할을 한다. 이러한 이론이 있기에 우리는 어디까지 해석이 가능한가를 철저히 따져 보게 된다. 다만 일부 물리학자들이 우주가 결정론적임을 증명하고자 그토록 애쓰는 모습은 개인적으로 의구심이 든다.

우리에게 주어진 데이터를 참고했을 때, 기본 입자의 움직임은 확률론적이다. 결과적으로 우주도 확률론적이며, 우리의 자유 의지가 존재할 가능성이 커진다. 하지만 여기에서 새로운 의문이 하나 생긴다. 미세한 입자 수준에서의 무작위성을 토대로 우리처럼 훨씬 큰 사물의 비결정론적 특성을 어떻게 해석할 수 있을까?

파동 함수의 붕괴는 이중 슬릿 실험에서 원자가 검출기 스크린과의 충돌로 얽히는 상황과 유사하다. 검출기 스크린의 파장은 본체에 비하면 무시해도 좋을 정도로 매우 짧으므로, 일상 생활에서 보이는 여느 사물과 비슷한 양상을 보인다. 스크린은 입자와 상호작용을 일으키며 감지하도록 설계되었고, 입자가 스크린에 얽혀 하나의 물체가 된다. 그리고 스크린에 얽힌 입자는 수백만 개의 원자로 구성된 단일한 물체이므로, 다른 대형 물체와 같이 예측 가능한 방식으로 움직인다. 스크린을 검사대에서 분리하면 바닥에 떨어지고, 스크린에 공을 던지면 튕겨 나올 것이다.

일부 과학자들이 결정론적인 우주를 좋아하는 이유도 위와 같이 확실하고 익숙한 움직임을 보이기 때문이다. 하지만 모든 고체가 검출기 스크린과 같은 특성을 보이지는 않는다. 어쩌면 생명체는 입자의 무작위적인 특성을 활용해 자유 의지를 가능케 하는 방법을 이미 찾았을지도 모른다.

한편 양자생물학은 신생 분야임에도 흥미진진한 견해들이 싹트기 시작하고 있다. 가령 조류와 일부 박테리아 및 전체 식물이 빛과 물, 이산화탄소로 당을 생성하는 과정인 광합성은 양자역학의 원리로 햇빛의 광자를 광합성에 이용할 에너지로 전환한다. 광합성은 생명체의 역사 초기부터 진화를 이루었으며, 이는 무려 35억 년 전부터 생명체가 양자 현상의 활용법을 일찌감치 발견했음을 시사한다.

또한 일부 효소 및 뇌에서 신경전달물질의 작용 방식에 양자역학이 중요한 역할을 한다는 증거가 등장하기 시작했다. 최근 영국 서리대학교의 생물물리학자들은 일부 유전자 돌연변이가 양자 난수성 quantum randomness 때문이라는 데이터와 실험 모델을 확보한 바 있다. 유전자 돌연변이는 배아 발생 과정에 영향을 미치며, 진화와 생명체 확산의 원동력이기도 하다. 즉 해당 현상은 우리가 확률적 과정의 결과물이라는 근거를 일부 제시하며, 우주의 탄생 시점에 필연적으로 예정된 존재가 아님을 보여 준다. 만약 우주가 확률론적이고 양자 난수성이 진화에 영향을 미친다면, 우주를 다시 만드는 실험을 하더라도 우리는 나타나지 않았을 것이다.

위와 같은 양자생물학계에서의 일부 주장은 여전히 논란의 여지가 있다. 따라서 회의적인 반응을 보이는 과학자들을 설득하려면 더 많은 증거가 필요하다. 생물에 존재하는 분자의 다수는 개별 원자처럼 움직이기에는 너무 크다. 그리고 일부 과학자는 따뜻하고 습윤한 세포 내부 환경에서는 작은 입자가 보이는 양자의 특성을 활용할 수 없다고 주장해 왔다.

그러나 생물학적으로 분자 간 상호작용이 세포 내에서 이루어지는 수많은 과정에 영향을 미친다는 사실을 우리는 이미 알고 있다. 실제로 이 수준에서 무작위적인 양자의 상호작용이 일어난다. 어쩌면 무작위성이 우리의 존재를 우연히 만들어 낼 방법이 잠재적으로 존재할 가능성이 있다.

현재 몇몇 과학자는 세포 내부야말로 양자 과정 quantum process 이 더 높은 수준에서 일어나 생명체의 역학 관계에 영향을 미치는 이상적인 환경이라고 주장한다. 하지만 이 해석은 양자역학이 의식과 자유 의지를 만들어 냈을 가능성에 대한 답이 될 수는 없다. 따라서 현재로서는 근거가 미약하므로 추측에 의존할 수밖에 없다. 이에 다세계 해석을 지지하는 이들은 검증이 불가능한 가설을 제시하고 있다는 이유로 필자를 공격할 것이다. 그러나 이 이론이 그나마 검증 가능성이 더 높다는 것이 필자의 입장이다.

의식의 진화를 다룬 제8장에서는 신피질이 정보를 처리하는 과정을 설명하였다. 신피질은 뇌에서 수많은 주름이 형성된 곳이자 차지하는 비율이 매우 높은 부위이며, 인간에게 지성을 부여한다. 감각 기관인 눈과 귀, 코, 피부, 혀에서 신피질로 보낸 신호는 신경망으로 전달되며, 뉴런의 발화로 특정 대상을 인지하게 된다. 이 내용은 미국의 배우 제니퍼 애니스턴을 예로 들어 설명한 바 있다.

그리고 전체 신피질 가운데 다른 부위에 있는 뉴런이 함께 발화하기도 한다. 그리고 여러 뉴런에서 생성한 신호를 처리하는 과정에서 현재 경험 중인 정보의 해석 방법을 두고 합의를 거친다. 이후 다른 뉴런에서는 우리가 어떻게 반응할지 최종적으로 결정을 내린다.

아직 데이터가 매우 부족한 와중에도 심리학자와 수학자, 철학자, 물리학자들은 양자역학이 의식에서 어떠한 역할을 하는가에 대하여 여러 가설을 제시했다. 또한 시냅스를 통해 신호를 주고받는 뉴런의 전기적 활성이 지각의 근원으로 추정된다. 따라서 분자 수준의 확률적인 양자 과정은 의식, 더 나아가 자유 의지의 형성에 기여할 가능성이 충분하다. 하지만 그 정확한 원리는 아직 추측에 그쳐 있다. 그렇지만 초당 수십만 개씩 발화하는 시냅스에서 양자 난수성이 우리가 결정을 내리는 데 모종의 역할을 수행할 가능성을 배제할 수는 없다.

이상으로 과학에서 추측으로 남아 있는 부분을 알아보았다. 이제부터는 보다 탄탄한 근거가 있는 내용으로 다시 돌아가 보도록 하자.

우연이 이끈 시간

수많은 과학자와 철학자들이 컴퓨터와 인간의 뇌를 비교해 왔다. 그들은 주로 컴퓨터가 인간 뇌의 작동 원리를 어떤 측면에서 모방하는지 주목한다. 이와 같은 비교는 인공지능이 우리의 일상에 자리 잡으면서 그 수가 더욱 늘어났다. 체스 등의 게임을 하거나, 분석이 난해한 문제를 대상으로 최선 또는 이에 가까운 해법을 찾는 과정에서 컴퓨터가 결정을 내리는 알고리즘의 다수는 난수를 이용한다. 일례로 ChatGPT에게 문제 해결을 요청하면 난수를 활용하여 답을 제시한다. 또한 컴퓨터 과학자들은 무작위성을 활용해 온갖 종류의 계산 문제를 해결하며, 이들 문제는 현재까지 모두 확률에 의지하는 것 외에 다른 방법이 없다. 이처럼 무작위성은 문제의 해법을 구하는 데 활용할 수 있다.

만약 유전자 돌연변이가 우리의 추측대로 우연에 기인한다면, 우리는 무작위로 일어나는 사건 덕분에 존재하는 셈이다. 진화가 더 경쟁력 있는 생물을 만드는 데 무작위성이 도움을 준다거나, 컴퓨터 과학자들이 문제의 최적해 optimal solution 를 구하는 데 그러한 특성을 활용한다는 사실을 언뜻 받아들이기 어려울 것이다. 그렇다면 필자가 진행했던 연구 중 난수를 활용해 문제를 해결한 사례를 소개하겠다.

필자는 박사 학위 연구로 씨앗 포식 동물과 초식 동물이 미국과 영국 숲의 나무 생산에 미치는 영향을 조사했다. 지금 생각해 보면 이 연구가 학계에서 큰 진보도, 퇴보도 이룬 것 같지는 않다. 하지만 연구를 진행하며 많은 것을 배웠는데, 그중 하나가 컴퓨터의 난수 생성기를 활용하여 다람쥐의 씨앗 및 실생 포식을 통계학적 모델로 구축하는 방법이었다.

필자는 숲의 바닥을 사슴이 없는 구역, 다람쥐가 없는 구역, 그 외의 구역으로 구분하여 도토리를 여기저기 놓아 둔 결과, 꽤 많은 데이터를 수집했다. 이에 얼마나 많은 도토리가 동물에게 먹혔는지 확인한 다음, 씨앗이 다른 장소에서 발아하는 가능도 likelihood 에 씨앗을 포식하는 척추동물이 미치는 영향을 설명하는 수학적 모델을 세웠다.

그다음 작업으로 수학적 모델과 실험 데이터를 결합한 후, 모델에서 필자가 수집한 데이터의 차이를 가장 잘 설명하는 매개변수값을 구했다. 필자는 터보 파스칼 Turbo Pascal 로 프로그램을 만들어 모델에서 매개변수별로 가능성이 가장 큰 값을 찾았다. 해당 프로그램은 난수를 활용하여 실제로 일어날 확률이 가장 높은 해답을 도출하는 메트로폴리스–헤이스팅스 Metropolis-Hastings 알고리즘을 탑재했다. 이 알고리즘의 작동 원리는 안개가 자욱한 밤에 순간 이동 장치와 난수를 활용하여 산맥에서 가장 높은 지점을 찾는 과정과 유사하다.

위와 같은 상황에서는 당신이 서 있는 위치마다 고도를 측정할 수 있다. 고도를 확인하면 이동할 방향을 임의로 정해 두고, 미리 설정한 거리만큼 순간이동 후 새로 도착한 장소에서 고도를 측정한다. 그리고 이전 고도와 새로 측정한 고도를 비교한다. 새로운 장소의 고도가 더 높다면 70%의 확률로 그곳으로 이동하지만, 그 반대라면 70%의 확률로 이전 위치로 돌아온다. 그리고 이 과정을 반복하며 산맥 전체를 분석한다.

메트로폴리스–헤이스팅스 알고리즘에서는 가능도 표면 likelihood surface 을 살펴본다. 지구 표면의 위도와 경도 좌표는 알파, 베타 등 매개변수의 이름으로, 고도는 가능도라는 통계량으로 치환된다. 가능도는 매개변수를 적용한 모델에서 당신이 수집한 데이터를 얼마나 잘 예측하는가를 설명하는 값이다. 가장 가능도가 높은 값을 최대가능도라고 하며, 산맥에서는 가장 고도가 높은 봉우리에 해당된다. 해당 알고리즘은 가능도 표면을 분석함으로써 최대가능도를 찾아내는 기법에 속한다.

한편 모델에 매개변수가 둘 이상이라면 산맥으로 비유한 바와 약간 어울리지 않는다. 만약 해당 비유에서 위도와 경도 좌표 대신 알파, 베타, 감마, 델타라는 네 가지 매개변수를 모델에 적용한다면, 각 매개변수에 따라 차원이 추가되므로 2차원이 아닌 4차원의 정보를 분석해야 한다. 그리고 위도, 경도 좌표에 고도를 합하면 3차원,

네 가지 파라미터와 모델의 가능도를 합하면 총 5차원의 정보가 된다. 3차원 이상의 표면을 시각화하는 방법은 잘 모르겠지만, 수학적으로는 존재한다. 필자가 이를 산맥에 빗댄 이유는 훨씬 상상하기 쉽기 때문이었다. 메트로폴리스-헤이스팅스 알고리즘은 다차원에서도 유효하므로, 과학자들은 모델에서 가능도를 극대화하는 모든 매개변수값을 구할 수 있다.

다만 메트로폴리스-헤이스팅스 알고리즘이 제대로 작동하려면 두 가지 요령이 필요하다. 이에 대한 내용은 다음과 같다.

첫 번째로 이동 거리를 설정할 때 전체 가능도 표면을 분석할 수 있도록 해야 한다. 현재 위치와 다음 위치 사이의 거리가 가깝다면 처음 시작했던 산의 봉우리에서 벗어나지 못한다. 산봉우리니 높기야 하겠지만, 다른 봉우리가 더 높을 가능성도 있으므로 산맥에서 가장 고도가 높은 지점이라고 할 수는 없다. 수학적으로 말하자면 원래 목적인 최댓값 global maximum 대신 극댓값 local maximum 을 구한 셈이다.

두 번째로 더 높은 위치로 움직이지 않는 확률은 얼마가 적당할까? 70%도 충분하겠지만, 수용률 acceptance rate 이 다르면 상황에 따라 조금 더 나은 결과를 보일 수 있으나, 해당 문제의 세부 조건에 따라 결과는 달라진다. 메트로폴리스-헤이스팅스 알고리즘은 이동 거리와 수용률이 적절하다면, 산맥 전체를 매핑하고 격자를 입혀 각 지점마다 가능도를 결정론적으로 평가하는 방법보다 더 빠르게 문제의 최적해를 찾을 수 있다. 그렇지만 이 알고리즘은 컴퓨터를 활용하여 통계학과 인공지능 분야의 다양한 문제를 해결하는 수많은 알고리즘의 하나일 뿐이다.

컴퓨터는 흔히 인간의 뇌를 흉내 내는 것처럼 묘사된다. 어쩌면 인간 또한 무엇을 하고 어떻게 행동할지 무작위성을 활용하여 결정하고 있을지도 모른다. 인간이 활용할 수 있는 무작위성 중 기본 입자와 원자, 분자 수준에서 일어나는 양자 난수만이 유일하게 알려져 있다. 하지만 언젠가 과학이 우주에 존재하는 무작위성을 밝혀낼 것이다.

진화생물학자들도 진화로 더 경쟁력 있는 개체나 혈통 또는 종이 만들어지는 원리를 고민할 때, 산맥에 대한 비유를 적용한다. 다만 진화생물학에서는 매개변수와 위도, 경도가 표현 형질값으로 대체되며, 고도는 특정 개체가 생존과 번식에 유리함을 나타내는 표현 형질값으로 바뀔 뿐이다. 돌연변이가 무작위적이라는 말은 일부 개체에서 더 좋지 않은 표현 형질값이 나타나 부모보다 생존과 번식에 불리해짐을 의미하지만, 때때로 그 반대의 표현 형질값이 탄생하기도 한다. 이처럼 진화는 생존과 번식의 정점을 향해 천천히 올라가지만, 이 과정에 힘겹게 생존하거나 번식력이 없는 개체도 생긴다.

무작위성은 잠재적으로 생물학 전반에 퍼져 있지만, 연구 분야에서의 활용은 아직 걸음마 단계에 머물러 있다. 양자생물학과 양자의식 quantum consciousness 은 과학에서 완전히 새로운 분야이다. 만약 필자가 오늘 당장 과학에 몸을 담는다면, 해당 분야를 전공으로 선택하기를 진지하게 고려해 볼 것이다. 그 이유는 이 책을 집필하기 위해 자료 조사를 하면서 물리학자들이 양자역학에 결정론적인 과정이 깔려 있음을 설명하는 데이터로 증명하지 않는 한, 필자는 양자의 기묘함을 있는 그대로 기본 특성으로 인정하고 우주가 확률론적이라는 결론을 내릴 것이기 때문이다.

필자가 우주를 복제하는 실험을 한다고 해도 결과는 매번 다르게 나올 것이다. 어쩌면 물리적인 우주가 결정론적이며 실험을 반복하더라도 태양계는 늘 존재하겠지만, 생명체는 확률론적이라는 결론을 얻을지도 모른다. 아니면 특정 시간대에 각 우주에 있는 지구를 확인했을 때 인간이 존재할 수도 있겠지만, 다른 시간대에서는 지성을 가진 사악한 도마뱀이 지구를 주름잡고 있을지도 모른다. 어쩌면 필자는 결정론적 우주를 주장하는 물리학자와 우주가 무작위적이라고 믿는 생물학자를 하나로 합치고 싶을 뿐일지도 모르겠다. 어쨌거나 이 논의 자체는 우리의 존재 이유에 답을 내려 주지 않는다.

필자는 병상에 누웠던 일을 계기로, '내가 존재하는 이유'를 이해하려는 개인적인 여정을 시작했다. 필자가 이해하고 싶은 것은 아직도 너무나 많이 남아 있으므로, 이 책을 쓴다고 인생 여정이 끝났다는 의미는 아니다. 하지만 우리가 존재하는 이유를 조금은 알 것도 같다.

우주가 확률론적이고 지구가 생명체를 연구할 수 있는 유일한 행성이라면, 한 가지 문제가 생긴다. 바로 지구에서 단 한 번만 일어났던 사건의 발생 확률을 산정하기란 불가능하다는 점이다. 특히 지구는 생명체가 존재한다고 알려진 유일한 행성이므로, 아무리 지구와 비슷한 곳이 있더라도 다른 행성에서 생명체가 진화할 확률을 정확하게 계산하기란 현재로서는 불가능하다. 생명체의 등장이 흔한 사건이었는가의 여부를 단정지으려면 더 많은 데이터가 필요하다.

위의 난관에도 불구하고 과학자들은 우리가 존재하는 데 필수적인 사건과 그 이유, 사건이 일어난 과정을 밝혀내는 놀라운 성과를 이루어 냈다. 하지만 여전히 우리의 역사에서 일어난 일부 핵심 사건은 추측만 가능할 뿐이다.

확률을 산정할 수 없는 첫 번째 핵심 사건은 바로 우리 우주의 탄생이다. 우리는 다른 우주를 한 번도 본 적이 없고, 우리 우주 너머를 관측한 사례도 없다. 우리 우주에 가장자리가 있기는 한지, 있다면 그곳이 어디인지조차 알지 못한다. 또한 다른 우주가 존재하는지 확인하기 위해 우리 우주 너머를 관찰할 수도 없다. 따라서 우주가 흔한지 단 하나만 존재하는지도 알지 못한다. 우주가 흔한 존재라면 우리 우주가 전형적인지 특이한지도 알 수 없다. 달리 표현하면 우리는 애초에 우주가 무(無)가 아니라 유(有)인 이유조차 알지 못한다.

다만 우리가 합리적으로 확신하는 내용은 다음과 같다. 우주는 형성 당시 굉장히 뜨거운 에너지인 특이점이었다. 특이점이 팽창 후 온도가 내려가자 네 가지 기본 상호작용이 순식간에 나타났고, 모든 물질의 근원인 기본 입자가 세상에 등장했다. 우주의 형성과 마찬가지로 기본 상호작용의 등장도 단 한 번만 일어난 사건이다.

따라서 중력과 전자기력, 강한 상호작용, 약한 상호작용이 지금과 같은 세기를 가지게 된 것이 필연적인 결과인지 우연에 의한 것인지는 알지 못한다. 만약 우주를 만드는 실험을 다시 하게 된다면 다른 형태의 힘이 등장할지도 모르며, 현재 우주에서 관찰되는 네 가지 기본 상호작용보다 그 종류가 줄어들거나 늘어날 수도 있다. 결과적으로 우리는 네 가지 힘이 왜 존재하는지도 알지 못한다.

다만 생명체에게는 네 가지 힘이 모두 필요하며, 컴퓨터 시뮬레이션에 따르면 각 힘의 세기에 아주 조금의 변화라도 생길 때 우주의 원자나 분자, 별과 행성이 모두 사라져 버릴 수 있다는 것만큼은 확

존재의 역사

실하다. 궁극적으로 우리가 존재하는 이유는 기본 상호작용이 모두 지금과 같은 세기를 지니기 때문이며, 그 덕에 양성자와 중성자, 원자, 별, 분자, 은하, 행성이 탄생하였다. 결과적으로 지금 우리가 존재하는 이유는 기본적인 힘의 세기가 적절하기 때문이다. 이러한 점에서 아직 완벽하지는 않지만, 우리는 과학을 통해 물질의 형성되는 원리와 더불어 지금과 같은 특성을 지니는 이유를 이해하게 되었다.

일부 과학자와 철학자들은 우리 우주에 있는 힘이 생명체가 존재히기 알맞은 세기라는 점에 경이로워한다. 이를 두고 학자에 따라서는 우주가 우연히 탄생했을 리 없다는 증거로 해석하기도 한다. 만약 우리 우주에서 생명체에 알맞은 세기를 가진 힘이 없었다면, 생명체는 진화할 수도 없었거니와 생명체를 목격한 이도 존재하지 않았을 것이다. 우리가 지금처럼 우주를 관찰할 수 있는 것도 생명체의 진화에 적절한 환경 속에 탄생했기 때문이다.

물론 생명체가 살 수 없는 다른 우주도 많겠지만, 아직 관측되지 않았다. 이처럼 적절한 조건으로 생명체가 진화를 이루었다는 논리를 '인류 원리 anthropic principle '라고 한다. 우리가 존재할 수 있는 이유로, 초기 우주에서 최소한 한 곳 이상은 생명체가 존재하기 적절한 환경으로 발달했기 때문이다. 그 이유는 알 수 없더라도 놀랄 필요까지는 없다. 그렇지 않았다면 우리는 존재할 수도 없고, 우리의 존재를 놀라워할 수조차 없기 때문이다. 개인적으로는 인류 원리보다 더 흥미로운 화두가 여럿 있는데, 순환논법 circular argument [145]도 그중 하나이다.

---

[145] 순환논법이란 '미친 사람은 여기 없을 테니 모두 다 미쳤다.'와 같이 결론을 전제로 사용하는 오류이다. 옮긴이.

기본 상호작용을 다루는 표준 모형과 중력을 다루는 아인슈타인의 이론을 통합한다면 우리 우주를 더 완벽히 이해할 수 있을 것이며, 이론물리학에서 흥미로운 연구 분야이기도 하다. 끈이론과 루프 양자 중력 loop quantum gravity 등의 이론은 기본 상호작용을 통합하는 접근법을 제공한다. 하지만 이들 이론을 검증하고 어느 것이 옳은가를 규명하려면 현재의 기술 수준을 뛰어넘을 정도의 에너지가 필요하다. 그럼에도 아인슈타인의 일반 상대성 이론과 표준 모형은 물질이 해당 특성을 지니는 이유를 훌륭하게 설명한다.

이론상으로는 언젠가 대형 강입자 가속기로 현재 실험 수준보다 초기 우주에 조금 더 가까운 상태를 조성하는 날이 찾아올지도 모르겠다. 그리고 해당 기기를 실험에 활용함으로써 기본 상호작용이 지금의 특성을 가지고 탄생한 이유와 원리를 밝혀낼 수 있을 것이다. 그러나 현재 기술력으로 앞의 실험이 가능한 기기를 만들어 내기에는 아직 역부족이다.

필자가 기본 상호작용이 모두 존재하는 상태로 양자 현상이 완전히 무작위적인 우주를 만든다면 지금과 비슷한 우주가 탄생하겠지만, 동일하지는 않을 것이다. 기본 상호작용이 현재의 우주와 같은 수준이라면 물리 및 화학 작용 또한 우리가 살아가는 현실에서 과학자들이 밝혀낸 원리와 다르지 않을 것이다.

그리고 1세대 별은 수소와 헬륨으로 이루어져 있다. 이 별이 죽으면 더 무거운 원소들이 지금 존재하는 비율대로 만들어질 것이며, 우리에게 친숙한 분자들도 나타날 테다. 물과 이산화탄소, 질소, 메테인, 금, 우라늄 등의 원소 및 분자는 지금의 우리 우주처럼 흔해질 것이다.

위와 같이 기본적인 힘은 모든 원소와 분자의 역학을 결정짓는다. 따라서 우리 우주와 같은 조건에서 실험적으로 만든 우주에서도 관측되는 과정이 동일하게 나타날 것이다. 하지만 두 우주는 각각 고유한 존재이다. 새로운 우주에서 우리가 존재할 수도 있겠지만, 반드시 그렇게 되리라는 보장은 없다.

한편 우리가 사는 우주가 확률론적일 때, 마찬가지의 실험을 한다면 태양계는 존재하지 않을 가능성이 크다. 초기 우주는 완선히 균질한 상태는 아니었으며, 에너지 세기와 형성된 기본 입자의 밀도에 조금씩 차이가 있었다. 그 결과 매우 젊은 우주의 일부 권역에는 쿼크와 전자가 더 많았다. 밤하늘에 은하가 흩어져 있는 현상도 바로 이러한 차이에서 비롯된다.

수학적 모델에 따르면 초기 물질의 차이는 양자 난수성에 따라 발생했을 가능성이 크다. 확률론적인 우주에서는 우주가 형성될 때마다 은하의 배치가 매번 달라진다. 물론 크고 작은 은하를 비롯하여 나선 은하와 타원 은하가 배치된다는 점은 동일할 것이다. 다만 우주마다 어떠한 은하가 생기는가는 달라진다. 은하수와 태양, 지구 등 태양계 행성은 우리 은하에만 존재할 것이다.

우리 은하는 고유하지만, 그렇다고 특별한 존재는 아니다. 오히려 은하의 크기로 본다면 평균적이라고 할 수 있다. 태양계 또한 사정은 마찬가지이다. 태양은 평균적인 크기의 별보다 조금 더 클 뿐이다. 그리고 망원경으로 다른 별을 관찰했을 때, 우리처럼 별을 중심으로 행성이 공전하는 모습은 딱히 특별하지 않다.

NASA 보고서에 따르면 항성 6개 가운데 1개 이상은 지구 크기의 행성을 지닌다. 다만 이들 행성이 공전하는 항성은 경우에 따라 태양과 완전히 다르다. 또 다른 연구에서는 태양과 비슷한 크기의 별 5개 중 1개꼴로 생명 가능 지대 안에 지구만 한 행성이 존재한다고 한다.

반면 태양만 한 별 20개 중 하나인 목성이나 토성 같은 거대 가스 행성이 주위를 공전한다. 두 행성은 현재 지구의 공전 궤도를 결정하는 데 매우 중요한 역할을 했다. 결론적으로 지구와 유사하게 생명체가 생존할 가능성이 큰 행성이 있는 항성계는 우리 은하에서 딱히 특별하지 않으며, 다른 은하에서도 비슷한 빈도로 발견된다고 보아야 한다.

우주의 크기를 감안하면 기본 상호작용, 항성과 일정 거리를 유지한 상태에서의 공전 등의 조건으로 지구와 같이 생명체가 살기 적합한 행성이 존재할 가능성은 매우 높아 보인다. 하지만 지구에 생명체가 살 수 있는가의 여부는 생명 가능 지대 안의 위치 외에도 공전 궤도와 자전 속도의 영향을 받는다. 현재 지구와 비슷한 다른 행성에서 이러한 특성이 있는가를 연구할 데이터가 없지만, 해당 연구를 제안한 과학자들의 노력에 힘입어 머지않아 데이터를 확보할 수 있으리라 본다.

다만 지금 필자가 글을 쓰는 시점에는 하루 24시간이 평범한지, 특별한지는 알지 못한다. 우리와 가장 가까운 화성은 하루의 길이가 지구와 유사하지만, 그다음으로 가까운 암석 행성인 금성은 하루가 5,832시간이다. 이와 관련한 더 많은 연구가 필요하겠지만, 지구와 비슷한 행성이 그토록 많음을 고려한다면 생명체가 살기에 적합한 공전 궤도와 자전 속도를 지닌 행성이 반드시 존재할 것이다.

달 또한 지구에 사는 생명체에게 중요한 존재로, 지구 공전 궤도의 흔들림을 줄여 기후 안정성 유지에 도움을 준다. 아직은 다른 항성계에서 지구와 비슷한 행성을 도는 위성의 개수를 셀 수 있을 정도로 기술이 발달하지 않았다. 하지만 태양계 행성에서는 위성의 수만 200개가 넘을 정도로 흔하다.

위성은 행성이 탄생과 함께 만들어지거나, 유성이나 혜성, 심지어 다른 행성의 궤도에서 이탈한 위성에서 유래하거나, 아니면 달처럼 **충돌**을 통해 생성된다. 지구는 위싱이 있는 행성 가운데 태양과 가장 가까우며, 달은 태양계에서 다섯 번째로 큰 위성이다. 달 자체는 조금 특이한 위성이라고들 하지만, 다른 별을 중심으로 공전하는 지구와 비슷한 행성에서 하나 또는 그 이상의 위성이 있을 것이다.

지구의 공전 궤도, 하루의 길이, 자전축의 기울기가 모두 적절하고, 달이 존재한다는 사실 또한 우리가 존재하는 이유의 일부를 차지한다. 그렇다면 이들 특징은 모두 특별한 것일까? 우주를 더 관측해 본다면 이 질문의 답을 찾을 수 있을 것이다.

우리가 지구와 판박이인 행성이 드물다는 결론을 내리더라도, 우주는 상상 이상으로 광활하다. 그리고 그러한 행성은 우리 은하에만 수십만 개에서 수백만 개가 존재할 가능성이 있다. 그러나 생명체가 살아가기 위해서 반드시 지구와 비슷한 행성일 필요는 없을 것이다. 생명체는 지구와 매우 다른 행성이나, 심지어 액체 상태의 물이 있는 위성에서 나타날 가능성도 있기 때문이다. 토성의 위성 엔셀라두스나 목성의 위성 유로파는 두꺼운 얼음층 아래에 액체 상태의 물이 염분을 가진 바닷물로 존재한다.

화성 또한 과거에 지구와 비슷한 크기의 바다가 있었지만, 30억 년 전 우주로 소실되었다. 한편 외행성[146]의 4~5개 위성에 있는 바다는 두꺼운 얼음층 아래에 갇혀 있을 가능성이 있다. 그렇다면 화성과 외행성의 위성에서 생명체가 진화할 수 있었을까? 물론 지금까지 그렇다는 증거도, 자세히 연구할 기회도 없었다.

이제 우리는 생명체의 존재를 어떻게 정의할 수 있을까? 생명체는 온 우주에 넘쳐나고 있을까, 아니면 지구에만 존재할까?

유성과 운석, 우주진을 연구한 결과 생명체를 구성하는 물질인 핵산과 아미노산을 비롯한 유기화합물은 우주에서 흔히 형성되는 것으로 밝혀졌다. 그리고 이들 분자는 지구에서도 만들어진다. 결론적으로 생명체의 시작에 필요한 핵심 분자가 흔하다면, 생명체의 갑작스러운 등장을 일반적인 현상이라고 보아도 되는 것일까?

생명체의 등장 과정에는 에너지가 필요하다. 이와 관련하여 당시 지구에서 생명체의 등장에 필요한 에너지원은 화산으로 추정된다. 그러나 화산은 지구 고유의 지형은 아니다. 사화산이 일부 섞여 있기는 하지만, 수성과 금성, 달, 화성, 그리고 목성의 위성인 이오에도 화산이 관측된 바 있다.

화산 에너지와 유기화합물의 결합으로 생명체가 탄생한 원리는 여전히 불확실하다. 그러나 과학자들은 생명체가 시작한 원리에 그럴듯한 가설을 세웠지만, 실험적으로 재현에 필요한 필수 조건을 아직 파악하지 못했다. 하지만 막은 쉽게 형성되는 데다 자가 촉매 반응 또한 드문 현상이 아니며, 필연적으로 간단한 물질대사도 진행되

---

146 태양계 행성 중 지구보다 바깥쪽에 위치한 행성. 옮긴이.

었을 것으로 추정된다. 다만 우리는 이러한 생명체의 핵심 요소들을 하나로 합할 간단한 방법을 모를 뿐이다.

생명체의 시작에 필요한 조건을 모르더라도 초기 지구의 조건이 특별했다고 생각할 이유는 없다. 하물며 생명체의 등장이 드문 현상은 아닐까 미심쩍어할 필요도 없다. 물론 생명체의 시작에 굉장히 특이한 조건이 필요하며, 그 조건이 지구에서만 충족되었을 가능성을 배제할 수 없기는 하다. 하지만 실제로 그렇다는 근거는 전혀 없으므로, 원시 생명체는 우주의 일반적인 특징이라는 결론이 합리적일 것이다.

그러나 원시 생명체가 반드시 RNA와 DNA를 활용할지는 미지수이다. 어쩌면 자가 조립 매뉴얼이 다른 분자로 암호화될 수도 있겠다. 하지만 아미노산이 혜성과 유성에서 발견된 점을 고려하면, 개인적으로는 생명체가 세포를 만들 때 RNA와 DNA를 일반적인 암호화 수단으로 사용할 것으로 보고 있다.

다만 문자가 비슷한 프랑스어, 영어, 스페인어는 실상 다른 언어이듯, 독자적으로 진화한 DNA 기반 생명체에서 우리가 아는 3염기가 동일한 아미노산을 암호화한다는 보장은 없다. 지구에서는 시토신–아데닌–구아닌이 글루타민을 암호화하지만, 다른 곳에서는 발린 valine 이나 세린 serine 을 암호화할 가능성이 있다. 혹은 생명체가 사용하는 아미노산 자체가 완전히 다를 수도 있다.

일단 생명체가 발생하면 동종과 이종을 불문하고 개체 간의 경쟁은 불가피하다. 경쟁 대상은 언제나 자원이며, 진화를 거쳐 다양한 종류의 자원을 이용하거나 새로운 자원을 이용하는 능력을 지닌 생명체가 등장한다. 진화는 언제나 자원을 보다 효율적으로 탐색 및 획득하고 활용할 개체를 선택한다.

또한 여러 생명체 간의 경쟁으로 적응력이 가장 뛰어난 개체가 그보다 덜한 개체를 밀어내는 모습은 전 우주에서 공통적인 현상일 것이다. 지구도 마찬가지로 경쟁의 결과에 따라 생명의 나무에서 진핵생물의 종류가 더욱 다양하고 복잡해졌다. 생명체가 분화할 때, 일부는 다양한 경쟁자를 대상으로 복잡한 환경에서 번성하는 전략을 선택한다. 따라서 필연적으로 복잡성이 증가할 가능성이 있다. 이는 생명체가 일단 출현한다면 일반적으로 번성하면서 점점 복잡해지기 때문으로 추측된다.

그다음 의문점은 다세포생물의 진화가 필연적인가의 여부이다. 지구의 경우 다세포화에는 대기 중 산소가 필요하다. 산소는 화학 합성과 광합성으로 물질대사에 필요한 에너지를 생산하던 초기 생명체가 대부분 배출한 부산물이었을 것이다. 또한 산소는 반응성이 매우 높아, 마찬가지의 성질을 지닌 다른 원소나 분자와 산화되기 전까지는 유리 산소가 대기 중에 축적될 수 없다. 큰 행성이라면 지표면의 분자가 산화하는 데는 시간이 걸리게 마련이다. 지구는 대기 중 산소 농도 증가가 시작되기까지 15억 년의 시간이 걸렸다.

다세포생물은 진화하는 데 대기 중 산소가 필요했지만, 산소 농도가 높아지기 시작하자 실제로 최소 25번 이상의 진화가 일어났다. 진핵세포에서 산소를 이용해 물질대사를 하려면 미토콘드리아가 필요하다. 그리고 미토콘드리아는 다른 세포 내부에서 살아남았던 세균에서 진화했다. 또한 세균이 생존하는 방식인 포식이나 기생이 진화를 이루어야 다른 세포 내부로 들어가 숙주와 상리공생 관계를 이룰 수 있다. 시간이 흘러 해당 세균은 모든 다세포생물이 물질대사에 활용하는 미토콘드리아 등의 세포 소기관으로 진화하였다.

그뿐 아니라 진화는 풍부하지만, 이용률이 낮은 자원을 활용할 수 있는 생명체를 만들어 내는 데 능하다. 따라서 시간만 충분히 주어진다면 다른 행성에서도 포식과 기생이 진화할 가능성은 농후하다. 또한 이러한 진화 이후에는 세균이 숙주 세포 내부에서 생활하는 상리공생 관계가 등장할 가능성도 충분하다.

모든 진핵세포에는 호기성 세균과의 상리공생에서 유래한 미토콘드리아가 있다. 식물세포의 경우 남세균 등 광합성을 하는 세균에서 진화한 엽록체를 지닌다. 이러한 관계가 지구에서 최소 두 차례 이상 독자적으로 진화했음을 고려할 때, 다른 곳에서도 마찬가지이리라 보는 것이 타당하다. 개인적으로 시간만 충분히 주어진다면, 거의 필연적으로 단순한 형태의 생명체에서 다세포생물로 진화가 일어난다고 본다.

지구에서는 다세포생물이 진화하기까지 20억 년이라는 세월이 필요했다. 그동안 지구는 인근에서 날아온 초신성과 유성 충돌, 태양풍에 따른 대기의 소실 등 생명체가 모조리 쓸려 나갈 만큼의 대규모 멸종을 일으킨 사건을 피해 가며 생명체가 살 수 있는 환경을 유지해야만 했다. 결과적으로 지구는 해냈지만, 이를 일반적인 상황으로 간주해야 할지는 미지수다.

생명체는 진화를 시작한 이후 필연적으로 점점 더 복잡해져 갔으나, 격렬한 천체 현상으로 영구적인 종말을 맞을 위험 요소에 취약했다. 이에 우리가 존재하는 이유는 지구가 진화라는 기적이 일어날 수 있도록 생명체가 살 수 있는 상태를 40억 년 동안이나 유지해 왔기 때문이다. 하지만 생명 가능 지대에 이토록 오랜 시간 남아 있는 것이 일반적인 현상인지 아닌지는 알 수 없다.

지구에서 복잡한 다세포생물들이 진화를 이루었음에도 약 5억 년 후에 인간이 등장한다는 보장은 없었다. 돌연변이는 불규칙적이며, 예상 밖의 현상을 일으킨다는 점에서 진화의 양상을 예측하기란 불가능하기 때문이다.

리치 렌스키 Rich Lenski 는 12개의 대장균 집락을 동일한 환경 조건에 놓고 적응시키는 실험을 진행했다. 지금 이 글을 쓰는 시점을 기준으로 해당 실험에서는 7만 5,000번째 세대까지 배양을 진행했다. 처음에는 각 집단이 비슷한 표현 형질을 지니는 방식으로 진화하는 듯했지만, 유전체 분석한 결과 집락마다 발생한 돌연변이의 양상이 달랐다. 다시 말하면 처음에는 표현형 적응 phenotypic adaptation 이 비슷한 듯 보였지만, 이를 야기한 유전자 돌연변이는 동일하지 않았다는 것이다. 물론 표현형이 같더라도 원인이 되는 유전자는 다양할 수 있으므로, 앞의 패턴 자체가 특이한 것은 아니다.

3만 1,000세대에 이르렀을 때쯤, 집락 중 한 곳에서 놀라운 적응 양상이 일어났다. 대장균은 산소가 있을 때 물질대사의 주 에너지원으로 포도당을 활용하지만, 그 반대의 환경에서는 시트르산이라는 화합물을 사용하기도 한다. 실험실에서 배양하는 대장균에게는 일반적으로 포도당과 시트르산을 에너지원으로 공급하는데, 산소가 있을 때는 시트르산을 이용하지 않는다.

렌스키의 장기 진화 실험에서도 마찬가지로 시트르산을 에너지원으로 공급하고 있었다. 그런데 한 집락에서 산소가 있을 때도 시트르산을 이용하도록 진화하였다. 이러한 진화는 단 한 번의 돌연변이로는 불가능하며, 여러 돌연변이가 순차적으로 일어나야 하므로 대장균으로서는 쉽지 않은 과정이다. 이로써 해당 집락의 대장균은 다른 집락에서 거들떠보지 않는 자원을 활용할 수 있다. 그러나 오랜 세월이 지나더라도 표현형의 진화에는 반복성이 없어 특정한 형태의 생명체로 진화한다는 보장은 없다.

위와 같이 양자 요동 quantum fluctuation 이 일으켰을지 모를 희귀한 돌연변이는 이따금 지구의 생명체 진화에 중요한 역할을 했을 것이다. 다른 행성에 존재하는 생명체의 진화 또한 지구에서 불규칙적으로 발생한 돌연변이처럼 순서와 횟수까지 완벽히 동일한 양상으로 일어날 가능성은 매우 낮다. 특히 아미노산 암호화에 쓰이는 3염기가 다르다면 그러한 일은 더욱 일어나지 않는다.

과학자들은 표현 형질 대부분의 유전자 구조를 충분히 파악하지 못한 실정이다. 특히 어떠한 표현 형질이 나타날 가능성이 큰지, 진화 가능성이 낮은 특성이 무엇인지는 잘 알지 못한다. 지구상에 현존하는 생명체는 과거 일어났던 돌연변이와 자연 선택으로 이루어진 결과물이다. 이 가운데 자연 선택은 반복적으로 일어나지만, 유전자 돌연변이는 그보다 덜하므로 수백만 년이라는 세월이 지나면 꽤 다른 결과물이 나온다.[147] 사슴과 캥거루는 유럽과 호주에서 각각 생태학적 역할이 비슷하며, 두 동물 모두 초목을 먹고 자람에도 생김새는 매우 다르다.

다른 행성에서 다세포생물이 진화한다면 우리에게 익숙한 생김새를 가진 결과물이 나올 수 있는가 하면, 매우 특이한 모습이 나오

147　이와 관련하여 추운 지방에서 털이 두터운 개체들은 모두 반복적으로 자연 선택이 일어나겠지만, 돌연변이는 매번 다른 결과가 나온다. 옮긴이.

기도 할 것이다. 작은 녹색 인간 형태의 외계인도 실제로 가능한 형태라고 하겠다.

일단 다세포생물이 탄생하면 필연적으로 빛과 음파, 냄새 분자, 촉감을 감지하는 방향으로 진화가 일어날 것이다. 그리고 이 과정에서 어떠한 형태로든 중추신경계와 뇌가 필요할 것이다. 이후 의식이 자연스럽게 탄생하고, 시간이 더 지난다면 지능도 생길 것이다.

지구상에서 지성이 있는 생명체는 인간과 그 친척뻘인 네안데르탈인의 형태로 등장했다. 이외에 돌고래와 코끼리, 까마귀, 문어 등 유연관계가 덜 가까운 종 또한 꽤 복잡한 과제를 해결하는 능력이 있다는 점에서 돋보인다. 비록 복잡한 언어와 기술의 발달은 영장류에서만 진화했지만, 이는 다른 종이 진화할 수 없다는 의미는 아니다.

일부 작가와 과학자들은 생명체, 그중에서도 지적 생명체가 드물 가능성이 크다는 결론을 내리고 있다. 그러나 근거가 부족하므로 개인적으로 그러한 판단은 시기상조라고 생각한다. 은하나 별이나 항성계나 우리 우주에 있는 것들은 대부분 분포를 이루기 때문이다.

가령 은하에 있는 별은 최대 100조 개나 된다. 별의 크기도 천차만별이며, 우리 은하도 그 중간 어디쯤에 위치해 있다. 별다른 근거가 없는 상황이라면 우리의 관찰 대상이 평균에서 동떨어져 있다고 여기기보다 평균에 가깝다고 결론짓는 편이 가장 합리적이다. 우리 은하와 태양은 평균적이며, 암석 행성이 생명 가능 지대에 위치하는 것 또한 전혀 특별한 일은 아니다. 알고 보니 지구가 의외로 우주에서 꽤 일반적인 행성이고, 생명체도 흔하다고 밝혀질지도 모를 일이니 말이다.

그렇다고 모든 행성과 별을 샅샅이 뒤지지는 못하겠지만, 감히

존재의 역사

개인적인 의견을 말하자면 생명체의 진화는 액체 상태의 물과 화산 활동이 있는 암석 행성에서 흔히 이루어진다고 하겠다. 그리고 지구만이 지적 생명체가 탄생한 유일한 행성은 아닐 것이다. 생명체는 곧 화학 작용이며, 이러한 작용은 일련의 규칙을 따른다. 따라서 조건만 맞다면 생명체는 계속해서 나타날 것이다.

종이라는 관점에서 인간은 어쩌면 우주에서 매우 특별한 존재일 것이다. 태양 주위를 공전하는 다른 행성에서는 우리와 같은 유전 암호를 지닌 종이 진화하였을 것 같지는 않다. 유전자 돌연변이는 불규칙적으로 일어난다. 우리는 조상의 유전체가 40억 년 동안이나 거쳐 온 돌연변이의 산물이다. 다른 행성이라도 지구와 같이 무작위 사건으로 동일한 결과가 나타나지 않을 것이니, 앞으로도 우리가 고유한 종이라는 사실에는 변함이 없다.

한편으로 고도화된 기술을 앞세운 문명이 발전하려면 에너지 접근성이 좋아야 한다. 에너지가 없다면 망원경이나 컴퓨터, 입자 가속기를 개발하고 제작할 대규모 정보를 활용할 수 없었을 것이다. 이에 우리 문명은 석탄을 토대로 세워진 뒤 석유로 대체되었다. 만약 문명의 기반이 조력이나 지열, 풍력이었다면 지금처럼 발전하지는 못했을 테다.

그렇다면 석탄처럼 접근성이 좋은 에너지는 얼마나 흔할까? 물론 증거가 없기에 단언할 수는 없지만, 고도의 외계 문명이 화석연료에 기반한 경우는 매우 드물 것이다. 지구에서 석탄은 세균과 진균이 죽은 식물을 자원으로 활용하지 못해 형성된 것으로, 이때 만들어진 탄화수소는 우리 문명을 구축하는 기틀이 되었다.

진화는 강력한 힘이지만, 이 힘을 발휘하기 위해서는 불규칙적인 유전자 돌연변이가 선행되어야 한다. 석탄이 만들어질 수 있었던 이유는 따뜻한 석탄기에 축적된 죽은 나무를 자원으로 활용할 수 있도록 하는 유전자 돌연변이가 생명체에서 일어나지 않았기 때문이다. 문명의 발달과 진보가 우연히 일어난 유전자 돌연변이에 좌지우지된다면, 문명 자체가 드물어질지도 모를 일이다. 이렇게 우리는 진화의 원리와 새로운 형태의 생명체가 탄생하는 이유와 함께 우리 또한 우연히 진화한 존재임을 알게 되었다. 그렇다면 문명도 마찬가지일 가능성이 있으며, 이는 어쩌면 인간만큼 발달한 극소수의 종만이 우주를 이해할 수 있음을 의미한다.

우리가 존재하는 이유

필자의 성격은 당신과 마찬가지로 역사 속 우연의 산물이다. 지금의 모습이 되기까지 어떠한 역사적 사건을 거쳐 왔는지는 확실하게 설명할 수 없을지라도 말이다. 그동안 필자에게는 독특한 사건과 경험이 왔다 갔고, 이들 경험이 필자를 형성하는 데 도움을 주었다. 필자의 성격과 욕구, 그리고 존재의 이유를 이해하고자 하는 집요함은 유전자와 일평생 겪어 온 환경에 기인한다.

필자가 만약 영국 튜더 왕조 또는 프랑스 나폴레옹 시대, 심지어 고대 아테네에 태어났다면, 그 욕구와 열의는 달라지지 않았을까. 그리고 말라리아를 앓았던 경험이 스스로 어떠한 사람인가를 결정짓는 핵심 사건이라고 믿지만, 증명은 할 수 없다. 이처럼 역사가 만들어 낸 우연이라도, 과학자들은 지금과 같은 성격을 지니게 된 원인을 일부나마 설명할 수 있다. 그 원인은 바로 선천적, 후천적인 요소와 우연이다.

요컨대 우리 존재의 역사는 기본 상호작용의 힘이 적절했고, 이들이 은하와 별, 그리고 행성의 탄생에서 시작된다. 그리고 적합한 조건하에 생명체의 탄생을 촉발하는 화학 작용이 있었고, 진화를 거쳐 더욱 복잡해지고 지적인 존재로 거듭났다. 필자는 우리 우주가 확률론적이고, 이러한 특성은 기본 입자 수준에서 나타난다고 믿는다. 따라서 생명체는 생물 수준에서 양자 난수성을 활용할 방법을 찾았으므로, 복잡한 생명체는 자유 의지를 지닌다는 점에 납득했다.

그 외에도 죽음을 맞이하기 전까지 알고 싶은 것들이 아직도 많다. 필자는 이 세상이 무(無)가 아니라 유(有)인 이유와 더불어 생명체의 시작을 이끌었던 조건이 무엇이었는지도 알고 싶다. 필자가 살아 있는 동안 과학자들이 전자를 해결할 수 있을지는 의문이다. 그러나 적어도 죽기 전까지는 실험실에서 간단한 생명체를 만들 수 있는 날이 오기를 소망한다. 물론 쉽지 않았지만, 우리는 진전을 이루고 있다. 필자는 우리가 존재하는 이유에 관하여 많은 것을 알게 되었지만, 아직 전부를 아는 것은 아니다. 우리는 과학의 힘으로 먼 길을 걸어왔지만, 우리 존재의 역사는 여전히 미완성 상태이다.

이쯤이면 우리의 존재를 설명하는 과정에서 비과학적인 내용을 다루지 않을 수 없다. 수많은 사람들이 신이나 생명력, 우주 에너지가 있기에 존재할 수 있다고 믿는다. 그리고 이러한 믿음이 널리 퍼진 만큼, 그 믿음이 모두 틀린 것일까? 적어도 필자는 그렇다고 생각하지만, 이것이 믿음을 품은 이들을 존중하지 않겠다는 의미는 아니다. 어쩌면 필자의 성격에 그러한 면이 있어서일지도 모르며, 이미 오래전에 잊어버린 어린 시절의 사건과도 관련이 있을 것이다.

수많은 비과학적인 믿음에 내포된 모순은 쉽게 증명할 수 있다. 필자의 지인은 크리스털에 액운을 막아 주는 초자연적인 힘이 있다고 믿는다. 지인은 크리스털을 속옷에 넣어 두고 다니면 자신을 보호할 수 있다고 말한다. 이 정도의 뻔한 헛소리는 대응할 생각조차 들지 않지만, 간단한 실험을 설계하면 반박이 가능하다. 임의의 두 집단으로 나눌 정도의 대규모 지원자만 있으면 된다.

실험군 집단에는 크리스털을 바느질해서 넣은 속옷을 1년 동안 입힌다. 대조군 집단은 실험군과 같지만 크리스털이 없는 속옷을 착용하도록 한다. 실험 개시 및 종료 시점에 각 참가자의 신체적, 정신적 안녕을 점수로 평가하고, 실험 기간 동안 그 점수의 변화를 계산한다.

크리스털이 건강에 도움이 되었다면 실험군은 대조군보다 건강 상태가 훨씬 개선되었을 것이다. 이에 개인적으로는 어떠한 차이도 없을 것이라 확신한다. 차이를 굳이 말하자면 실험군 참가자는 크리스털과의 마찰로 피부가 손상될 확률이 높아졌을 것이다. 해당 실험은 실제로 진행되었고, 필자의 예상대로 크리스털은 건강에 아무 이점이 없었다.

그 외에 여전히 증명된 바 없는 괴상한 믿음이 많은데, 이들을 뒷받침하는 증거도 없기는 매한가지다. 기본 상호작용을 넘어 온 우주에 미치는 또 다른 힘이 존재한다는 증거는 어디에도 없다. 생명력이나 긍정적인 에너지장도 마찬가지다. 그리고 인간이 자신의 존재를 설명하기 위해 만들어 낸 신 또한 과학적인 증거는 없다. 그러나 이를 이유로 사람들이 더 끌리기도 한다. 특히 신앙은 맹목적인 믿음에 바탕을 두고 있으므로 반증이 불가능하다.

일반적으로 믿는 자들은 근거가 없어도 믿음을 지키고 교리를 실천하며 살았다면 사후에 보상을 받는다. 이러한 내러티브는 과학으로 반증할 수 없도록 만들어졌으며, 이는 과학과 종교가 종종 충돌하는 이유이기도 하다.

종교와 달리 과학은 근거에 기반하므로 수많은 과학자는 종교에 비판적이다. 반면 사람들은 자신의 존재 이유를 찾아 과학으로 눈을 돌린다는 점에서 독실한 이들은 과학을 위협으로 간주한다. 하지만 종교는 과학과는 다른 방법으로 인생에 목적을 부여하고, 우리는 모두 스스로 특별하다고 여기므로 많은 이들이 종교에 매력을 느낀다.

필자가 12~13세일 무렵, 스스로 특별하다는 생각이 들기 시작했다. 어쩌면 훗날 영국 수상이나 역사상 최고의 올림픽 선수가 되는 등 스스로 위대한 일을 할 운명이라 느낀 것이다. 그렇다고 정치나 운동에 빠지지는 않았겠지만, 왠지 모르게 그 생각을 떨칠 수가 없었다. 육신에 깃든 필자의 영혼은 마치 아무에게나 허락되지 않은 기회를 잡은 느낌이었으며, 이에 인생을 가치 있게 살아야 한다는 일종의 의무감을 느꼈다.

필자는 당시 성공회 학교에서 공부하며, 어린 시절에는 주일학교도 다녔기에 기독교의 하나님을 믿고 있었다. 어머니께서는 일평생 교회를 꾸준히 다녔기에 종교에 큰 의미를 두셨다. 어머께서 대단한 점은 필자가 믿음이 부족하다고 꾸짖으신 적이 단 한 번도 없었다. 그렇기에 우리 가족은 항상 타인의 관점을 존중했다. 어머니께서는 본문의 내용은 물론이고. 다음부터 펼쳐질 이야기에 동의하지 않으시겠지만, 필자가 이 책을 썼다는 사실은 자랑스러워하실 것이다.

10대 중반이 되자, 필자는 더욱더 과학 공부에 매진하며 신앙 생활을 놓아 버리기 시작했다. 시간이 흘러 학부를 졸업할 때쯤에는 완전히 무신론자가 되어 있었다. 이 과정 속에서 필자의 인생에 목적이 과연 무엇인가를 고민했었는데, 말라리아로 병상에 누워 있는 동안 그 답을 내릴 수 있었다.

필자가 스스로 특별하다는 감정을 느낀 경험은 그리 남다르진 않았으며, 오히려 의식의 존재에 따른 필연적인 결과가 아니었나 싶다. 사람들은 다수가 존재의 이유를 고민하면서 느낀 특별한 감정을 자신에게 숭고한 목적이 있기 때문이라고 해석한다. 자신이 존재한다는 사실과 함께 스스로 특별하다고 느끼며, 이 자리에 있는 데는 분명히 이유가 있다고 생각한다. 물론 실제로 그렇다고 느끼기는 하지만 말이다.

그러한 생각을 하는 독자들은 필자가 우리의 존재까지 137억 7,000만 년의 역사적 사건은 잘도 설명하면서 정작 존재의 목적은 언급하지 않아 찜찜한 느낌을 지우지 못했을 것이다. 필자는 진화의 관점에서 존재의 목적은 번식 시도라는 주장 외에 다른 이유는 없다고 본다. 우리의 존재는 물리학에서 기본 상호작용의 세기, 진화, 그리고 수많은 우연의 결과물이다.

한 가지 이해가 되지 않는 점이 있다. 우리의 존재에 유전자 복제 그 이상의 목적이 있다면, 인간의 등장까지 137억 7,000만 년이나 걸린 이유는 무엇인가? 이렇게 오랜 세월이 필요했던 신의 의도는 무엇인가? 그리고 재미없게도 우리는 왜 우주의 중심이 아닌 평범한 은하의 한구석에 있는 것일까? 신이라면 우주에서 더 화려한 곳을 선택하지 않았을까? 이처럼 광활한 우주 속에서 우리가 차지한 곳이 보잘것없음을 감안할 때, 지구에 사는 생명체가 숭고한 목적을 부여받았다는 의견은 조금 오만하게 느껴진다.

그렇다면 인간만이 특별한 종으로서 목적을 부여받은 것일까? 아니면 네안데르탈인도 마찬가지였을까? 증거에 따르면 그들에게도 종교가 있었다. 이에 신은 초기 유인원의 선조에게도 목적을 부여했을까? 아니면 바다에서 벗어나 육지에 발을 디딘 최초의 종도 그러했을까? 최초의 세균은 어떠한가? 어쩌면 생명체라면 모두 신에게서 특별함과 목적을 부여받았을지도 모르겠지만, 그렇다고 우리가 다른 생명체와 구별되지는 않는다.

'존재의 이유'를 구하는 물음에 '목적이 없다'라는 취지의 대답은 우리가 인생을 의미 없이 살아야 한다는 뜻이 아니다. 필자는 어떻게 지금의 모습이 되었는가를 이해하는 데 평생을 보내기로 결심했지만, 이는 운명이라기보다는 개인적인 선택이었다. 이에 시간 낭비라고 생각하는 사람도 분명히 있겠지만, 자발적으로 결정한 문제이므로 딱히 신경 쓰지는 않는다. 필자는 오히려 우리의 존재를 최초로 이야기한 창세기보다 우주의 경이로움에서 훨씬 많은 영감을 받는다. 필자의 존재가 우연의 결과라 해서 인생이 즐겁지 않은 것은 아니다.

필자가 신앙심을 버린 결정적인 이유는 하나님이 전지전능하고 선하다는 기독교의 가르침 때문이었다. 고통과 불평등, 히틀러와 레닌 같은 인간의 존재는 그동안 배워 온 하나님의 모습과 너무나 달랐다. 세상의 참상은 결국 하나님의 뜻이라는 말은 필자에게 설득력이 없다. 필자는 존재의 이유를 우연과 운 덕분임과 동시에 고통과 악행이 존재하는 이유도 설명할 수 있는 무신론을 쌓아 가기 시작했다.

우리가 수십억 년 동안 우연히 작용한 돌연변이와 자연 선택의 결과로 탄생한 종에 불과하다면, 인간성과 도덕, 윤리에 무슨 의미가 있는지 궁금했다. 우리의 존재가 운에 달려 있다고 해서 인간, 그리고 우리의 존재가 재미없고 사소하다는 의미는 아니다. 오히려 인간은 최소한 지구에 유일하게 도시를 세웠으며, 불을 능숙하게 다루었고, 소설도 썼으며, 과학 실험도 한 존재이다.

또한 우리는 뇌에서 의식을 부여받았고 복잡한 아이디어를 타인과 교류할 수 있다. 또한 앞일을 고려하여 향후 닥칠 가능성이 있거나 미래에 일어날 결과에 대비하며 현재의 행동을 수정하는 능력을 지니고 있다. 이러한 점에서 인간은 개미나 개미핥기, 개미귀신과 구별되는 존재다. 일어날 법한 미래를 생각하는 능력은 죽음을 피할 수 없다는 깨달음을 얻게 하며, 우리가 존재하는 이유에 답을 구하려 한다는 측면에서 중요하다.

따라서 우리의 존재 이유가 그저 번식이라는 생물학적 설명은 왠지 인간성이 없어 보인다. 다시 말하면 우리의 생물학적 존재 이유가 대장균, 지렁이, 장미와 동일한 셈이다. 우리 조상은 번식에 성공했고, 후손들도 당연히 필자가 번식에 성공하기를 바라고 있다. 환원주의자들이 말하는 존재의 이유를 필자가 옹호한다면 윤리와 도덕은 어디서 오는 것일까?

진화론자인 다윈이 최초로 제시한 개념에 따르면 교배 상대로 누구를 선택하느냐에 답이 일부 숨어 있다. 사람들이 유전자로 결정되는 특성을 좇아 배우자를 선택하려 한다고 생각해 보자. 그렇다면 매력적인 배우자가 다른 이들보다 더 많은 아이를 낳는 한 그 특성은 미래 세대의 집단에서 더욱 확산될 것이다. 아직 확실하지는 않지만, 도덕관 또한 유전될 수 있다는 증거가 있다. 그러니 당신이 고지식할 정도로 정직하거나 브렉시트 합의안을 발표한 전 영국 총리의 정직하지 않은 성격 또한 유전자의 영향을 일부 받았을 가능성이 있다.

다른 이보다 정직하고 도덕적이며, 윤리적인 사람일수록 자녀가 많다는 직접적인 근거는 없다. 하지만 관련 연구가 진행 중인 대부분의 나라에서 피임이 잘 보급되어 있기에 자녀의 수는 유전자의 결정이 개인의 선택에 좌우된다. 따라서 현대 사회에서 도덕성의 진화를 연구하기란 매우 어렵다. 다만 우리 조상은 아마도 자손을 남기지 못한 동년배와 행동 특성에 분명한 차이가 보였을 것이다.

유전자 외에도 도덕성과 특정 행동이 진화하는 또 다른 방법이 있다. 인간은 무리를 이루고 사는 사회적인 종이다. 무리를 이루는 종이라면 대부분 무리의 일원이 되는 것은 중요한 사안이다. 홀로 지내는 개체들은 일찍 사망하거나 짝을 찾는 데 실패할 위험이 크기 때문이다. 혼자 지내는 미어캣의 경우도 대개 오랫동안 살아남지는 못한다. 이처럼 진화의 역사를 돌아보더라도 무리의 일부가 되지 못했을 때의 위험 부담은 존재한다.

하지만 인간은 복잡한 사고를 서로 나누며 미래를 도모할 수 있으므로, 우리 조상은 구성원이 지녀야 할 자질을 정할 수 있었다. 개인의 행동이 무리 또는 소수 권력자의 뜻에 반하는 것으로 간주 되면, 무리에서 추방하거나 심지어 죽이기도 했다. 그렇다면 악행을 한 사람이 조금 이기적인 행동을 한 사람보다 조상의 무리에서 쫓겨나

일찍 죽음을 맞이할 가능성이 더 높다고 가정해 보자. 만약 악행의 원인이 일부 유전자에 있다면, 그 대립 유전자는 시간이 지나면서 점차 줄어들었을 것이다.

필자는 최근 몇 년 동안 옥스퍼드대학교 생물학부에 소속된 학술 공동체에 도움을 주는 일을 했다. 그러나 이 일은 필자가 좋아하는 연구에서 더 멀어지는 계기가 되었다. 필자는 착한 일을 해야겠다는 생각에 그들을 돕기로 결정한 것은 아니다. 필자가 그들을 도운 이유는 필자가 남을 돕는 자리에 앉았다는 생각 때문이었다. 물론 생물학자 공동체를 더 끈끈하게 만드는 과정은 즐거웠다. 그리고 남을 돕겠다고 연구의 기회까지 희생해 가며 신을 믿을 필요도 없었다.

그렇다고 비윤리적이거나 도덕적으로 비난받는 행위를 온전히 유전자 탓으로 돌릴 수는 없다. 제6장부터 계속해서 다루어 온 대부분의 표현 형질과 마찬가지로, 발달 과정에서 환경의 영향 또한 무시할 수 없기 때문이다. 따라서 어느 집단에서는 특정한 행동을 다른 집단보다 더 잘 용인해 줄 수도 있다. 그 이유는 생활하는 장소에 따라 특정 행동으로 집단이 치르는 대가에 차이가 있기 때문이다.

해변 지역에서 흔하게 구할 수 있는 조개껍데기로 만든 장신구를 훔친다면 용서받을 수 있겠지만, 내륙 지방이라면 그렇지 못했을 것이다. 논점을 전달하기 위해 난폭한 행위 대신 비교적 가벼운 반사회적인 것을 예로 들었지만, 전자 또한 마찬가지의 양상을 보인다. 그저 충격적인 행위로 필자가 전달하려는 요점이 흐려지는 것을 원치 않을 뿐이다.

진화는 이따금 비정상적인 것을 내어 놓기도 한다. 제9장에서 필자의 유전자 돌연변이가 시력에 부정적인 영향을 미친 사실을 자세히 설명한 바 있다. 이처럼 유전자로 결정된 표현 형질의 극단적인 사례가 돌연변이를 통해 나타날 수 있으며, 반사회적 행동도 이에 해당한다.

때로는 유전적, 환경적 요소가 복합적으로 작용하여 통상적인 문화적 규범을 지키지 않는 개인이 나타나기도 한다. 가령 MAOA Monoamine oxidase A 유전자에 발생한 돌연변이는 사이코패스에 가까운 행동과 관련이 있다고 추정된다. 필자는 찰스 맨슨 Charles Manson 과 잭 더 리퍼 Jack the Ripper , 블라드 디 임페일러 Vlad the Impaler [148]의 가학적인 행동에 유전적 요인이 있었는지는 알지 못한다. 그렇다고 하더라도 그들이 저지른 살인을 변호하지는 못하지만, 유전자 돌연변이가 범죄에 영향을 미쳤을 가능성은 있다. 또한 히틀러, 스탈린, 푸틴을 비롯하여 살인을 일삼는 독재자도 정신 장애를 앓았으리라는 추측이 제기되고 있다.

인간성과 윤리, 도덕을 진화의 관점에서 설명하자면 물리적인 유전적 결함을 가지고 태어나는 사례와 마찬가지로, 이따금 인간성이 결여된 부도덕한 개인이 나타날 수 있다. 이는 진화 과정에서 불가피하게 일어나는 현상이다. 그러나 인간의 성격과 행동이 전적으로 유전자에 의해 결정되는 사례가 아직 발견된 바는 없다. 따라서 유전자 구성은 반사회적 행동을 정당화하는 변명이 될 수 없다.

10대 시절, 신앙으로 고뇌하던 중 신부님께 고통과 악이 존재하는 이유를 물은 적이 있었다. 이에 신부님은 하나님께서 인간이 알지

---

148 드라큘라 백작의 모티브가 된 인물로, 잔혹한 처형 방식으로 악명 높았다. 옮긴이.

못하는 방법으로 일하신다고 말씀하셨다. 필자는 그 말을 믿지 않았고, 진화를 다룬 글을 읽었다. 이에 진화는 하나님과 달리 인간이 알 수 있는 방법으로 작동한다는 사실을 깨달았다.

고통과 악은 달갑지 않지만, 우연히 존재한다는 점에서 피할 수 없다는 특징을 지닌다. 개인적으로는 몸을 쇠약하게 만드는 유전자 돌연변이가 있는 사람들을 최대한 도와야 한다고 생각하지만, 그러한 사람이 존재하는 이유를 너무 고민해서는 안 된다. 당연히 그러한 삶에서도 일반적인 사람만큼의 충만함을 느낄 수 있다.

필자는 지난 수십 년 동안 종교에도 변화가 있었음을 느꼈다. 이에 목사인 친구에게 악한 네안데르탈인이 지옥으로 갔는지 물어본 적이 있었다. 그는 지옥의 존재를 믿지 않았고, 심지어 악 또한 다소 모호하게 정의하고 있었다. 또한 친구는 단호하게 '간극의 신 god of the gaps'[149]을 믿지 않는다고 말했다. 필자는 솔직히 친구의 그러한 믿음에 당황했지만, 그는 실제로 일부 성도들이 간극의 신을 믿는다고 인정했다. 해당 개념은 필자도 고민하는 문제이기도 하다.

'간극의 신'은 과학이 큰 진보를 이루었음에도 우리의 존재를 다루는 모든 질문에 답할 수 없다는 주장이다. 이와 같은 지적은 필자도 일부 동의하는 바이다. 다세계 해석과 같이 영원히 실험으로 검증하기 어려운 가설이 일부 있으니 말이다. 하지만 그 간극은 점차 좁아지고 있다.

과거 신을 믿는 이들은 인간의 눈처럼 구조가 복잡한 기관은 절

---

[149] 과학적 지식 사이의 격차, 즉 현대의 과학기술로 설명할 수 없는 부분을 신의 영역에 해당하는 것이라 보는 신학적 관점이다. '틈새의 신'이라고도 한다.

대 진화로 이루어질 수 없다고 주장하였다. 이에 생물학자들은 안구의 발생 원리와 함께 더 원시적인 안구를 다른 종에서 면밀히 연구한 바 있었다. 연구 결과, 그들은 빛을 감지하는 기관이 훨씬 단순한 세포에서 복잡한 구조의 눈으로 진화하는 과정을 설명할 수 있게 되었다. 따라서 위의 주장은 신빙성을 잃으면서 신의 간극 일부가 메워졌다.

한편 현대판 간극의 신 지지자들은 예술이나 음악, 문학을 사랑하는 마음, 사랑하고 공감하는 감정, 나아가 자신이 특별하다는 감정 등에 초점을 맞춘다. 하지만 이 또한 승산이 낮은 선택이다.

생명체는 시각, 청각, 후각, 미각, 촉각이 진화한 뒤부터 번성에 도움이 되는 것을 찾고, 해가 되는 것을 피할 수 있게 되었다. 또한 위험 상황에서 벗어나는 데 도움이 되는 아드레날린 등의 투쟁-도피 flight-or-fight [150] 호르몬이 진화하였다. 그런가 하면 엔도르핀과 같이 행복감과 관련된 화학 물질은 우리에게 안전한 장소를 찾도록 하였다.

우리는 위에서 설명한 화학 물질의 작용으로 위험은 불편한 것이며, 안전은 편안한 것으로 여긴다. 새우에서부터 어쩌면 파리까지 지각이 조금이라도 있는 생물이라면 그러한 느낌을 나타낼 것이다.

또한 우리 조상은 더욱 효율적으로 소통하도록 진화하는 과정에서 언어와 예술도 발달하였다. 호모 에렉투스는 언어를 사용하였을 가능성이 있으며, 네안데르탈인에게 언어가 있었음은 확실하다. 아

---

150 생명을 위협받는 상황 또는 스트레스 상황 앞에서의 자동적, 즉각적인 생리적 반응이다. '투쟁'과 '도피'는 앞에서 언급한 상황을 마주했을 때 기본적으로 보이는 반응에 속한다.

마 우리의 가까운 조상은 밤에 불을 피우고 둘러앉아 그날 식량을 찾은 장소와 위험한 동물을 발견한 곳, 죽음을 피한 무용담 등을 주제로 이야기를 나누었을 가능성이 있다. 이러한 대화가 곧 스토리텔링의 시작이었다. 그들은 자주 하는 이야기에 운율을 더하였다. 이는 내용을 쉽게 기억하는 데 도움을 주었으며, 그렇게 최초의 음악이 탄생하였다.

그리고 우리 조상과 네안데르탈인은 바위에 그림도 그렸다. 최근 연구에 따르면 동물 그림 주변의 표식은 사냥감인 짐승이 이농해 거주하는 곳 근처로 오는 때를 기록하는 일종의 달력 역할을 하였다. 초기 예술 작품에는 언제 특정 지역으로 가야 하는가를 알려 주는 신호가 담겨 있었고, 이를 알아보는 능력은 생존에 유리했을 것이다. 오늘날 피카소나 로댕의 작품을 알아본다고 해서 진화 측면에서 개인이 유리하지는 않는다. 그 대신 미술관에서 배우자를 만난 경우라면 얘기는 달라질 수도 있겠다. 어쨌든 당시에도 예술을 사랑하는 마음은 이미 뿌리를 내리고 있었을 것이다.

연구를 통해 지식의 간극을 메우는 과정이라도 약간의 추측은 불가피한 법이다. 이처럼 가설이 제시되는 과정도 지식의 발견이라는 과학적 열의에서 비롯된다. 우리 조상의 생활 양식과 언어가 진화한 시기를 더 알아 갈수록, 간극이 존재하는 증거라고 주장하던 표현형질에 다리가 놓일 것이다.

하지만 그렇더라도 많은 이들이 신을 믿기를 멈추지는 않을 것이다. 누군가는 항상 신을 믿으며, 필자는 그들의 마음을 바꾸지 않을 것이다. 물론 신을 믿는다고 과학을 무시할 필요는 없다. 자신은 특별하며, 지구상에 존재하는 데는 더 높으신 존재의 목적이 있다고 생각하는 사람은 늘 존재할 것이다. 이에 필자가 그러한 이들에게 조언하자면 과학이 튼튼한 기반을 이룬 이래 세상이 바뀌어 갔으며, 우리가 존재하게 된 이유와 원리도 알게 되었다. 따라서 과학을 깎아내릴 필요가 없다고 말해 주고 싶다.

과학은 우주가 시작된 이후 137억 7,000만 년에 이르는 놀라운 역사적 로드맵을 만들었다. 이는 인류가 거둔 가장 위대한 성과이다. 특히 생물학에서 의식 분야는 발표되는 논문을 통해 매일같이 지식의 진보를 이루고 있어 여전히 배워야 할 점이 많다. 또한 기술의 발전은 과거 과학자들이 꿈에서만 가능했던 수준의 연구를 현대에 진행할 수 있음을 보여 준다.

2022년 중반, 제임스 웹 우주망원경은 빅뱅 이후 2억 년이 지나 형성된 은하들의 사진을 보내 왔다. 135억 년 전, 이들 은하를 떠난 빛은 지금도 299,792,458m/s로 이동하고 있다. 이를 통해 천문학자들은 극초기의 우주를 들여다보고 있다. 이처럼 제임스 웹 우주망원경이 촬영한 사진은 우주가 투명해진 최초의 날, 즉 빅뱅 이후 우주의 온도가 차츰 내려가며 빛의 이동이 자유로워진 시기에 대한 이해를 발전시킬 것이다.

한편 물리학자들은 미래의 입자 가속기를 계획 중이다. 한 연구팀에서 건설을 제안하는 장비는 길이만 27km로, 이는 유럽 입자물리 연구소의 대형 강입자 가속기보다 터널의 크기가 약 4배나 더 긴 수치이다. 따라서 기존의 장비보다 7배 더 큰 에너지를 생성할 수 있다. 이 정도라면 초기 우주와 물질이 형성된 원리에 관한 우리 지식을 발전시킬 뿐 아니라, 어쩌면 암흑 물질에서 암흑 에너지까지 감지

존재의 역사

할 수 있을지 모른다. 그렇더라도 새로운 우주를 만들 정도의 에너지는 절대 생성할 수 없을 것이다. 어차피 새로운 우주를 품을 수 있는 자리도 없기 때문이다.

또한 다른 항성계의 관측은 천문학자에게 지구와 비슷한 행성과 거대 가스 행성이 얼마나 흔한지, 그리고 이들 행성의 대기권이 어떠할지 추산하는 데 도움을 주고 있다. 하지만 우리는 기술의 제약으로 지구와 비교적 가까운 항성계만 연구할 수 있다. 이 글을 쓰는 시점에서 가장 멀리 떨어진 외계 행성은 거대 가스 행성인 'OGLE-2014-BLG-0124L'이다. 이 행성은 지구에서 1만 3,000광년 떨어져 있으며, 이는 은하 중심까지 도달하는 거리의 절반에 못 미친다.

비록 천문학자들은 지구처럼 외계 생명체의 존재를 나타내는 명백한 흔적인 대기가 있는 행성을 아직 발견하지 못하였다. 그러나 최초의 외행성이 발견된 시점이 고작 1992년임을 감안하면, 대기가 있는 외행성을 아직 발견하지 못했다는 사실이 그리 놀라운 일은 아니다. 설령 그렇더라도 항성계 중 극히 일부분만 조사가 이루어졌을 뿐이다. 이에 우리 은하에는 최소 1,000억 개 이상의 별이 있다. 하지만 과학자들이 그동안 확인한 행성은 4,000개 미만이며, 그나마 해당 행성의 대기까지 연구한 사례는 더 적다.

지구 이외의 행성에서 생명체가 발견된다면, 이는 단연 과학계 최고의 업적이 될 것이다. 하지만 생명체의 발견은 결코 간단한 일이 아니다. 산소가 포함된 대기는 생명체의 존재 가능성을 시사하겠지만, 2021년 발표된 한 논문에 따르면 과학적 모델을 통해 물로 가득 찬 행성에서 생명체와 무관한 화학 작용을 거쳐 산소가 풍부한 대기를 형성할 수 있음을 밝혀냈다. 이대로라면 다른 행성에서 생명체를 포착하는 방법을 바꾸어야 할지도 모르겠다. 이외에도 원거리에서 탐지 가능한 다른 화학적 흔적이 몇 가지 제시되었으나, 해당 분자들은 무기 화학 반응으로도 생성될 수 있다.

금성의 대기에서 발견된 포스핀 phosphine 은 다른 행성에서 생명체를 찾는 일이 얼마나 어려운지 잘 보여주는 사례이다. 포스핀은 지구에 있는 일부 생물의 혐기성 호흡으로 생성된 부산물로, 생명체가 아니라면 만들어 내기 어려운 물질이다. 포스핀은 화산활동과 일부 암석의 풍화 작용으로 소량 만들어질 수 있기는 하지만, 2021년 금성 대기권 상층부에서 발견된 양은 생명체의 존재를 암시했다. 이 사실을 발견한 과학자들은 그 결과를 한 치의 과장 없이 그대로 발표했지만, 일부 미디어에서는 지나친 흥분을 감추지 못했다.

그러나 오류 가능성이 있던 부분을 수정한 뒤 데이터를 재분석한 결과, 최초 보고했던 수치보다 포스핀 농도가 낮다고 마무리되었다. 그 정도의 양이라면 화산 활동으로 충분히 생성 가능하다는 것이다. 비록 가능성은 낮더라도 금성 대기에 미생물이 살 가능성을 배제할 수 없으며, 우주선을 보내 대기 샘플을 채취하기 전까지 확실한 결론은 내리지 못할 것이다.

다른 행성의 생명체를 포착하는 가장 좋은 방법은 직접 방문하는 것이다. 우리는 인간을 달에, 탐사차는 달과 화성에 보냈지만, 다른 행성으로의 탐험은 아직 걸음마 단계이다. 최선의 방법이 있다면 화성에서 현존하거나 멸종한 미생물의 흔적을 찾는 것이지만, 현재까지 진행된 연구는 말 그대로 지표면만 살짝 건드린 수준이다. 이처럼 생명체가 존재하지 않음을 증명하는 것은 그 반대보다 잠재적인 어려움을 내포하고 있다.

지구에서는 화학자들이 최초의 자가 복제 물질의 등장 원리, 이들 물질과 막과의 결합 원리, 최초의 세포를 형성한 물질대사를 이해하기 위한 연구를 진행 중이다. 이들 연구는 복잡한 분자를 재현하는 컴퓨터 시뮬레이션 기술과 융합하여 어떠한 방법이 생명체의 발생 원리로 가능하였을지 밝혀내고 있다. 이대로라면 앞으로 수십 년 안에 실험실에서 작은 원시 생명체를 만들어 낼 가능성이 있다.

생명체의 확산 이후 마침내 인간이 등장하면서 이어진 문명의 발달은 이 책의 다른 분야에 비해 과학적 근거가 적다. 우리 조상의 화석의 수는 드물며, 유골의 일부나 고대 DNA 조각을 토대로 내러티브를 짜 맞추기란 매우 어렵다. 화석과 이를 둘러싸는 토양과 암석을 화학적으로 분석하는 기술은 주요 사건의 연대를 측정하는 데 도움이 되었지만, 근거가 부족하여 변화에 취약하다.

인간과 초기 호미닌의 진화는 흥미로운 주제이지만, 현재까지는 추측이 많은 부분을 차지한다. 앞으로 더 중요한 고고학 유적지가 발견되고, 개개의 유적은 우리 조상의 생활 방식을 조금 더 자세히 이해하는 데 도움이 될 것이다. 인간은 놀라운 종이며, 인간의 기술 및 예술 발전사에 관한 지식은 앞으로도 점차 늘어날 것이다. 네안데르탈인을 비롯하여 현재 멸종한 여러 호미닌 연구를 통해 지성을 지닌 두 종이 지난 수만 년 동안 지구상에 존재하였다는 더 강력한 증거가 나올 것이다.

제9장에서는 우리가 지금의 모습이 된 이유를 다루어 보았다. 과학자들은 집단 수준에서 나타나는 패턴을 이해하려고 하지만, 특정 개인의 모습이 왜 그러한지를 탄탄하게 설명하려면 현대 기술을 넘

어서는 발생 기전에 대한 이해가 필요하다. 집단 수준에서 흡연자가 비흡연자보다 평균적으로 일찍 죽는 경향이 있음을 알더라도 개인이 언제 사망할지는 예측할 수 없다.

필자는 사람들이 '해리 삼촌은 평생 담배를 피웠지만, 90세가 넘도록 잘 살았으니 흡연이 그리 나쁜 것만은 아닐 거야.'라는 식으로 포장하는 말을 가끔 듣는다. 그런데 해리 삼촌은 그저 운이 좋았을 뿐이다. 흡연자는 평균적으로 수명이 짧지만, 그렇다고 다른 모든 비흡연자보다 빨리 죽는다는 의미는 아니기 때문이다. 그럼에도 우리는 평균적으로 흡연자가 비흡연자보다 일찍 죽는다고밖에 말할 수 없다.

마찬가지로 '인생 초반기에 겪은 극도의 트라우마 사건은 성격에 영향을 줄 수 있다.'라고 말할 수는 있다. 그러나 이는 모든 사람이 일정하게 영향을 받는다는 의미는 아니다. 마치 필자의 인생에서 전환점이 된 중요한 사건이 몇 가지 있었던 듯하지만, 필자는 그저 과거의 행동과 결정을 설명하기 위해 다른 내러티브를 덧씌웠을 가능성이 있다. 21세가 된 모든 이들이 말라리아로 죽을 뻔한 경험을 했다고 하여 과한 열정으로 책을 쓰겠다고 결심하지는 않는다. 따라서 이 사건이 필자에게 어떠한 일을 받아들이기로 결심한 이유임을 증명할 수는 없다.

그리고 이 책을 시작할 때, 우주를 다시 만들어 우리 존재가 필연적인지, 그저 운이 좋아서인지를 살펴보는 실험을 이야기한 바 있다. 다른 우주에도 필자가 존재할지 진심으로 궁금한 사람은 필자밖에 없고, 당신의 존재에 매료되는 사람도 당신뿐이다. 다소 자아도취에 빠진 질문이었지만, 아직 당신이 이 책을 읽고 있다면 필자의 작전은 성공한 셈이다.

필자의 궁극적인 질문은 우주가 결정론적 또는 확률론적인가였으며, 개인적으로 후자라는 결론을 내렸다. 우리는 운이 좋아 존재하는 것이며, 그렇기에 특별하다. 하지만 자신이 특별하다고 느끼는 감정은 아마도 진화가 지각이 있는 모든 생명체에게 부여한 특징일 것이다. 여기서 자연스럽게 두 가지 의문이 떠오른다. 지각을 가진 생명체는 온 우주에서 필연적으로 존재할까? 그리고 그러한 생명체는 우리가 사는 우주에서 얼마나 흔할까?

우리는 첫 번째 의문의 대답을 이미 알고 있다. 만약 네 가지 기본 상호작용의 세기가 지금과 달랐다면 양성자와 중성자, 원자, 별, 행성이 형성될 수 없었을 것이고, 우리가 아는 생명체도 진화할 수 없었다. 그러나 우리는 아직 다른 곳에서 지적 생명체를 발견한 적이 없으므로, 두 번째 의문에는 섣불리 답할 수 없다.

우주에는 수십억 개의 은하와 수조 개의 별이 있다. 이들 별 가운데 다수는 주위를 공전하는 행성이 있을 것이고, 일부 행성은 생명체가 살기 적절한 환경일 것이다. 생명체는 이들 행성의 일부에서 등장했다고 보는 것이 필자의 결론이다. 또한 행성에 따라 생명체가 번성하거나, 우주적 재난 등의 이유로 모조리 사라지기도 하였을 것이다.

생명체가 오랜 기간 존재하던 행성이라면, 더 복잡한 구조로 진화하면서 지각이 있는 생명체도 등장할 것이다. 지각을 지닌 일부 생명체는 에너지를 이용해 문명을 구축했을 가능성이 있고, 아마 그중 일부 문명에서 외계인 작가가 자신들의 존재를 과학적으로 다루는 책을 썼을 것이다. 물론 이를 확신할 수는 없지만, 만약 실제라면 필자가 설명했던 바와 같은 기본 상호작용 등의 과학 법칙을 발견했을 것이다.

과학은 보편적 진리를 추구한다. 따라서 이 진리가 우주에서 지적 생명체를 하나로 묶어 줄 것이다. 이처럼 우주는 기묘한 곳이지만, 인간이 알 수 없는 방법으로 작동하지는 않음을 보여 준다.

이제부터 과학을 받아들이려는 이들에게 한가지 당부를 전하며 책을 마무리하고자 한다. 우리 우주는 규칙이 지배하며, 과학은 그 규칙을 밝혀내는 인간의 발명품이다. 과학이 규칙의 실체를 보여 주는 방법은 오묘하고 아름다우며, 창의적이다. 또한 과학자들은 수많은 문제에 과학적 접근법을 적용하면서 우리 존재를 설명하는 먼 길을 걸어왔다. 아직 과학이 답하지 못한 의문이 많으며, 우리의 지식이 늘어날수록 새로운 의문이 제기될 것임은 분명하다.

물리학, 화학, 지구과학, 생물학의 일부 주제는 여전히 미지의 영역으로 남아 있다. 그러나 우리는 지난 300년 이상 믿을 수 없을 정도의 진보를 이루어 냈으며, 앞으로 더 많은 수수께끼가 풀릴 것이다. 우리 존재의 신비함은 인류가 궁극적으로 풀어야 할 퍼즐이다. 과학은 우리가 존재하기 위해 일어나야 했던 사건의 퍼즐 조각을 상당히 맞추었음에도 아직 많은 조각들이 제자리를 찾지 못했다.

필자는 진화의 원리를 연구하는 과학자가 되어 우리가 존재하는 이유를 이해하는 데 조금이나마 기여할 수 있어 너무나 영광이다. 그렇지 않고 건축가나 배관공, 전기공, 미용사, 프로 크리켓 선수로 살더라도 즐거운 인생을 보냈으리라 확신한다. 하지만 다시 태어날 기회가 오더라도 필자는 과학자의 길을 선택할 것이다. 필자는 매일 놀라움과 경외의 눈으로 우리 우주를 바라본다. 그리고 불완전하고 희

존재의 역사

미하지만 필자가 존재하게 된 원리를 시뮬레이션하면서 스스로 의식이 있는 존재임을 마음속으로 즐기고 있다.

한편으로 책을 집필하며 필자의 부족한 믿음이 시험받는 순간도 있었다. 개인적으로는 무가 아닌 유가 존재하는 이유를 영원히 밝혀낼 수 없을 것만 같아 좌절감이 들었다. 또한 생명체를 다루는 부분의 자료 조사를 진행하며, 비교적 단순하며 복제가 가능한 분자와 인간의 생활사 사이에 존재하는 40억 년이라는 거대한 간극은 자연적인 과정으로도 매울 수 없을 정도였다.

이성이 승리하고 신을 향한 믿음을 계속 거부해 왔지만, 신이 존재한다면 그것은 과학자일 것이라는 결론을 내렸다. 굳이 '그것'이라고 표현한 이유는 성별이나 신성성을 부여하고 싶지 않기 때문이다. 그것은 필자의 존재와 행보에 신경 쓰지 않겠지만, 우주가 자신과 같은 존재를 만드는 데 필요한 일련의 규칙을 밝혀내기를 원할 것이다.

위의 말은 누군가의 개인적인 믿음을 경멸하거나 존중하지 않으려는 의도는 아니며, 이를 통해 과학자의 위상을 격상할 생각도 없다. 이렇게 말하는 이유는 할 수만 있다면 우주를 복제하는 실험을 진행하고 싶기 때문이었다. 그리고 그 실험을 통해 지성이 있는 생명체가 진화한다면, 해당 우주에서 필자는 신과 비슷한 존재가 되지 않을까 생각한다. 우주를 만들려는 필자의 염원은 지식과 더 많은 배움을 향한 갈망에서 비롯되었다. 신이 전지전능하다면 결과가 뻔한 우주를 굳이 만들 이유는 없을 것이다.

필자의 말이 누군가에게는 분명히 논란의 여지가 있을 것이다. 어떤 이는 제멋대로 신을 만들어 냈다고 필자를 힐난할 수도 있겠다. 물론 이러한 생각을 한 사람이 필자가 처음은 아닐 것이다. 그러나 필자는 신을 믿지 않으므로 신을 만든 것은 아니다.

신을 믿는 이들은 과학을 종교의 위치로 격상시켰으며, 일부 과학자는 과학을 종교 수준으로 격하했다고 비난할 테지만 필자에게는 전혀 그럴 의도가 없었다. 필자가 신을 믿지 않는 이유는 우리의 존재를 설명할 때 신이 필요하다고 믿지 않기 때문이다. 물론 우주를 설명할 때 신이 필요하다는 점을 인정하지 않으면서도 신을 믿는 사람도 있다. 하지만 필자는 오컴의 면도날을 신봉하며, 최대한 간단한 설명을 선호한다. 우리의 존재에 필요한 대상이 아니라면 그 대상이 우리를 창조했다는 것을 믿을 이유가 있을까?

신은 필요가 아니라 신앙으로 믿는다는 점을 필자도 알고 있다. 또한 우리가 존재하는 이유와 원리를 모두 과학적으로 설명하더라도 누군가는 신의 존재를 믿을 것이다. 필자는 그들의 마음을 바꿀 수도, 그러할 생각도 없다. 이 책은 누군가의 마음을 돌리려고 쓴 글은 아니다. 오히려 과학적 성취를 설명하고 기념하기 위함이다. 존재를 다루는 책에서 비과학적인 설명을 굳이 짚고 넘어가야 한다는 점에서 다소 기운이 빠지지만, 적어도 탄생을 둘러싼 낭설만큼은 가볍게라도 지적하지 않는다면 오히려 더 이상할 것이다.

과학은 인간의 발명품이지만, 그렇다고 맹신할 필요까지는 없다. 하지만 당신도 필자와 같이 과학 실험으로 가설을 검증함으로써 우리의 존재를 설명하는 데 기여할 수 있다. 이에 제1장에서 우리 모두 마음만은 과학자라고 이야기했었다. 필자가 이 책을 통해 이루고 싶은 바람이 하나 있다면, 우리 내면의 과학자를 맞이하여 인류의 가장 위대한 발명품인 과학적 연구 방법을 활용하는 과학자와 함께하는 것이다. 궁극적으로 이 과정 속에서 우리가 던질 수 있는 가장 심오

존재의 역사

한 의문인 '우리는 왜 존재하는가?'에 답을 내리기를 바란다.

그동안 우리가 사는 우주에서 지적 생명체가 등장했지만, 우리가 존재하기까지는 엄청난 운이 작용했다. 그러나 우리에게 허락된 시간은 그리 길지 않으니, 스스로 의식이 있는 존재임을 즐기며 살기 바란다. 70년의 세월은 지금껏 우주가 존재했던 137억 7,000만 년에 비하면 찰나의 순간일 뿐이다.

감사의 글

책을 쓰고 자료 조사를 하는 동안 필자는 너무나도 즐거운 시간을 보냈다. 이 과정에서 여러 해 동안 수많은 친구와 동료들에게서 알게 모르게 아낌없는 지지와 도움을 받았고, 이에 감사할 일이 참 많다. 일일이 언급할 수는 없지만, 그중에서도 특히 소중했던 사람들을 소개하고자 한다.

먼저 필자의 가족, 특히 아내 소냐 클레그에게 감사한다. 아내의 지지와 격려, 과학과 존재를 주제로 한 끊임없는 대화를 하지 않았다면 이 책을 쓸 수 없었을 것이다. 그리고 우리 아이인 소피와 조지아, 루크에게도 고맙다는 말을 전한다. 언젠가 이 책을 끝까지 읽는 날이 올 것이다. 물론 그렇지 않을 수도 있겠지만, 아이들은 과학과 존재에 관한 이야기를 평생 들으며 자랐으니 크게 개의치 않는다.

우플러가 우리 가족의 일원이 되었을 때, 아내와 아이들은 정기적으로 우플러를 산책시키겠다고 약속했다. 그러나 그 약속은 첫 1~2주에 그치고 말았다. 그럼에도 가족들이 산책을 나가지 않아 필자가 우플러를 데리고 나가야 했음에 감사한다. 이 책의 내용 가운데 대부분은 우플러와 함께 옥스퍼드와 브리즈번에 있는 공원을 걸으며 돌아오는 길에 구상한 것들이다. 키보드에서 멀어져 생각하는 시간을 보내지 않았다면 필자는 이 책을 영영 완성하지 못했을 것이다.

한편 처음으로 원고 전체를 완성한 것은 호주에서 안식년을 보내고 있을 때였다. 안식년 중 많은 시간은 장인어른의 농장에서 지냈다. 이에 웬 옥스퍼드 교수가 베란다에서 글을 써도 잘 참아준 농부 콜과 그 날들 동안 밤에 대화 상대가 되어 준 콜의 친구 이브앤 스프링게이트와 로버트 허드슨에게도 감사의 말을 전한다. 이들이 준비한 맥주와 즐거운 농담 덕분에 주방에 둘러앉아 최고의 시간을 보낼 수 있었다. 또한 호주에서 즐거운 시간을 보낼 수 있도록 도와준 안젤라와 알렉스, 에이바, 스텔라에게도 감사의 말을 전하고 싶다.

다음으로 필자의 출판 대리인인 레베카 카터는 처음 만난 이후 계속 뛰어난 모습을 보여 주었다. 필자와 이 책의 아이디어는 물론, 필자가 글을 잘 써 낼 것이라 믿어 주어서 감사하다. 또한 출판과 관련하여 궁금한 점을 모두 해결해 주고, 훌륭한 출판사를 연결해 준 점에도 재차 감사의 마음을 전한다. 그녀가 없었다면 이 책은 세상의 빛을 보지 못했을 것이다.

펭귄 마이클 조셉 출판사는 출판 과정 내내 굉장했다. 편집자인 앨런 샘슨의 번뜩이고 사려 깊은 코멘트 덕분에 필자의 글은 삽시간에 발전했고, 엉망진창이었던 첫 원고가 이해하기 쉽게 바뀌었다. 그의 인내심과 유머 감각, 멋진 편집 덕분에 필자는 즐겁게 집필에 임할 수 있었다. 그리고 댄 배니어드 덕에 출판 과정의 모든 절차가 유연하게 진행되면서 프로젝트가 계속 굴러갈 수 있었다. 또한 사라 데이는 예리한 눈썰미로 교열을 맡아 주었고, 수크마니 바카르는 책에 삽입된 그림을 깔끔하게 정리해 주었다.

또한 페가수스북스의 클레이번 핸콕과 제시카 케이스가 이 책의 판권을 구매한 덕에 미국에서도 출판할 수 있었다. 필자의 책을 믿어주고 미국 발매가 효율적으로 진행된 데 감사의 말을 전한다. 퓨 리터러리 PEW Literary 의 마가렛 홀튼과 테리 윙, 그리고 레베카 샌델 덕분에 해외 출판권 확보가 매끄럽게 진행되었다. 이들의 노고에 진심으로 감사드린다.

그뿐 아니라 아내를 비롯한 브라이어니 블레이즈, 소냐 클레그, 리처드 도킨스, 제인 호지슨, 존 파크, 쿠엔틴 페인터, 아나 리베로, 릭 스톡웰, 태비 태버러, 톈치 왕, 앤드루 우드는 완성된 원고에 번뜩이는 깊이 있는 코멘트를 달아 주었다. 그리고 필 버로스, 사라 힐튼, 크리스 서머필드, 애나 빈튼, 와이슌 라우는 각자 검토를 맡은 분야에서 코멘트를 주었다. 이들의 조언과 보완에 진심으로 감사하다. 혹시라도 부정확하거나 왜곡된 사실이 여전히 본문에 있다면, 이는 전적으로 필자의 책임이다.

그다음 필자가 과학자가 되고 성공할 수 있도록 도와준 수많은 친구와 동료들에게도 감사한다. 특히 스티브 앨번, 찰리 캐넘, 팀 클러턴브록, 믹 크롤리, 존 로튼, 스티브 퍼캘러, 조지핀 펨버턴은 필자의 대학원에서 박사후연구원 시절 동안 영감을 주는 멘토였다.

최근 필자와 함께한 이들 가운데 트리니다드섬과 옐로스톤 국립 공원에서 론 바사르, 댄 맥널티, 데이비드 레즈닉, 더그 스미스, 댄 스탈러, 조 트래비스와의 환상적인 토론 속에서 많은 것을 배울 수 있었다. 또한 절친한 친우인 장미셸 가야르드, 피트 허드슨, 슈리파드 툴자푸르카르와 여러 해 동안 많은 부분에서의 협력과 함께, 다양한 주제를 토론하며 끝없이 즐거운 시간을 보냈다. 그들이 과학을 대하는 관점과 연구하는 자세는 필자가 우주의 원리를 이해하고 개념을 쌓는 데 도움을 주었다.

앤 칼슨, 어맨다 니하우스와 대화를 하며 책을 쓸 수 있겠다는 확신이 들었고, 두 사람의 격려에 특별히 감사의 말을 전한다. 나중에 이 책을 읽을 필자의 친구인 그렉 디바인, 자미 제두르, 도미니크 에자, 마이크 펄롱, 샐리 기브스, 나이젤과 젠 그리피스, 수네트라 굽타, 리처드 홉스, 로스크 크루크, 밥 몽고메리, 이언 오언스, 릭 폴, 수 스컬은 필자가 존재의 의미를 놓고 대화한 친구이기도 하다. 그들 덕분에 35년이 넘는 시간 동안 근심 걱정 없이 행복한 경험 속에 살았다. 그중 특별히 대화가 더 즐거웠던 친구가 있었다면, 그건 대화 내용 때문이 아니라 좋은 음식과 와인이 함께하고 있었기 때문이다.

마지막으로 부모님인 앤과 패트릭, 여동생 피오나에게 감사의 마음을 전한다. 지난 55년 동안 가족의 격려와 지지가 없었다면 필자는 과학자로서 커리어를 이어가지도, 이 책을 쓰지도 못했을 것이다. 가끔 부모님은 필자가 무슨 일을 하는지 완전히 이해하지 못하셨는데, 이 책으로 대답을 일부나마 대신할 수 있을 듯하다.

　　　　　　　　　　　　　　　　　　　존재의 역사

그동안 필자는 생각이 많은 아들이었다. 부모님께서는 필자가 쓴 내용에 모두 동의하지 않으시겠지만, 이 책이 부모님의 자랑이 되었으면 한다. 그리고 앞으로 몇 년 안에 인생과 우주, 만물을 주제로 부모님과 얘기할 날이 오기를 바라마지 않는다.

참고 도서

　　본문의 각 장마다 우리가 존재하기 위해 일어나야 했던 사건을 설명했지만, 소개하지 못한 내용도 많다. 혹시 이 책을 읽으면서 호기심을 느끼거나 더 알고 싶은 분야가 있다면, 자료 조사를 하는 과정에서 읽었던 수많은 문헌 중 일부를 세부적으로 알려 주고자 한다. 다음에 소개한 책이라면 필자의 설명 이상으로 한 분야의 내용을 자세하게 파고들 수 있을 것이다. 과학 대중서는 주로 화학이나 물리학처럼 특정 주제를 중심으로 다루므로, 본문의 소제목 기준으로 묶지 않았음을 염두에 두기 바란다.

　　　　　　　　　　　　　　　　　　　존재의 역사

과학사

Grayling, A. C. *The Frontiers of Knowledge: What We Know about Science, History and the Mind – And How We Know It.* 2022. Penguin. 이송교 역,《지식의 최전선》, 2024, 아이콤마.

Hossenfelder, Sabine. *Lost in Math: How Beauty Leads Physics Astray.* 2020. Basic Books. 배지은 역,《수학의 함정》, 2020, 해나무.

Kaku, Michio. *The God Equation: The Quest for a Theory of Everything.* 2022. Penguin. 박병철 역,《단 한나의 방정식》, 2021, 김영사.

Robertson, Ritchie. *The Enlightenment: The Pursuit of Happiness, 1680–1790.* 2022. Penguin.

Waldrop, M. Mitchell. *Complexity: The Emerging Science at the Edge of Order and Chaos.* 1993. Pocket Books. 김기식·박형규 역,《카오스에서 인공생명으로》, 2006, 범양사.

Wootton, David. *The Invention of Science: A New History of the Scientific Revolution.* 2016. Penguin. 정태훈 역,《과학이라는 발명》, 2020, 김영사.

Wulf, Andrea. *The Invention of Nature: The Adventures of Alexander von Humboldt, the Lost Hero of Science.* 2016. John Murray. 양병찬 역,《자연의 발명》, 2021, 생각의힘.

물리학

Al-Khalili, Jim. *The World according to Physics*. 2020. Princeton University Press. 김성훈 역, 《어떻게 물리학을 사랑하지 않을 수 있을까?》, 2022, 윌북.

Al-Khalili, Jim. *Quantum: A Guide for the Perplexed*. 2012. Weidenfeld & Nicolson.

Carroll, Sean. *Something Deeply Hidden: Quantum Worlds and the Emergence of Spacetime*. 2021. Oneworld Publications. 김영태 역, 《다세계》, 2021, 프시케의숲.

Galfard, Christophe. *The Universe in Your Hand: A Journey through Space, Time and Beyond*. 2016. Pan. 김승욱 역, 《우주, 시간, 그 너머》, 2017, 알에이치코리아.

Hooper, Dan. *At the Edge of Time: Exploring the Mysteries of Our Universe's First Seconds*. 2021. Princeton University Press. 배지은 역, 《우리 우주의 첫 순간》, 2023, 해나무.

James, Tim. *Fundamental: How Quantum and Particle Physics Explain Absolutely Everything (Except Gravity)*. 2019. Robinson. 김주희 역, 《양자역학 이야기》, 2022, 한빛비즈.

Rovelli, Carlo. *Reality Is Not What It Seems: The Journey to Quantum Gravity*. 2017. Penguin. 김정훈 역, 《보이는 세상은 실재가 아니다》, 2018, 쌤앤파커스.

Rovelli, Carlo. *Helgoland: The Strange and Beautiful World of Quantum Physics*. 2022. Penguin. 김정훈 역,《나 없이는 존재하지 않는 세상》, 2023, 쌤앤파커스.

Strogatz, Steven. *Infinite Powers: How Calculus Reveals the Secrets of the Universe*. 2019. Mariner Books. 이충호 역,《미적분의 힘》, 2021, 해나무.

화학

BBC Radio. *In Their Element: How Chemistry Made the Modern World*. 2020. BBC Audio.

James, Tim. *Elemental: How the Periodic Table Can Now Explain (Nearly) Everything*. 2018. Robinson. 김주희 역,《원소 이야기》, 2022, 한빛비즈.

Lane, Nick. *Oxygen: The Molecule that Made the World*. 2016. Oxford University Press. 양은주 역,《산소》, 2016, 뿌리와이파리.

Pross, Addy. *What Is Life?: How Chemistry Becomes Biology*. 2016. Oxford University Press. 서영훈 역,《생명이란 무엇인가?》, 2016, 라이프사이언스.

천문학 및 지구과학

Cohen, Andrew. & Cox, Brian. *The Planets*. 2019. William Collins.

Gribbin, John. *13.8: The Quest to Find the True Age of the Universe and the Theory of Everything*. 2016. Yale University Press.

Hand, Kevin Peter. *Alien Oceans: The Search for Life in the Depths of Space*. 2020. Princeton University Press. 조은영 역, 《우주의 바다로 간다면》, 2022, 해나무.

James, Tim. *Astronomical: From Quarks to Quasars, the Science of Space at Its Strangest*. 2020. Robinson. 김주희 역, 《천문학 이야기》, 2023, 한빛비즈.

Loeb, Avi. *Extraterrestrial: The First Sign of Intelligent Life beyond Earth*. 2021. Houghton Mifflin Harcourt. 강세중 역, 《오무아무아》, 2021, 쌤앤파커스.

생명체의 탄생

Deamer, David. *Assembling Life: How Can Life Begin on Earth and Other Habitable Planets?*. 2019. Oxford University Press.

Kauffman, Stuart A. *A World beyond Physics: The Emergence and Evolution of Life*. 2019. Oxford University Press. 김희봉 역,《무질서가 만든 질서》, 2021, 알에이치코리아.

Knoll, Andrew H. *Life on a Young Planet: The First Three Billion Years of Evolution on Earth*. 2004. Princeton University Press. 김명주 역,《생명 최초의 30억 년》, 2007, 뿌리와이파리.

Knoll, Andrew H. *A Brief History of Earth: Four Billion Years in Eight Chapters*. 2021. Mariner Books. 이한음 역,《지구의 짧은 역사》, 2021, 다산사이언스.

Nurse, Paul. *What Is Life?: Understand Biology in Five Steps*. 2020. David Fickling Books. 이한음 역,《생명이란 무엇인가》, 2021, 까치.

진화

Al-Khalili, Jim. & McFadden, Johnjoe. *Life on the Edge: The Coming of Age of Quantum Biology*. 2015. Black Swan. 김정은 역, 《생명, 경계에 서다》, 2017, 글항아리사이언스.

Dawkins, Richard. & Wong, Yan. *The Ancestor's Tale: A Pilgrimage to the Dawn of Life*. 2017. Weidenfeld & Nicolson. 이한음 역, 《조상 이야기》, 2018, 까치.

Gee, Henry. *A (Very) Short History of Life on Earth: 4.6 Billion Years in 12 Chapters*. 2022. Picador. 홍주연 역, 《지구 생명의 (아주) 짧은 역사》 2022, 까치.

Halliday, Thomas. *Otherlands: A World in the Making*. 2023. Penguin. 김보영 역, 《아더랜드》, 쌤앤파커스.

Losos, Jonathan B. *Improbable Destinies: Fate, Chance and the Future of Evolution*. 2018. Riverhead Books.

Shubin, Neil. *Some Assembly Required: Decoding Four Billion Years of Life, from Ancient Fossils to DNA*. 2021. Oneworld Publications. 김명주 역, 《자연은 어떻게 발명하는가》, 2022, 부키.

의식

Cobb, Matthew. *The Idea of the Brain: A History*. 2021. Profile Books. 이한나 역, 《뇌 과학의 모든 역사》, 2021, 심심.

Godfrey-Smith, Peter. *Other Minds: The Octopus and the Evolution of Intelligent Life*. 2017. William Collins. 김수빈 역, 《아더 마인즈》, 2019, 이김.

Godfrey-Smith, Peter. *Metazoa: Animal Minds and the Birth of Consciousness*. 2021. William Collins. 박종현 역, 《후생동물》, 2023, 이김.

Hawkins, Jeff. *A Thousand Brains: A New Theory of Intelligence*. 2022. Basic Books. 이충호 역, 《천 개의 뇌》, 2022, 이데아.

Peterson, Jordan B. *Maps of Meaning*. 1999. Routledge. 김진주 역, 《의미의 지도》, 2021, 앵글북스.

Seth, Anil. *Being You: A New Science of Consciousness*. 2022. Faber and Faber. 장혜인 역, 《내가 된다는 것》, 2022, 흐름출판.

인류사

Frankopan, Peter. *The Earth Transformed: An Untold History*. 2023. Bloomsbury Publishing. 이재황 역,《기후변화 세계사》, 2023, 책과함께.

Graeber, David. & Wengrow, David. *The Dawn of Everything: A New History of Humanity*. 2022. Penguin.

Harari, Yuval Noah. *Sapiens*. 2015. Vintage. 조현욱 역,《사피엔스》, 2015, 김영사.

Higham, Tom. *The World before Us: How Science Is Revealing a New Story of Our Human Origins*. 2021. Viking.

Honigsbaum, Mark. *The Pandemic Century: 100 Years of Panic, Hysteria and Hubris*. 2020. W. H. Allen. 제효영 역,《대유행병의 시대》, 2020, 커넥팅.

성격

Brotherton, Rob. *Suspicious Minds: Why We Believe Conspiracy Theories*. 2016. Bloomsbury Sigma.

Christian, Brian. & Griffiths, Tom. *Algorithms to Live By: The Computer Science of Human Decisions*. 2017. William Collins. 이한음 역, 《알고리즘, 인생을 계산하다》, 2018, 청림출판.

Dunbar, Robin. *How Religion Evolved: And Why It Endures*. 2023. Pelican.

Gray, John. *Seven Types of Atheism*. 2019. Penguin.

Mitchell, Kevin J. *Innate: How the Wiring of Our Brains Shapes Who We Are*. 2020. Princeton University Press.

Yeo, Giles. *Gene Eating: The Science of Obesity and the Truth about Diets*. 2020. Orion Spring.